AutoCAD
建筑设计

主　编　于　洋　栾橙橙　王新蕊
副主编　鲁可心　曹　舒　沈　红　刘天执

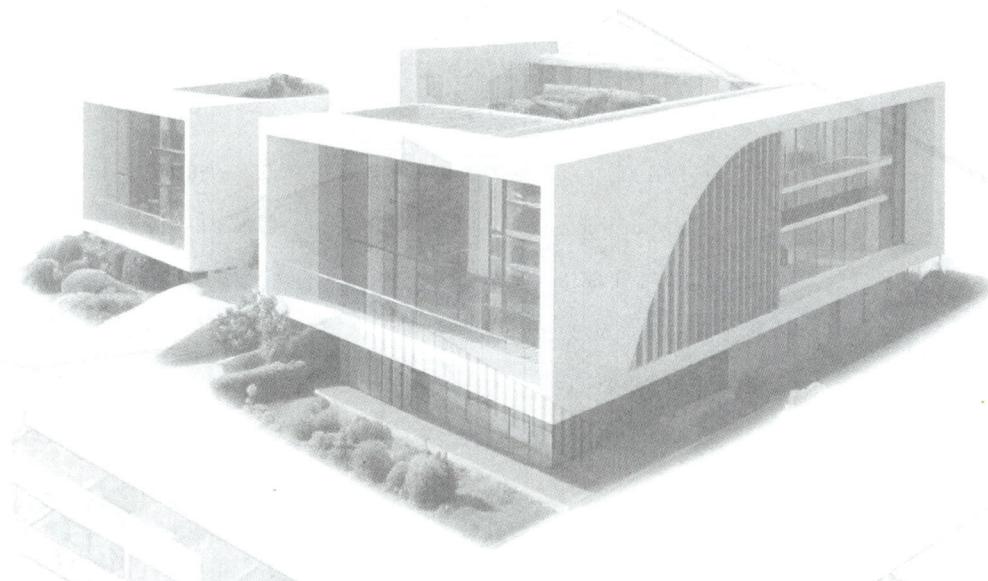

北京希望电子出版社
Beijing Hope Electronic Press
www.bhp.com.cn

内 容 简 介

本书以理论+实操为写作思路，一步一图，由浅入深地对AutoCAD绘图软件进行了全面的解析。全书共分10章，其中第1~9章为软件理论知识，内容涵盖建筑设计的基础知识、AutoCAD绘图基础、精准辅助绘图、绘制简单建筑图形、绘制复杂建筑图形、设置与管理建筑图块、在建筑图纸中添加尺寸标注、在建筑图纸中添加文字标注、打印与发布建筑图形；第10章为实操案例，以绘制各类建筑三视图为例，结合所学知识点进行综合讲解。

本书结构合理，语言通俗，内容实用，举例恰当，适合作为计算机辅助设计相关课程的教材，也可作为初、中级读者的参考用书。

图书在版编目（CIP）数据

AutoCAD 建筑设计 / 于洋，栾橙橙，王新蕊主编.

北京：北京希望电子出版社，2025.3. -- ISBN 978-7
-83002-892-3

Ⅰ．TU201.4

中国国家版本馆 CIP 数据核字第 2025TB7147 号

出版：北京希望电子出版社	封面：袁 野
地址：北京市海淀区中关村大街 22 号	编辑：石文涛
中科大厦 A 座 10 层	校对：周卓琳
邮编：100190	开本：787 mm×1 092 mm　1/16
网址：www.bhp.com.cn	印张：17
电话：010-82620818（总机）转发行部	字数：403 千字
010-82626237（邮购）	印刷：北京天恒嘉业印刷有限公司
经销：各地新华书店	版次：2025 年 5 月 1 版 1 次印刷

定价：52.00 元

AutoCAD建筑设计

前 言
PREFACE

  AutoCAD是一款功能强大的二维绘图软件，它具备二维、三维图形的绘制与编辑功能，可以对图形进行尺寸标注、文本注释、协同设计和图纸管理等，掌握AutoCAD的使用是工业设计领域入门必备技能。随着软件版本的不断升级，AutoCAD的绘图功能也变得更加智能化。此外，新版本扁平化的外观界面搭配深色主题，使得操作界面更清晰。

  本书针对初、中级读者的学习特点，以理论知识结合实操案例为写作思路，对AutoCAD的各项功能进行了循序渐进的全面解析。本书特色总结如下：

写 / 作 / 特 / 色

1. 一步一图，语言简洁明了

  全书采用图文结合的方式进行讲解，每一个操作步骤都有对应的插图，使读者在学习的过程中能够更加直观、更加清晰地看到操作效果。

2. 理论+实操，贴近职场需求

  本书以普及基础知识为主，结合职场中真实案例，使读者在掌握理论知识的基础上，能够上手绘制各类图纸。

3. 注重操作细节，拓展学习

  正文中穿插了大量操作提示版块，提醒读者需注意的问题，以及讲解对知识点的拓展应用，帮助读者在解决某类问题的同时能举一反三地解决其他类似问题。

4. 上手练习，检测学习成果

  部分章安排了"实战演练"和"课后作业"两个板块，便于读者对所学知识进行巩固并进行自我检测，以加强薄弱之处。

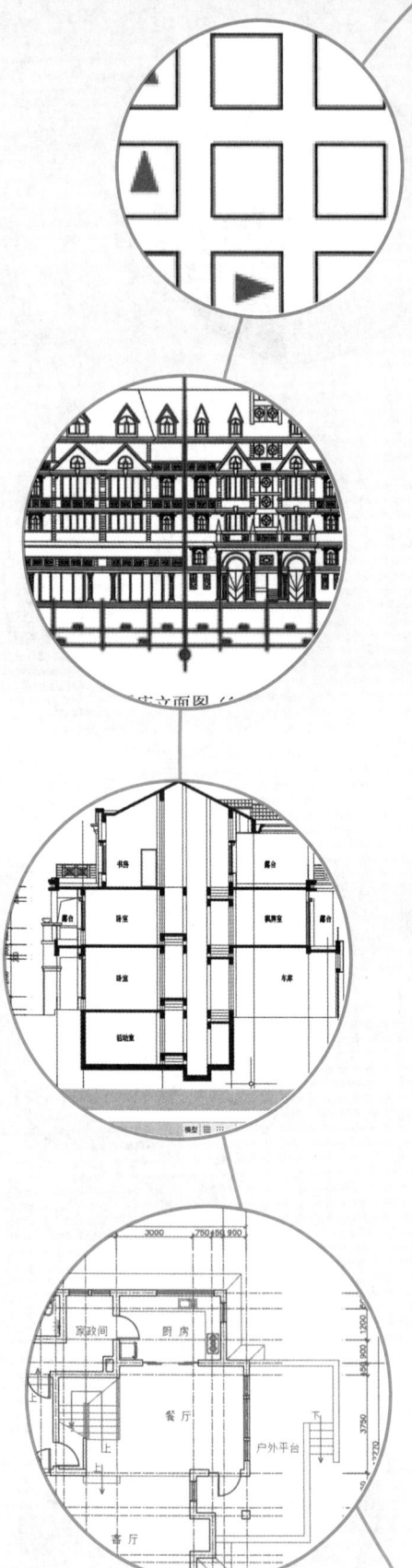

课/时/安/排

全书共10章，建议总课时为56课时，具体安排如下：

章节	内容	理论教学	上机实训
第1章	建筑设计的基础知识	2课时	0课时
第2章	AutoCAD绘图基础	2课时	2课时
第3章	精准辅助绘图	4课时	2课时
第4章	绘制简单建筑图形	4课时	2课时
第5章	绘制复杂建筑图形	4课时	4课时
第6章	设置与管理建筑图块	4课时	2课时
第7章	在建筑图纸中添加尺寸标注	4课时	2课时
第8章	在建筑图纸中添加文字标注	4课时	2课时
第9章	打印与发布建筑图形	4课时	2课时
第10章	绘制各类建筑三视图	0课时	6课时

本书结构合理，讲解细致，特色鲜明，侧重于综合职业能力与职业素质的培养，融"教、学、做"于一体，适合应用型本科院校、职业院校、培训机构作为教材使用。

本书由山东商务职业学院于洋、哈尔滨远东理工学院栾橙橙、哈尔滨远东理工学院王新蕊担任主编，哈尔滨广厦学院鲁可心、沈阳城市学院曹舒、山东旅游职业学院沈红、沈阳工学院刘天执担任副主编。全书具体编写分工为：于洋编写第1章、第2章、第9章和附录，共10.1万字；栾橙橙编写第6章和第7章，共7万字；王新蕊编写第3章和第8章部分章节，共6万字；鲁可心编写第10章部分章节，共6万字；曹舒编写第5章部分章节，共3万字；沈红编写第4章和第5章部分章节，共5万字；刘天执编写第8章部分章节和第10章部分章节，共1.6万字。本书得以顺利完成，亦得益于烟台橙田装饰设计有限公司的支持与帮助，同时，亦要感谢为本书提出意见与建议的每一位专家学者。

由于编者水平有限，书中疏漏之处在所难免，恳请读者朋友批评指正。

编 者

2025年2月

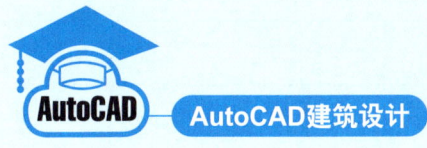

目　录
CONTENTS

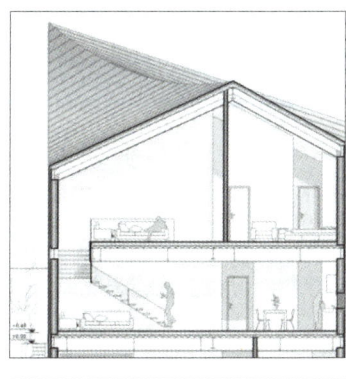

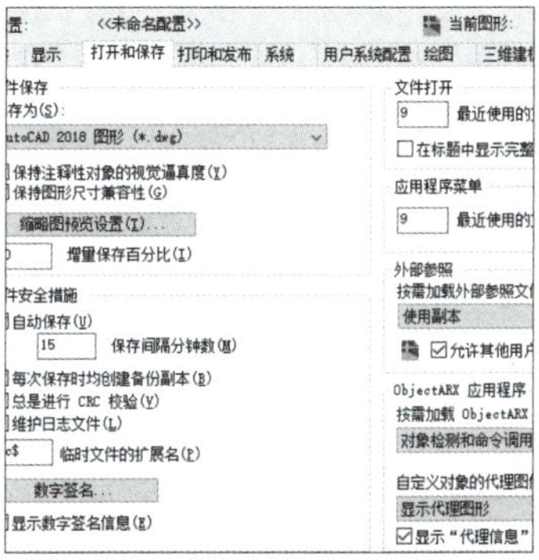

第1章　建筑设计的基础知识

1.1 建筑设计概述 ·· 2
　　1.1.1 建筑的组成及作用 ······································ 2
　　1.1.2 建筑施工图设计流程及绘制要求 ·············· 3
　　1.1.3 AutoCAD与建筑设计 ································ 4
1.2 AutoCAD建筑制图要求及规范 ························· 5
　　1.2.1 图幅、标题栏及会签栏 ····························· 5
　　1.2.2 线型与比例 ·· 7
　　1.2.3 尺寸标注与标高符号 ································· 8
　　1.2.4 内视符号 ·· 10
　　1.2.5 引出线与多层构造说明 ··························· 11
　　1.2.6 指北针与风向玫瑰 ··································· 12
课后作业 ··· 13

第2章　AutoCAD绘图基础

2.1 了解AutoCAD ··· 15
　　2.1.1 AutoCAD工作空间 ································· 15
　　2.1.2 AutoCAD工作界面 ································· 16
　　2.1.3 AutoCAD 2022新增功能 ······················· 19
2.2 图形文件的基本操作 ·· 19
　　2.2.1 新建图形文件 ·· 19
　　2.2.2 打开图形文件 ·· 20
　　2.2.3 保存图形文件 ·· 20
　　上手操作 设置文件的自动保存 ························· 21
2.3 命令的调用方式 ·· 21
　　2.3.1 键盘执行命令 ·· 21
　　2.3.2 鼠标执行命令 ·· 22
2.4 AutoCAD系统设置 ·· 24
　　2.4.1 显示设置 ·· 24
　　上手操作 调整工作界面及绘图区颜色 ············ 26
　　2.4.2 打开和保存设置 ······································ 28
　　2.4.3 打印和发布设置 ······································ 29
　　2.4.4 系统与用户设置 ······································ 30
　　2.4.5 绘图与三维建模 ······································ 31
　　2.4.6 选择集与配置 ·· 33
2.5 了解坐标系统 ·· 33
　　2.5.1 世界坐标系 ·· 33

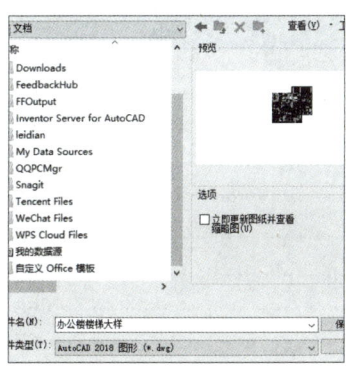

· I ·

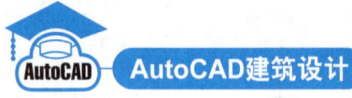

	2.5.2 用户坐标系	34
	2.5.3 坐标输入方法	34
实战演练 更改文件保存的默认类型		34
课后作业		36

第3章　精准辅助绘图

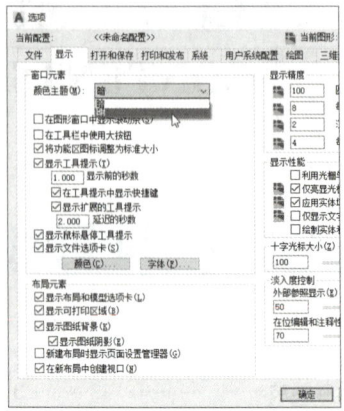

3.1	**控制界面视图**	38
	3.1.1 缩放视图	38
	3.1.2 平移视图	39
	3.1.3 全屏显示	40
3.2	**设置绘图辅助功能**	40
	3.2.1 栅格和捕捉	40
	3.2.2 正交	41
	3.2.3 对象捕捉	41
	上手操作 利用对象捕捉功能绘制五角星	43
	3.2.4 极轴追踪	45
	3.2.5 测量	46
	上手操作 测量别墅一层的面积值	46
3.3	**选择图形**	47
	3.3.1 选择图形的方法	47
	3.3.2 快速选择图形	49
	上手操作 快速选择所有轴线图形	50
3.4	**图层管理与设置**	51
	3.4.1 图层特性管理器	51
	3.4.2 创建与删除图层	52
	3.4.3 设置图层的颜色、线型和线宽	53
	3.4.4 管理图层	55
	上手操作 清除多余的图层	57

实战演练 输出建筑图层　　58

课后作业　　60

第4章　绘制简单建筑图形

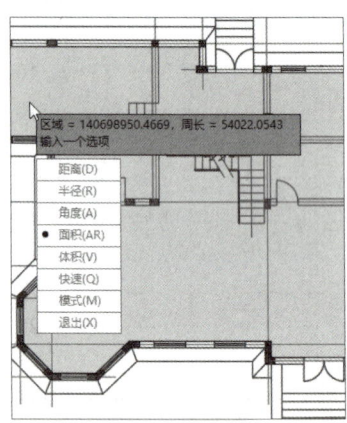

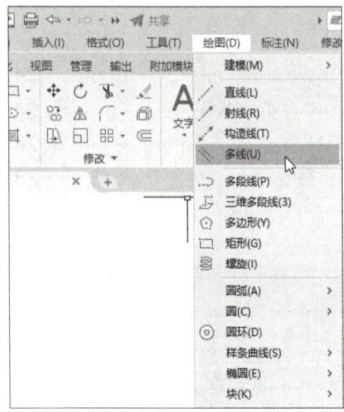

4.1	**绘制点**	64
	4.1.1 设置点样式	64
	4.1.2 绘制多点	64
	4.1.3 绘制等分点	65
4.2	**绘制线与线段**	66
	4.2.1 绘制直线	66
	4.2.2 绘制射线	66
	4.2.3 绘制构造线	67

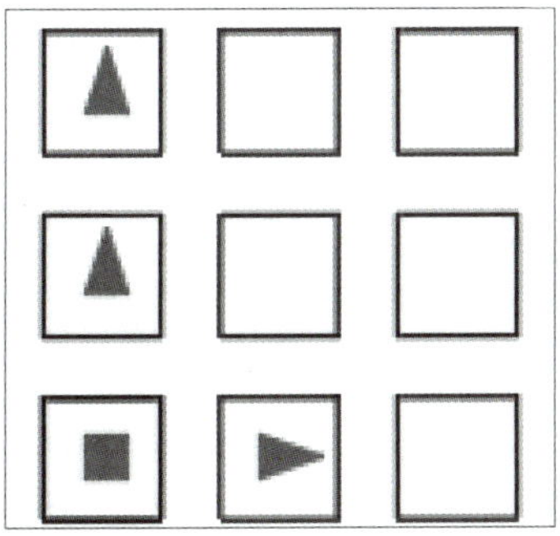

目录 CONTENTS

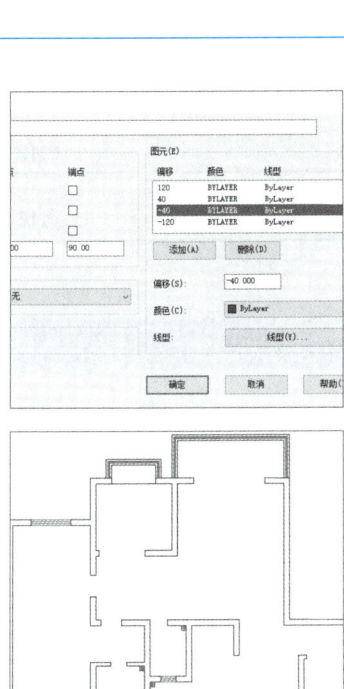

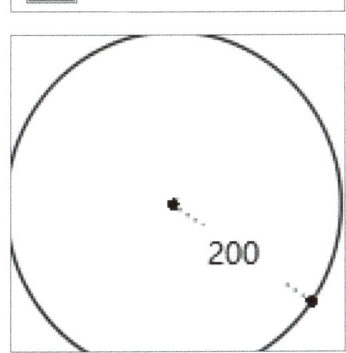

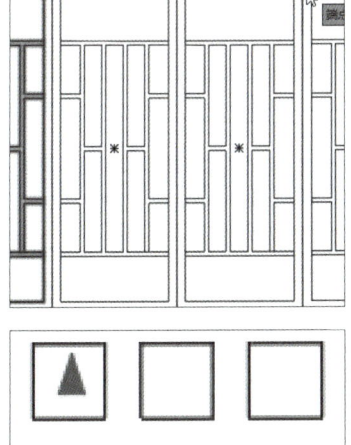

  4.2.4 绘制多段线·················67
  上手操作 利用多段线绘制箭头图形·········67
  4.2.5 绘制多线·················68
  上手操作 绘制平面窗图形···············71
4.3 绘制矩形和多边形·················74
  4.3.1 绘制矩形·················74
  上手操作 绘制推拉门平面图形···········75
  4.3.2 绘制正多边形·············77
4.4 绘制曲线·····························78
  4.4.1 绘制圆···················78
  4.4.2 绘制圆弧·················79
  上手操作 绘制子母门平面图形···········80
  4.4.3 绘制圆环·················81
  4.4.4 绘制椭圆·················82
  4.4.5 绘制修订云线·············82
  4.4.6 绘制样条曲线·············83

实战演练 完善楼梯间及电梯间平面图形·········84

课后作业·····························89

第5章 绘制复杂建筑图形

5.1 移动、复制图形对象···············91
  5.1.1 移动与复制···············91
  5.1.2 旋转与缩放···············92
  5.1.3 偏移与镜像···············93
  上手操作 绘制中式花窗立面图形·········94
  5.1.4 阵列图形·················97
5.2 修改图形对象·······················100
  5.2.1 倒角与圆角···············100
  5.2.2 修剪与延伸···············101
  5.2.3 分解与合并···············102
  上手操作 绘制矮柱立面图形···········103
  5.2.4 打断与拉伸···············103
5.3 编辑线段·····························104
  5.3.1 编辑多线·················104
  上手操作 修剪一层墙体线·············105
  5.3.2 编辑多段线···············106
  5.3.3 编辑样条曲线·············106
  5.3.4 光顺曲线·················107
5.4 编辑图形夹点·······················107
  5.4.1 设置夹点·················107
  5.4.2 编辑夹点·················108
5.5 填充图形图案·······················109
  5.5.1 图案填充·················109
  上手操作 填充别墅顶层屋面图形·······110

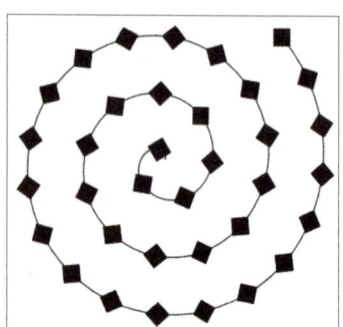
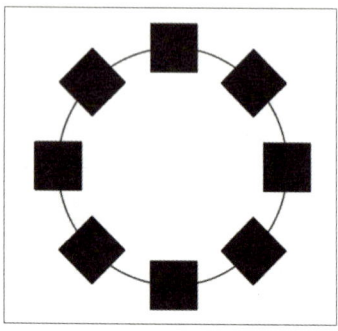
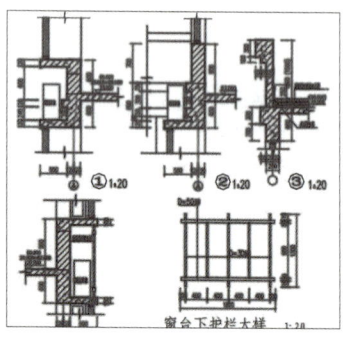
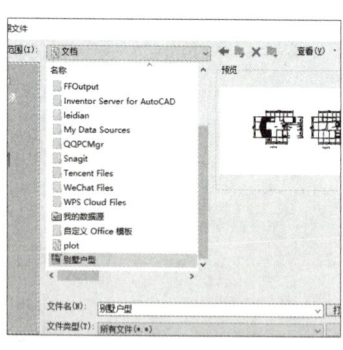

　　5.5.2　渐变色填充 ……………………………………………… 111

实战演练　绘制二层茶馆立面图形　　　　　　　　　　　112

课后作业　　　　　　　　　　　　　　　　　　　　　116

第6章　设置与管理建筑图块

6.1　图块的概念和特点 ……………………………………………… 119
6.2　创建与存储块 ……………………………………………… 119
　　6.2.1　创建块 ……………………………………………… 119
　　6.2.2　存储块 ……………………………………………… 120
　　上手操作　保存外墙标准结构图 ……………………………………………… 121
　　6.2.3　插入块 ……………………………………………… 122
6.3　编辑与管理块属性 ……………………………………………… 123
　　6.3.1　块属性的特点 ……………………………………………… 123
　　6.3.2　创建并使用带有属性的块 ……………………………………………… 123
　　6.3.3　块属性管理器 ……………………………………………… 125
　　上手操作　创建轴号属性块 ……………………………………………… 126
6.4　使用外部参照 ……………………………………………… 128
　　6.4.1　附着外部参照 ……………………………………………… 128
　　6.4.2　编辑外部参照 ……………………………………………… 129
　　6.4.3　管理外部参照 ……………………………………………… 130
6.5　使用设计中心 ……………………………………………… 130
　　6.5.1　设计中心选项板 ……………………………………………… 130
　　6.5.2　插入设计中心内容 ……………………………………………… 132
　　上手操作　在图纸中插入建筑参考图片 ……………………………………………… 132

实战演练　为二层茶馆立面图添加标高图块　　　　　　　134

课后作业　　　　　　　　　　　　　　　　　　　　　138

第7章　在建筑图纸中添加尺寸标注

7.1　尺寸标注的规则与组成 ……………………………………………… 141
　　7.1.1　尺寸标注的组成 ……………………………………………… 141
　　7.1.2　创建尺寸标注的步骤 ……………………………………………… 141
　　7.1.3　尺寸标注的规则 ……………………………………………… 142
7.2　创建与设置标注样式 ……………………………………………… 143
　　7.2.1　新建标注样式 ……………………………………………… 143
　　上手操作　修改"DY-01"标注样式 ……………………………………………… 150
　　7.2.2　创建线性标注 ……………………………………………… 151
　　7.2.3　创建对齐标注 ……………………………………………… 152
　　7.2.4　创建基线标注 ……………………………………………… 152
　　7.2.5　创建连续标注 ……………………………………………… 153
　　上手操作　为别墅剖面图添加横向尺寸标注 ……………………………………………… 154

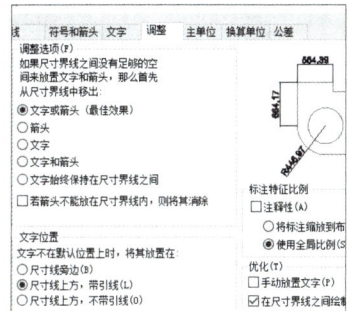
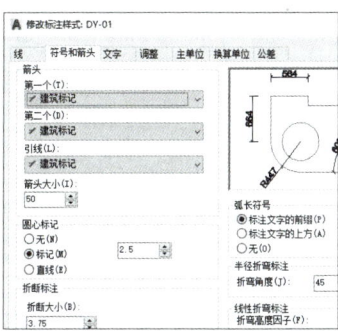
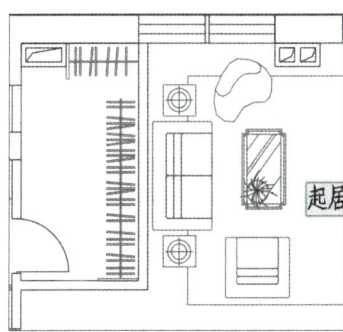
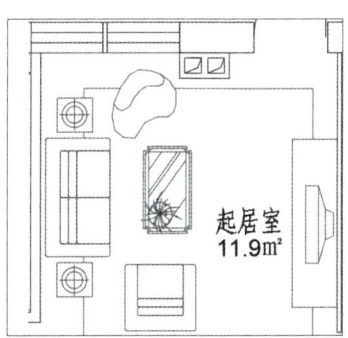

7.2.6	创建半径/直径标注	156
7.2.7	创建圆心标记	156
7.2.8	创建角度标注	157
7.2.9	快速标注	157

7.3 编辑尺寸标注 158
- 7.3.1 编辑标注 158
- 7.3.2 替代标注样式 158
- 7.3.3 更新标注样式 159

实战演练 为别墅立面图添加尺寸标注 160

课后作业 163

第8章 在建筑图纸中添加文字标注

8.1 创建文字样式 166
- 8.1.1 设置样式名 166
- 8.1.2 设置字体 166
- 8.1.3 设置文字效果 167

8.2 创建与编辑单行文字 168
- 8.2.1 创建单行文字 168
- 8.2.2 输入特殊符号 170
- 8.2.3 编辑单行文字 170
- **上手操作** 在别墅二层户型图中标注面积信息 171

8.3 创建与编辑多行文字 172
- 8.3.1 创建多行文字 172
- 8.3.2 编辑多行文字 172
- **上手操作** 在图纸中添加技术要求 174
- 8.3.3 合并文字 175

8.4 创建与编辑多重引线 175
- 8.4.1 多重引线标注样式 175
- 8.4.2 编辑多重引线 176
- **上手操作** 为地基节点大样图添加材料注释 176

8.5 创建与编辑表格 178
- 8.5.1 定义表格样式 178
- 8.5.2 插入表格 179
- 8.5.3 编辑表格 180

实战演练 完善电梯大样图纸 181

课后作业 185

第9章 打印与发布建筑图形

9.1 图形的输入输出 188
- 9.1.1 输入图形 188

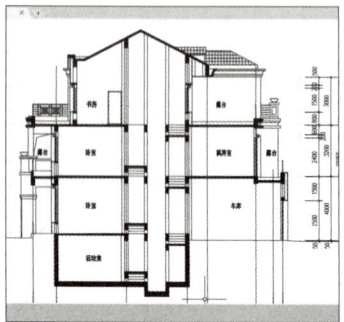
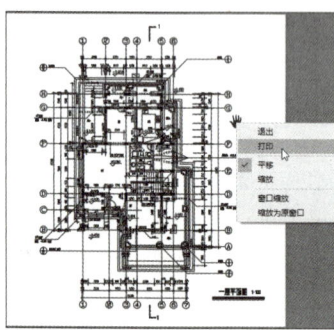
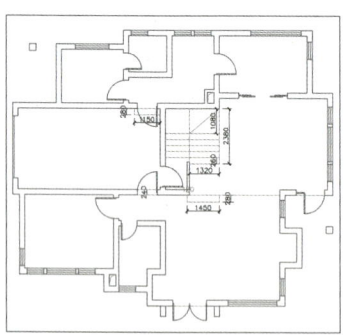

上手操作 将PDF文件导入AutoCAD	189
9.1.2 插入OLE对象	190
9.1.3 输出图形	191
上手操作 将户型图输出为"封装PS"格式文件	191

9.2 模型与布局 192

9.2.1 模型空间与布局空间	192
9.2.2 创建布局	194
9.2.3 布局视口	195
上手操作 创建并调整视口	197

9.3 图形的打印 198

9.3.1 设置打印样式	198
9.3.2 设置打印参数	200
9.3.3 保存与调用打印设置	201
上手操作 打印别墅建筑平面图	202

9.4 网络分享图形 204

9.4.1 Web浏览器应用	204
9.4.2 超链接管理	205
9.4.3 传递电子文件	206

实战演练 将自建房设计图输出为PDF格式文件 209

课后作业 213

第10章 绘制各类建筑三视图

10.1 绘制建筑平面图 215

10.1.1 建筑平面图的类型及绘制内容	215
10.1.2 建筑平面图的绘制流程	215
10.1.3 绘制别墅首层平面图	216
10.1.4 为平面图添加尺寸和注释	226

10.2 绘制建筑立面图 232

10.2.1 建筑立面图的绘制内容及绘制要求	232
10.2.2 建筑立面图的绘制流程	233
10.2.3 绘制办公楼立面图	234
10.2.4 为办公楼立面图添加尺寸及标高	241

10.3 绘制建筑剖面图 244

10.3.1 建筑剖面图的绘制注意事项和绘制步骤	244
10.3.2 绘制仓库房屋剖面图	245
10.3.3 为仓库房屋剖面图添加标高	255

附录1 AutoCAD常用快捷键 258

附录2 常见问题及解决方法 260

参考文献 262

第 1 章

建筑设计的基础知识

内容概要

简单地说，建筑设计其实就是对各类建筑物的外观和内部构造进行合理的布局规划，从而创造出满足人们各种需求的建筑空间环境。它是一门专业性很强的学科。优秀的建筑设计师除了要具备建筑主体设计、外墙设计、景观设计、室内设计等专业知识，还要具备一定的制图技能。本章将带领读者了解建筑设计这门学科，以及相关的一些基础知识。

知识要点

- 了解建筑施工图设计流程及要求。
- 了解建筑制图要求及规范。

1.1 建筑设计概述

建筑设计是设计者事先进行通盘的构想，针对施工或使用过程中有可能出现的问题拟定解决方案，并用图纸和相关说明文件加以展现，以此作为施工依据，建造出满足使用者合理要求和用途的空间环境。

■1.1.1 建筑的组成及作用

根据使用功能和使用对象的不同，建筑一般可分为民用建筑和工业建筑两大类。这两大类建筑基本上都是由基础、墙或柱、楼板层、楼梯、屋顶和门窗组成的，如图1-1所示。

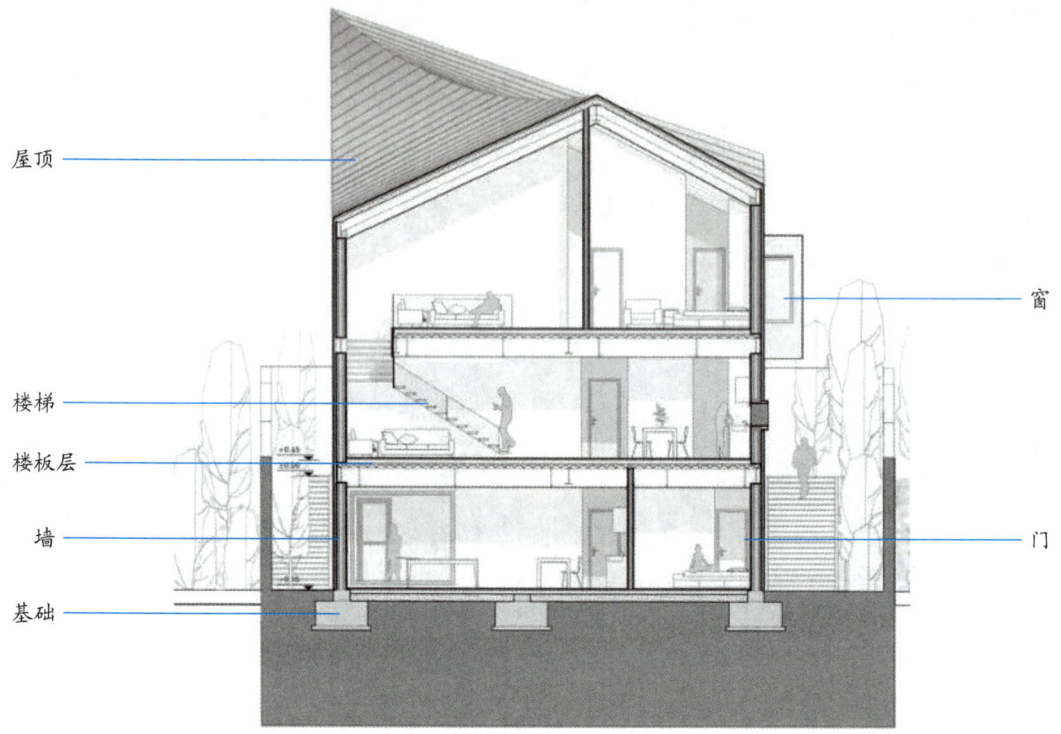

图 1-1　建筑的组成

1. 基础

基础位于建筑的最下方，是建筑墙或柱的扩展部分，承受着建筑上部的所有荷载，并将其传递给地基。因此，基础应具有足够的强度和耐久性，并能承受地下各种因素的影响。基础有条形基础、独立基础、筏板基础、箱形基础、桩基础等几种常用形式，使用的材料有砖、石、混凝土、钢筋混凝土等。

2. 墙或柱

墙在建筑中起着承重、围护和分隔的作用，分为内墙和外墙。根据功能的不同，在建筑施工中要求墙体具有足够的强度、保温、防水、防潮、隔热、隔声等功能，并具有一定的稳定性、耐久性和经济性。柱在建筑中的主要作用是承受上梁、板的荷载，以及附加在其上的其他荷载。柱应具有足够的强度、稳定性和耐久性。

3. 楼板层

楼板层是建筑水平方向的承重构件，按房间层高将整幢建筑沿水平方向分为若干个部分以充分利用建筑空间，这大大增加了建筑的使用面积。

楼板层应具有足够的强度、刚度和隔声功能，并具有防水、防潮功能。楼板层还应包括地坪，地坪是房间底层与土层相接的部分，它承受底层房间的荷载，因此应具有耐磨、防潮、防水、保温等功能。常用的楼板层为钢筋混凝土楼板层。

4. 楼梯

楼梯是二层及二层以上建筑之间的垂直交通设施，供人们上下楼层和在紧急情况下疏散使用。建筑施工中要求楼梯不仅要有足够的强度和刚度，还要有完善的通行功能、防火功能，楼梯表面应具有防滑功能。常用的楼梯有钢筋混凝土楼梯和钢楼梯。

5. 屋顶

屋顶是建筑最上方的构件，起着承重、围护和美观作用。作为承重构件，屋顶应有足够的强度，以支撑其上的围护层、防水层及其附属物；作为围护构件，屋顶主要起着防水、排水、保温、隔热的作用；屋顶还应具有美观作用，不同的屋顶造型代表不同的建筑风格，也可反映不同的民族文化，是建筑造型设计中的一项主要内容。

6. 门窗

门主要供人们内外交通使用，窗则起着采光、通风的作用。门窗都有分隔和围护作用。对某些具有特殊功能的房间，有时还要求门窗具有保温、隔热、隔声等功能。目前常用的门窗有木门窗、钢门窗、铝合金门窗、钛合金门窗、塑钢门窗等。

1.1.2 建筑施工图设计流程及绘制要求

在设计建筑施工图的过程中，为获得行之有效的建筑图形效果，需要执行一个完整的设计流程，在绘制建筑施工图时应遵循国家规定的建筑制图要求。

1. 建筑施工图设计流程

建筑施工图的设计流程主要有方案设计阶段、初步设计阶段、技术设计阶段和施工图设计阶段。这几个阶段环环相扣、不可或缺，任何一个阶段出现问题都将直接影响建筑施工图的准确性和有效性。

（1）方案设计阶段

在方案设计阶段，设计者根据建筑的功能，确定建筑的平面形式、层数、立面造型等基本要素，并利用绘图、计算和三维体量分析等技术，在建筑的形式、平面布置、立面处理和环境协调等方面进行综合设计，以优化设计过程、提高设计质量。此外，运用渲染技术绘制高质量、逼真的建筑渲染图，甚至提供动态的建筑动画和虚拟现实演示，可以加强市场竞争力，对于提高设计单位的生存能力有着重要的意义。

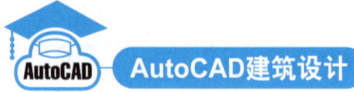

（2）初步设计阶段

在初步设计阶段，设计者接受任务，根据设计任务书、有关的政策文件、地质条件、环境、气候、文化背景等明确设计意图，并考虑到包括结构、设备等在内的一系列基本相关因素，然后提出设计方案。

设计方案应包括总平面布置图、平面图、立面图、剖面图、效果图、建筑经济技术指标等，必要时还要提供建筑模型。经过多个方案的对比后，确定综合方案，即为初步设计图（简称"初设图"）。

（3）技术设计阶段

在技术设计阶段，基于已批准的初步设计图，有关工种的技术人员进一步解决各种工程技术问题，协调各工种之间的矛盾，并进行深入的技术、经济比较，研究环境影响因素（如建筑日照、视线、阴影等），使设计在技术上、经济上都合理可行，进而绘制出基本图纸。对于大多数中、小型建筑而言，在初步设计阶段可以由设计者完成技术设计阶段的图纸。

（4）施工图设计阶段

施工图设计阶段是建筑施工图设计流程的最后阶段。该阶段的主要设计依据是报批获准的技术设计图或扩大初设图，用尽可能详尽的图形、文字、表格、尺寸等方式将工程对象的有关情况表达清楚。

建筑施工图主要用来表示建筑的规划位置、外部造型、内部构造、内外装修及施工要求等。它的内容主要包括施工图首页、总平面图，以及各层平面图、立面图、剖面图及详图。建筑施工图是为施工服务的，要求准确、完整、简明、清晰。

2. 建筑施工图绘制要求

建筑施工图应按照建筑正投影原理进行绘制，尽可能清晰、准确、详尽地表达建筑对象，并且在绘图过程中尽量简化图形，其具体内容如下所述：

- 建筑施工图除效果图、设备施工图中的管道线路系统图外，其余均采用正投影原理绘制，所绘图样应符合正投影特性。
- 建筑形体很大，绘图时要按比例缩小。为反映建筑的细部构造及具体做法，常配较大比例的详图图样，并且用文字和符号详细说明。
- 许多构配件无法如实绘制，需要采用国标中规定的图例符号绘制。有时国标中没有的，需要自己设计，并加以说明。

■ 1.1.3 AutoCAD与建筑设计

AutoCAD是建筑设计行业入门必备软件，是建筑制图的基础，与建筑设计相辅相成。有好的设计理念、好的想法，但不会运用各类表现手法，或者只会制图，但不懂得运用相关专业知识，都是不行的。既要具备过硬的专业知识，又要有强大的制图技能，才能够成为一名合格的建筑设计师。

1. AutoCAD在建筑设计中的突出特点

AutoCAD经过不断的版本更新，在建筑设计等领域的应用也更为广泛，它主要有以下突出特点。

- 缩短设计周期,提高图纸质量和设计效益。利用AutoCAD软、硬件系统,不仅可以提高图纸质量和出图效率,还可以降低设计费用,较好地适应瞬息多变的市场需求。
- 生成直观生动的建筑空间效果。AutoCAD在建筑设计上最出风头的就是三维模型、建筑渲染图、建筑动画和虚拟现实等视觉模拟工具。
- 促进新型设计模式的产生。虽然在设计工作中,人依然是最主要的因素,但AutoCAD技术的出现和发展势必会影响人的设计思维和方法,这方面的工作虽然还不是很成熟,但许多建筑设计人员已开始运用AutoCAD技术进行这方面的尝试。

2. AutoCAD在建筑设计中的应用

作为通用绘图软件的AutoCAD,其强大的图形功能和日益趋向标准化的发展进程,已逐步影响着建筑设计人员的工作方法和设计理念。

- 运用强大的绘图、编辑、自动标注等功能可以完成各阶段图纸的绘制、管理、打印输出、存档和信息共享等工作。
- 运用强大的三维模型创建和编辑功能,可以真正的空间概念进行设计,从而全面真实地反映建筑的立体形象。
- 二次开发适用于建筑设计的专业程序和专业软件。
- 运用的外部扩展接口技术,与外部程序和数据库相连接,可以解决诸如建筑物理、经济等方面的数据处理和研究,为建筑设计的合理性、经济性提供可优化参照的有效数据。

1.2 AutoCAD建筑制图要求及规范

设计图纸是沟通、传达设计意图的技术文件。只有遵循制图规范和正确的制图理论,才能绘制出合格的图纸。因此,在学习制图前,需要了解建筑类图纸表现的规范和要求。

1.2.1 图幅、标题栏及会签栏

图幅即图面的大小,分为横式和立式两种。根据国家标准的规定,按图面的长和宽确定图幅的等级。建筑制图常用的图幅有A0(也成为0号图幅,其余类推)、A1、A2、A3及A4,每种图幅的长宽尺寸如表1-1所示(表中尺寸单位为mm)。

表1-1 图幅的长宽尺寸

幅面尺寸/mm		幅面代号				
		A0	A1	A2	A3	A4
尺寸代号	$B×L$	841×1 189	594×841	420×594	297×420	210×297
	c	10			5	
	a	25				

其中,B为图纸宽度;L为图纸长度;c为非装订边各边缘到相应图框线的距离;a为装订宽度,横式图纸左侧边缘、竖式图纸上侧边缘到图框线的距离。

该表格中的尺寸代号含义如图1-2所示的是A0~A3图幅格式、图1-3所示A4立式图幅格式。

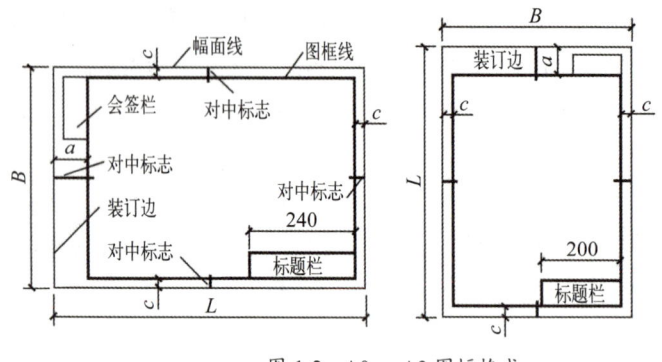
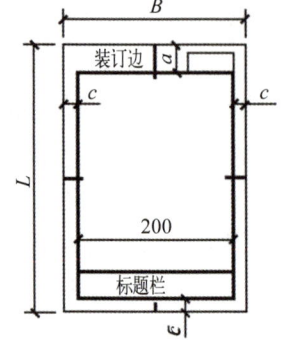

图 1-2　A0～A3 图幅格式　　　　　　图 1-3　A4 立式图幅格式

标题栏包括设计单位名称、工程名称、图名和图号等内容，如图1-4所示。会签栏是为了各工种负责人审核后签名用的表格，它包括专业、姓名、日期等内容，如图1-5所示。对于不需要会签的图纸，可以不设此栏。

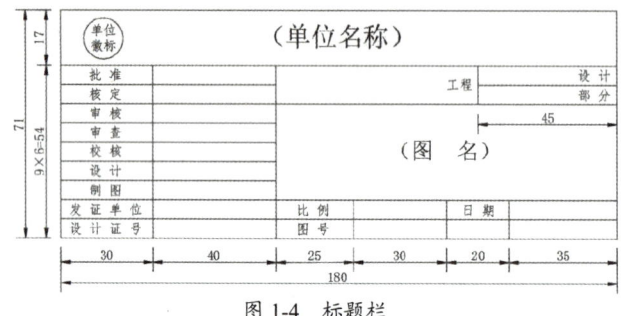

图 1-4　标题栏

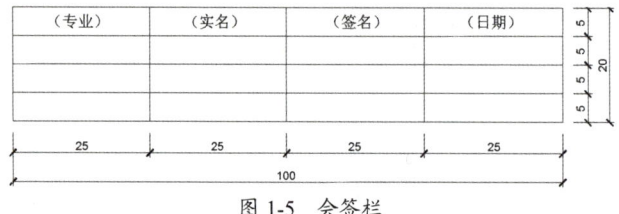

图 1-5　会签栏

此外，需要微缩复制的图纸，其一条边上应附有一段准确的米制尺度，4条边上均应附有对中标志。米制尺度的总长应为100 mm，分格应为10 mm。对中标志应绘制在图纸各边长的中点处，线宽应为0.35 mm，伸入框内应为5 mm。

A0～A3图纸可以在长边加长，单短边一般不加长，加长尺寸如表1-2所示（表中尺寸单位为mm）。如有特殊需要，可采用$B×L$=841 mm×891 mm或1 189 mm×1 261 mm的幅面。

表 1-2　A0～A3 图纸的加长尺寸

幅面代号	长边尺寸 /mm	长边加长后尺寸 /mm
A0	1 189	1 486，1 635，1 783，1 932，2 080，2 230，2 378
A1	841	1 051，1 261，1 471，1 682，1 892，2 102
A2	594	743，891，1 041，1 189，1 338，1 486，1 635，1 783，1 932，2 080
A3	420	630，841，1 051，1 261，1 471，1 682，1 892

■1.2.2 线型与比例

在绘制各类建筑施工图时，针对图形中不同的表达内容，通常采用线型和绘图比例加以区分，以便能够更清晰、更准确地表达建筑设计效果。

1. 线型

建筑图纸主要由各种线条构成，线条的不同线型表示不同的对象和不同的部位，具有不同的含义。为了使图面能够清晰、准确、美观地表达设计思想，在工程实践中采用了一套常用的线型，并规定了它们的使用范围，如表1-3所示。

表1-3 线型的线宽和使用范围

名称		线型	线宽	适用范围
实线	粗	———	b	建筑平面图、剖面图、构造详图中被剖切的主要构件的截面轮廓线；建筑立面图外轮廓线；图框线、剖切线；总图中的新建建筑轮廓线
	中	———	$0.5b$	建筑平、剖面图中被剖切的次要构件的轮廓线；建筑平、立、剖面图构配件的轮廓线；详图中的一般轮廓线
	细	———	$0.25b$	尺寸线、图例线、索引符号、材料线及其他细部刻画用线等
虚线	中	- - - - -	$0.5b$	主要用于构造详图中不可见的实物轮廓线；平面图中的起重机轮廓线、拟扩建的建筑轮廓线
	细	- - - - -	$0.25b$	其他不可见的次要实物轮廓线
点画线	细	—·—·—	$0.25b$	轴线、构配件的中心线、对称线等
折断线	细	—√—	$0.25b$	省略绘制图样时的断开界线
波浪线	细	～～～	$0.25b$	构造层次的断开界线，有时候也表示省略绘制时的断开界线

图线宽度b，宜从下列线宽中选取：2.0、1.4、1.0、0.7、0.5、0.35 mm。不同的b值，产生不同的线宽组。在同一张图纸内，各不同线宽组中的细线可以统一采用较细的线宽组中的细线；对于需要微缩的图纸，线宽不宜≤0.18 mm。

2. 比例

建筑的体型庞大，通常需要缩小后才能绘制在图纸上。针对不同类型的建筑施工图形，对应的绘图比例也各不相同。各种图样常用比例见表1-4所示。

表 1-4 图样的常用比例

图　　名	常用比例
总体规划图	1∶2 000，1∶5 000，1∶10 000，1∶25 000
总平面图	1∶500，1∶1 000，1∶2 000
建筑平立剖面图	1∶50，1∶100，1∶200
建筑局部放大图	1∶10，1∶20，1∶50
建筑构造详图	1∶1，1∶2，1∶5，1∶10，1∶20，1∶50

在具体的建筑施工图中标注比例参数时，比例宜注写在图名的右侧，并且文字的底线应取平齐，比例的字高应比图名的字高小一号或两号。

1.2.3　尺寸标注与标高符号

尺寸标注是建筑施工图中经常会用到的，而标高符号常用于建筑平面图、立面图及剖面图，用来表示某一部分的高度。

1. 尺寸标注

尺寸标注的一般原则如下：

- 尺寸标注应力求准确、清晰、美观、大方。在同一张图纸中，标注风格应保持一致。
- 尺寸线应尽量标注在图样轮廓线以外，从内到外依次标注从小到大的尺寸，不能将大尺寸标在内，而小尺寸标在外，如图1-6、图1-7所示。

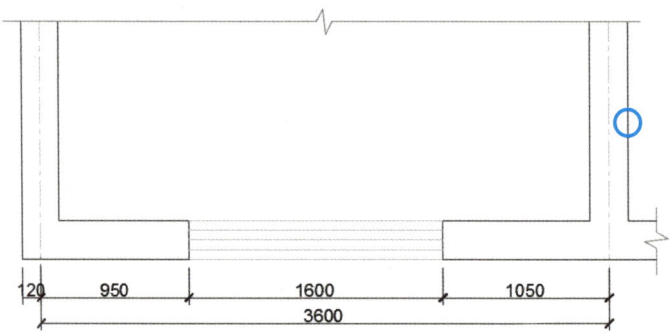

图 1-6　尺寸线正确标注

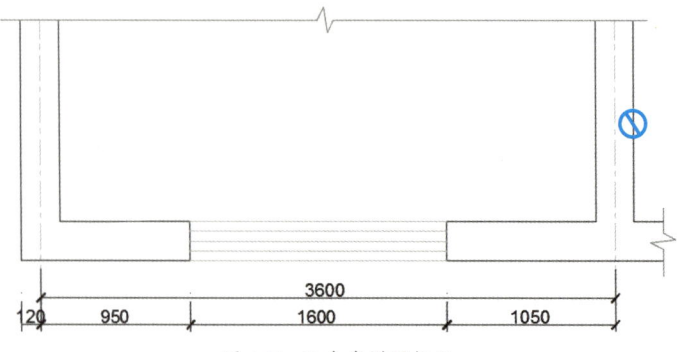

图 1-7　尺寸线错误标注

- 最内侧的一道尺寸线与图样轮廓线之间的距离不应小于10 mm，两道尺寸线之间的距离一般为7～10 mm。
- 尺寸界线朝向图样的端头，距图样轮廓的距离应≥2 mm，不宜直接与之相连。
- 在图线拥挤的地方应合理安排尺寸线的位置，但不宜与图线、文字及符号相交，可以考虑将轮廓线用作尺寸界线，但不能作为尺寸线。
- 当不宜标明图纸中连续重复的构配件等的定位尺寸时，可在总尺寸的控制下将定位尺寸用"均分"或"EQ"字样表示，如图1-8所示。

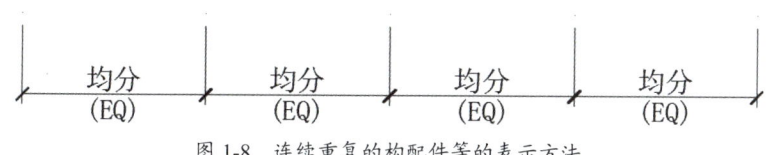

图1-8 连续重复的构配件等的表示方法

2. 标高符号

标高符号以直角等腰三角形表示，使用细实线绘制。其中，直角三角形的尖端应指向被标注高度的位置，尖端可以向上也可以向下；标高标注的数字以小数表示，标注到小数点后3位；可以指在标高顶面上，也可以指在引出线上。标高符号及其说明如表1-5所示。

表1-5 标高符号及其说明

标高符号	说　明
▼	总平面图上室外标高符号
▽	平面图上楼地面标高符号
▽	立面图和剖面图各部位标高符号，下方短线为所注部位的引出线
▽(数字) ▽(数字)	立面图、剖面图左边标注
△(数字) ▽(数字)	立面图、剖面图右边标注
(数字) ▽	立面图、剖面图特殊情况标注

标高符号的高度一般为3 mm，尾部长度一般为9 mm。在1∶100的比例图中，标高符号的高度一般为300 mm，尾部长度一般为900 mm。由于在建筑制图中各层标高不尽相同，需要将标高定义为带属性的动态图块，以便在进行标高标注时轻松输入标高数值。

1.2.4 内视符号

内视符号标注在平面图中,用于表示室内立面图的位置及编号,并建立平面图和室内立面图之间的联系。内视符号的形式如图1-9所示,图中立面图编号可用英文字母或阿拉伯数字表示,黑色的箭头指向表示的立面方向;(a)为单向内视符号,(b)为双向内视符号,(c)为四向内视符号,A、B、C、D按顺时针标注。

图 1-9 内视符号

此外还有其他常用的符号图例,具体如表1-6、表1-7所示。

表1-6 常用符号图例

符 号	说 明	符 号	说 明
i=5%	表示坡度	① Ⓐ 1/1 1/A	轴线号及附加轴线号
⌐1 1⌐	标注剖切位置的符号,数字标注的方向为投影方向,数字1与剖面图中的编号1对应	2 — 2	标注绘制端面的位置,数字标注的方向为投影方向,数字2与断面图的编号2对应
╪	对称符号,在对称图形的中轴位置绘制此符号,可以省略绘制另外一半图形	(指北针图形)	指北针
(方形坑槽图形)	方形坑槽	(圆形坑槽图形)	圆形坑槽
(方形孔洞图形)	方形孔洞	(圆形孔洞图形)	圆形孔洞
@	表示重复出现的固定间隔,例如"双向木格栅@500"	φ	表示直径,如 φ30
平面布置图 1:100	图名及比例	① 1:5	详图编号及比例
宽×高或φ 底(顶或中心)标高	墙体预留洞	宽×高或φ 底(顶或中心)标高	墙体预留槽
(烟道图形)	烟道	(通风道图形)	通风道

表 1-7　常用符号图例

符　号	说　明	符　号	说　明
	新建建筑，粗线绘制 需要时，表示出入口位置▲及层数 x 轮廓线以 ±0.00 处外墙定位轴线或外墙皮线为准 需要时，地上建筑用中实线绘制，地下建筑用细虚线绘制		原有建筑，细实线绘制
	拟扩建的预留地或建筑，中粗虚线绘制		新建地下建筑或构筑物，粗虚线绘制
	拆除的建筑，用细实线绘制		建筑下面的通道
	广场铺地		台阶，箭头指向表示向上
	烟囱		实体性围墙
	通透性围墙		挡土墙，被挡土在突出的一侧
	填挖边坡，边坡较长时，可在一端或两端局部表示		护坡，边坡较长时，可在一端或两端局部表示
X323.38 Y586.32	测量坐标	A102.15 B775.21	建筑坐标
32.36(±0.00)	相对标高	32.36	绝对标高

■1.2.5　引出线与多层构造说明

当无法在图形中进行文字说明时，可采用引出线标注文字说明。引出线应以细实线绘制，宜采用水平方向的直线或与水平方向成 30°、45°、60°、90° 的直线，或经过上述角度再折为水平线。文字说明宜注写在水平线的上方或端部，如图 1-10 所示。

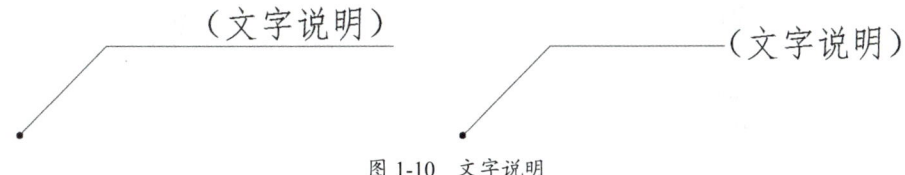

图 1-10　文字说明

多层构造或多层管道共用引出线应与水平直径线相连接；同时引出几个相同部分的引出线，宜互相平行，也可绘制成集中于一点的放射线，如图1-11所示。

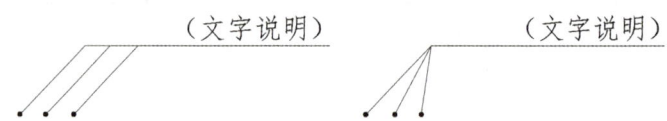

图1-11 多层构造或多层管道的共用引出线

多层构造或多层管道共用引出线应通过被引出的各层。文字说明宜注写在水平线的上方或端部，说明的顺序应由上至下，并应与被说明的层次相互一致。例如，层次为横向排序，则由上至下的说明顺序应与由左至右的层次相互一致，如图1-12所示。

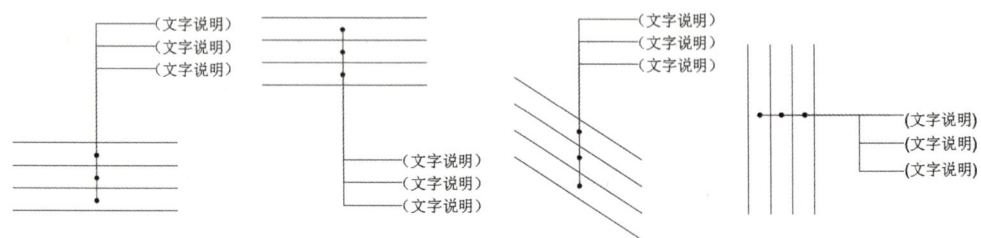

图1-12 多层构造或多层管道的共用引出线

■1.2.6 指北针与风向玫瑰

建筑的朝向与风向可在图纸的适当位置用指北针或风向频率玫瑰图（简称"风向玫瑰"）表示。

1. 指北针

指北针应按国标规定绘制，如图1-13所示。指针方向为北向，圆用细实线绘制，直径为24 mm，指针尾部宽度为3 mm。如需使用较大直径绘制指北针，则指针的尾部宽度宜为直径的1/8。

2. 风向频率玫瑰图

风向频率玫瑰图在8个或16个方位线上用端点与中心的距离表示当地这一风向在一年中的发生频率，粗实线表示全年风向，细虚线范围表示下风向，如图1-14所示。此外，在设置风向频率玫瑰图时，风向由各个方向吹向中心，风向线最长者为主导风向。

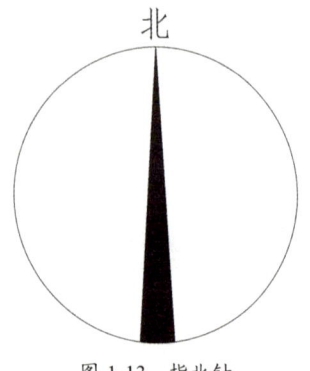

图1-13 指北针

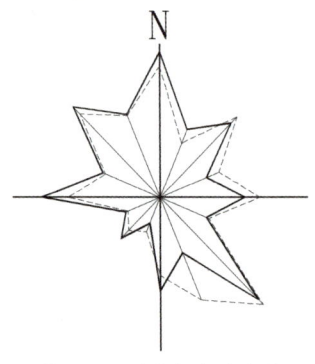

图1-14 风向频率玫瑰图

课后作业

1. 熟悉建筑制图标准
查阅各类建筑相关书籍或资料，了解建筑制图相关规范和标准，为后期绘图打好基础。

2. 了解建筑设计常用绘图软件
了解建筑设计各类制图软件，下载并安装AutoCAD 2022，如图1-15所示。

图 1-15　AutoCAD 2022 安装界面

操作提示
- 建筑设计的常用软件包括AutoCAD、天正建筑、SketchUp等。
- 在Autodesk官方网站中下载AutoCAD 2022，并按照安装提示进行安装。

扫码查看
- AI设计导师
- 配套资源
- 精品课程
- 进阶训练

第 2 章

AutoCAD 绘图基础

内容概要

AutoCAD是建筑制图必备软件之一。利用AutoCAD，可以精准、快速地绘制出各类二维图形。随着软件的不断升级，AutoCAD的绘图功能也更加智能化。本章将以AutoCAD 2022为例，讲解有关绘图的基础知识。

知识要点

- 掌握文件的基本操作。
- 掌握命令的调用方式。
- 掌握坐标的输入方法。

数字资源

【本章素材】："素材文件\第2章"目录下
【本章实战演练最终文件】："素材文件\第2章\实战演练"目录下

2.1 了解AutoCAD

AutoCAD是目前较为主流的计算机辅助设计软件，它集二维制图、三维造型、渲染着色、互联网通信等功能于一体，掌握AutoCAD的使用是进入制造业领域的必备技能。

2.1.1 AutoCAD工作空间

工作空间是在绘制图形时使用的各种工具和功能面板的集合。默认的工作空间为"草图与注释"空间，可通过快速访问工具栏切换至其他工作空间，如图2-1所示。

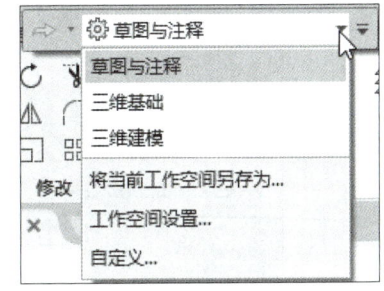

1. 草图与注释

该工作空间主要用于绘制二维图形。它是以xy平面为基准的绘图空间，提供了常用的绘图工具、图层、图形修改等功能面板，如图2-2所示。

图 2-1 切换工作空间

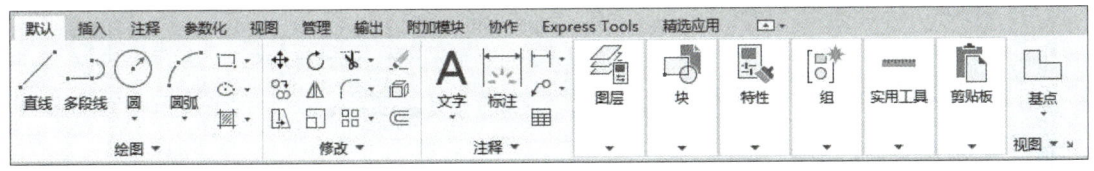

图 2-2 "草图与注释"空间的功能面板

2. 三维基础

该工作空间只限于绘制三维模型。可运用系统提供的创建、编辑等命令绘制三维模型，如图2-3所示。

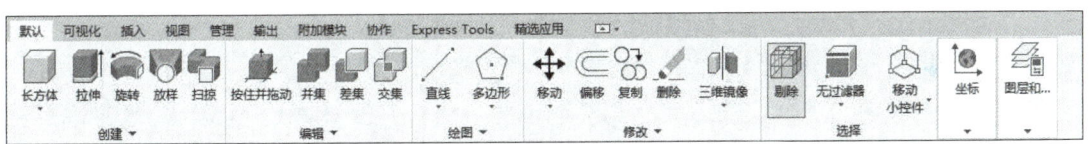

图 2-3 "三维基础"空间的功能面板

3. 三维建模

该工作空间也用于绘制三维模型。它在"三维基础"空间的基础上增添了"网格"和"曲面"建模功能，建模功能更为全面，如图2-4所示。

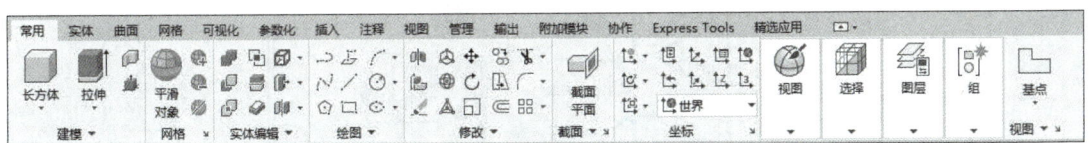

图 2-4 "三维建模"空间的功能面板

■2.1.2　AutoCAD工作界面

启动AutoCAD 2022，进入开始界面，在此可选择打开的图纸文件，也可新建图纸文件，如图2-5所示。

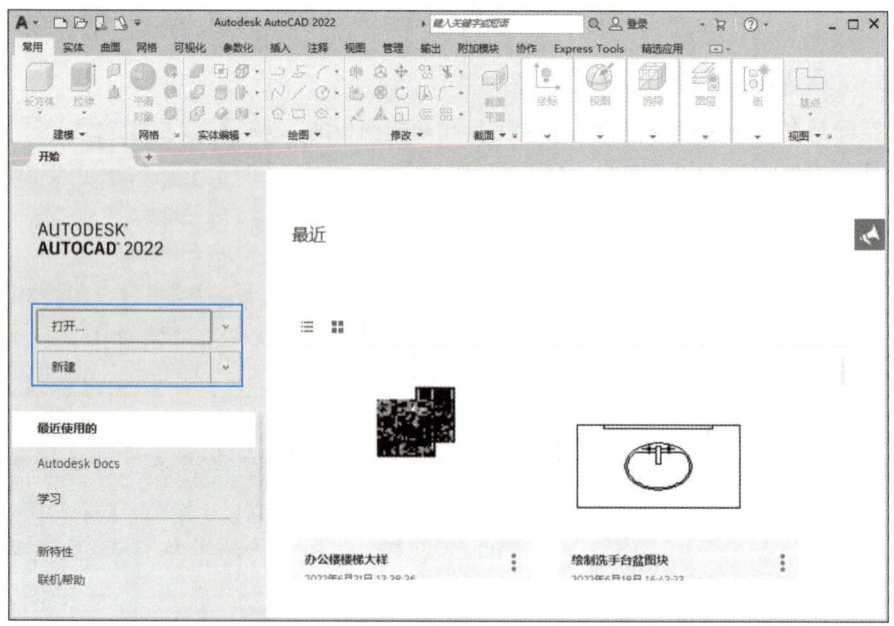

图 2-5　开始界面

打开图纸文件后，会进入工作界面，如图2-6所示（AutoCAD 2022的默认界面色调为"暗"，本图的界面色调为"明"）。该界面主要由"菜单浏览器"按钮、标题栏、功能区、文件选项卡、绘图区、命令行、状态栏、十字光标等组成。

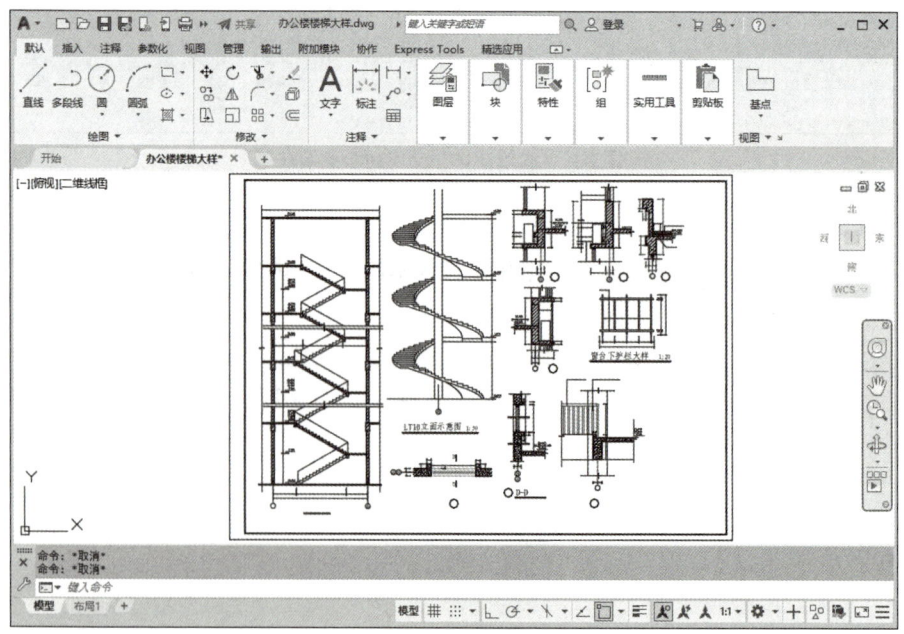

图 2-6　工作界面

1. 菜单浏览器

"菜单浏览器"按钮 位于工作界面的左上角，单击该按钮，可展开菜单浏览器，如图2-7所示。通过菜单浏览器，可进行新建、打开、保存、输入、输出、发布、打印、关闭等操作。

在菜单浏览器中单击"选项"按钮，在打开的"选项"对话框中可对一系列系统配置选项进行调整，如图2-8所示。

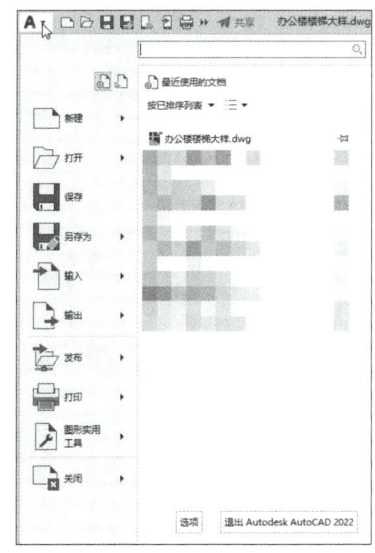
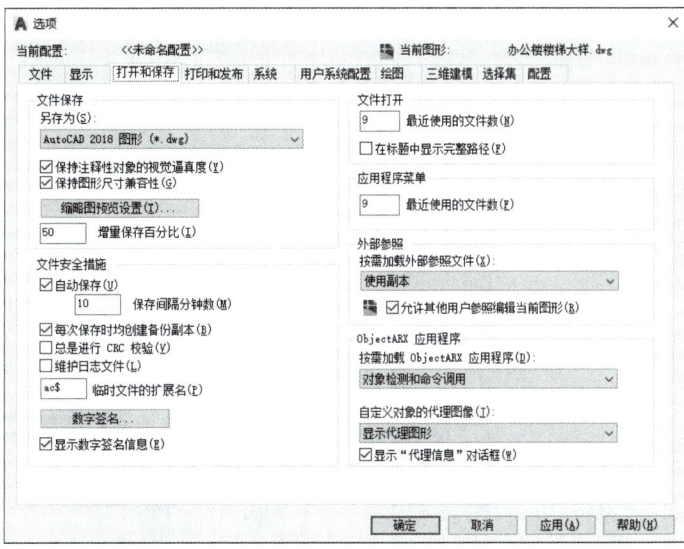

图 2-7　菜单浏览器　　　　　　　　　　　图 2-8　"选项"对话框

2. 标题栏

标题栏位于工作界面的最上方，由快速访问工具栏、共享、当前图形文件标题、搜索栏、登录、Autodesk Online服务和窗口控制按钮组成，如图2-9所示。

图 2-9　标题栏

3. 功能区

功能区包含功能选项卡和功能面板。功能选项卡由各类功能面板组成，而功能面板由多个命令按钮组成，如图2-10所示。

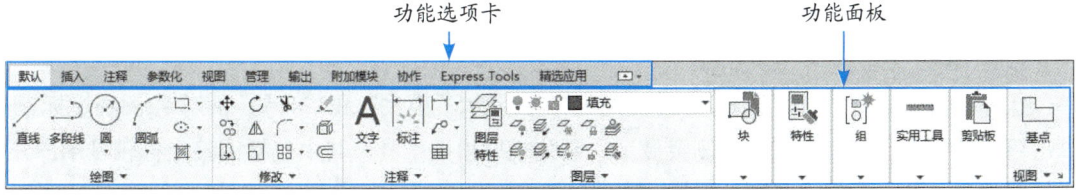

图 2-10　功能区

4. 文件选项卡

文件选项卡位于功能区的下方。右击该选项卡标签，可进行新建、打开、保存、关闭等操作，如图2-11所示。

5. 绘图区

绘图区位于工作界面的中央，是绘制图形的主要操作区域。在绘图区中除了显示当前的绘图结果外，还显示当前使用的坐标轴、视图控件、视图角度、视图显示栏和十字光标，如图2-12所示。

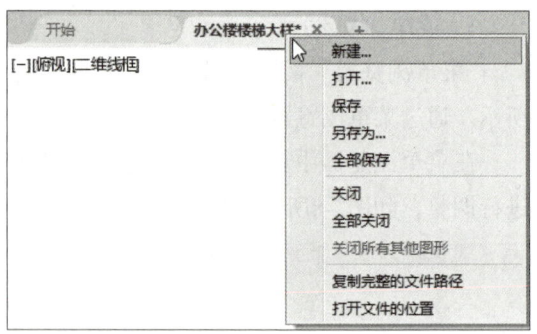

图 2-11　文件选项卡标签

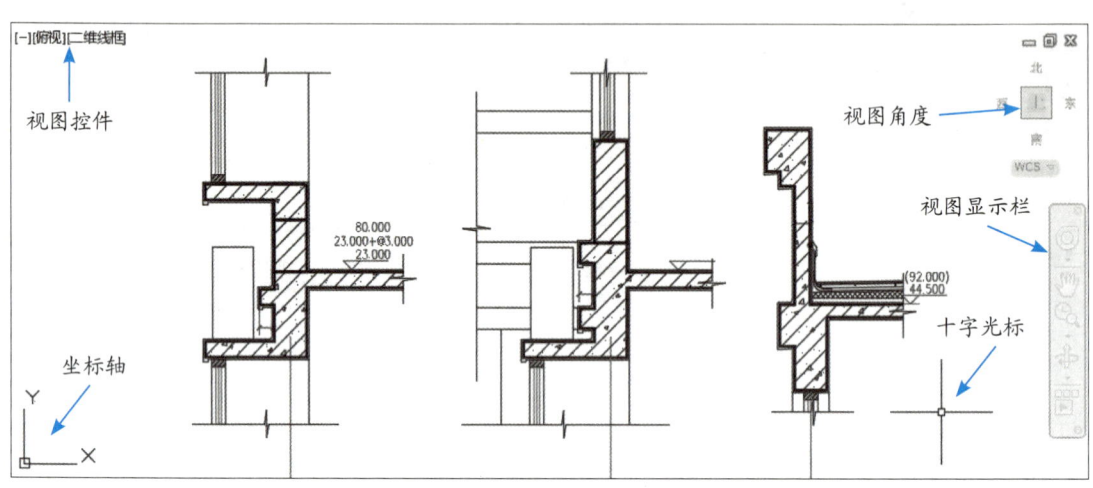

图 2-12　绘图区

6. 命令行

可通过命令行输入命令，并执行该命令，如图2-13所示。一般情况下，命令行位于绘图区的下方，使用光标拖动命令行，可更改命令行的位置和大小。

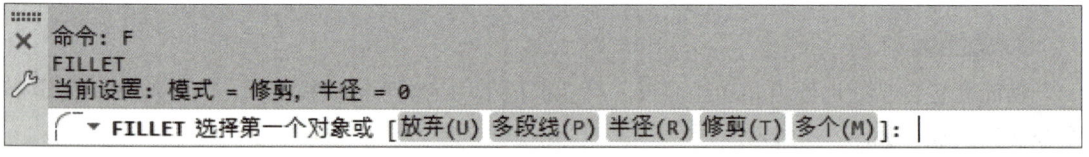

图 2-13　命令行

7. 状态栏

状态栏用于显示当前的状态。在状态栏左侧会显示"模式"和"布局"两个绘图环境标签，单击可切换绘图环境；状态栏右侧会显示一系列辅助绘图工具，其中包括调整坐标轴显示、开启绘图捕捉工具、控制视图显示等，如图2-14所示。

图 2-14　状态栏

2.1.3 AutoCAD 2022新增功能

除了酷炫的UI界面主题色调外，AutoCAD 2022版本在以往版本的基础上新增了一些功能，包括跟踪、共享和计数等，以简化AutoCAD在当今的数字互联工作流程中的使用，并结合自动化功能加快设计过程。

1. 跟踪

使用跟踪（TRACE）功能，可以安全地将反馈添加到DWG文件，而无需更改现有工程图，以实现与队友更快速的协作。

2. 计数

使用计数（COUNT）命令能够按层、镜像状态或比例自动对块或几何体进行计数，以加快文档编制任务并减少错误。

3. 共享

共享功能允许将图形的受控副本发送给队友，无论何时何地，为需要编辑功能的人和仅需要查看文件的人建立访问权限，以更轻松、更安全地共享图纸。

4. 推送到Autodesk Docs

通过将CAD图纸以PDF格式直接从AutoCAD LT（AutoCAD简化版）发布到Autodesk Docs（基于云的文档管理和通用数据环境），可以更快地生成PDF。另外，可以使用AutoCAD Web应用程序在任何地方访问Autodesk Docs中的DWG文件。

5. 浮动窗口

在AutoCAD的同一实例中，拉开工程图窗口可以并排显示或在单独的显示器上显示多个工程图，每个窗口均具有查看或编辑的全部功能。

2.2 图形文件的基本操作

图形文件的基本操作包括文件的新建、打开与保存。下面分别对其进行讲解。

2.2.1 新建图形文件

在开始界面中单击"新建"按钮，可新建一个名为"Drawing1.dwg"的空白图形文件。此外，单击文件选项卡标签右侧的"+"按钮，也可快速新建图形文件，如图2-15所示。

图 2-15 快速新建图形文件

2.2.2 打开图形文件

在开始界面中单击"打开"按钮，在"选择文件"对话框中选择所需图形文件，单击"打开"按钮，如图2-16所示。此外，右击文件选项卡标签，在其下拉列表中选择"打开"选项，也可以打开图形文件，如图2-17所示。

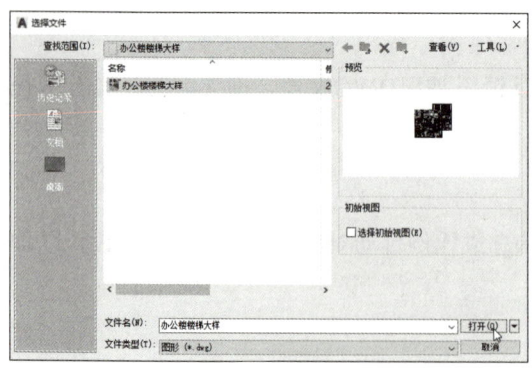

图2-16 在"选择文件"对话框中打开图形文件

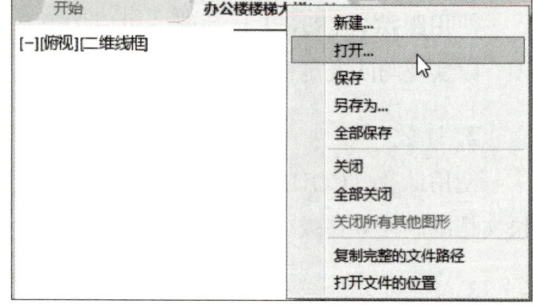

图2-17 使用文件选项卡标签打开图形文件

AutoCAD支持同时打开多个文件。利用AutoCAD的这种多文档特性，可在打开的所有图形文件之间来回切换、修改、绘图，还可参照其他图形文件进行绘图，在图形文件之间复制和粘贴图形对象或从一个图形文件向另一个图形文件移动图形对象，如图2-18所示。其中，带"*"的图形文件为当前使用的文件。

图2-18 同时打开多个图形文件

> **知识点拨**
> 在命令行中输入"OPEN"，按回车键，也能够打开"选择文件"对话框。

2.2.3 保存图形文件

可直接按Ctrl+S组合键保存图形文件。如果需要保留原文件，并将当前文件重新命名保存，可右击当前文档的文件选项卡标签，在其下拉列表中选择"另存为"选项，如图2-19所示。在"图形另存为"对话框中设置新文件名及保存路径，单击"保存"按钮，如图2-20所示。

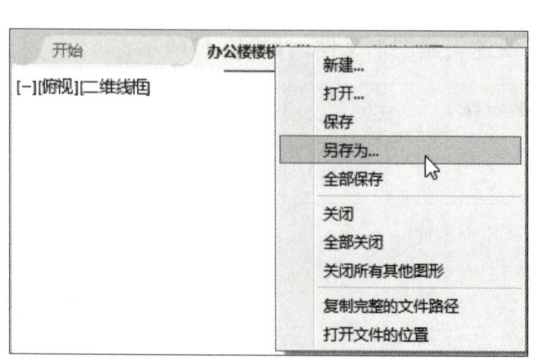

图2-19 使用文件选项卡标签另存图形文件

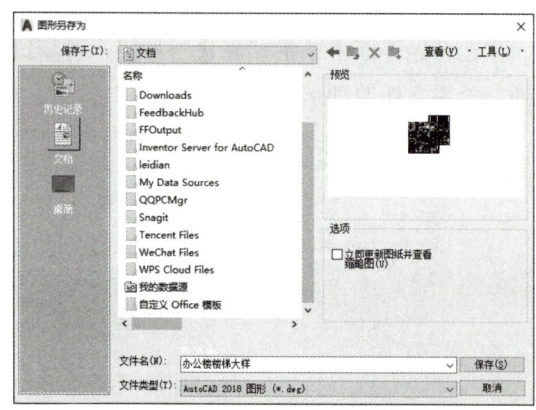

图2-20 "图形另存为"对话框

上手操作 设置文件的自动保存

AutoCAD有自动保存文件功能，其默认保存时间为10 min，可以根据需要对其时间进行调整。

扫码观看视频

步骤01 单击"菜单浏览器"按钮，在打开的菜单浏览器中单击"选项"按钮，如图2-21所示。

步骤02 在打开的"选项"对话框中切换到"打开和保存"选项卡，系统默认勾选"自动保存"和"每次保存时均创建备份副本"复选框，在此将"保存间隔分钟数"设置为15，如图2-22所示，单击"确定"按钮，完成将默认保存时间设置为15 min的操作。

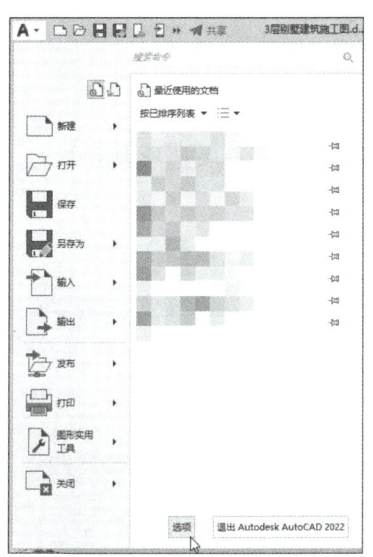

图 2-21 单击"选项"按钮

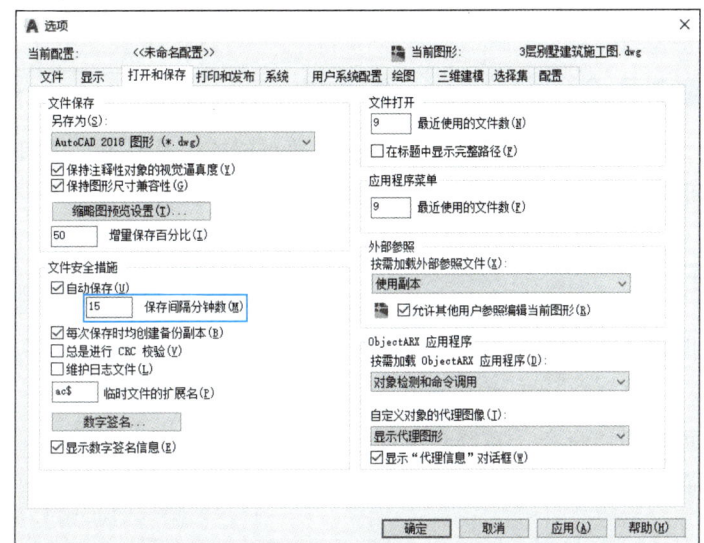

图 2-22 "选项"对话框

2.3 命令的调用方式

命令是AutoCAD中人机交互最重要的内容，在操作过程中有多种调用命令的方法，如通过命令按钮、下拉菜单或命令行等。

2.3.1 键盘执行命令

键盘执行命令其实是指利用命令快捷键执行相关操作命令的方式。在命令行中直接输入命令快捷键，按回车键即可执行该命令。

例如，"复制"命令的快捷键为"CO"，在命令行中输入"CO"后，按回车键，即可启动"复制"命令，如图2-23、图2-24所示。

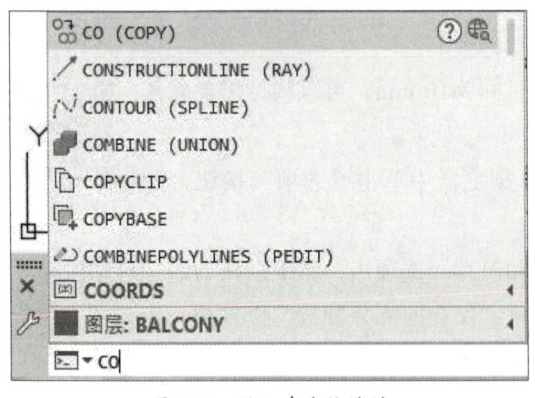
图2-23 输入命令快捷键

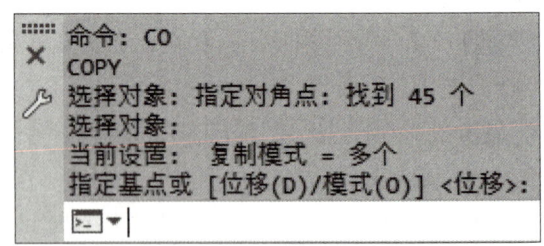
图2-24 启动"复制"命令

2.3.2 鼠标执行命令

可以通过使用鼠标在功能区、菜单栏或工具栏中单击相关按钮或选择相关选项调用命令，也可以通过右击鼠标打开快捷菜单调用命令。

1. 功能区

在功能区中单击需要的工具按钮，即可调用命令。例如，要想调用"复制"命令，在"默认"选项卡中单击"复制"按钮，即可启动该命令，系统会在鼠标悬停处显示该命令的使用说明，如图2-25所示。

2. 菜单栏

可以利用鼠标选择菜单中的选项启动绘图或编辑命令。例如，要想调用"圆"命令，在菜单栏中执行"绘图"→"圆"命令，即可启动"圆"命令，如图2-26所示。

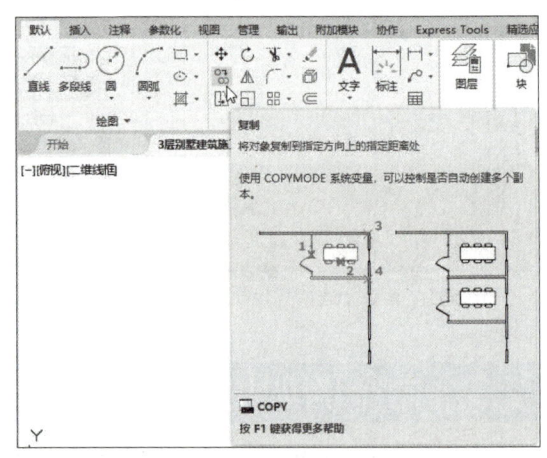
图2-25 鼠标悬停处的命令使用说明

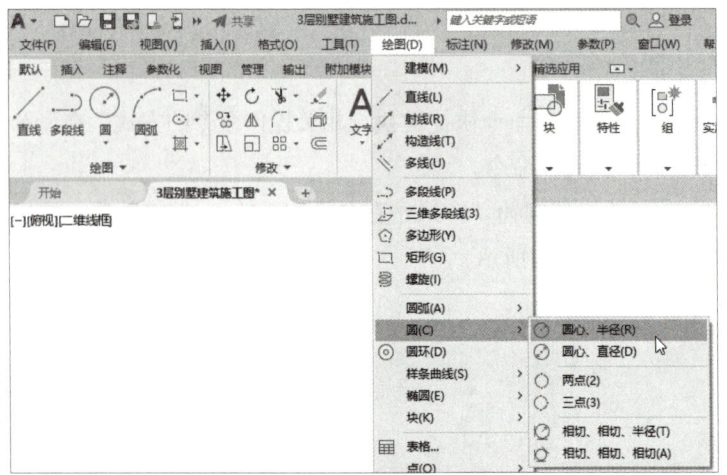
图2-26 启动"圆"命令

> **知识点拨**
>
> 菜单栏默认为隐藏状态。若要调用菜单栏，可在快速访问工具栏中单击 ▼ 按钮，在其列表中选择"显示菜单栏"选项，如图2-27所示。

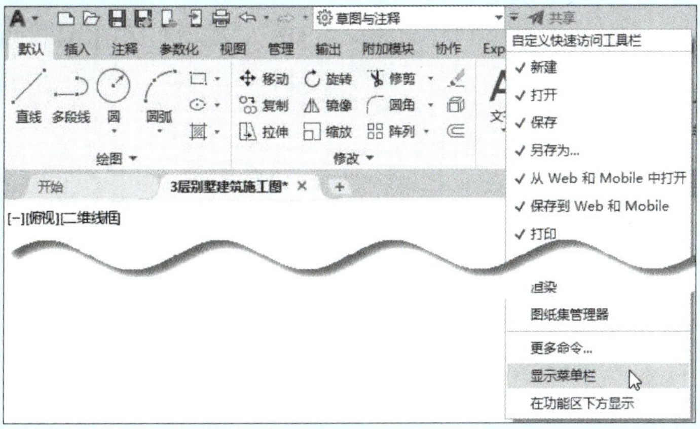

图2-27 选择"显示菜单栏"选项

3. 右键菜单

在命令行的空白处右击，打开快捷菜单，在"最近使用的命令"的级联菜单中可选择近期所使用的命令，如图2-28所示。

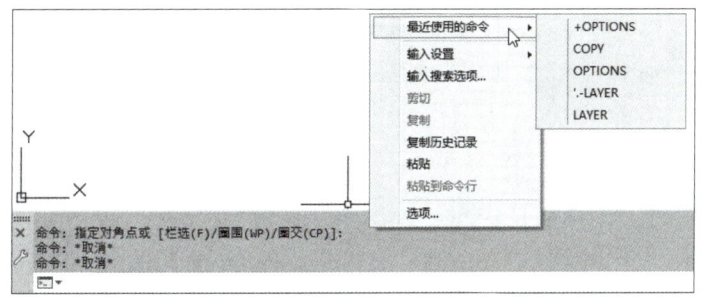

图2-28 "最近使用的命令"的级联菜单

在绘图区中选择图形，右击，在打开的快捷菜单中可调用一些编辑命令，如图2-29所示。

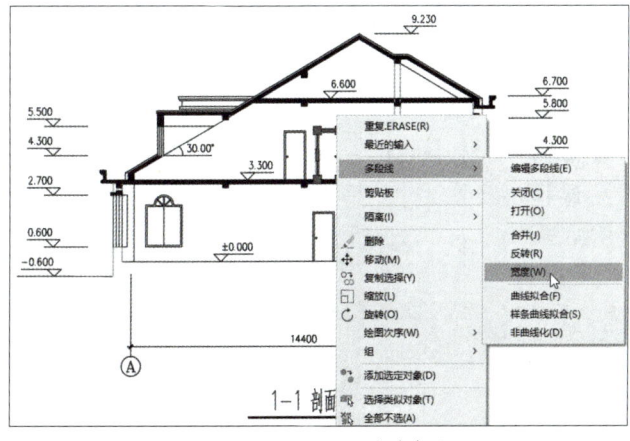

图2-29 右键快捷菜单命令

2.4 AutoCAD系统设置

默认的系统设置往往不符合自己的绘图习惯，为了方便绘图，可以在"选项"对话框中对这些系统设置进行修改。单击"菜单浏览器"按钮，在菜单浏览器中单击"选项"按钮，即可打开"选项"对话框；也可在命令行中输入"OP"，按回车键调出该对话框。下面对各类系统设置进行简单讲解。

■ 2.4.1 显示设置

打开"显示"选项卡，在其中可以设置"窗口元素""显示精度""布局元素""显示性能""十字光标大小""淡入度控制"等显示性能，如图2-30所示。

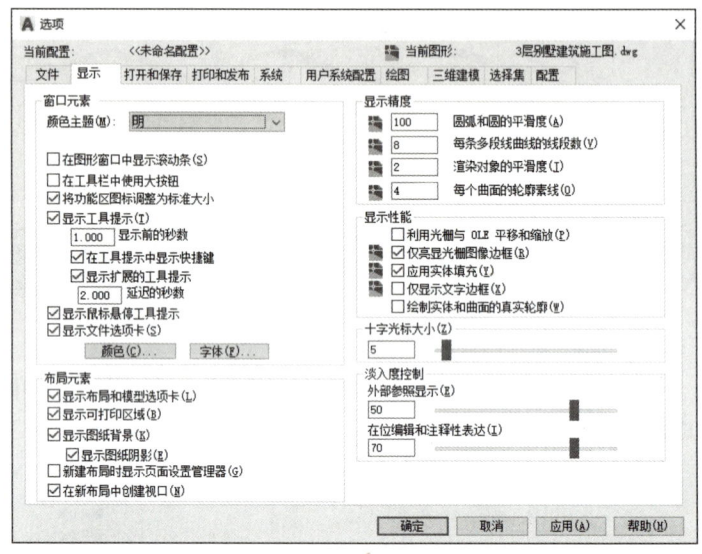

图 2-30 "显示"选项卡

1. 窗口元素

该选项组主要用于设置窗口的颜色、排列方式等相关内容。例如，单击"颜色主题"右侧的下拉按钮，在其列表中可以选择工作界面的主题色，默认为"暗"，如图2-31所示。

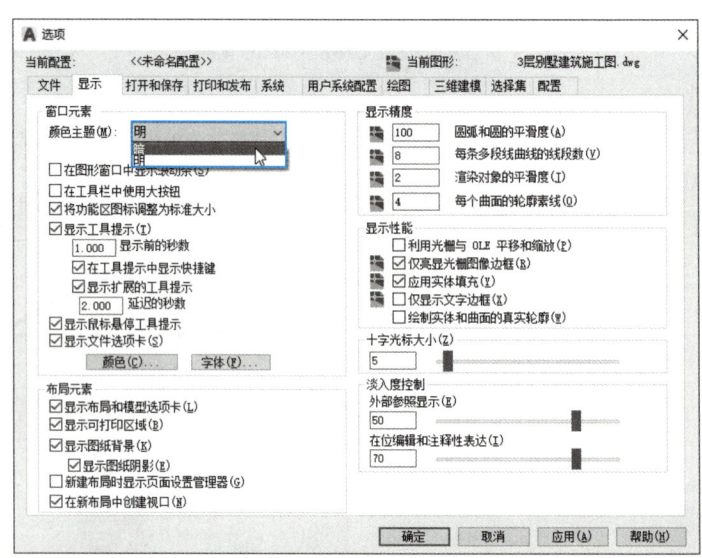

图 2-31 "窗口元素"选项组

2. 显示精度

该选项组用于设置圆弧或圆的平滑度、每条多段线的段数等。

3. 布局元素

该选项组用于设置与图纸布局相关的内容。例如，控制图纸布局中的可打印区域（可打印区域是指虚线以内的区域），勾选"显示可打印区域"复选框，布局效果如图2-32所示，取消勾选"显示可打印区域"复选框，布局效果如图2-33所示。

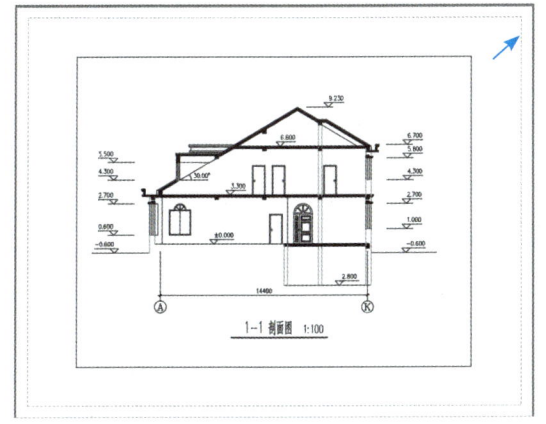
图 2-32 显示可打印区域的布局

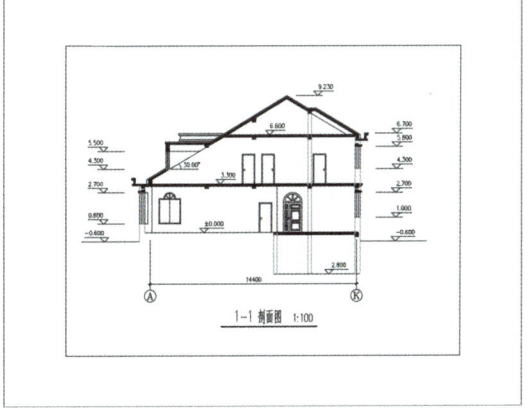
图 2-33 不显示可打印区域的布局

4. 显示性能

该选项组用于设置"利用光栅与OLE平移和缩放""仅亮显光栅图像边框""应用实体填充""仅显示文字边框"等内容。

5. 十字光标大小

该选项组用于调整光标十字线的大小。"十字光标大小"的默认值为5，该数值越大，光标十字线的延长线就越长。如图2-34所示为"十字光标大小"的值为100时的效果。

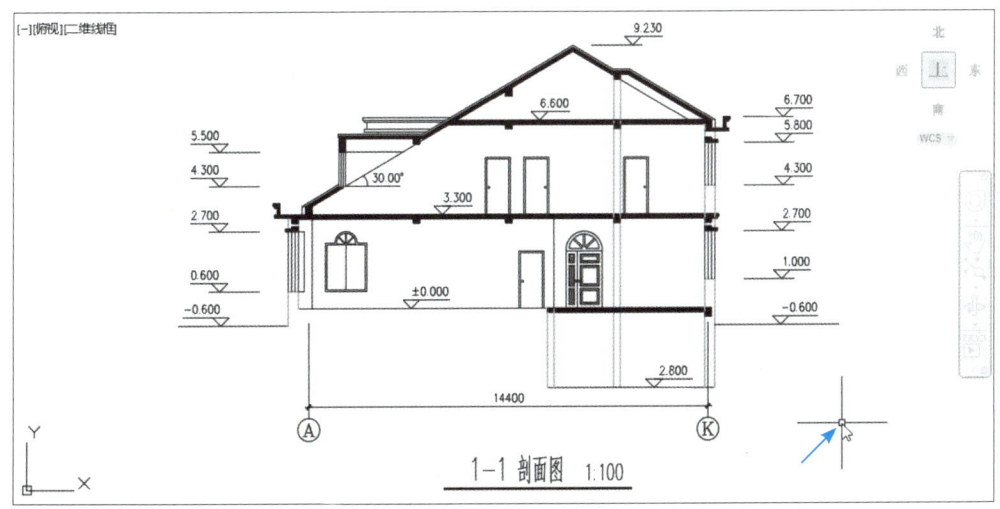
图 2-34 十字光标

6. 淡入度控制

该选项组主要用于控制外部参照图形的显示效果，当"外部参照显示"和"在位编辑和注释性表达"这两个数值越大，图形显示就越淡；相反，这两个数值越小，图形显示就越清晰。

上手操作 调整工作界面及绘图区颜色

扫码观看视频

下面通过"选项"对话框对默认的界面颜色及绘图区背景色进行调整。

步骤 01 首次启动AutoCAD 2022，其工作界面默认显示效果如图2-35所示。

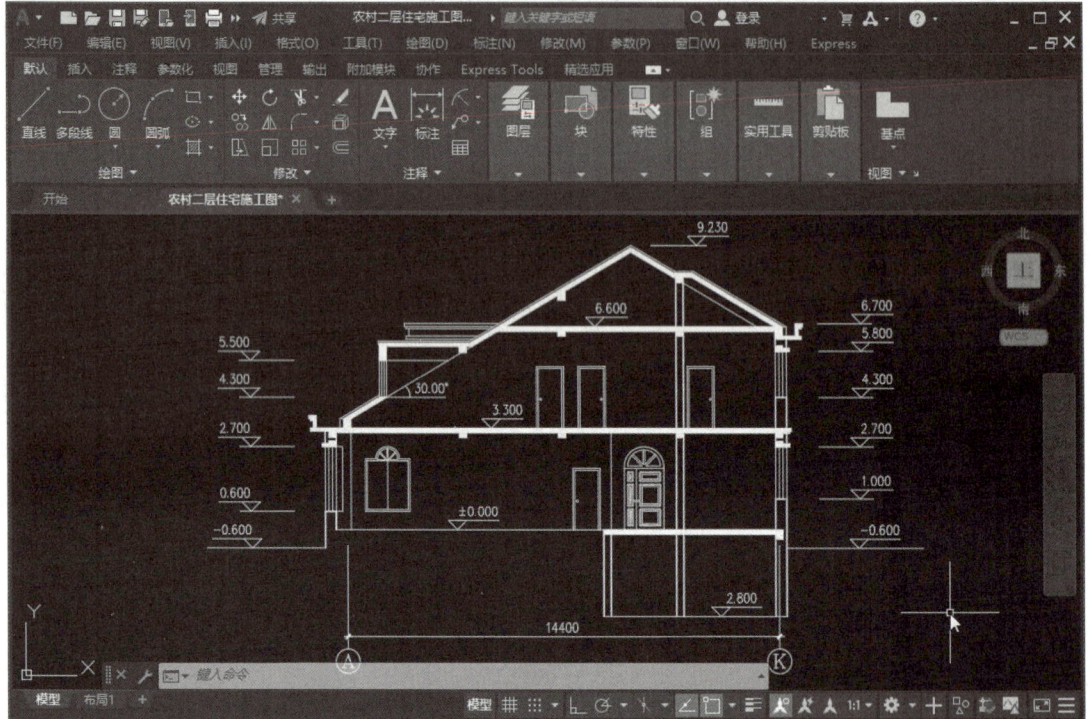

图 2-35 工作界面默认显示效果

步骤 02 在命令行中输入"OP"，按回车键，打开"选项"对话框，在"显示"选项卡中单击"颜色主题"右侧的下拉按钮，在其下拉列表中选择"明"选项，如图2-36所示。

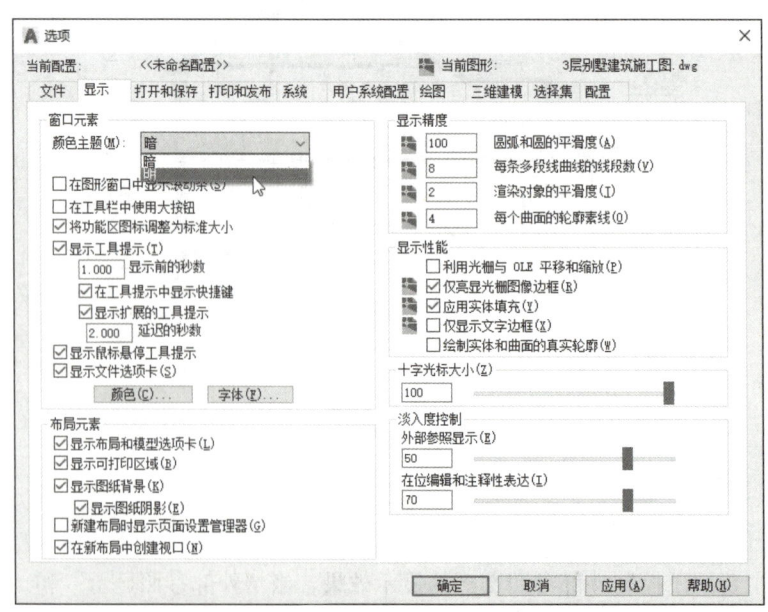

图 2-36 选择"明"选项

步骤 03 单击"颜色"按钮,打开"图形窗口颜色"对话框,将"界面元素"列表中"统一背景"的颜色设置为"白",如图2-37所示。

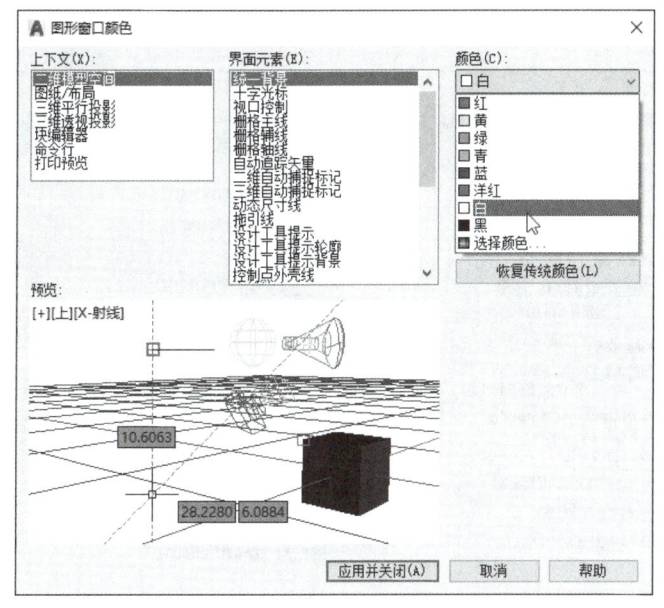

图 2-37 设置"统一背景"颜色

步骤 04 单击"应用并关闭"按钮,返回上一级对话框,单击"确定"按钮,完成设置操作,效果如图2-38所示。

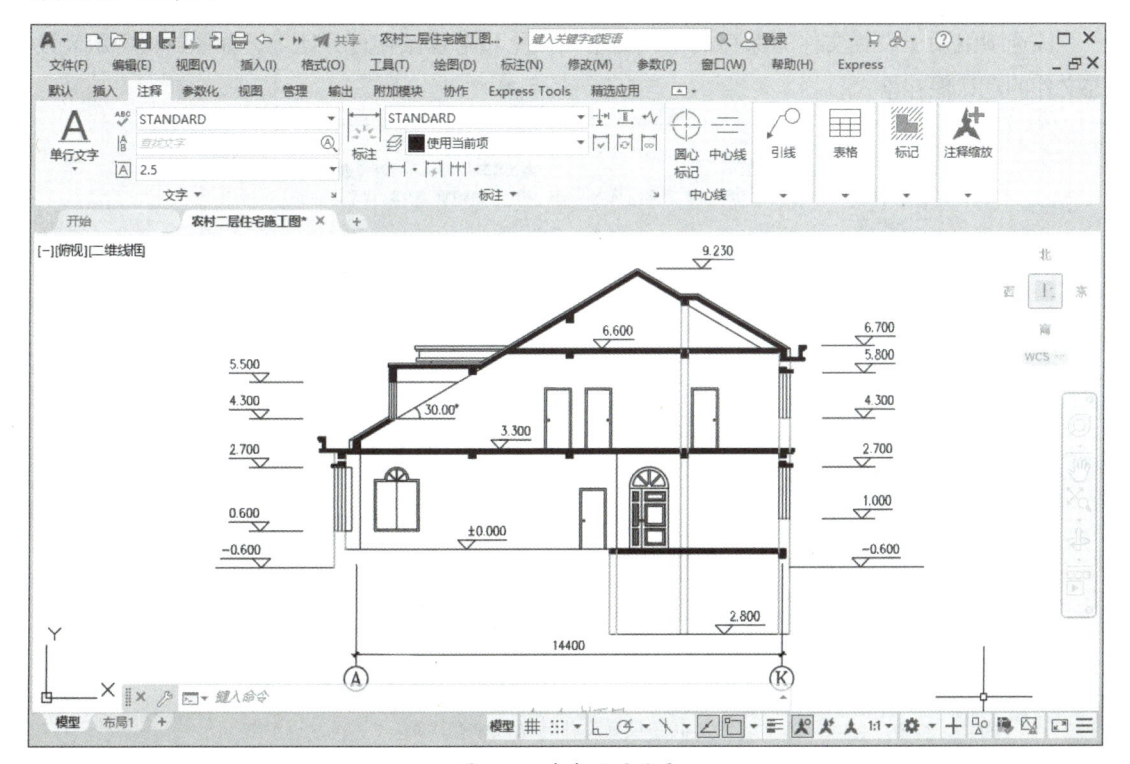

图 2-38 完成设置效果

2.4.2 打开和保存设置

在"选项"对话框的"打开和保存"选项卡中，可以进行"文件保存""文件安全措施""文件打开""外部参照"等方面的设置，如图2-39所示。

图2-39 "打开和保存"选项卡

1. 文件保存

该选项组用于设置文件的保存类型、缩略图预览和增量保存百分比等，如图2-40所示为设置文件的默认保存格式。

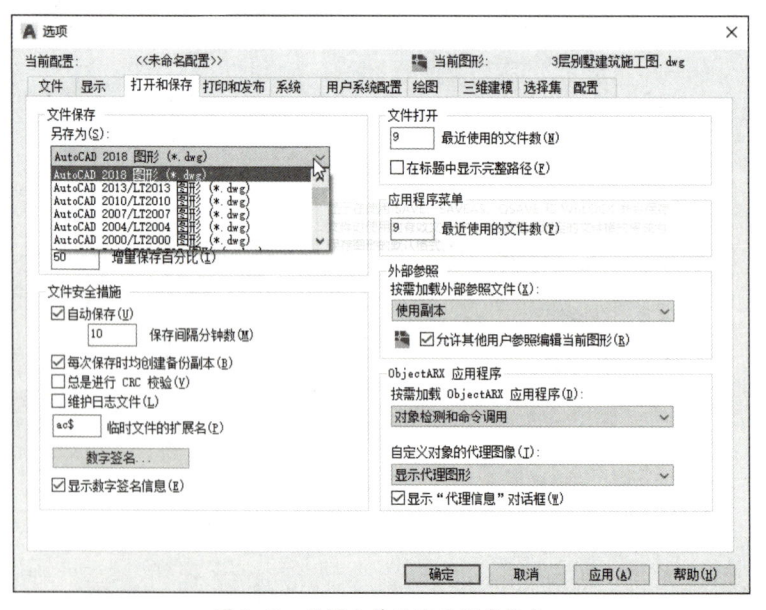

图2-40 设置文件的默认保存格式

2. 文件安全措施

该选项组用于设置文件自动保存的间隔时间、是否创建副本和临时文件的扩展名等。

3. 文件打开与应用程序菜单

"文件打开"选项组用于设置在窗口中打开的文件数量等。

4. 应用程序菜单

"应用程序菜单"选项组用于设置最近打开的文件数量。

5. 外部参照

该选项组用于设置调用外部参照时启用、禁用或使用副本等。

6. ObjectARX应用程序

该选项组用于设置如何加载ObjectARX应用程序和自定义对象的代理图像等。

■ 2.4.3 打印和发布设置

在"选项"对话框的"打印和发布"选项卡中，可以设置打印机和打印样式等，如图2-41所示。

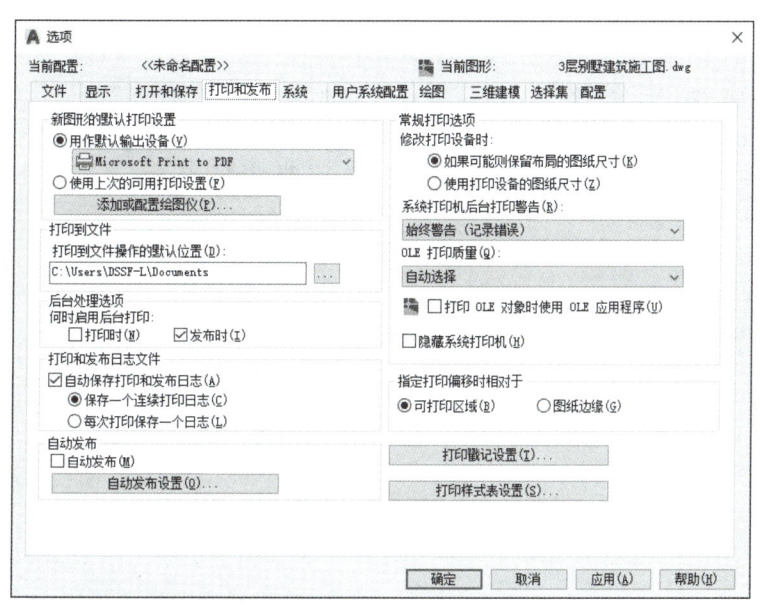

图 2-41 "打印和发布"选项卡

1. 新图形的默认打印设置

该选项组用于设置默认输出设备的名称和是否使用上次可用打印设置。

2. 打印到文件

该选项组用于设置打印到文件操作的默认位置。

3. 后台处理选项

该选项组用于设置何时启用后台打印。

4. 打印和发布日志文件

该选项组用于设置保存打印和发布日志的方式。

5. 常规打印选项

该选项组用于设置修改打印设备时的图纸尺寸、系统打印机后台是否警告、OLE打印质量和是否隐藏系统打印机。

6. 指定打印偏移时相对于

该选项组用于设置打印偏移时相对于的对象为可打印区域还是图纸边缘。

> **知识点拨**
> 单击"打印戳记设置"按钮，弹出"打印戳记"对话框，在其中可以设置打印戳记的具体参数。

■2.4.4 系统与用户设置

1. "系统"选项卡

在"系统"选项卡中可以设置三维图形显示系统的系统特性、当前定点设备、数据库连接等相关选项，如图2-42所示。

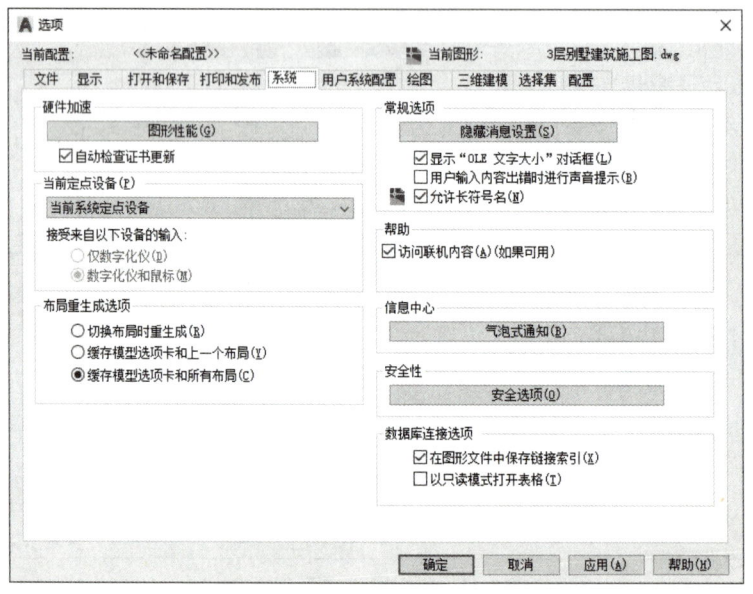

图 2-42 "系统"选项卡

（1）硬件加速

在该选项组中单击"图形性能"按钮，在弹出的"图形性能"对话框中可以开启硬件加速，设置功能设备的高质量显示、平滑线显示、高级材质效果、全阴影显示、单像素光照和未压缩的纹理等。

（2）当前定点设备

该选项组用于设置定点设备的类型和接受某些设备的输入。

（3）布局重生成选项

该选项组提供了"切换布局时重生成""缓存模型选项卡和上一个布局""缓存模型选项卡和所有布局"3个布局重生成选项。

(4）常规选项

该选项组用于设置消息的显示与隐藏，以及显示"OLE文字大小"对话框等。

（5）信息中心

在该选项组中单击"气泡式通知"按钮，打开"信息中心设置"对话框，在其中可以进行相关设置。

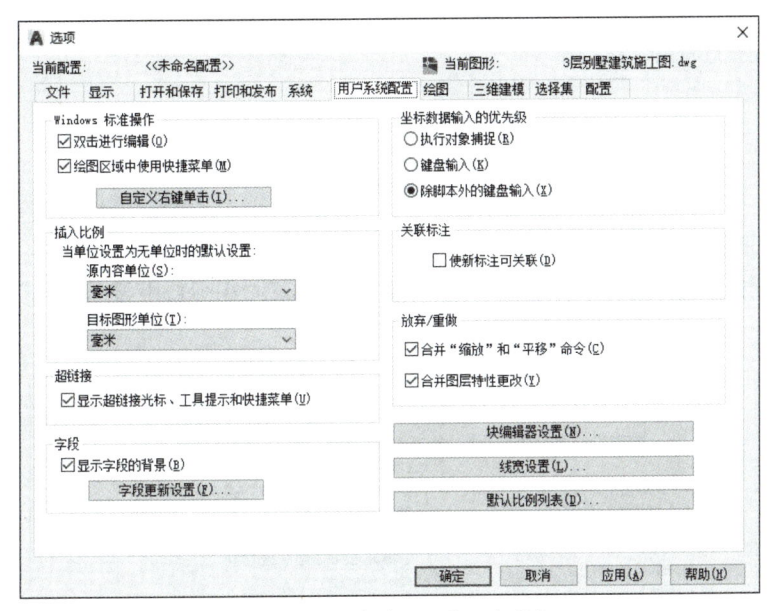

2."用户系统配置"选项卡

在"用户系统配置"选项卡中可以设置"Windows标准操作""插入比例""字段""坐标数据输入的优先级"等选项；另外，还可以单击"块编辑器设置""线宽设置""默认比例列表"按钮，进行相应的参数设置，如图2-43所示。

图2-43 "用户系统配置"选项卡

2.4.5 绘图与三维建模

1."绘图"选项卡

在"绘图"选项卡中，可以设置"自动捕捉设置"和"AutoTrack设置"选项组中自动捕捉和自动追踪的相关内容；还可以拖动滑块，调节自动捕捉标记和靶框的大小，如图2-44所示。

（1）自动捕捉设置

该选项组用于设置在绘制图形时捕捉点的样式。

（2）对象捕捉选项

该选项组用于设置"忽略图案填充对象""使用当前标高替换Z值"等。

（3）AutoTrack设置

该选项组用于设置是否"显示极轴追踪矢量""显示全屏追踪矢量""显示自动追踪工具提示"。

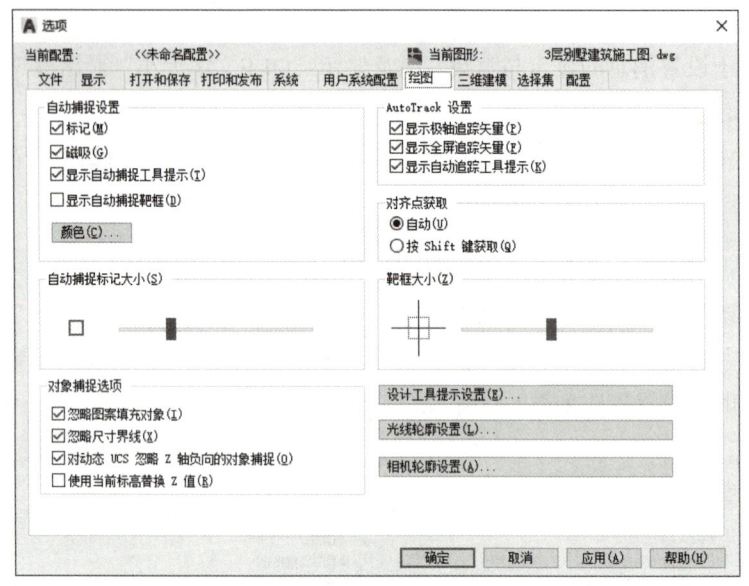

图 2-44 "绘图"选项卡

2. "三维建模"选项卡

在"三维建模"选项卡中，可以设置"三维十字光标""在视口中显示工具""三维对象""三维导航"等，如图2-45所示。

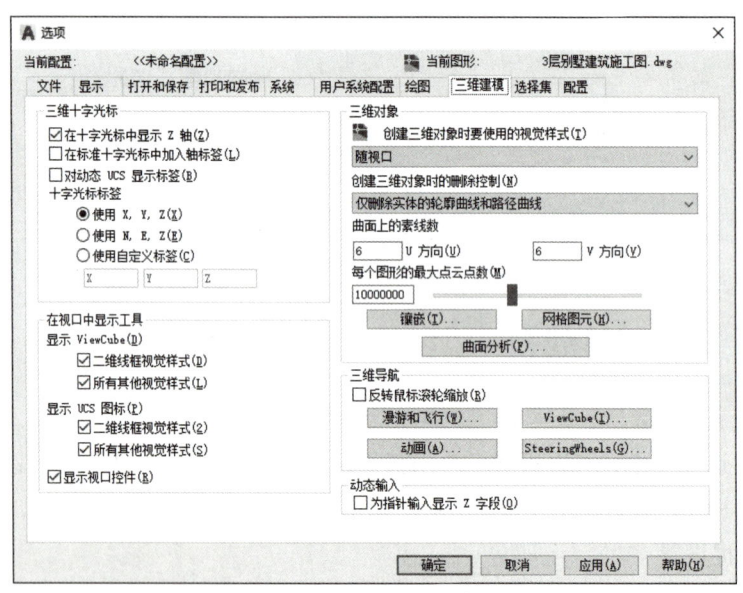

图 2-45 "三维建模"选项卡

（1）三维十字光标

该选项组用于设置是否"在十字光标中显示Z轴""在标准十字光标中加入轴标签"，以及十字光标标签如何显示等。

（2）三维对象

该选项组用于设置创建三维对象时的视觉样式、曲面上的素线数，以及设置网格图元、镶嵌等。

2.4.6 选择集与配置

1. "选择集"选项卡

在"选择集"选项卡中,可以设置拾取框大小、选择集模式和与夹点有关的各项内容,如图2-46所示。

图 2-46 "选择集"选项卡

(1) 夹点

该选项组用于设置夹点颜色、夹点显示、选择对象时限制显示的夹点数等。

(2) 预览

该选项组用于设置命令处于活动状态时和未激活任何命令时的选择集预览效果。单击"视觉效果设置"按钮,在弹出的"视觉效果设置"对话框中可以设置视觉样式的各项参数。

2. "配置"选项卡

在"配置"选项卡中,可以针对不同需求进行设置并保存设置,在以后需要进行相同设置时只需调用该配置文件即可。

2.5 了解坐标系统

物体在空间中的位置是通过坐标定义的,AutoCAD也是以这种定位方式确定图形的位置的,可以说,坐标系是用于定位的基本手段。

2.5.1 世界坐标系

世界坐标系由x轴、y轴和z轴这3个垂直并相交的坐标轴构成,一般显示在绘图区的左下角,如图2-47所示。在世界坐标系中,x轴和y轴的交点是坐标原点O(0,0),x轴正方向为水平向右,y轴正方向为垂直向上,z轴正方向为垂直于xOy平面,并指向操作者。在二维绘图状态下,z轴是不可见的。

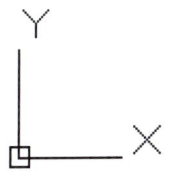

图 2-47 世界坐标系

2.5.2 用户坐标系

可以根据需要创建无限多的坐标系，这些坐标系被称为"用户坐标系"。在进行三维建模时，固定不变的世界坐标系无法满足用户的需要，因此，系统定义了一个可以移动的用户坐标系（简称"UCS"），用于在需要的位置设置原点和坐标轴的方向，以更加便于绘图。在默认情况下，用户坐标系和世界坐标系完全重合，但是用户坐标系的图标少了原点处的小方格，如图2-48所示。

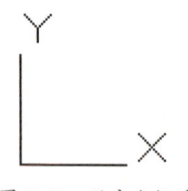

图 2-48 用户坐标系

2.5.3 坐标输入方法

在绘制图形时，可通过以下3种方法创建坐标：

1. 根据输入坐标值创建

执行"工具"→"新建UCS"→"原点"命令，根据命令行中的提示信息，在绘图区中指定新的坐标原点，然后输入x、y、z坐标值，按回车键，即可完成创建。

2. 通过指定坐标轴方向创建

在命令行中输入"UCS"，按回车键，在绘图区中指定新的坐标原点，然后根据需要指定x、y、z坐标轴方向，即可完成创建。

3. 通过"面"命令创建

执行"工具"→"新建UCS"→"面"命令，在绘图区中指定对象的一个面作为用户坐标平面，然后根据命令行中的提示信息，指定新坐标轴的方向，即可完成创建。

实战演练 更改文件保存的默认类型

AutoCAD 2022版本文件保存的默认类型为"AutoCAD 2018图形（*.dwg）"，为方便在低版本的AutoCAD中打开文件，可对其默认的保存类型进行更改。

步骤 01 打开"三层别墅立面图.dwg"素材文件，右击绘图区中的任意一点，在弹出的快捷菜单中选择"选项"选项，如图2-49所示。

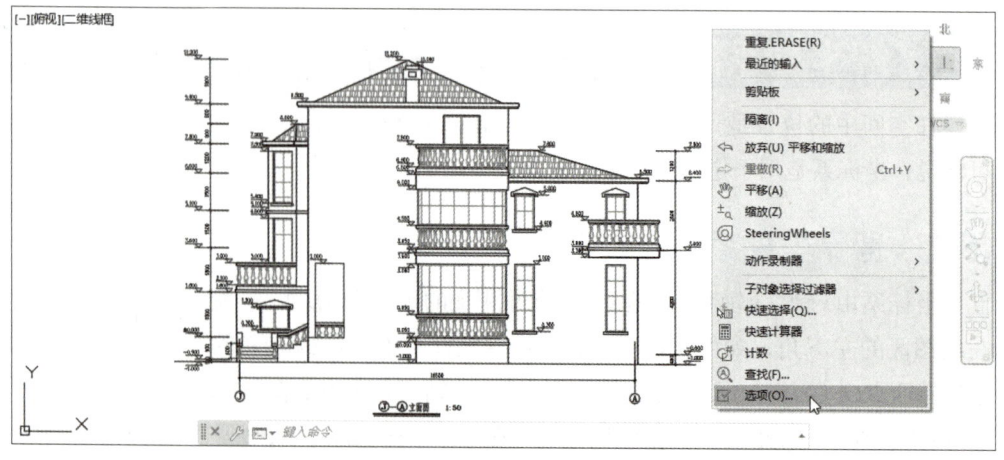

扫码观看视频

图 2-49 打开素材文件并在右键菜单中选择"选项"选项

第2章　**AutoCAD绘图基础**

步骤 02 在打开的"选项"对话框中切换至"打开和保存"选项卡，单击"另存为"右侧的下拉按钮，在其下拉列表中选择"AutoCAD 2004/LT2004图形（*.dwg）"选项，如图2-50所示。

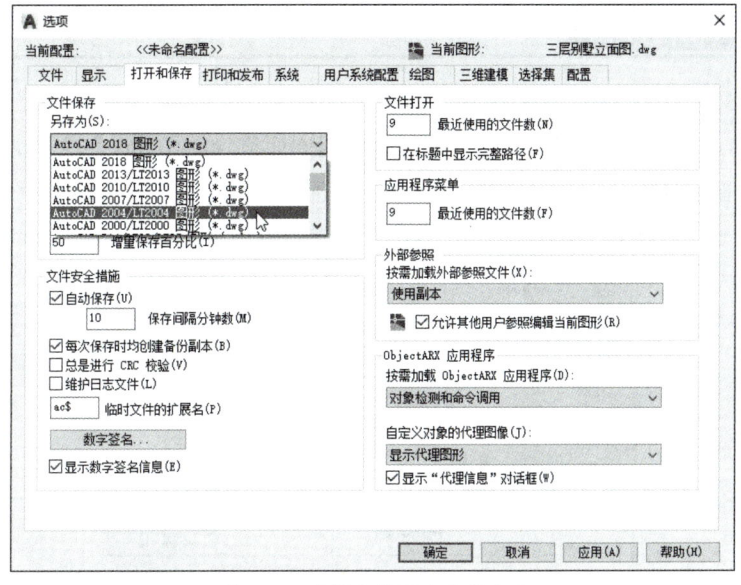

图 2-50　选择文件保存类型选项

步骤 03 单击"确定"按钮，关闭该对话框。右击文件选项卡标签，在下拉列表中选择"另存为"选项，如图2-51所示。

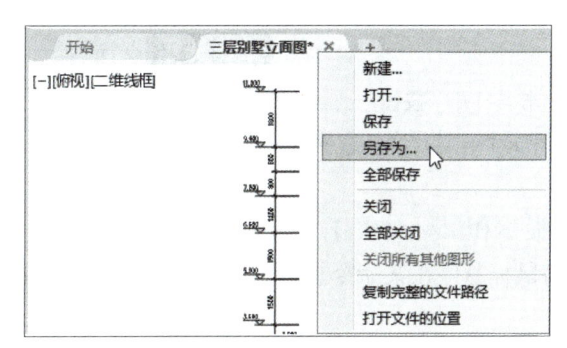

图 2-51　选择"另存为"选项

步骤 04 在打开的"图形另存为"对话框中设置保存路径及文件名，可以看到默认"文件类型"已更改为"AutoCAD 2004/LT2004图形（*.dwg）"类型，单击"保存"按钮，即可保存该图形，如图2-52所示。

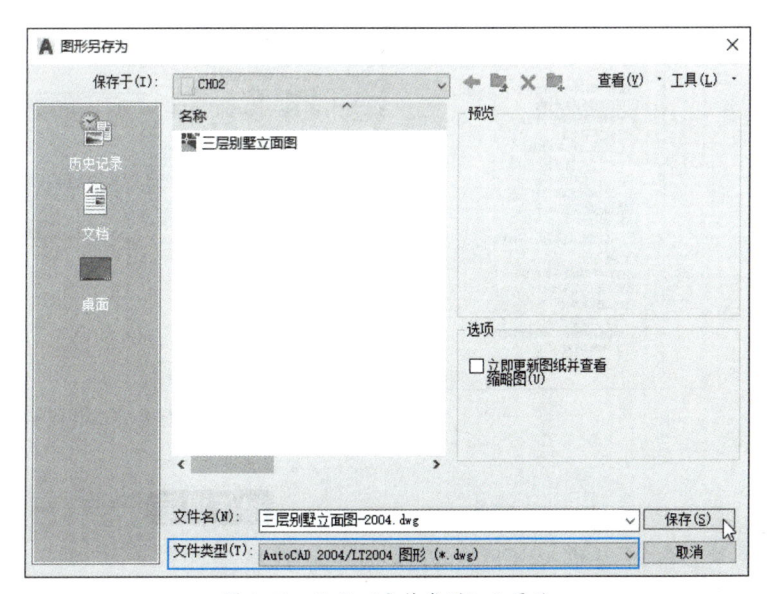

图 2-52　默认"文件类型"已更改

· 35 ·

课后作业

1. 保护图形文件

利用"只读"功能打开"电梯间立面结构图样.dwg"文件，以防止他人更改文件，操作如图2-53所示。

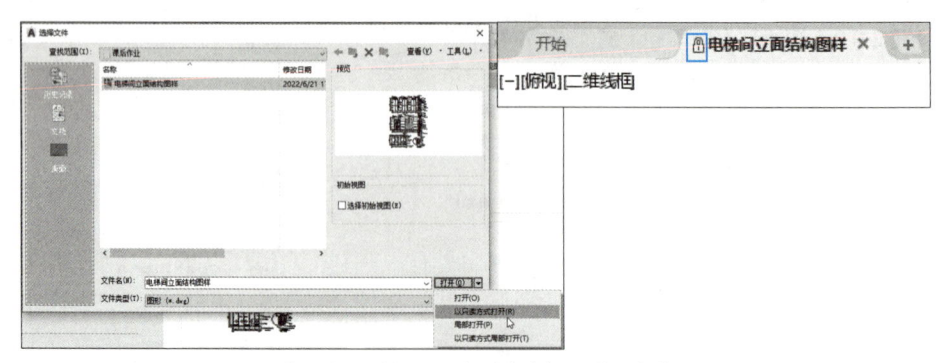

图2-53 利用"只读"功能打开图形文件

操作提示

- 在开始界面中单击"打开"按钮。
- 在"选择文件"对话框中选择文件，单击"打开"右侧的下拉按钮，选择"以只读方式打开"选项。

2. 取消工具提示和鼠标悬停工具提示显示

默认情况下将鼠标悬停在某命令上时，会显示该命令的提示说明，现需要将其隐藏，操作如图2-54所示。

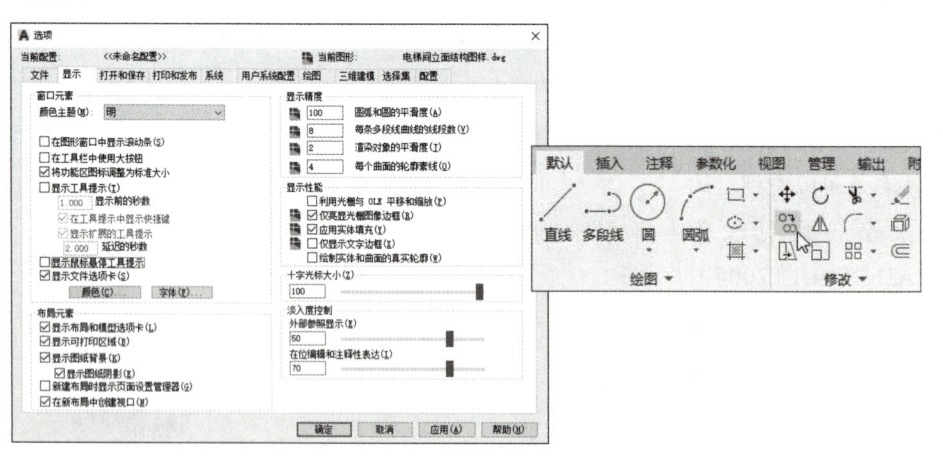

图2-54 取消工具提示和鼠标悬停工具提示显示

操作提示

- 在命令行中输入"OP"，按回车键。
- 在"选项"对话框的"显示"选项卡中取消勾选"显示工具提示"和"显示鼠标悬停工具提示"复选框。

第 3 章

精准辅助绘图

内容概要

使用AutoCAD的辅助功能可以快速定位至图形的某个点、某条线段，或者某个面，更精准地绘制图纸。本章将着重讲解各类辅助功能的使用方法，其中包括捕捉功能、图层功能和测量功能等。

知识要点

- 掌握各类捕捉功能的应用。
- 掌握图形的选取方法。
- 掌握图层创建与管理操作。

数字资源

【本章素材】："素材文件\第3章"目录下
【本章实战演练最终文件】："素材文件\第3章\实战演练"目录下

3.1 控制界面视图

为了更好地显示图形，可对图形的显示状态进行控制，例如缩放和平移视图。

3.1.1 缩放视图

如果要放大视图，可向上滚动鼠标中键，如图3-1所示；反之，向下滚动鼠标中键，可缩小视图，如图3-2所示。

图 3-1 放大视图

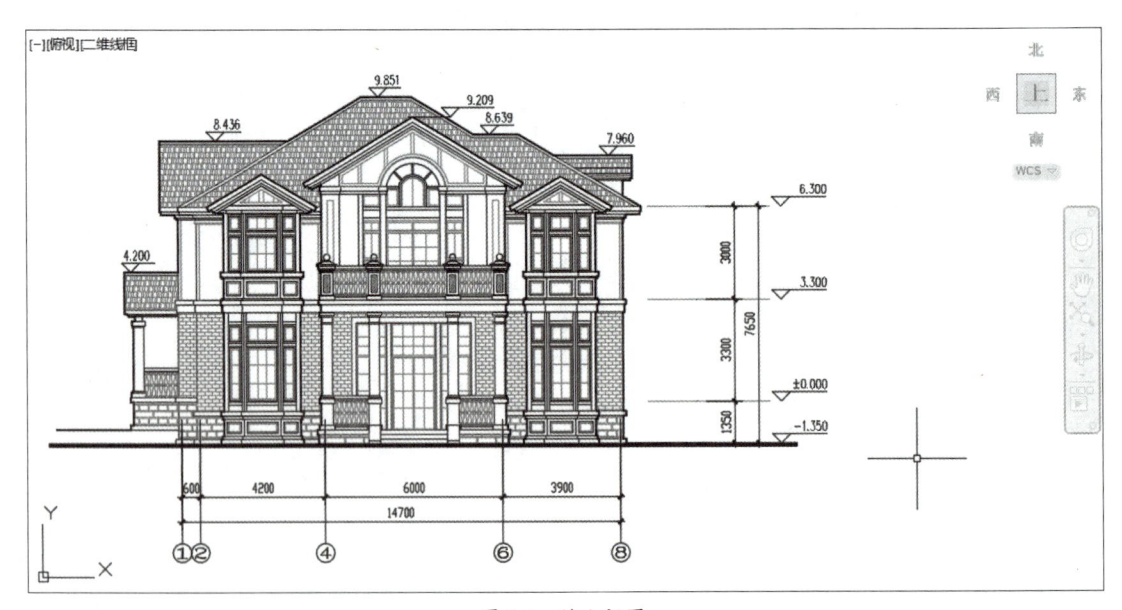

图 3-2 缩小视图

此外，系统提供了多种缩放方式，例如窗口缩放、实时缩放、动态缩放、中心缩放、全部缩放等。在绘图区右侧的视图显示工具栏中单击"范围缩放"下方的下拉按钮，在其列表中选择即可，如图3-3所示。

各缩放选项含义如下：

- **范围缩放**：缩放以显示图形范围并使所有对象最大显示。
- **窗口缩放**：缩放显示由两个角点定义的矩形窗口框定的区域。
- **缩放上一个**：缩放显示上一视图，最多可恢复前10个视图。
- **实时缩放**：利用定点设备，在逻辑范围内交互缩放。
- **全部缩放**：在当前视口中缩放显示整个图形。
- **动态缩放**：缩放显示在视图框中的部分图形。
- **缩放比例**：以当前视图为基点，指定缩放的比例值，视图会按照该数值进行等比例缩放。当比例值大于0时，为放大视图；当比例值小于0时，为缩小视图。
- **中心缩放**：缩放显示由中心点和放大比例所定义的窗口区域。比例值较小时，增加放大比例；比例值较大时，减小放大比例。
- **缩放对象**：尽可能大地显示一个或多个选定对象并使其位于绘图区的中心。
- **放大**：默认将图形按照比例因子为2的数值放大视图。
- **缩小**：默认将图形按照比例因子为2的数值缩小视图。

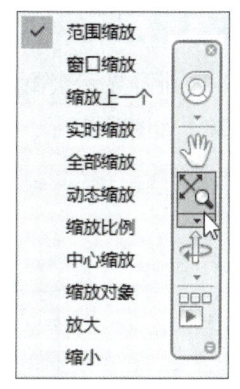

图 3-3 选择缩放选项

3.1.2 平移视图

如果想要查看当前视图无法查看的区域，可使用"平移"工具平移视图。按住鼠标中键，光标会显示为，拖动光标即可执行平移视图操作，如图3-4所示。

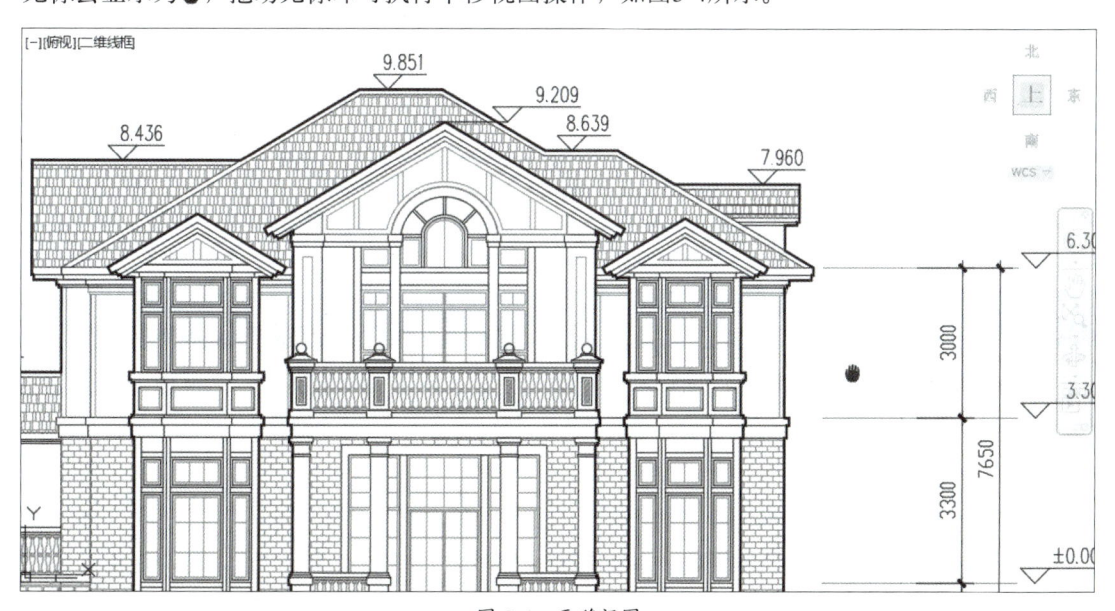

图 3-4 平移视图

3.1.3 全屏显示

全屏显示会隐藏界面中的功能区,并使软件窗口平铺于整个桌面,使绘图区变得更加宽敞,如图3-5所示。对于大型图纸来说,该功能有助于更加全面地观察图纸的整体布局。

图 3-5 全屏显示

在状态栏中单击"全屏显示"按钮即可启动全屏显示功能,如图3-6所示。再次单击该按钮,可恢复至上一次窗口显示状态。

图 3-6 单击"全屏显示"按钮

> **知识点拨**
> 按 Ctrl+0(数字零)组合键可启动全屏显示功能。

3.2 设置绘图辅助功能

在绘制过程中,使用光标捕捉图形中的某个点或某条线段,其精准度不会很高,这时需要结合捕捉功能精确绘图。

3.2.1 栅格和捕捉

使用栅格和捕捉功能有助于创建和对齐图形中的对象。栅格和捕捉功能是配合使用的,即捕捉间距与栅格的x、y轴间距分别一致,这样就能保证光标拾取到精确的位置。

栅格是按照设置的间距显示在图形区域中的点,可以提供距离和位置的直观参照,栅格只在图形界线内显示。在状态栏中单击"显示图形栅格"按钮,即可开启栅格显示,如图3-7所示,再次单击该按钮则关闭栅格显示。此外,按F7键也可开启栅格显示。

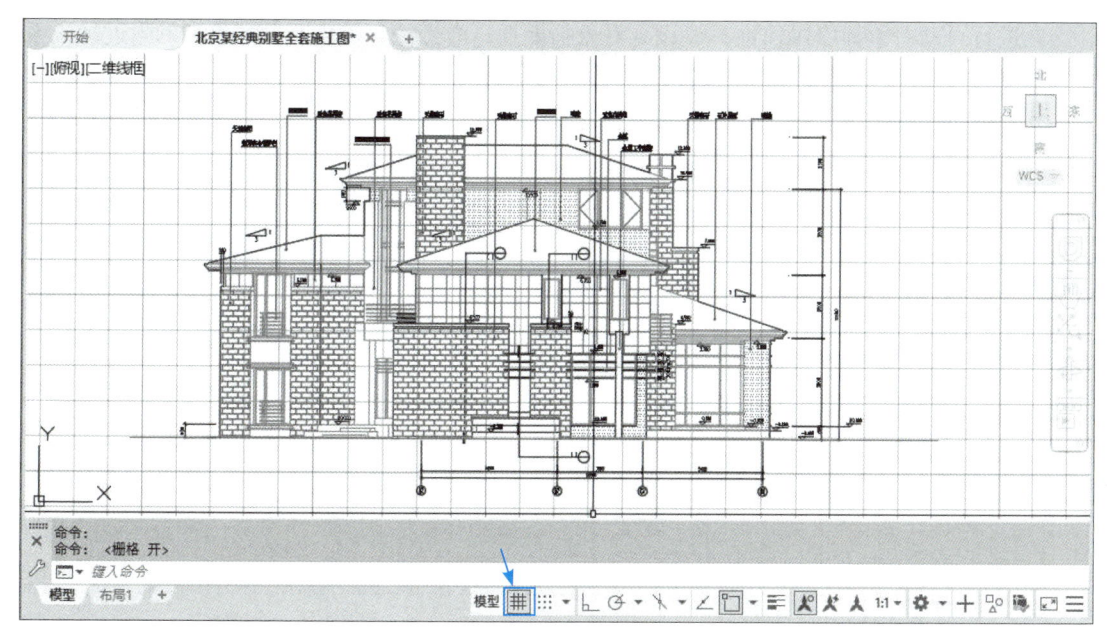

图 3-7 开启栅格显示

栅格点对光标有吸附作用，开启捕捉模式后，栅格点能够捕捉光标，使光标只能落在由这些点确定的位置上，并按指定的步距移动。在状态栏中单击"捕捉到图形栅格"按钮即可开启捕捉模式，如图3-8所示。

图 3-8 单击"捕捉到图形栅格"按钮

3.2.2 正交

该功能用于在任意角度和直角之间进行切换。使用正交功能，可将光标限制在水平或垂直方向上移动，以便精确地创建和修改对象，取消该功能则可沿任意角度进行绘制。在状态栏中单击"正交限制光标"按钮，可开启正交功能，如图3-9所示。按F8键也可开启该功能。

图 3-9 单击"正交限制光标"按钮

3.2.3 对象捕捉

对象捕捉是绘图常用的捕捉功能，用于精确指定到图形中某个点的位置，例如端点、中心、圆心和交点等。对象捕捉有两种方式，一种是临时对象捕捉，另一种是自动对象捕捉。

临时对象捕捉主要通过"对象捕捉"工具栏实现，执行"工具"→"工具栏"→"Auto-CAD"→"对象捕捉"菜单命令，即可打开"对象捕捉"工具栏，如图3-10所示。

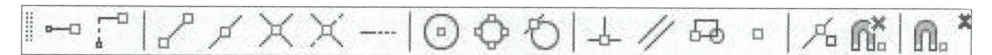

图 3-10 "对象捕捉"工具栏

· 41 ·

在进行自动对象捕捉操作前,要设置对象捕捉点,当光标移动到对象捕捉点的附近时,系统会自动捕捉到这些点,如图3-11所示是捕捉线段中点。

在状态栏中单击"对象捕捉"按钮,可开启该功能。单击"对象捕捉"右侧的下拉按钮,在打开的列表中勾选所需捕捉点,即可进行捕捉操作,如图3-12所示。

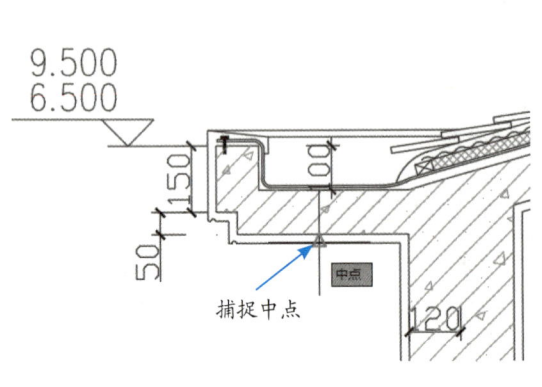

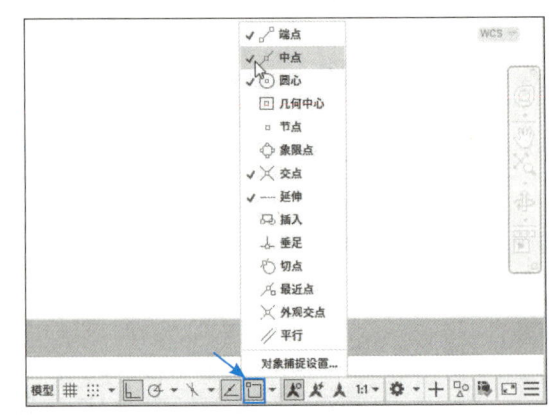

图 3-11　捕捉中点　　　　　　图 3-12　选择捕捉点

在"对象捕捉"列表中选择"对象捕捉设置"选项,在打开的"草图设置"对话框中也可开启对象捕捉功能,如图3-13所示。

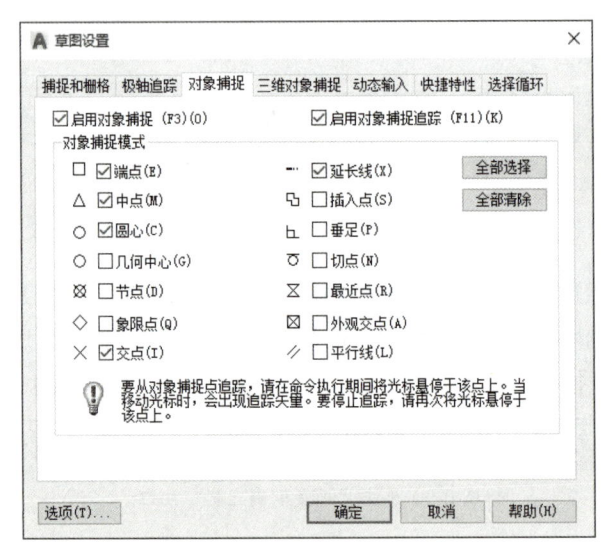

图 3-13　"草图设置"对话框

下面对各捕捉点的含义进行讲解。

- **端点**:直线、圆弧、样条曲线、多线段、面域或三维对象的最近端点或角。
- **中点**:直线、圆弧和多线段的中点。
- **圆心**:圆弧、圆和椭圆的圆心。
- **几何中心**:任意闭合多段线和样条曲线的质心。
- **节点**:捕捉到指定的点对象。
- **象限点**:圆弧、圆和椭圆上0°、90°、180°和270°处的点。
- **交点**:实体对象交界处的点。延伸交点不能用于执行对象捕捉模式。

- **延长线**：捕捉直线延伸线上的点。当光标移动至对象的端点时，将显示沿对象的轨迹延伸出来的虚拟点。
- **插入点**：文本、属性和符号的插入点。
- **垂足**：圆弧、圆、椭圆、直线和多线段等的垂足。
- **切点**：圆弧、圆、椭圆上的切点，该点和另一点的连线与捕捉对象相切。
- **最近点**：离靶心最近的点。
- **外观交点**：三维空间中不相交但在当前视图中可能相交的两个对象的视觉交点。
- **平行线**：捕捉通过已知点并且与已知直线平行的直线的位置。

上手操作 利用对象捕捉功能绘制五角星

下面利用对象捕捉功能绘制五角星图形。

步骤01 单击"对象捕捉"按钮，在其列表中选择"对象捕捉设置"选项，打开"草图设置"对话框，勾选如图3-14所示的捕捉点复选框。

步骤02 在"默认"选项卡的"绘图"面板中单击"多边形"按钮，根据命令行中的提示信息，绘制一个内接于圆的五边形，圆半径为500 mm，如图3-15所示。

命令行中的提示信息如下：

```
命令：_polygon 输入侧面数 <5>：5              输入"5"，回车
指定正多边形的中心点或 [边(E)]：             指定任意一点
输入选项 [内接于圆(I)/外切于圆(C)] <I>：I    选择"内接于圆"选项，回车
指定圆的半径：500                             输入半径值"500"，回车
```

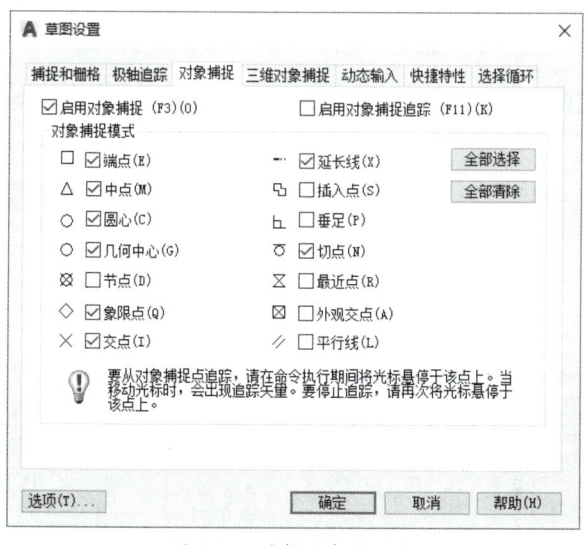

图 3-14　选择对象捕捉点

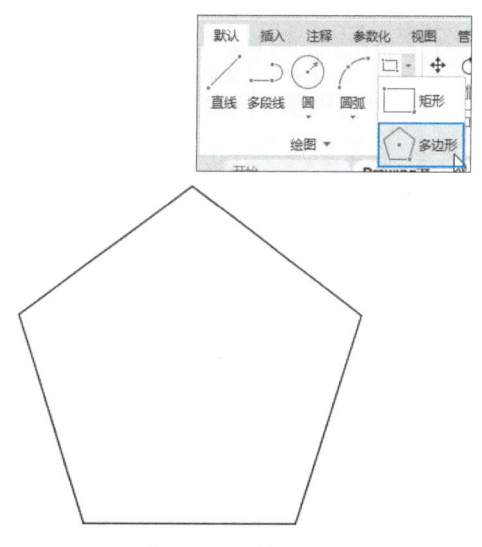

图 3-15　绘制五边形

步骤03 在"默认"选项卡的"绘图"面板中单击"直线"按钮，捕捉五边形的几何中心，将其作为直线的起点，移动光标，捕捉五边形其中一个顶点作为直线的终点，绘制直线，如图3-16所示。

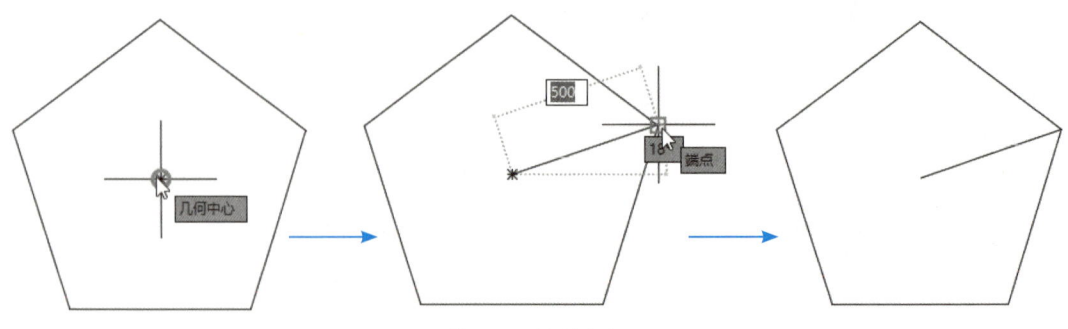

图 3-16 绘制直线

步骤 04 按照同样的方法，绘制几何中心至其他顶点的线段，如图3-17所示。

步骤 05 再次执行"直线"命令，捕捉几何中心和五边形其中一条边线的中点，绘制直线，如图3-18所示。

步骤 06 按照同样的方法，绘制其他直线，如图3-19所示。

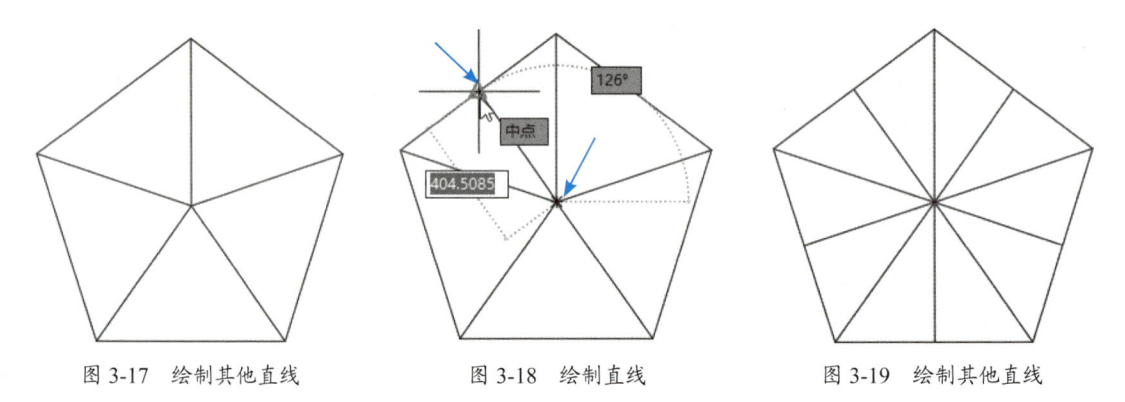

图 3-17　绘制其他直线　　　　图 3-18　绘制直线　　　　图 3-19　绘制其他直线

步骤 07 继续执行"直线"命令，捕捉如图3-20所示的线段顶点和线段中点，绘制五角星的一条边线，如图3-20所示。

步骤 08 继续捕捉其他的线段顶点和线段中点，如图3-21所示，按回车键，完成五角星其他边线的绘制。

步骤 09 按Delete键删除多余的直线及五边形，五角星绘制完成，结果如图3-22所示。

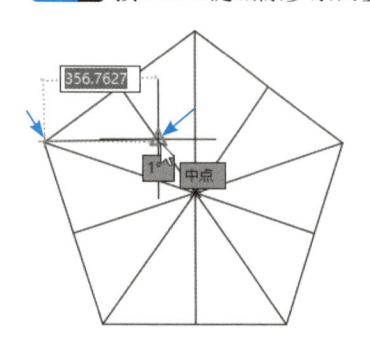

图 3-20　绘制五角星的一条边线 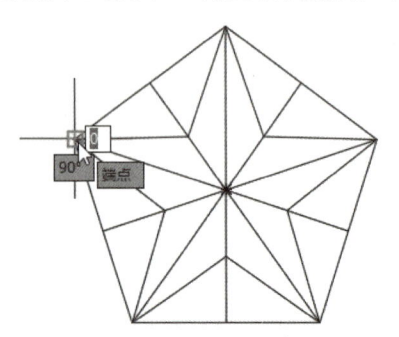　　图 3-21　绘制五角星的其他边线 　　图 3-22　删除多余的直线和五边形

■3.2.4 极轴追踪

在绘制固定角度的倾斜线段时，可在状态栏中单击"极轴追踪"按钮，开启极轴追踪功能，如图3-23所示。

图 3-23 单击"极轴追踪"按钮

单击"极轴追踪"右侧的下拉按钮，在打开的列表中可选择系统预设的角度。如果需要指定某个特定角度，可选择"正在追踪设置"选项，在打开的"草图设置"对话框中设置"增量角"数值，如图3-24所示。

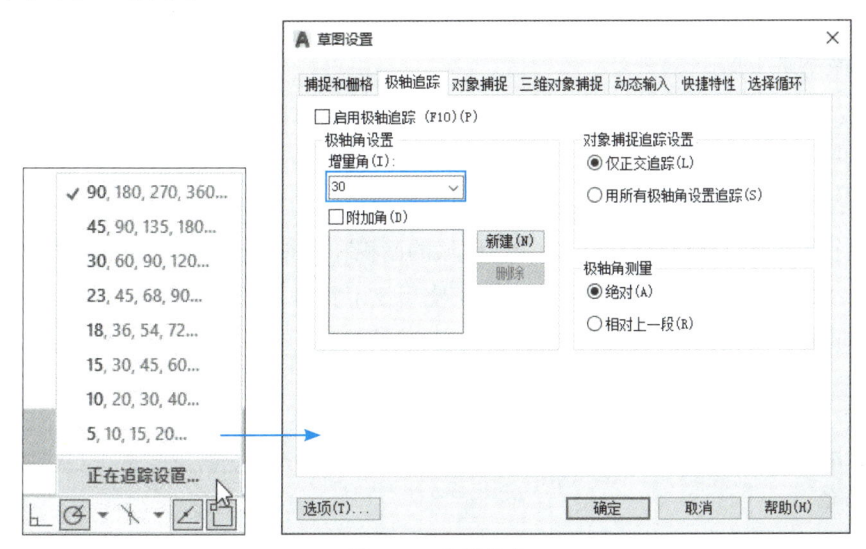

图 3-24 设置角度

极轴追踪相关选项的功能讲解如下：

- **启用极轴追踪**：用于打开或关闭极轴追踪功能。
- **增量角**：用于选择极轴角的递增角度，按增量角的整数倍确定追踪路径。
- **附加角**：用于沿某些特殊方向进行极轴追踪。例如，要在按30°增量角的整数倍角度追踪的同时追踪15°角的路径，可勾选"附加角"复选框，单击"新建"按钮，在文本框中输入"15"。
- **对象捕捉追踪设置**：用于设置对象捕捉追踪的方式。
- **极轴角测量**：用于定义极轴角的测量方式。"绝对"表示以当前UCS的x轴为基准计算极轴角；"相对上一段"表示以最后创建的对象为基准计算极轴角。

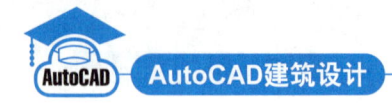

■3.2.5 测量

测量功能主要是通过测量工具对图形的面积、周长、体积、半径和点之间的距离等信息进行测量。

在"默认"选项卡的"实用工具"面板中单击"测量"下方的下拉按钮，在其列表中选择所需的测量工具即可，如图3-25所示。

- **快速**：用于快速测量图形的长、宽值。将光标移至所需测量的图形上，即可显示测量结果。
- **距离**：用于测量两个点之间的长度值。在使用该工具时，只需指定两个测量点，即可显示测量结果。
- **半径**：用于测量圆或圆弧的半径值。指定要测量的圆或圆弧，即可显示测量结果。
- **角度**：用于测量两条线段之间的夹角度数。只需指定两条夹角的边，即可显示测量结果。
- **面积**：用于测量图形及所定义区域的面积和周长。指定测量区域的各个测量点，按回车键即可显示该区域的面积和周长。
- **体积**：与"面积"工具的用法相似。在使用该工具时，先指定测量区域的各个测量点，按回车键后输入高度值即可。

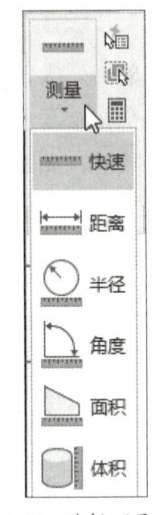

图 3-25 选择测量工具

> **知识点拨**
>
> 在"实用工具"面板中单击"点坐标"按钮，捕捉到要测量的点的位置，即可精确测量图形中每个点的 x、y 和 z 值。

上手操作 测量别墅一层的面积值

下面利用"面积"工具测量别墅一层的面积值。

步骤01 打开"别墅一层户型图.dwg"素材文件，在"实用工具"面板中单击"测量"下方的下拉按钮，在其列表中选择"面积"选项，捕捉户型图的第1个测量点，如图3-26所示。

步骤02 向上移动光标，捕捉第2个测量点，如图3-27所示。

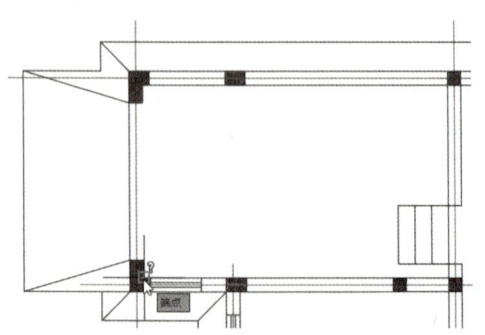

图 3-26 在素材文件中捕捉第 1 个测量点　　　图 3-27 捕捉第 2 个测量点

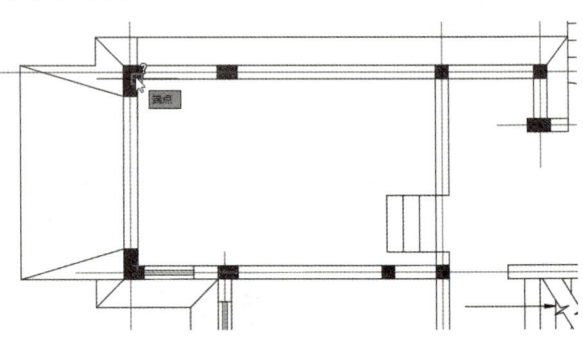

步骤 03 沿着墙体线捕捉第3个测量点，如图3-28所示。

步骤 04 继续沿着墙体线捕捉其他测量点，直到终点，按回车键，即可得出该区域的面积值，如图3-29所示。

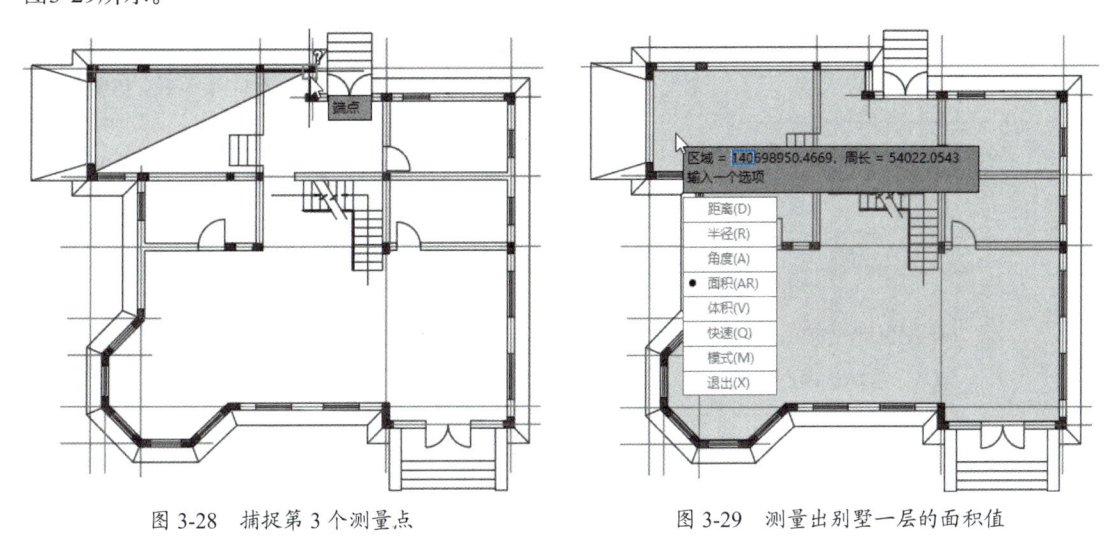

图 3-28　捕捉第 3 个测量点

图 3-29　测量出别墅一层的面积值

3.3　选择图形

图形的选择有多种方法，最常用的是单击图形。在操作过程中往往会遇到各类状况，这时需要快速判断，并选择合适的图形选择方法。

■ 3.3.1　选择图形的方法

AutoCAD提供了多种选择图形的方法，其中点选图形、框选图形、围选图形这3种方法经常会用到。

1. 点选

要选择某图形时，将光标移至该图形上，单击即可选中。当图形被选中后，会显示该图形的夹点，如图3-30所示。若要选择多个图形，则继续单击其他图形即可，如图3-31所示。

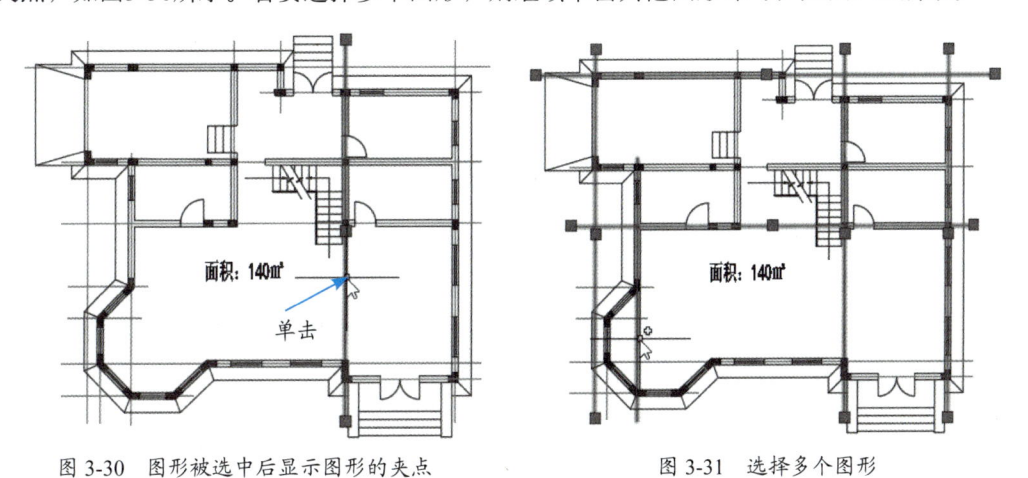

图 3-30　图形被选中后显示图形的夹点

图 3-31　选择多个图形

2. 框选

在绘图区中指定框选起点,移动光标至合适位置,在框选区域中的图形会被选中。

框选的方向不同,选中结果也不同。在框选图形时,若是从左至右框选,在框选区域内的图形都会被选中,而与框选边界相交的图形则不被选中,如图3-32、图3-33所示;相反,若是从右至左框选,在框选区域内的图形、与框选边界相交的图形都会被选中,如图3-34、图3-35所示。

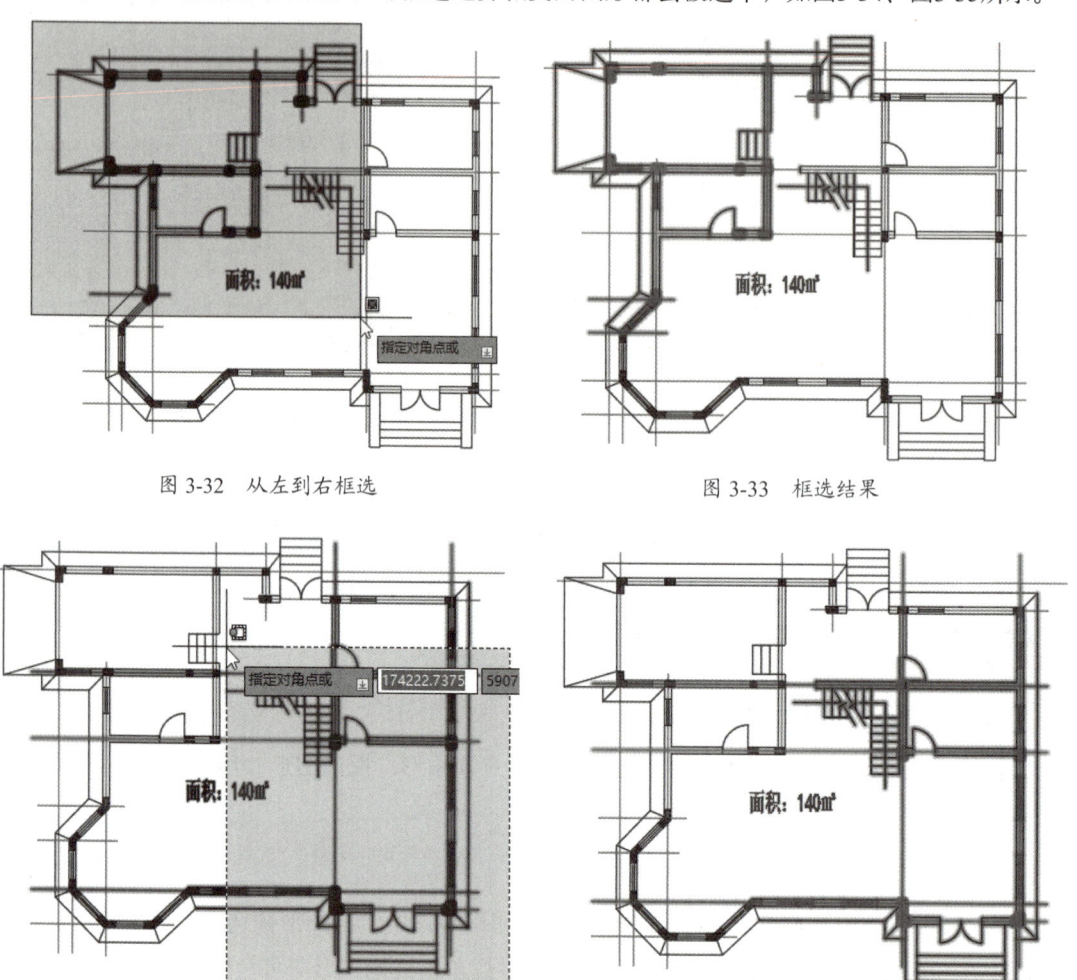

图 3-32　从左到右框选　　　　　　图 3-33　框选结果

图 3-34　从右至左框选　　　　　　图 3-35　框选结果

3. 围选

使用围选的方法选择图形,灵活性较大,可通过不规则图形围选所需选择的图形。围选分为两种方式,分别为圈围和圈交。

圈围是一种多边形窗口选择方式,在绘图区中单击空白处,然后在命令行中输入"WP"并按回车键,根据命令行中的提示信息,在绘图区中指定拾取点,通过不同的拾取点构成任意多边形,按回车键结束操作,所有在多边形内的图形都会被选中,而与多边形相交的图形不被选中,如图3-36、图3-37所示。

命令行中的提示信息如下:

```
命令：指定对角点或 ［栏选(F)/圈围(WP)/圈交(CP)］：wp          输入"wp"，回车
指定直线的端点或 ［放弃(U)］：                              指定第 1 个拾取点
指定直线的端点或 ［放弃(U)］：                              继续指定其他拾取点，回车结束
```

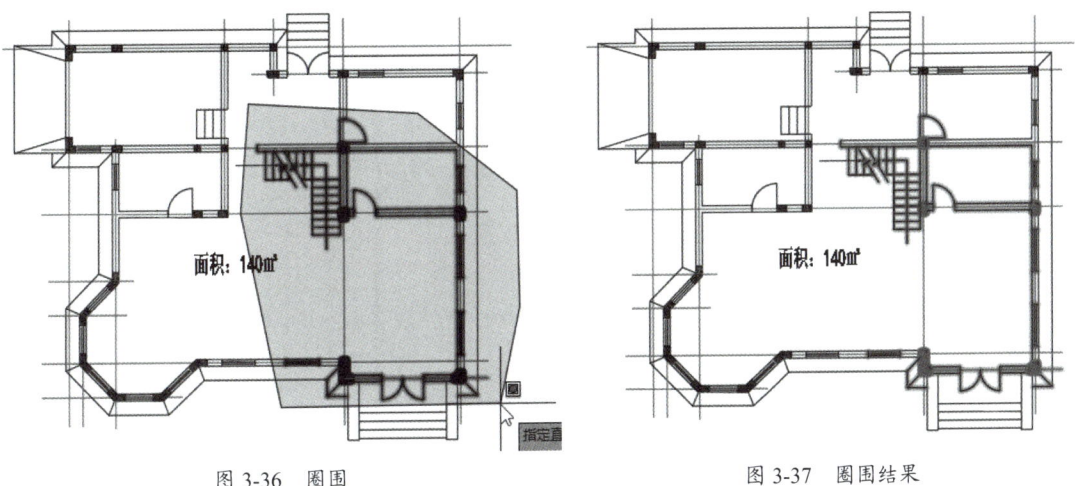

图 3-36 圈围　　　　　　　　　　　　　　　　图 3-37 圈围结果

圈交与圈围相似，通过绘制一个不规则的封闭多边形作为交叉窗口选择图形对象。在绘图层中单击任意一点，然后在命令行中输入"CP"，按回车键即可进行选取操作，此时完全包围在多边形中的图形、与多边形相交的图形都会被选中，如图3-38、图3-39所示。

命令行中的提示信息如下：

```
命令：指定对角点或 ［栏选(F)/圈围(WP)/圈交(CP)］：cp          输入"cp"，回车
指定直线的端点或 ［放弃(U)］：                              指定第 1 个拾取点
指定直线的端点或 ［放弃(U)］：                              继续指定其他拾取点，回车结束
```

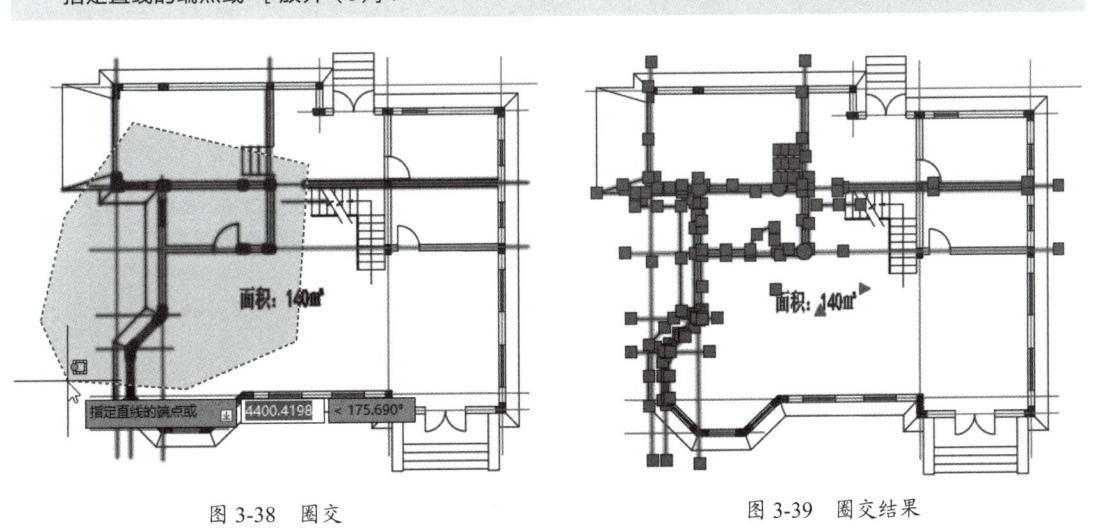

图 3-38 圈交　　　　　　　　　　　　　　　　图 3-39 圈交结果

■3.3.2 快速选择图形

当需要选择具有某些共同特性的对象时，可以在"快速选择"对话框中进行相应的设置。在绘图区中右击，在弹出的快捷菜单中选择"快速选择"选项，如图3-40所示，打开"快速选

择"对话框,设置所需图形对象的颜色、图层、线型等特性,以及其他诸如对象类型等信息,如图3-41所示,单击"确定"按钮,此时所有与之相匹配的图形都会被选中。

图 3-40 选择"快速选择"选项

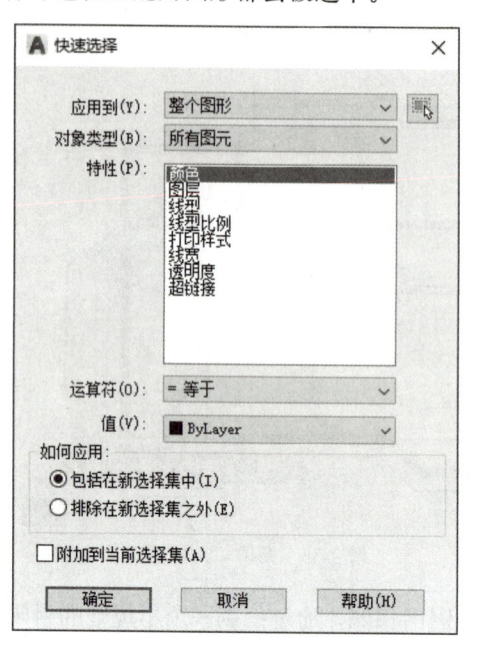

图 3-41 "快速选择"对话框

上手操作 快速选择所有轴线图形

下面利用快速选择功能,批量选择别墅一层户型图中的轴线图形。

步骤 01 打开"别墅一层户型图.dwg"素材文件,打开"快速选择"对话框,将"特性"设置为"图层",如图3-42所示。

步骤 02 将"值"设置为"轴线",如图3-43所示。

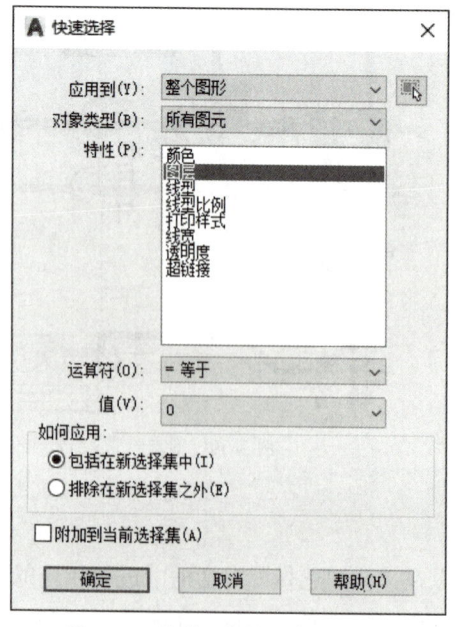

图 3-42 设置"特性"为"图层"

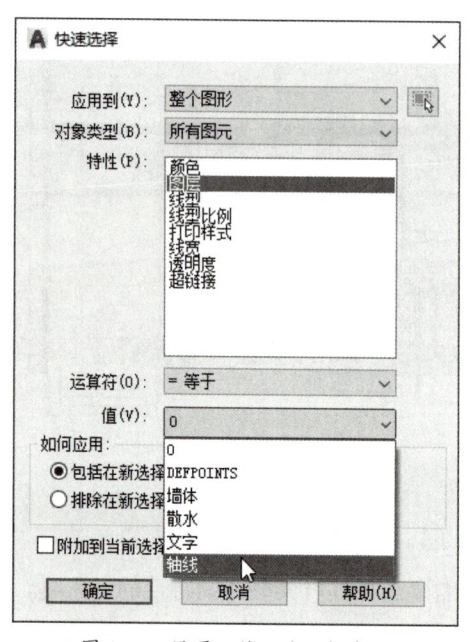

图 3-43 设置"值"为"轴线"

· 50 ·

步骤 03 单击"确定"按钮,此时图纸中的所有轴线会被批量选中,如图3-44所示。

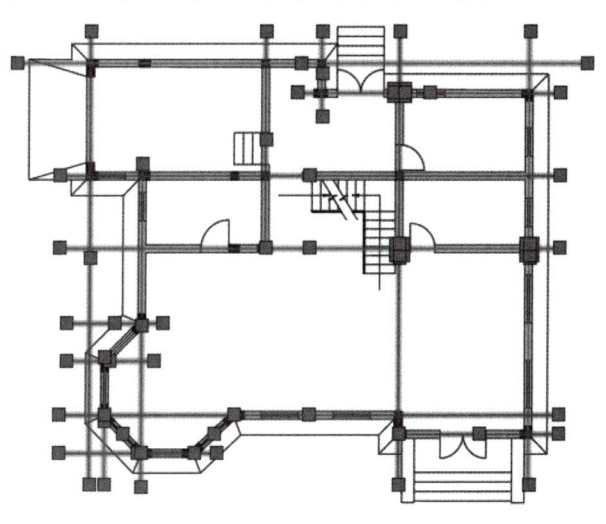

图 3-44 选中所有轴线

3.4 图层管理与设置

利用图层设置功能可将表示不同性质的图形分门别类地绘制在不同的图层上,以便于图形的管理、编辑和检查。

■ 3.4.1 图层特性管理器

在"默认"选项卡的"图层"面板中单击"图层特性"按钮,打开"图层特性管理器"面板。在该面板中,可对当前文件中的所有图层进行管理,例如图层的创建、图层属性的设置、图层的冻结、图层的锁定等,如图3-45所示。

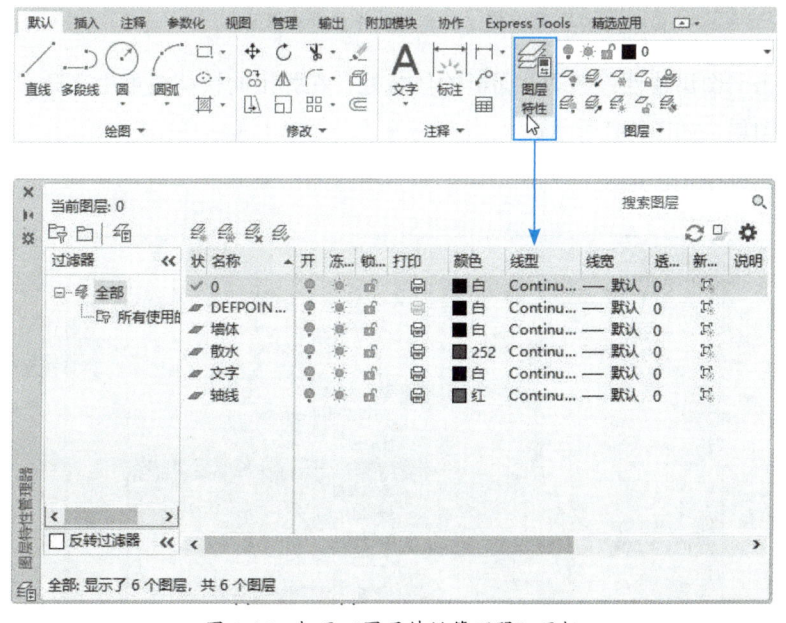

图 3-45 打开"图层特性管理器"面板

0图层是系统图层，是不可删除的。如果没有创建新图层，那么当前文件中所绘制的图形都会默认显示在0图层中。

■3.4.2 创建与删除图层

在"图层特性管理器"面板中单击"新建图层"按钮，可新建图层，并对该图层进行重命名，如图3-46所示。

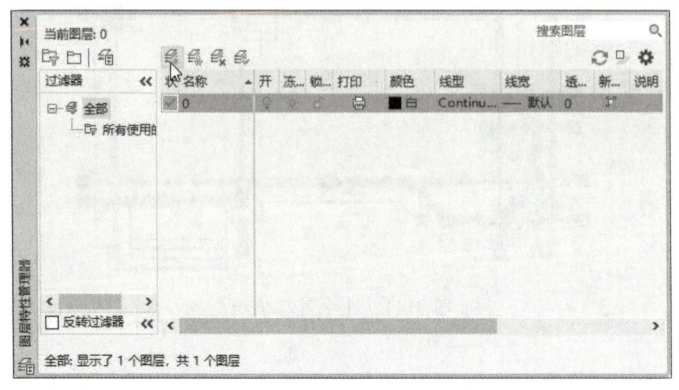

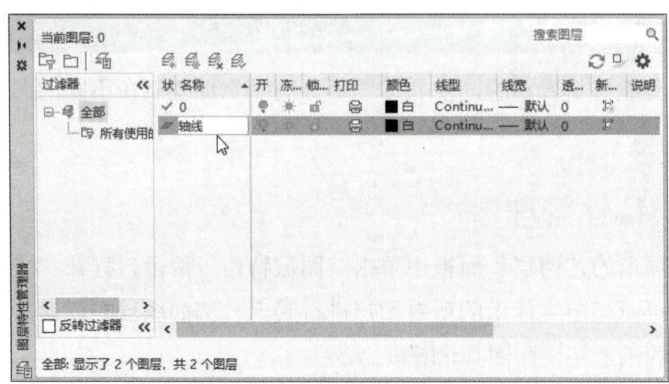

图 3-46 新建图层并重命名图层

此外，右击"图层特性管理器"面板的任意处，在弹出的快捷菜单中选择"新建图层"选项，也可新建图层，如图3-47所示。

如果想要删除多余的图层，可在"图层特性管理器"面板中选择所需图层，按Delete键进行删除。

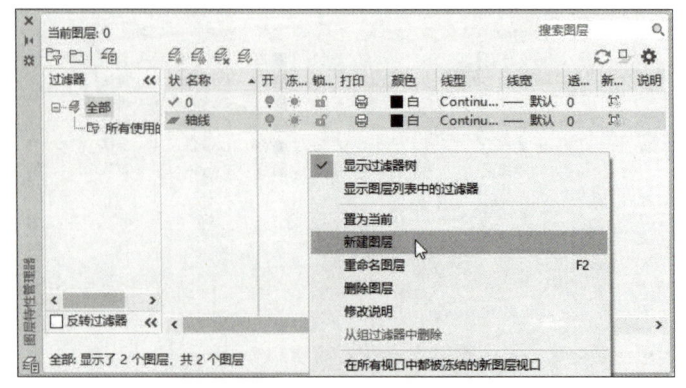

图 3-47 利用右键快捷菜单新建图层

■3.4.3 设置图层的颜色、线型和线宽

在"图层特性管理器"面板中,可对创建的图层进行颜色、线型和线宽等的设置。

1. 设置图层颜色

选中所需图层,单击"颜色"按钮■白,打开"选择颜色"对话框,在此设置图层的颜色,单击"确定"按钮即可,如图3-48所示。

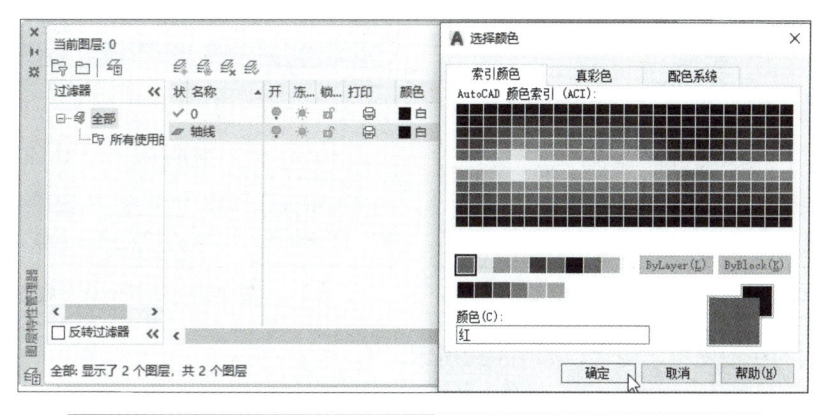

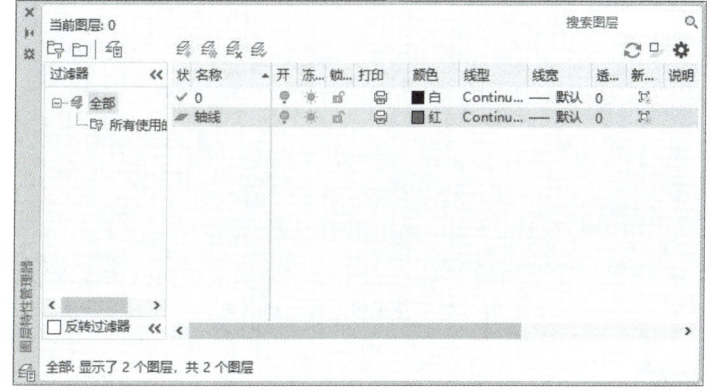

图 3-48 设置图层颜色

2. 设置图层线型

选中所需图层,单击"线型"按钮 Continu...,打开"选择线型"对话框,如图3-49所示。

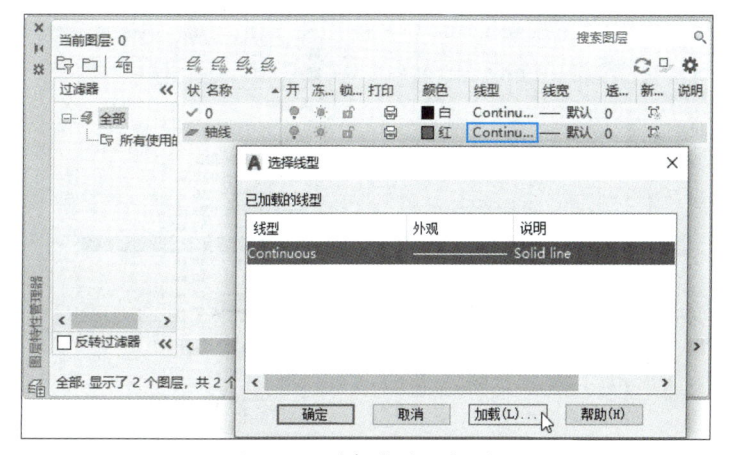

图 3-49 "选择线型"对话框

默认线型为"Continuous",单击"加载"按钮,在打开的"加载或重载线型"对话框中选择所需线型,单击"确定"按钮可加载新的线型,如图3-50所示,返回到上一级对话框。

选择加载的线型,单击"确定"按钮,如图3-51所示,关闭对话框。

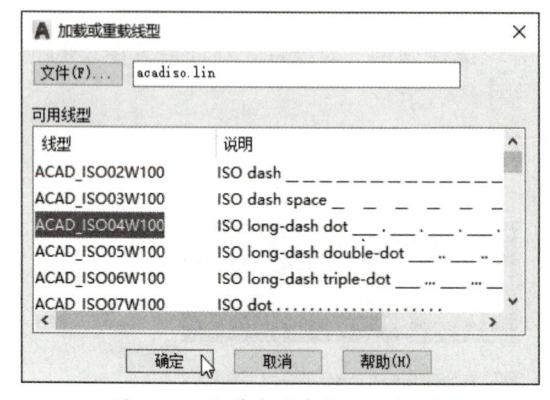

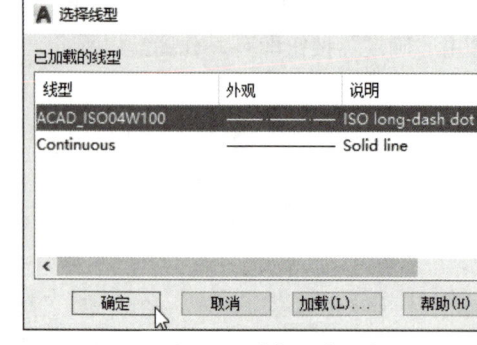

图 3-50 "加载或重载线型"对话框

图 3-51 选择加载的线型

当前图层的线型发生了变化,如图3-52所示。

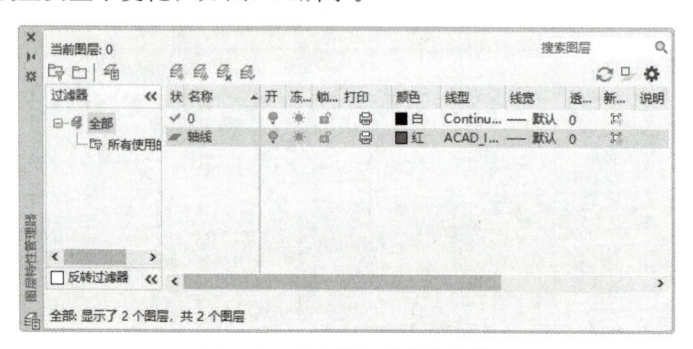

图 3-52 设置图层线型的结果

3. 设置图层线宽

选中所需图层,单击"线宽"按钮——默认,打开"线宽"对话框,选择所需线宽,单击"确定"按钮即可,如图3-53所示。

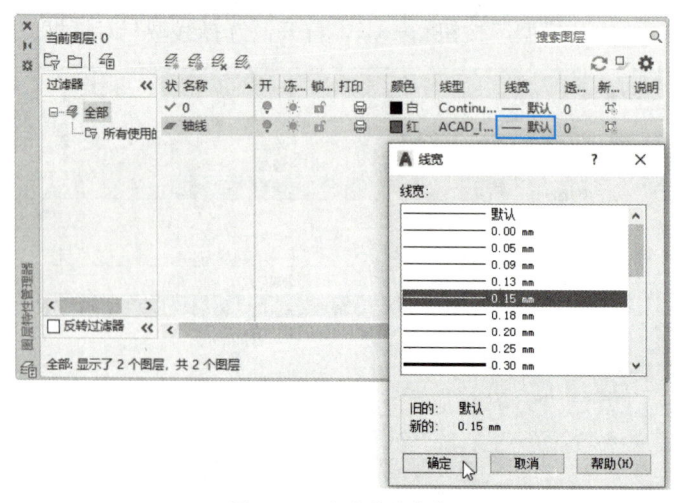

图 3-53 设置图层线宽

> **知识点拨**
>
> 设置图层线宽后，只有在打印时才会显示线宽。若想在绘制过程中显示线宽，则在状态栏中单击"显示/隐藏线宽"按钮，开启线宽显示状态即可，如图3-54所示。如果状态栏中没有显示该按钮，可单击状态栏右侧的≡按钮，加载"线宽"选项。
>
> 图3-54 单击"显示/隐藏线宽"按钮

3.4.4 管理图层

创建好图层后，可对图层进行管理。例如，控制图层的状态、设置当前使用图层、改变图形所在的图层，以及改变图层中图形的属性等。

1. 控制图层状态

控制图层状态是指控制图层是否关闭、冻结、锁定等。

（1）开/关图层

单击图层中的"开"图标💡，图标变为💡，则图层被关闭；反之，则图层被打开。关闭图层后，该图层上的图形将不会显示，如图3-55、图3-56所示。

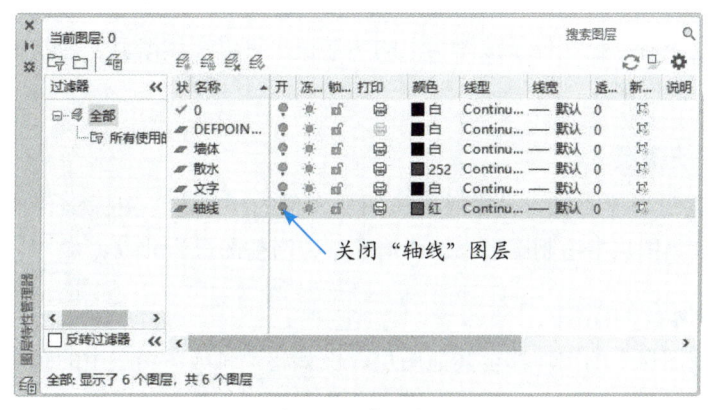

图3-55 关闭图层

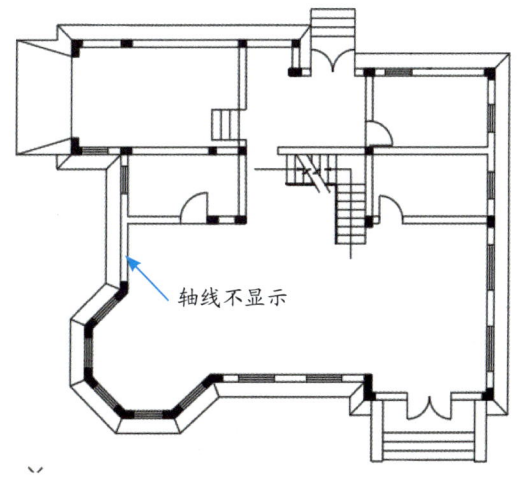

图3-56 图层上的图形不显示

若关闭的是当前使用的图层，系统会询问是否关闭当前图层，在此选择"关闭当前图层"选项即可，如图3-57所示。当前使用图层被关闭后，如果继续在该图层中绘制图形，则这些图形将不会显示。

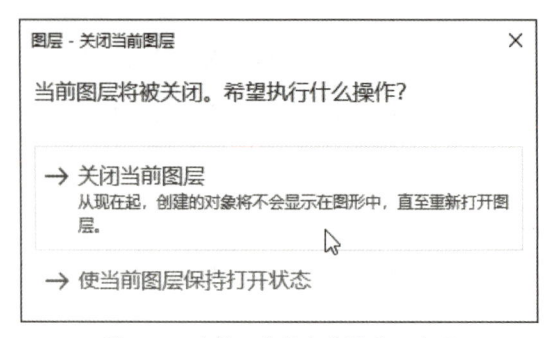

图 3-57　选择"关闭当前图层"选项

（2）冻结/解冻图层

单击"冻结"图标 ☀，使其变成雪花状态 ❄，即冻结图层；反之，则解冻图层。冻结图层后，该图层上的图形将不会显示。

（3）锁定/解锁图层

单击"锁定"图标 🔓，使其变成闭合的锁状态 🔒，图层即被锁定；反之，则为解锁图层。锁定图层后，只能查看、捕捉位于该图层上的图形，也可以在该图层上绘制新图形，但不能编辑或修改该图层上的图形。

2. 设置为当前图层

要将图层设置为当前图层，只需双击该图层左侧的"状态"图标 ，使其变成 ✓ 状态即可。只能在当前使用图层中绘制图形。默认情况下，当前图层为0图层。

3. 改变图形所在的图层

如果想将当前图层上的图形移至其他图层，例如将"轴线"图层中的轴线移至"墙体"图层，可先选中所有轴线，然后在"图层"面板中选择"墙体"图层，如图3-58所示，此时轴线属性将转变为墙体线属性。

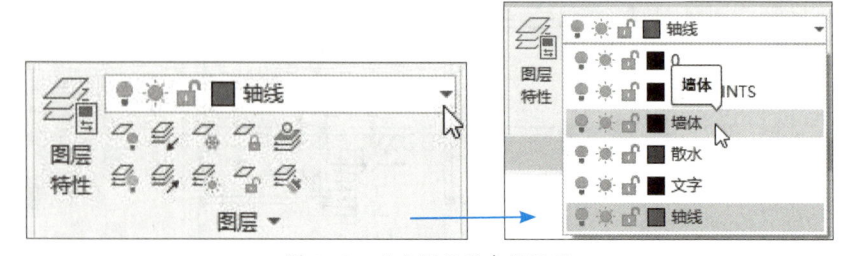

图 3-58　改变图形所在的图层

4. 改变对象的默认属性

默认情况下，绘制的图形将使用当前图层的属性，例如颜色、线型和线宽等。如果需要对当前图层中某个图形的属性进行单独调整，可选中该图形，在"特性"面板中根据需要选择相应的属性选项进行调整，如图3-59所示。

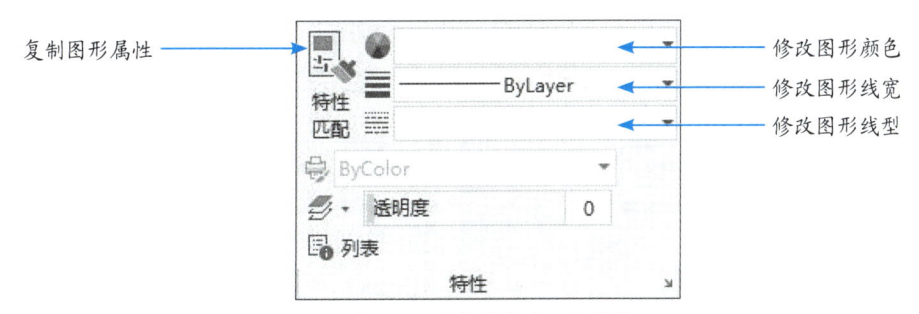

图 3-59 改变对象的默认属性

上手操作 清除多余的图层

在实际操作中经常会遇到一些多余的图层很难清除的情况,这时可通过以下方法清除多余的图层,从而缩减文件的容量。

步骤 01 打开"别墅一层布局图.dwg"素材文件,单击"图层特性"按钮,打开"图层特性管理器"面板,可以看到该文件中包含47个图层,如图3-60所示。

扫码观看视频

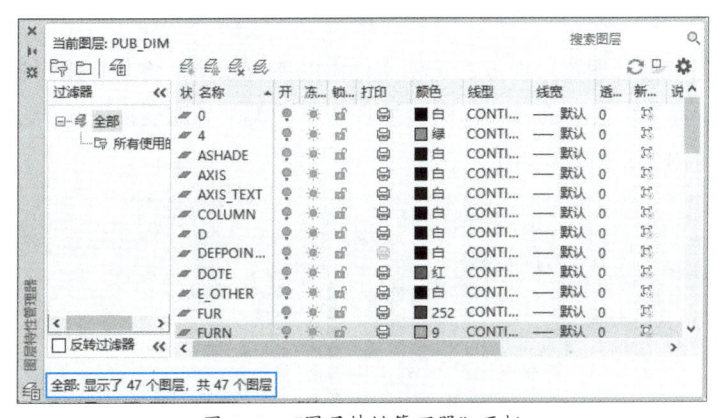

图 3-60 "图层特性管理器"面板

步骤 02 单击"4"图层中的"开"图标,关闭该图层,如图3-61所示。

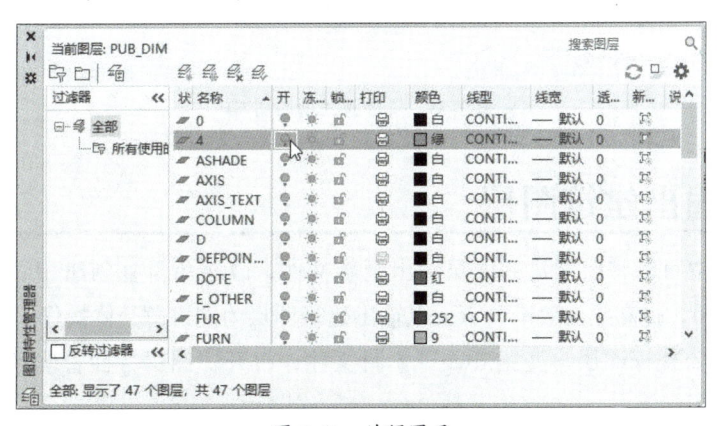

图 3-61 关闭图层

步骤 03 按照同样的方法，关闭其他多余的图层，如图3-62所示。

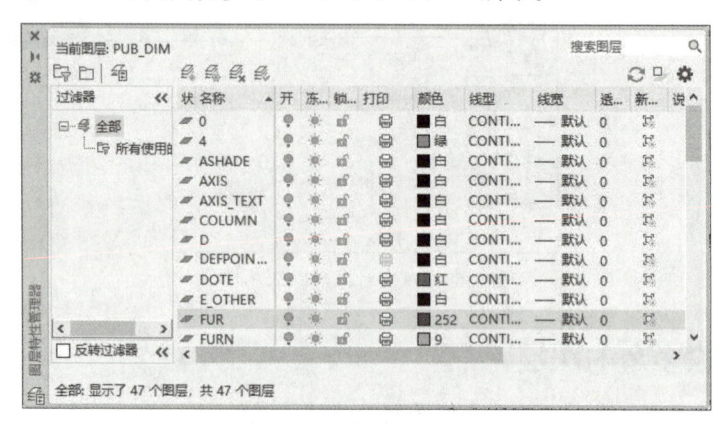

图 3-62 关闭其他图层

知识点拨
在关闭图层前，可以查看当前图形是否有变化，若无变化，则该图层为多余的图层。

步骤 04 关闭"图层特性管理器"面板。选中文件中的所有图形，将其复制到新文件中，在新文件中打开"图层特性管理器"面板，这时会发现所有被关闭的图层都已被清除了，图层文件由原来的47个缩减到18个，如图3-63所示。

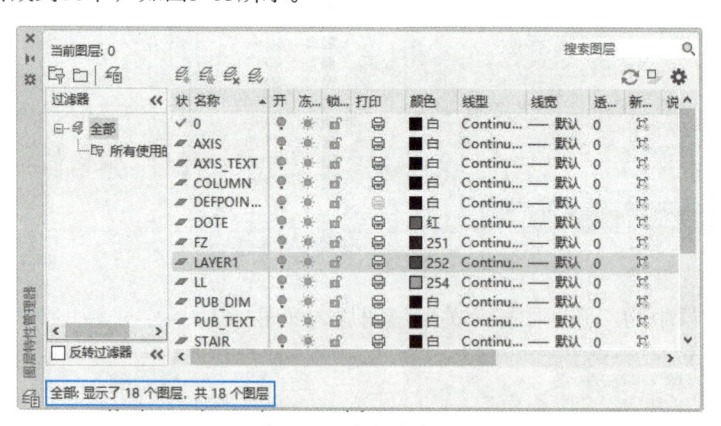

图 3-63 清除被关闭的图层

实战演练 输出建筑图层

在绘图过程中可以将已创建的图层输出至新文件，以避免重复创建相同的图层，从而节省时间，提高绘图效率。下面以输出建筑图层为例讲解具体操作。

步骤 01 打开"办公楼标准层户型图.dwg"素材文件，打开"图层特性管理器"面板，如图3-64所示。

扫码观看视频

步骤 02 单击"图层状态管理器"按钮，打开"图层状态管理器"对话框，单击"新建"按钮，在打开的"要保存的新图层状态"对话框中命名当前图层状态，单击"确定"按钮，如图3-65所示，返回上一级对话框。

步骤 03 单击"输出"按钮,在打开的"输出图层状态"对话框中指定路径、文件名和文件类型,单击"保存"按钮,输出该图层状态,如图3-66、图3-67所示。

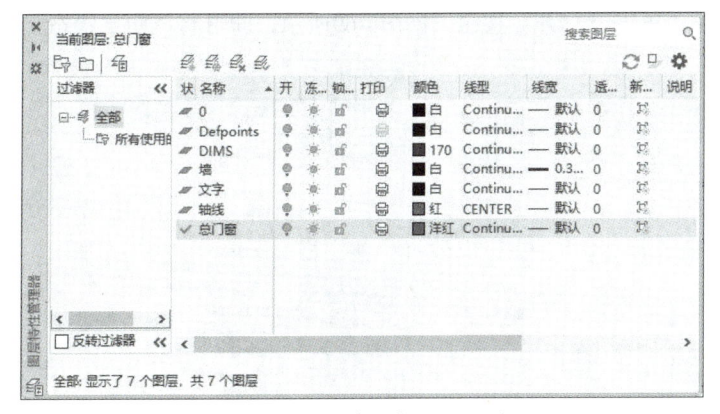

图 3-64 "图层特性管理器"面板

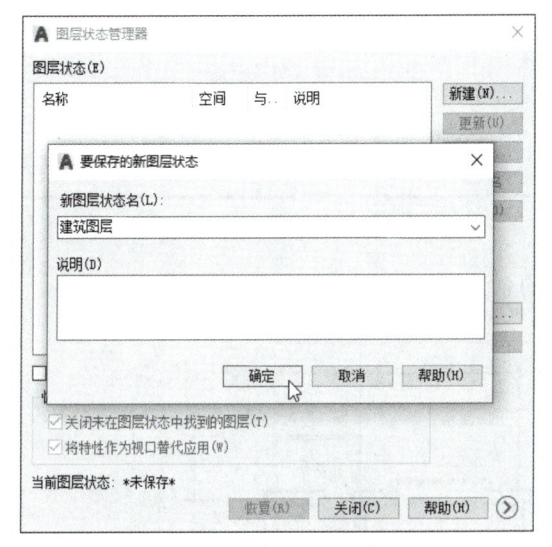

图 3-65 命名图层状态

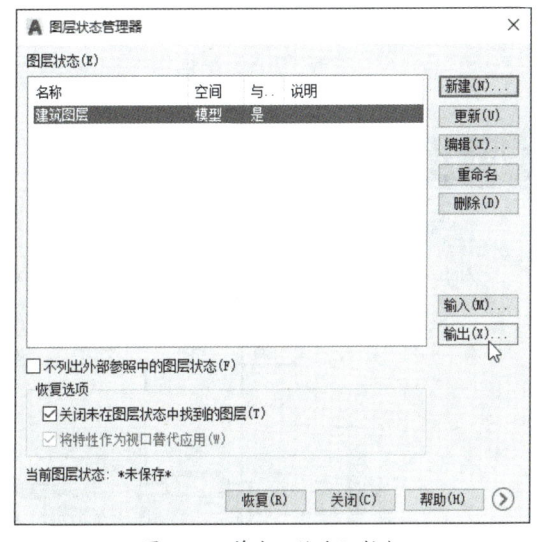

图 3-66 单击"输出"按钮

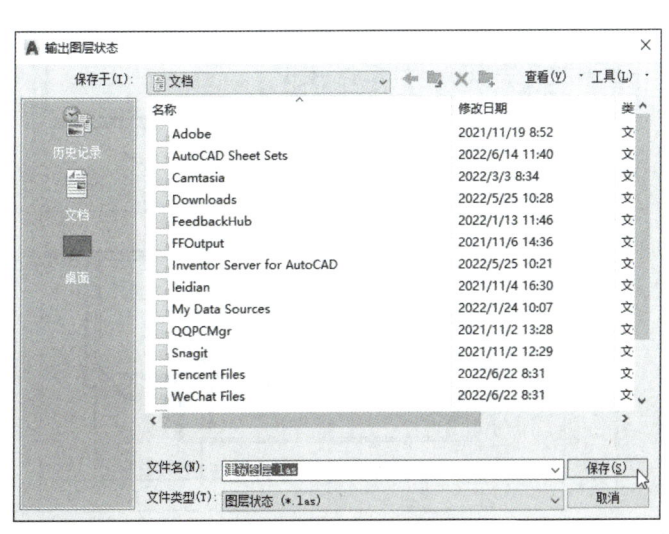

图 3-67 输出图层状态

步骤 04 新建空白文件,打开"图层状态管理器"对话框,单击"输入"按钮,如图3-68所示。

步骤 05 在"输入图层状态"对话框中将"文件类型"设置为"图层状态(*.las)",选择刚输出的图层状态文件,单击"打开"按钮,如图3-69所示,即可将该图层状态文件导入新文件。

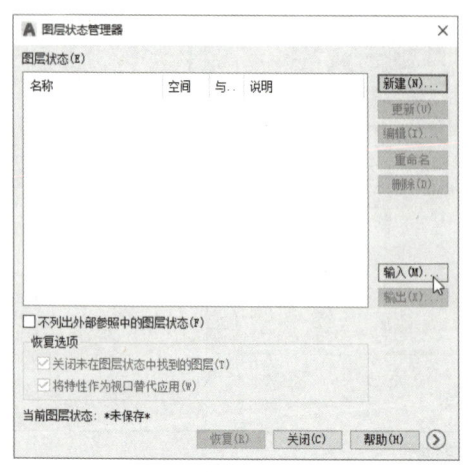

图 3-68　单击"输入"按钮

图 3-69　输入图层状态

课后作业

1. 测量住宅楼户型使用面积

利用"面积"测量工具,分别测量两套户型的总面积,操作如图3-70、图3-71所示。

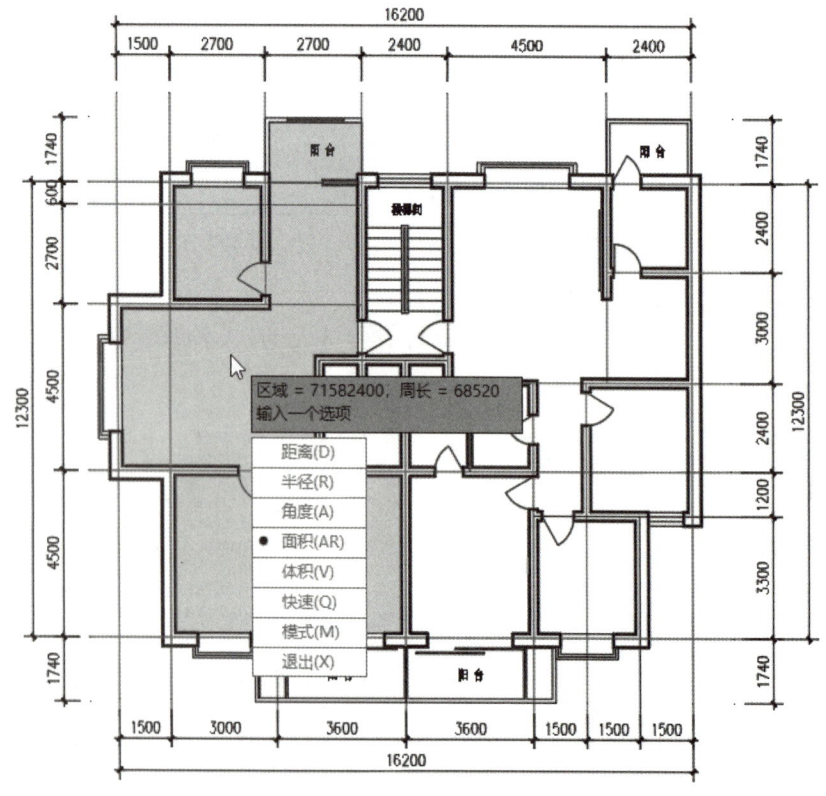

图 3-70　测量户型总面积

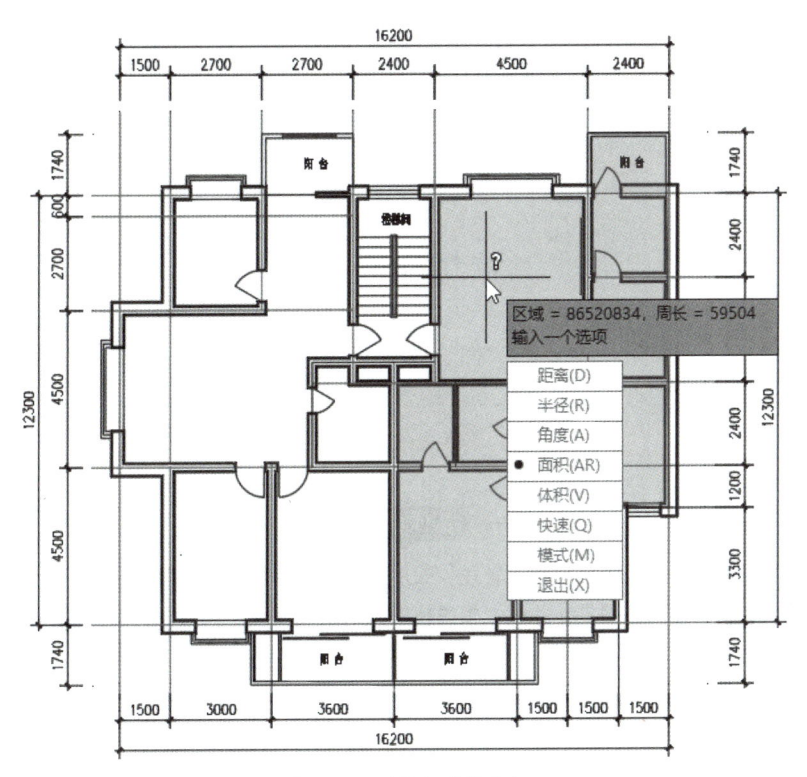

图 3-71 测量户型总面积

> **操作提示**
> - 执行"面积"命令，沿着墙线捕捉所有测量点。
> - 按回车键，即可得出测量结果。

2. 创建建筑常用图层

利用"图层特性管理器"面板，创建建筑图纸常用图层，并调整图层属性，操作如图3-72、图3-73所示。

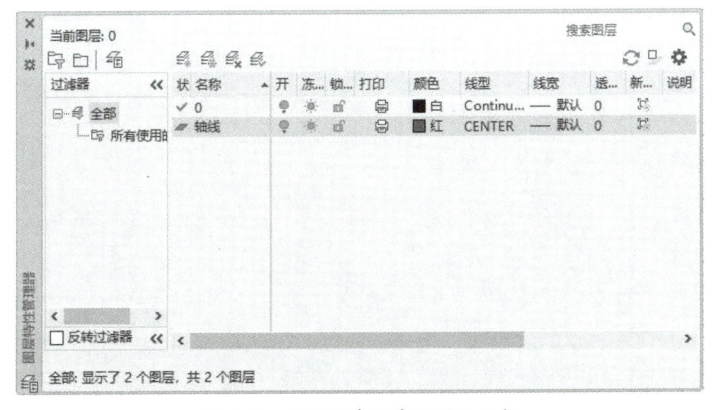

图 3-72 "图层特性管理器"面板

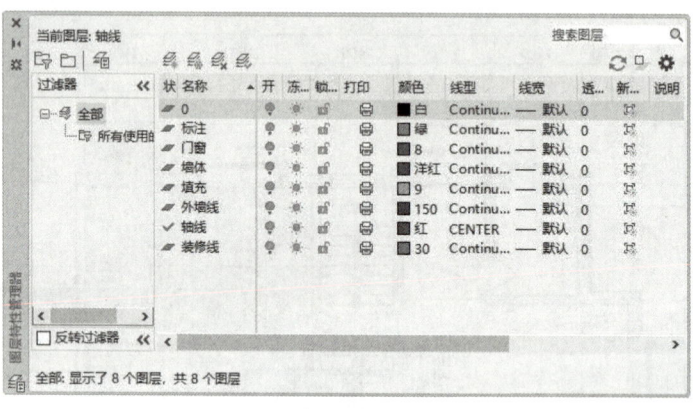

图 3-73 创建图层并调整图层属性

> **操作提示**
> - 打开"图层特性管理器"面板,创建"轴线"图层,并设置其颜色、线型属性。
> - 按照同样的方法,创建其他图层,并设置相关属性。双击"轴线"图层,将其设置为当前图层。

学习体会

第 4 章

绘制简单建筑图形

内容概要

无论多复杂的图形，都是由一些基本的图形元素组成的，例如点、直线、圆、椭圆、圆弧和多段线等。掌握了这些基本图形元素的绘制方法，在绘制复杂的图形时就能够游刃有余。本章将讲解这些基本图形元素的绘制方法，其中包括点、线、矩形、多边形等。

知识要点

- 掌握线段类图形的绘制。
- 掌握矩形及多边形的绘制。
- 掌握曲线图形的绘制。

数字资源

【本章素材】："素材文件\第4章"目录下
【本章实战演练最终文件】："素材文件\第4章\实战演练"目录下

4.1 绘制点

点是图形构成中最简单的几何元素。在绘制图形时，点通常作为对象捕捉的参考点，例如标记对象的节点、参考点和圆心点等。

■4.1.1 设置点样式

默认情况下，点样式是不显示的，可执行"格式"→"点样式"命令，如图4-1所示，打开"点样式"对话框，在此根据需要选择相应的点样式，如图4-2所示。

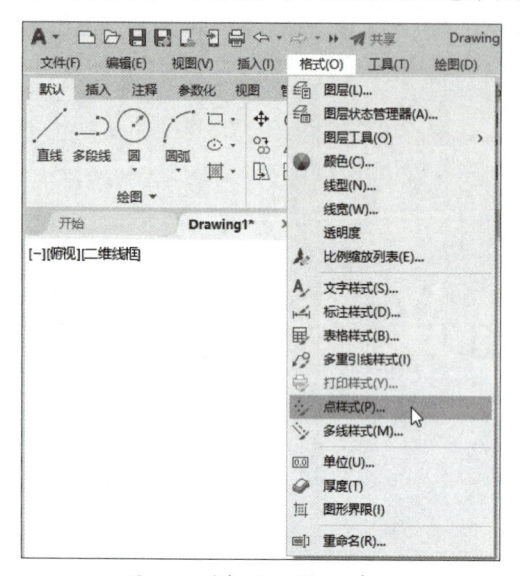

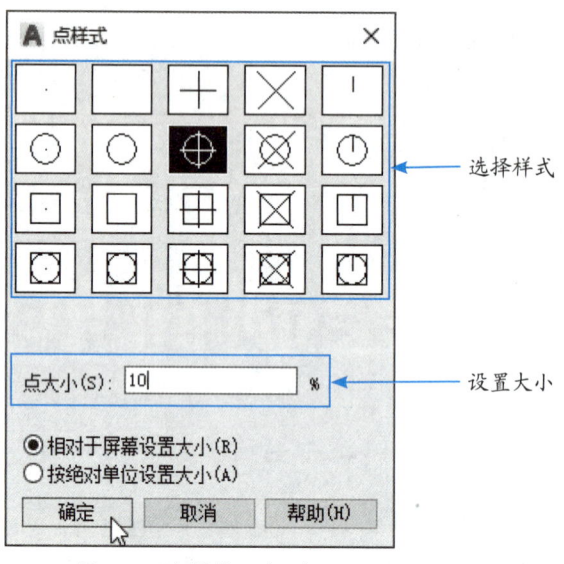

图 4-1　选择"点样式"命令　　　　图 4-2　"点样式"对话框

当选择"相对于屏幕设置大小"选项时，点的大小会随屏幕的缩放而改变；当选择"按绝对单位设置大小"选项时，点的大小是恒定的，不会随屏幕的缩放而改变。

■4.1.2 绘制多点

点样式设置完成后，在"默认"选项卡中单击"绘图"面板的下拉按钮，再单击"多点"按钮，在绘图区中指定点的位置，即可绘制多个点，如图4-3所示。

使用该方法，一次可创建多个点，直到按Esc键退出"多点"命令为止。

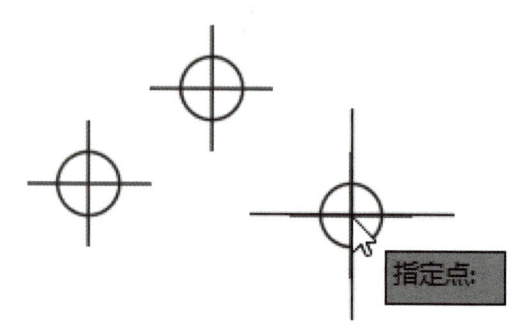

图 4-3　绘制多个点

4.1.3 绘制等分点

一般来说,在制图过程中不会单独绘制某个点,而是要结合其他绘图命令绘制具有某些特殊属性的点,例如绘制等分点或等距点。

1. 定数等分

使用"定数等分"命令可将所选图形按指定的线段数目进行平均等分。在"绘图"面板中单击"定数等分"按钮,根据命令行中的提示信息,选择要等分的对象,按回车键,然后输入等分数,再按一次回车键,即可完成等分操作,如图4-4所示。

命令行中的提示信息如下:

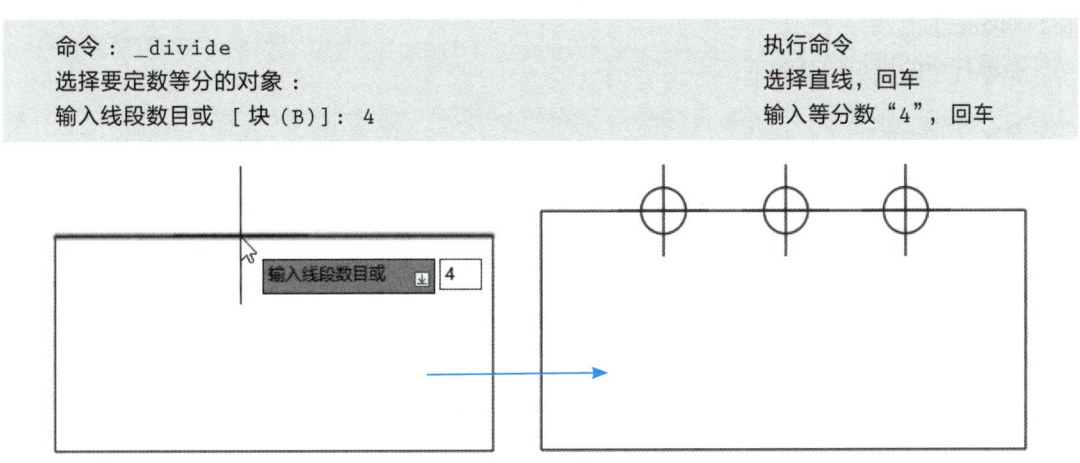

命令:_divide	执行命令
选择要定数等分的对象:	选择直线,回车
输入线段数目或 [块(B)]: 4	输入等分数"4",回车

图 4-4 绘制定数等分点

2. 定距等分

使用"定距等分"命令可从选定对象的某一个端点开始,按照指定的长度开始划分对象。等分对象的最后一段可能要比指定的间隔短。

在"绘图"面板中单击"定距等分"按钮,根据命令行中的提示信息,选择要等分的对象,按回车键,然后输入等分距离,按回车键即可,如图4-5所示。

命令行中的提示信息如下:

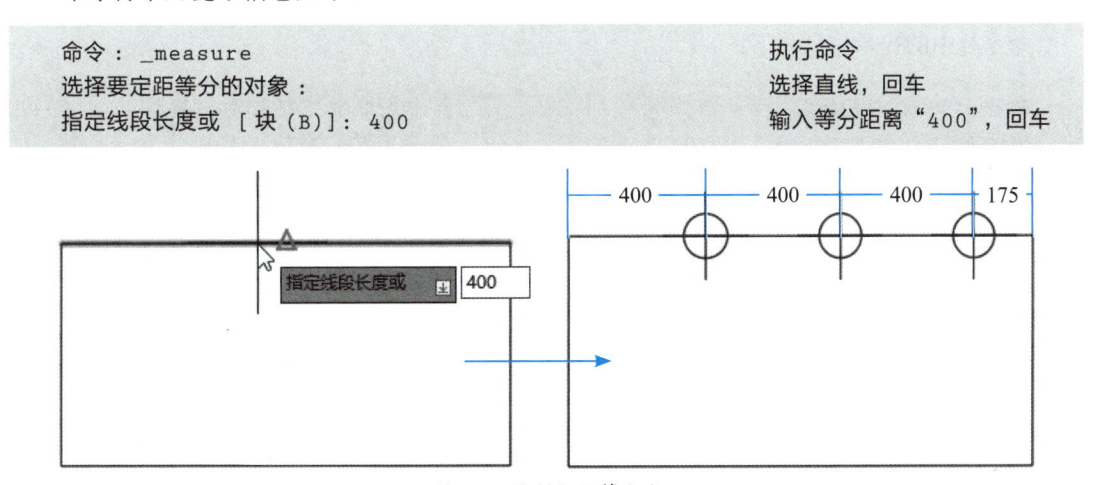

命令:_measure	执行命令
选择要定距等分的对象:	选择直线,回车
指定线段长度或 [块(B)]: 400	输入等分距离"400",回车

图 4-5 绘制定距等分点

4.2 绘制线与线段

线和线段是图形的基本元素，包括直线、构造线、射线、多段线等。各线型具有不同的特征，应根据绘图需要选择不同的线型。

4.2.1 绘制直线

直线既可以是一条线段，也可以是一系列相连的直线，但每条直线都是独立的对象。在绘图区中指定直线的起点，移动光标，再指定直线的终点，即可绘制一条直线。在"绘图"面板中单击"直线"按钮，根据命令行中的提示信息，完成直线的绘制，如图4-6所示为绘制一条长2 000 mm的直线。

命令行中的提示信息如下：

命令：_line	执行命令
指定第一个点：	指定直线起点
指定下一点或 [放弃(U)]：2000	输入直线长度值"2000"，回车
指定下一点或 [放弃(U)]：	再次回车，结束绘制

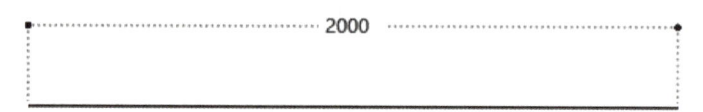

图 4-6 绘制直线

> **知识点拨**
> "直线"命令的快捷键为L，在命令行中输入"L"，按回车键，即可启动该命令。

4.2.2 绘制射线

射线是由两点确定的单方向无限长的线性图形。指定的第1点为射线的起点，第2点的位置决定了射线的延伸方向。在"绘图"面板中单击"射线"按钮。根据命令行中的提示信息绘制射线，如图4-7所示。该工具常用于绘制图形辅助线。

命令行中的提示信息如下：

命令：_ray 指定起点：	执行命令，并指定射线起点
指定通过点：	指定射线通过的方向点
指定通过点：	回车，结束绘制

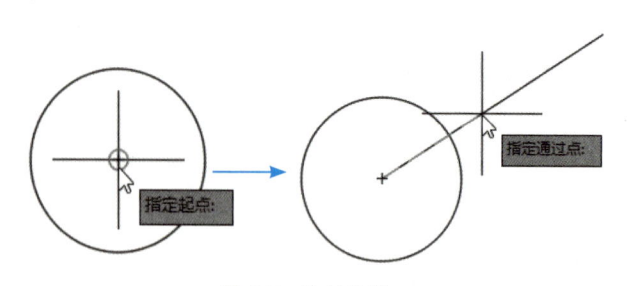

图 4-7 绘制射线

■4.2.3 绘制构造线

构造线是一条两端无限延伸的直线，可用来作为创建其他直线的参照，构造线可以是水平、垂直或具有一定角度的。在"绘图"面板中单击"构造线"按钮，根据命令行中的提示信息，指定起点和所通过方向上的点即可，如图4-8所示。构造线的绘制方法与射线的绘制方法相同。

命令行中的提示信息如下：

```
命令：_xline                                              执行命令
指定点或 [水平(H)/垂直(V)/角度(A)/二等分(B)/偏移(O)]：    指定起点
指定通过点：                                              指定通过的方向点
指定通过点：                                              回车，结束绘制
```

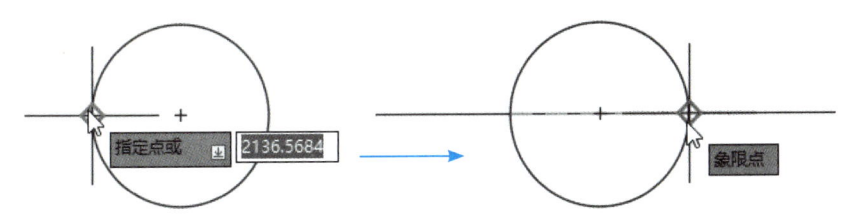

图 4-8 绘制构造线

■4.2.4 绘制多段线

多段线是多条直线或圆弧首尾相连的复合型线段，可作为整体图形进行编辑。可以设置多段线的线宽，并且可以在不同位置选择使用不同的线宽来显示。与直线相比较，多段线要更加灵活。

在"绘图"面板中单击"多段线"按钮，根据命令行中的提示信息，指定线段的起点、线宽、线型和线段的终点，即可绘制多段线。

> **知识点拨**
>
> "多段线"命令的快捷键为PL，在命令行中直接输入"PL"，按回车键即可启动该命令。

上手操作 利用多段线绘制箭头图形

下面利用"多段线"命令绘制箭头，具体操作如下。

步骤01 在命令行中输入"PL"，按回车键，启动"多段线"命令，在绘图区中指定任意一点作为线段的起点，向右移动光标，并在命令行中输入"a"，按回车键，将默认的直线转换为弧线，如图4-9所示。

步骤02 指定弧线的另一端点，绘制弧线，如图4-10所示。

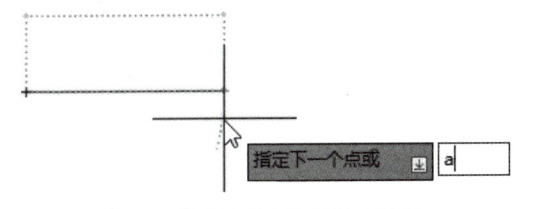

图 4-9 将默认的直线转换为弧线　　　　图 4-10 绘制弧线

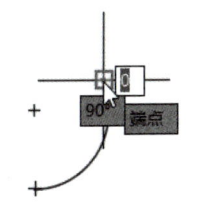

步骤 03 在命令行中输入"l",将线型切换至直线,再在命令行中输入"w",按回车键,设置多段线的线宽,如图4-11、图4-12所示。

步骤 04 设置多段线的起点宽度为50,端点宽度为0,按回车键,指定端点位置,再按回车键,即可完成图形的绘制,如图4-13所示。

命令行中的提示信息如下:

```
命令：PL                                         执行命令，回车
PLINE
指定起点：                                        指定线段的起点
当前线宽为 0.0000
指定下一个点或 [圆弧(A)/半宽(H)/长度(L)/放弃(U)/宽度(W)]: a
                                                输入"a"，回车，切换至圆弧
指定圆弧的端点（按住 Ctrl 键以切换方向）或        指定圆弧的端点
[角度(A)/圆心(CE)/方向(D)/半宽(H)/直线(L)/半径(R)/第二个点(S)/放弃(U)/宽度(W)]: <正交 关>
指定圆弧的端点（按住 Ctrl 键以切换方向）或
[角度(A)/圆心(CE)/闭合(CL)/方向(D)/半宽(H)/直线(L)/半径(R)/第二个点(S)/放弃(U)/宽度(W)]: l
                                                输入"l"，回车，切换至直线
指定下一点或 [圆弧(A)/闭合(C)/半宽(H)/长度(L)/放弃(U)/宽度(W)]: w
                                                输入"w"，设置线宽，回车
指定起点宽度 <0.0000>: 50                        输入起点宽度"50"，回车
指定端点宽度 <50.0000>: 0                        输入端点宽度"0"，回车
指定下一点或 [圆弧(A)/闭合(C)/半宽(H)/长度(L)/放弃(U)/宽度(W)]:
                                                指定端点，回车，结束绘制
```

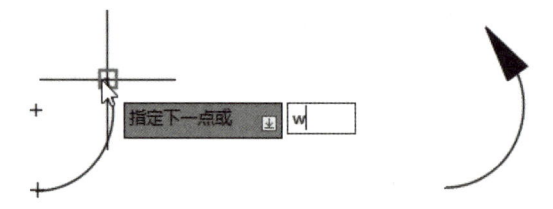

图 4-11 将线型切换至直线　　图 4-12 设置多段线的线宽　　图 4-13 箭头图形绘制结果

4.2.5 绘制多线

多线是一种可以由1~16条平行线组成的图形对象。每条平行线的间距和平行线的数目是可以根据需求调整的。

1. 设置多线样式

通过设置多线样式,可设置平行线的数目、对齐方式、线型等属性,以绘制符合需要的多线。执行"格式"→"多线样式"命令,如图4-14所示,在打开的"多线样式"对话框中会显示系统默认的多线样式,如图4-15所示。

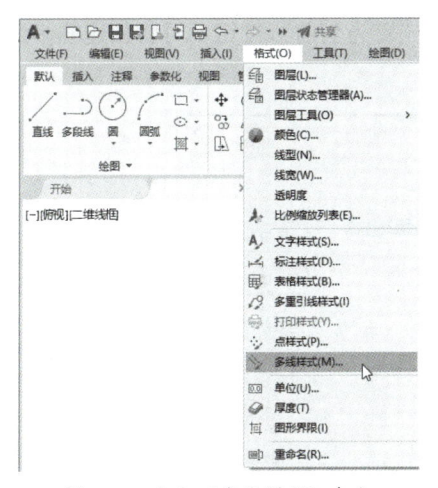

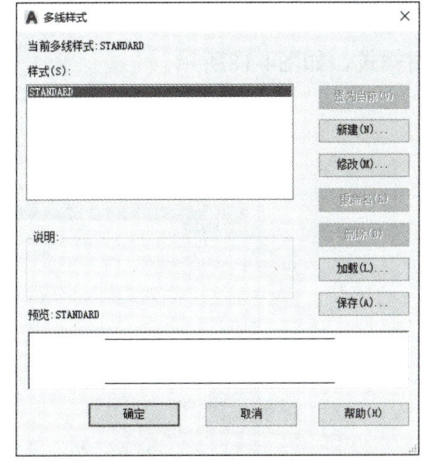

图 4-14 执行"多线样式"命令　　　图 4-15 "多线样式"对话框

在"多线样式"对话框中单击"新建"按钮，可重新创建一种多线样式，如图4-16所示。单击"继续"按钮，在"新建多线样式"对话框中可对其样式参数进行设置，如图4-17所示。

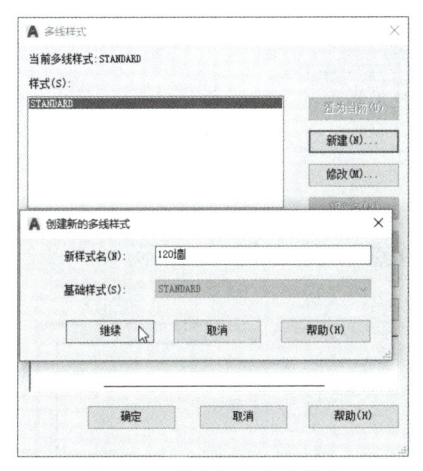

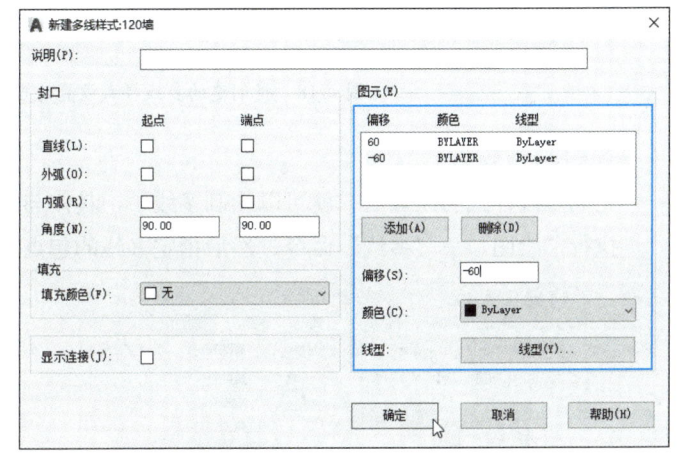

图 4-16 创建新的多线样式　　　图 4-17 "新建多线样式"对话框

"新建多线样式"对话框中各参数讲解如下：
- **说明**：用于为多线样式添加说明。
- **封口**：用于设置多线起点和端点处的封口样式。"直线"表示多线的起点或端点处以一条直线封口；"外弧"和"内弧"表示多线的起点或端点处以外圆弧或内圆弧封口；"角度"用于设置圆弧的包角。
- **填充**：用于设置多线之间内部区域的填充颜色，可以通过"选择颜色"对话框选取或配置颜色系统。
- **图元**：用于显示并设置多线的平行线数量、距离、颜色和线型等属性。"添加"按钮用于添加新的图元；"删除"按钮用于删除选取的图元；"偏移"文本框用于设置平行线相对于多线中心线的偏移距离；"颜色"和"线型"用于设置多线显示的颜色和线型。

单击"确定"按钮返回上一级对话框,单击"置为当前"按钮,可将创建的多线样式设置为当前使用样式,如图4-18所示。

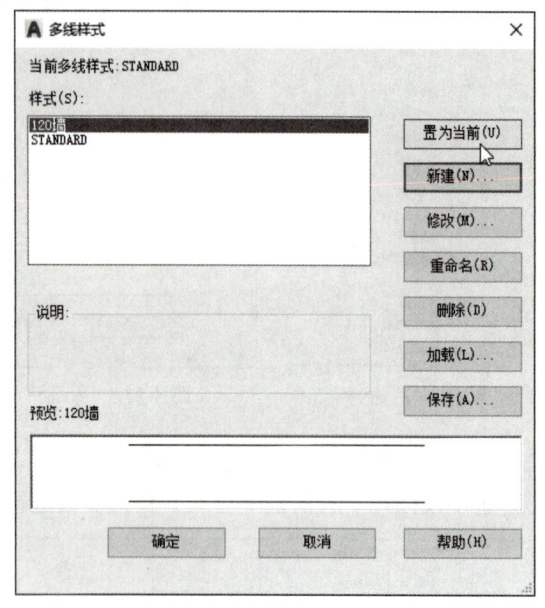

图 4-18 将创建的多线样式设置为当前使用样式

2. 绘制多线

完成多线样式的设置后,就可以绘制多线了,具体与绘制直线相同。

执行"绘图"→"多线"命令,然后指定多线的起点和终点即可,如图4-19所示。

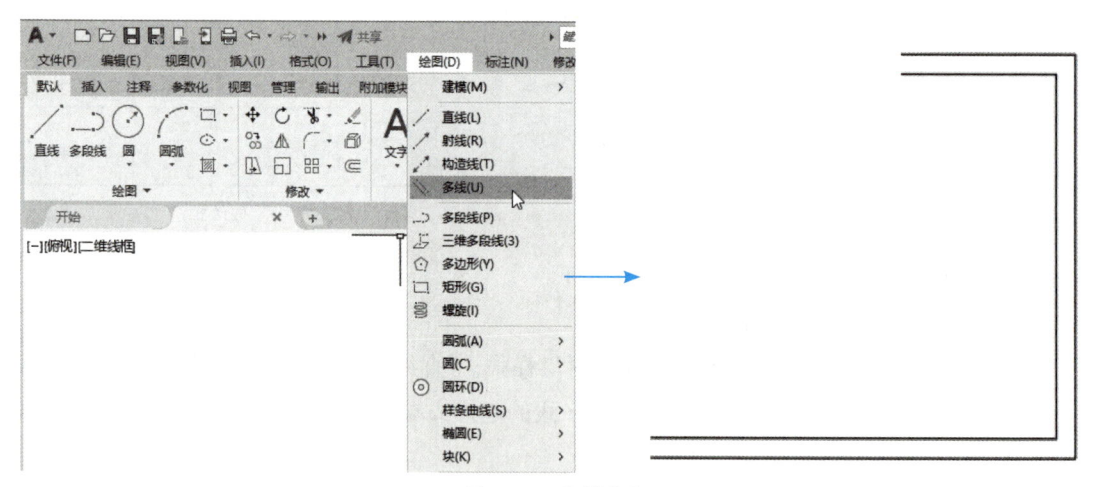

图 4-19 绘制多线

知识点拨

"多线"命令的快捷键为ML,在命令行中输入"ML"后,可启动该命令。默认的多线"比例"为20,如果在设置完成多线样式后,需将该比例值更改为1,可以在命令行中直接输入"S",按回车键,再输入"1",然后按回车键即可。

上手操作 绘制平面窗图形

下面利用"多线"命令，为住宅户型图添加窗图形。

步骤01 打开"住宅户型图.dwg"素材文件。执行"格式"→"多线样式"命令，在"多线样式"对话框中创建"窗线"多线样式，如图4-20所示。

图 4-20 创建"窗线"多线样式

步骤02 在"新建多线样式"对话框中选择"图元"列表中的"0.5"，将"偏移"值设置为120，如图4-21所示。

图 4-21 "新建多线样式"对话框

步骤 03 按照同样的方法，将"图元"列表中"-0.5"的"偏移"值设置为-120，如图4-22所示。

步骤 04 单击"添加"按钮，将"偏移"值设置为40，如图4-23所示。

步骤 05 再次单击"添加"按钮，添加"偏移"值为-40的图元，如图4-24所示。

图 4-22　设置"偏移"值

图 4-23　添加图元并设置"偏移"值

图 4-24　添加图元并设置"偏移"值

步骤06 单击"确定"按钮，返回上一级对话框，单击"置为当前"按钮，如图4-25所示，关闭对话框。

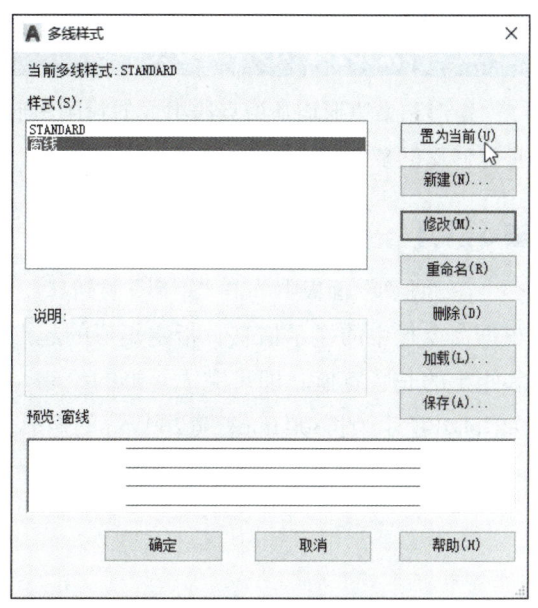

图 4-25 设置为当前多线样式

步骤07 在命令行中输入"ML"，按回车键，启动"多线"命令。输入"s"，将"比例"设置为1，捕捉其中一段窗洞起点和窗洞终点，绘制窗线，如图4-26所示。

命令行中的提示信息如下：

```
命令：ML                                              执行命令，回车
MLINE
当前设置：对正 = 上，比例 = 20.00，样式 = 窗线
指定起点或 [对正(J)/比例(S)/样式(ST)]： s            输入"s"，回车，选择"比例"选项
输入多线比例 <20.00>： 1                              输入比例值"1"，回车
当前设置：对正 = 上，比例 = 1.00，样式 = 窗线
指定起点或 [对正(J)/比例(S)/样式(ST)]：               捕捉窗洞起点
指定下一点：                                          捕捉窗洞终点，回车
```

步骤08 继续捕捉其他窗洞的起点和终点，完成其他窗线的绘制，结果如图4-27所示。

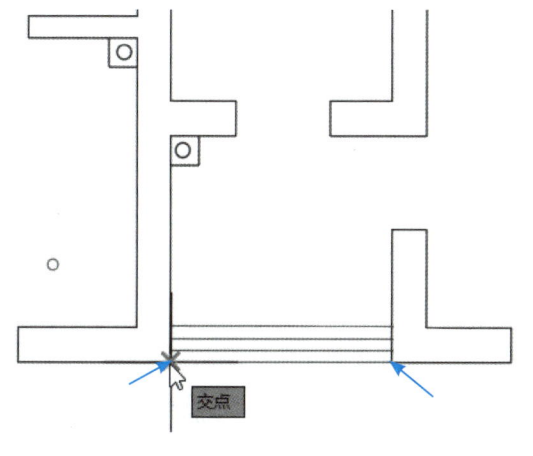

图 4-26 绘制窗线

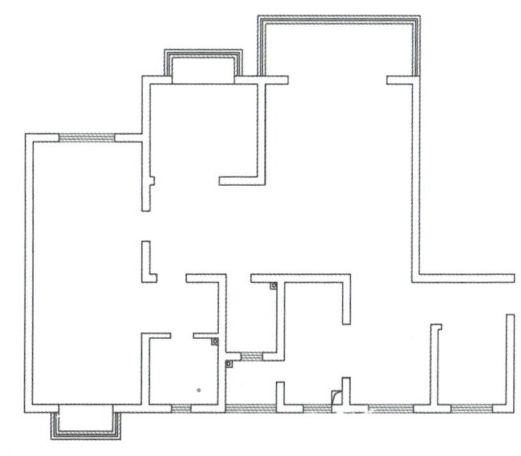

图 4-27 绘制其他窗线

4.3 绘制矩形和多边形

矩形和多边形均是由直线组成的封闭图形。在绘制过程中，需要经常绘制矩形、多边形、正方形及正多边形等图形对象。

■ 4.3.1 绘制矩形

在"绘图"面板中单击"矩形"按钮 ▭，根据命令行中的提示信息，指定矩形的起点和矩形的长、宽值，即可完成矩形的绘制，如图4-28所示为长300 mm、宽200 mm的矩形。

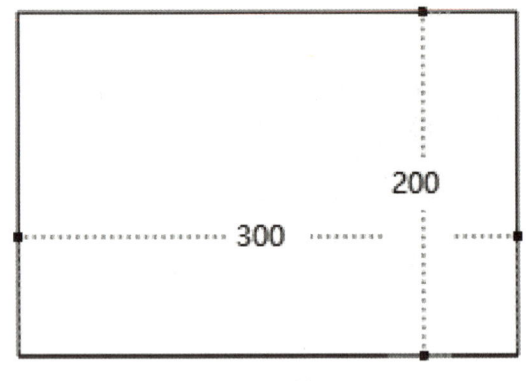

图 4-28　绘制矩形

> **知识点拨**
> "矩形"命令的快捷键为REC，在命令行中输入"REC"后，可快速启动该命令。

命令行中的提示信息如下：

```
命令：_rectang                                             执行命令
指定第一个角点或 [倒角(C)/标高(E)/圆角(F)/厚度(T)/宽度(W)]：指定矩形的起点
指定另一个角点或 [面积(A)/尺寸(D)/旋转(R)]：d              输入"d"，选择"尺寸"选项，回车
指定矩形的长度 <10.0000>：300                              输入长度值"300"，回车
指定矩形的宽度 <10.0000>：200                              输入宽度值"200"，回车
指定另一个角点或 [面积(A)/尺寸(D)/旋转(R)]：              单击，结束绘制
```

矩形分为普通矩形、倒角矩形和圆角矩形3种类型。在绘制倒角矩形或圆角矩形时，需先设置各倒角值或圆角值，然后再绘制矩形。

1. 倒角矩形

执行"矩形"命令，在命令行中输入"c"，设置两个倒角距离，然后指定矩形的起点并分别输入矩形的长、宽值即可。如图4-29所示为倒角距离都为30 mm的倒角矩形。

命令行中的提示信息如下：

```
命令：REC                                                  执行命令
RECTANG
指定第一个角点或 [倒角(C)/标高(E)/圆角(F)/厚度(T)/宽度(W)]：c
                                                           输入"c"，选择"倒角"选项，回车
指定矩形的第一个倒角距离 <0.0000>：30                      输入第1个倒角距离"30"，回车
指定矩形的第二个倒角距离 <30.0000>：30                     输入第2个倒角距离"30"，回车
```

```
指定第一个角点或 [倒角(C)/标高(E)/圆角(F)/厚度(T)/宽度(W)]：指定矩形的起点
指定另一个角点或 [面积(A)/尺寸(D)/旋转(R)]：d       输入"d"，选择"尺寸"选项，回车
指定矩形的长度 <300.0000>：300                       输入长度值"300"，回车
指定矩形的宽度 <200.0000>：200                       输入宽度值"200"，回车
指定另一个角点或 [面积(A)/尺寸(D)/旋转(R)]：         单击，结束绘制
```

2. 圆角矩形

圆角矩形与倒角矩形的绘制方法相似，先在命令行中输入"f"，然后设置圆角半径值，再指定矩形的起点并设置矩形的长度和宽度即可。如图4-30所示为圆角半径为30 mm的圆角矩形。

命令行中的提示信息如下：

```
命令：REC                                            执行命令
RECTANG
指定第一个角点或 [倒角(C)/标高(E)/圆角(F)/厚度(T)/宽度(W)]：f
                                                     输入"f"，选择"圆角"选项，回车
指定矩形的圆角半径 <0.0000>：30                      输入圆角半径值"30"，回车
指定第一个角点或 [倒角(C)/标高(E)/圆角(F)/厚度(T)/宽度(W)]：
                                                     指定矩形的起点
指定另一个角点或 [面积(A)/尺寸(D)/旋转(R)]：d       输入"d"，选择"尺寸"选项，回车
指定矩形的长度 <300.0000>：                          输入长度值"300"，回车
指定矩形的宽度 <200.0000>：                          输入宽度值"200"，回车
指定另一个角点或 [面积(A)/尺寸(D)/旋转(R)]：         单击，结束绘制
```

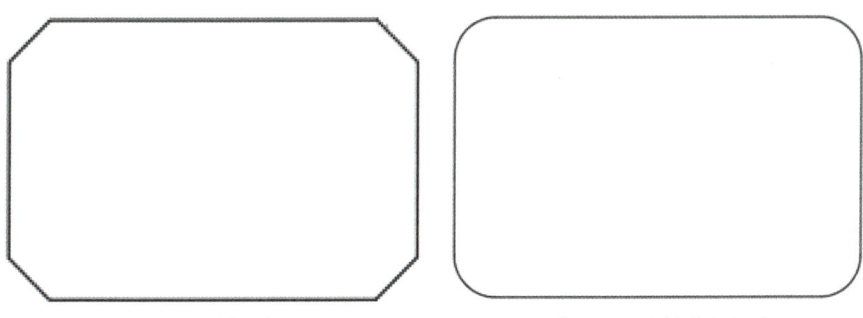

图 4-29　绘制倒角矩形　　　　　图 4-30　绘制圆角矩形

上手操作 绘制推拉门平面图形

下面利用"矩形"命令，绘制推拉门平面图形。

步骤01 执行"矩形"命令，绘制一个长750 mm、宽60 mm的矩形，将其放置在左侧墙垛的中心位置，如图4-31所示。

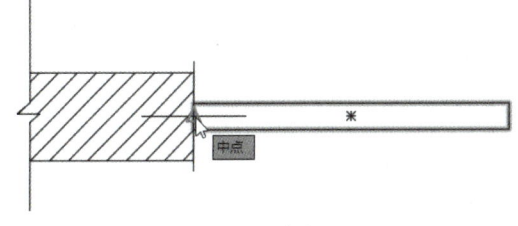

图 4-31　绘制并放置矩形

命令行中的提示信息如下：

```
命令：REC                                                   执行命令
RECTANG
指定第一个角点或 [倒角(C)/标高(E)/圆角(F)/厚度(T)/宽度(W)]：  指定矩形的起点
指定另一个角点或 [面积(A)/尺寸(D)/旋转(R)]：d               输入"d"，选择"尺寸"选项，回车
指定矩形的长度 <13491.7131>：750                            输入长度值"750"，回车
指定矩形的宽度 <10.0000>：60                                输入宽度值"60"，回车
指定另一个角点或 [面积(A)/尺寸(D)/旋转(R)]：                单击，结束绘制
```

步骤 02 在命令行中输入"CO"，按回车键，启动"复制"命令，指定矩形右侧边线的中点为复制基点，将矩形复制到右侧墙垛的中心位置，如图4-32所示。

命令行中的提示信息如下：

```
命令：CO                                                    执行命令，回车
COPY
选择对象：找到 1 个                                          选择矩形，回车
选择对象：
当前设置：复制模式 = 多个
指定基点或 [位移(D)/模式(O)] <位移>：                       指定矩形右侧边线的中点
指定第二个点或 [阵列(A)] <使用第一个点作为位移>：           捕捉右侧墙垛线的中点
```

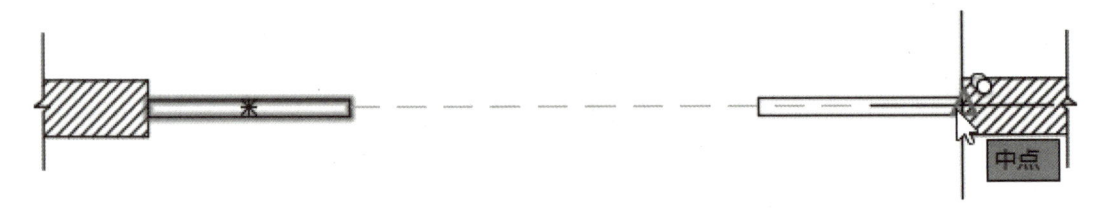

图 4-32 复制矩形

步骤 03 继续执行"复制"命令，将两个矩形再次进行复制，结果如图4-33所示。

图 4-33 继续复制矩形

步骤 04 执行"多段线"命令，绘制两个开门标识，并放至图形的合适位置，如图4-34所示。

图 4-34 绘制并放置开门标识

■4.3.2 绘制正多边形

正多边形是由3条或3条以上边长相等的闭合线段以相等的角度组合而成的图形对象，其边数范围值为3～1 024，边数值越高，正多边形越接近圆形。在"绘图"面板中单击"矩形"右侧的下拉按钮，在其列表中选择"多边形"选项 ⬡，根据命令行中的提示信息，指定多边形的边数、中心点、"内接"或"外切"于圆的方式，以及圆半径值，即可绘制正多边形。如图3-61所示为半径值为500 mm的正八边形。

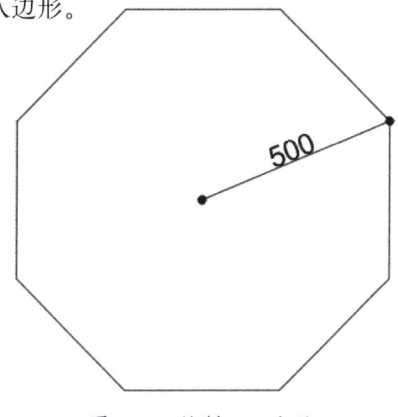

图 4-35　绘制正八边形

命令行中的提示信息如下：

命令：_polygon 输入侧面数 <4>: 8	输入边数值"8"，回车
指定正多边形的中心点或 [边(E)]:	指定中心点
输入选项 [内接于圆(I)/外切于圆(C)] <I>: I	选择"内接于圆"选项
指定圆的半径: 500	输入半径值"500"，回车

"内接于圆"是指先确定正多边形的中心位置，然后输入外接圆的半径，所输入的半径值是多边形的中心点到多边形任意端点间的距离，整个多边形位于一个虚构的圆中，如图4-36所示。

"外切于圆"是指先确定正多边形的中心位置，然后输入内切圆的半径，所输入的半径值为多边形的中心点到多边形边线中点的垂直距离，而整个多边形位于虚构的圆外，如图4-37所示。

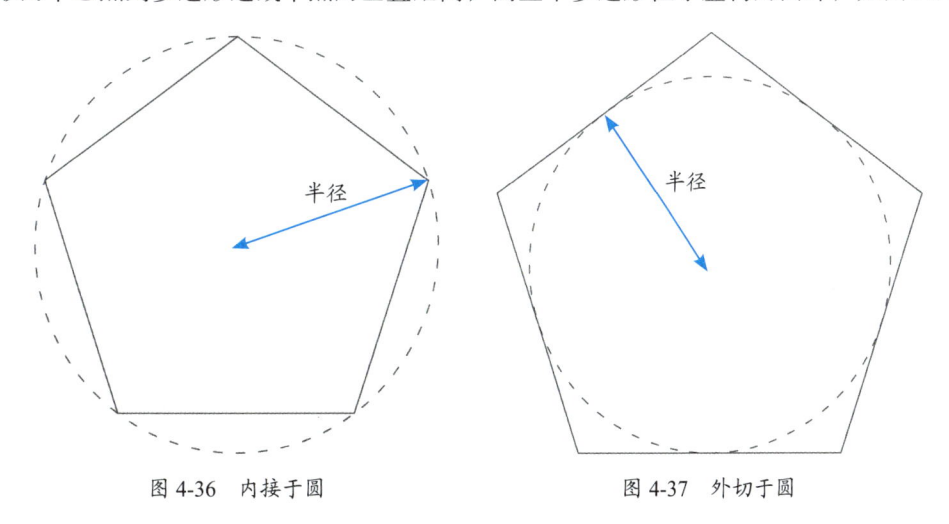

图 4-36　内接于圆　　　　　　　　图 4-37　外切于圆

4.4 绘制曲线

曲线类图形是绘图中经常会用到的图形，其中包括圆、圆弧、椭圆、样条曲线、螺旋线等。

4.4.1 绘制圆

在"绘图"面板中单击"圆"按钮，根据命令行中的提示信息，指定圆心及圆半径值，即可绘制圆形。如图4-38所示为绘制半径为200 mm的圆形。

命令行中的提示信息如下：

```
命令：_circle                                              执行命令
指定圆的圆心或 [三点(3P)/两点(2P)/切点、切点、半径(T)]：指定圆心
指定圆的半径或 [直径(D)] <600.0000>: 200                    输入半径值"200"，回车
```

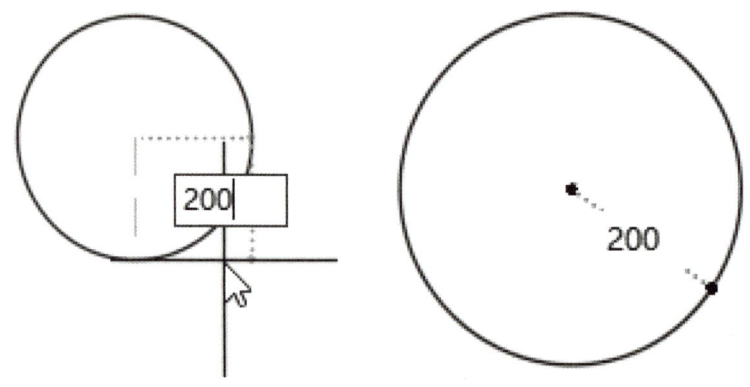

图 4-38 绘制圆形

指定圆心和半径值是绘制圆形的默认方式，也是最常用的方式。此外，系统还提供了其他5种圆形的绘制方式，分别为"圆心，直径""两点""三点""相切，相切，半径""相切，相切，相切"。单击"圆"下方的下拉按钮，在其列表中即可选择绘制方式，如图4-39所示。

- **圆心，直径**：用于通过指定圆心位置和直径值绘制圆形。
- **两点**：用于通过在绘图区中任意指定两点作为圆直径两侧的端点绘制圆形。
- **三点**：用于通过在绘图区中任意指定圆上的三点绘制圆形。
- **相切，相切，半径**：用于通过指定已有图形对象的两个相切点和圆半径值绘制圆形。
- **相切，相切，相切**：用于通过指定已有图形对象的3个点作为圆的相切点，绘制一个与该图形相切的圆形。

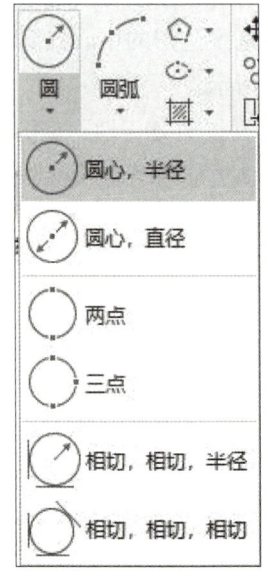

图 4-39 选择圆的绘制方式

· 78 ·

■4.4.2 绘制圆弧

绘制圆弧一般需要指定3个点，即圆弧的起点、圆弧上的点和圆弧的端点。在"绘图"面板中单击"圆弧"按钮 即可绘制，默认绘制方式为"三点"，绘制过程如图4-40所示。

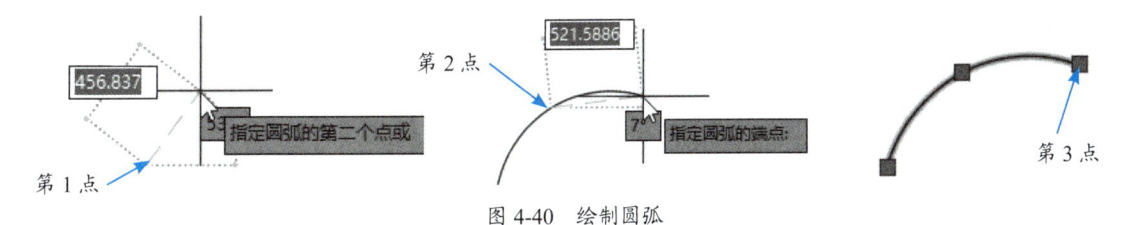

图 4-40 绘制圆弧

除了"三点"默认绘制方式外，圆弧还有其他10种绘制方式。单击"圆弧"下方的下拉按钮，在其列表中即可选择，如图4-41所示。

- **起点，圆心，端点**：用于通过指定圆弧的起点、圆心和端点绘制圆弧。
- **起点，圆心，角度**：用于通过指定圆弧的起点、圆心和角度绘制圆弧。
- **起点，圆心，长度**：用于通过指定圆弧的起点、圆心和弦长绘制圆弧，指定的弦长不可以超过起点到圆心距离的两倍。
- **起点，端点，角度**：用于通过指定圆弧的起点、端点和角度绘制圆弧。
- **起点，端点，方向**：用于通过指定圆弧的起点、端点和方向绘制圆弧，指定方向后单击鼠标左键，即可完成圆弧的绘制。
- **起点，端点，半径**：用于通过指定圆弧的起点、端点和半径绘制圆弧，绘制完成的圆弧的半径是指定的半径长度。
- **圆心，起点，端点**：用于通过先指定圆心、再指定起点和端点绘制圆弧。
- **圆心，起点，角度**：用于通过指定圆弧的圆心、起点和角度绘制圆弧。
- **圆心，起点，长度**：用于通过指定圆弧的圆心、起点和长度绘制圆弧。
- **连续**：用于使绘制的圆弧与最后一个创建的对象相切。

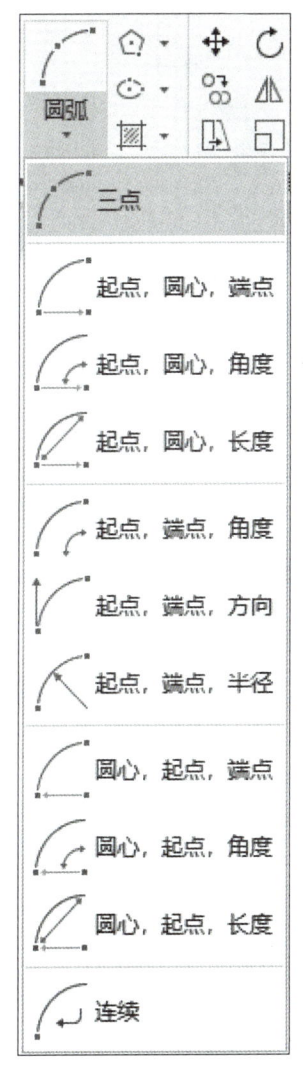

图 4-41 选择圆弧的绘制方式

上手操作 绘制子母门平面图形

下面利用"矩形"和"圆"命令，绘制子母门平面图形。

步骤 01 执行"矩形"命令，绘制长900 mm、宽40 mm的矩形，如图4-42所示。

步骤 02 继续执行"矩形"命令，绘制长300 mm、宽40 mm的矩形，并将其放置在右侧门垛的合适位置，如图4-43所示。

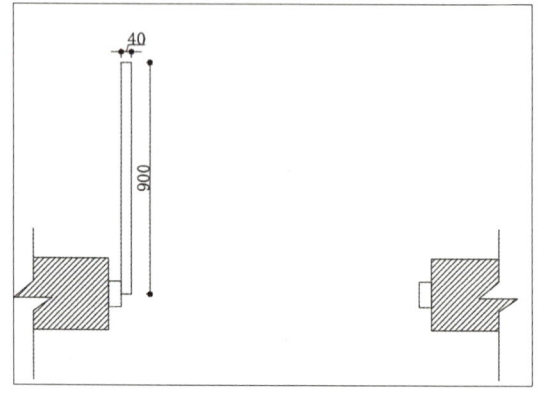

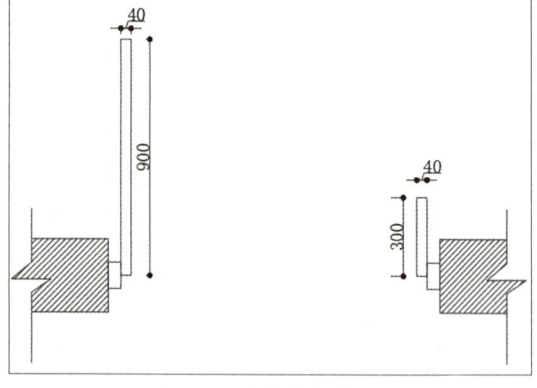

图 4-42 绘制矩形

图 4-43 绘制并放置矩形

步骤 03 执行"圆"命令，捕捉长900 mm的矩形的上、下两个角点，绘制圆形，如图4-44所示。命令行中的提示信息如下：

```
命令：_circle                                                         执行命令
指定圆的圆心或 [三点(3P)/两点(2P)/切点、切点、半径(T)]：              捕捉左下角点
指定圆的半径或 [直径(D)] <900.0000>：                                 捕捉左上角点
```

步骤 04 继续执行"圆"命令，捕捉长300 mm的矩形的两个角点，绘制圆形，如图4-45所示。

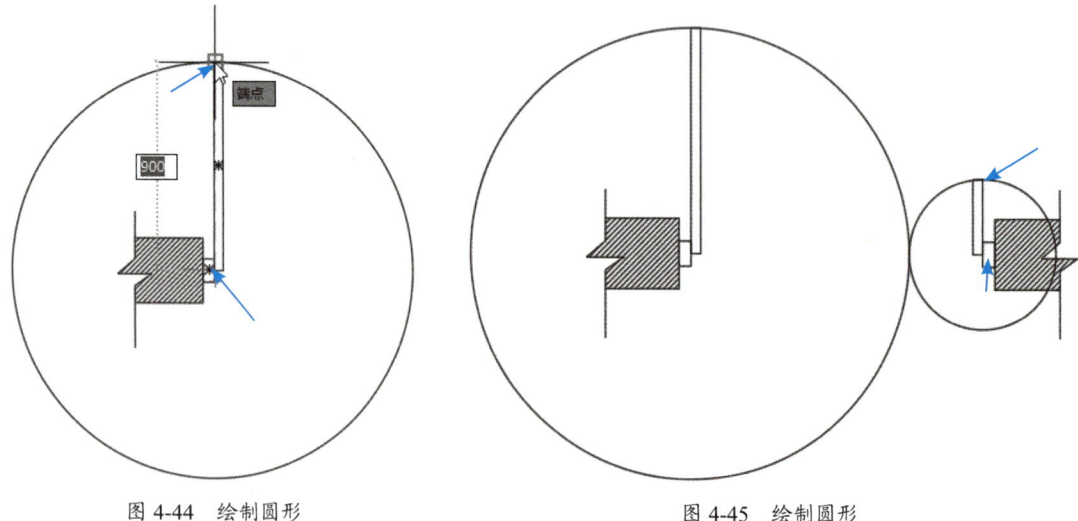

图 4-44 绘制圆形

图 4-45 绘制圆形

步骤 05 执行"直线"命令,捕捉两个门垛的中点,绘制一条中心线,如图4-46所示。

步骤 06 在命令行中输入"TR",可启动"修剪"命令。按回车键,选择图形中要修剪的线段,修剪多余的线段,完成子母门平面图形的绘制,如图4-47所示。

命令行中的提示信息如下:

```
命令:TR                                          执行命令,回车
TRIM
当前设置:投影=UCS,边=无,模式=快速
选择要修剪的对象,或按住 Shift 键选择要延伸的对象或
[剪切边(T)/窗交(C)/模式(O)/投影(P)/删除(R)]:    选择所有要修剪的线段
```

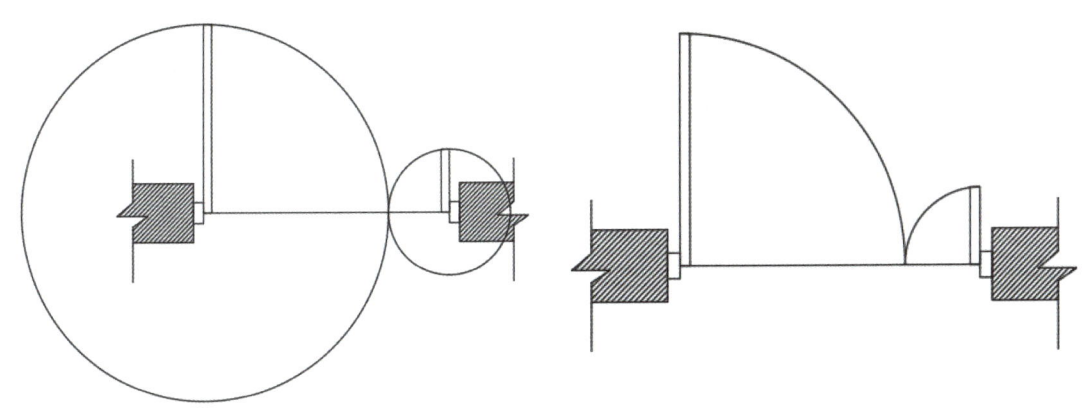

图 4-46 绘制中心线　　　　　　　　　　图 4-47 子母门平面图形的绘制结果

■ 4.4.3 绘制圆环

圆环是由两个圆心相同、半径不同的圆组成的。绘制圆环时,可以先指定圆环的内径、外径,再指定圆环的中心点。在"绘图"面板中单击"圆环"按钮◎,根据命令行中的提示信息,绘制圆环,如图4-48所示。

命令行中的提示信息如下:

```
命令:_donut                                      执行命令
指定圆环的内径 <0.5000>: 指定第二点:200           输入内径值"200",回车
指定圆环的外径 <1.0000>:400                       输入外径值"400",回车
指定圆环的中心点或 <退出>:                        指定圆心
```

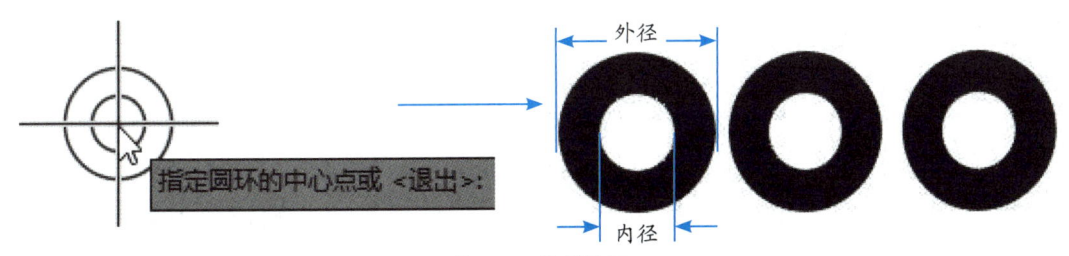

图 4-48 绘制圆环

4.4.4 绘制椭圆

椭圆有长半轴和短半轴之分，长半轴与短半轴的长度值决定了椭圆的形状。在"绘图"面板中单击"圆心"按钮，根据命令行中的提示信息，先指定椭圆的圆心，然后分别指定长半轴和短半轴的长度值，按回车键即可完成绘制，如图4-49所示。

命令行中的提示信息如下：

```
命令：_ellipse                                          执行命令
指定椭圆的轴端点或 ［圆弧(A)/中心点(C)］：_c
指定椭圆的中心点：                                      指定椭圆的圆心
指定轴的端点：300                                       输入长半轴的长度值"300"，回车
指定另一条半轴长度或 ［旋转(R)］：150                   输入短半轴的长度值"150"，回车
```

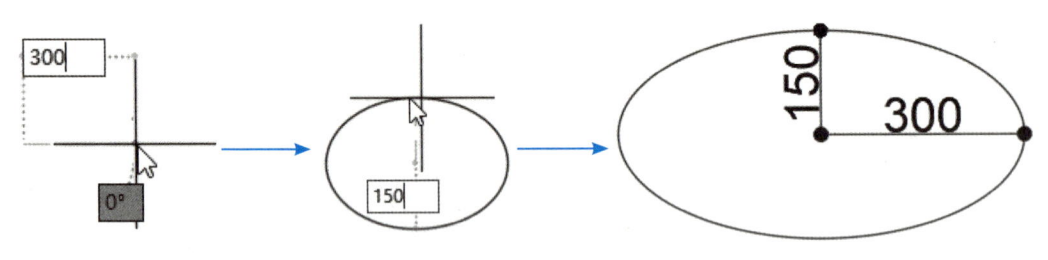

图 4-49 绘制椭圆

单击"圆心"右侧的下拉按钮，在其列表中可选择其他两种椭圆的绘制方式，分别为"轴，端点"和"椭圆弧"，如图4-50所示。

- **轴，端点**：用于指定第1个点作为椭圆曲线半轴的起点，指定第2个点作为长半轴（或短半轴）的端点，指定第3个点作为短半轴（或长半轴）的半径点。
- **椭圆弧**：与"轴，端点"绘制方式相似，可以用于绘制完整的椭圆，也可以用于绘制其中的一段圆弧。

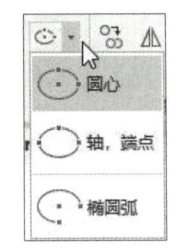

图 4-50 选择椭圆的绘制方式

4.4.5 绘制修订云线

修订云线是一类特殊的线条，形状类似云朵，主要用于突出显示图样中已修改的部分，其组成参数包括多个控制点、最大弧长和最小弧长。

修订云线有3种绘制方式，分别为"矩形""多边形""徒手画"。其中，"矩形"为默认的绘制方式。在"绘图"面板中单击"矩形"按钮，在绘图区中指定矩形的两个对角点，即可绘制一个矩形修订云线，如图4-51所示。

"多边形"修订云线的绘制方式与"矩形"修订云线类似，指定多边形的几个顶点即可，如图4-52所示。

"徒手画"修订云线则为随手绘制，系统会沿着光标的移动轨迹自动生成修订云线，如图4-53所示。

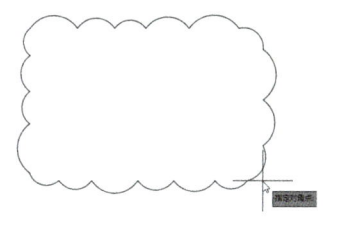

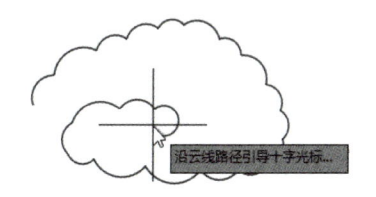

图 4-51 绘制"矩形"修订云线　　图 4-52 绘制"多边形"修订云线　　图 4-53 绘制"徒手画"修订云线

■ 4.4.6 绘制样条曲线

样条曲线是一种较为特别的线段。它是通过一系列指定点的光滑曲线，用来绘制不规则的曲线图形。样条曲线分为"样条曲线拟合"和"样条曲线控制点"两种。在"绘图"面板中根据需要单击"样条曲线拟合"按钮或"样条曲线控制点"按钮即可绘制，如图4-54所示为利用"样条曲线拟合"命令绘制的曲线，如图4-55所示为利用"样条曲线控制点"命令绘制的曲线。

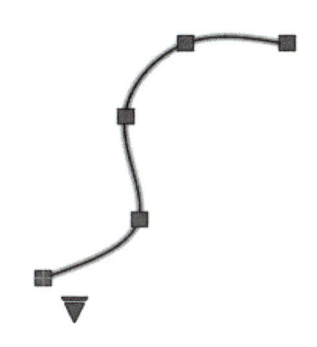

图 4-54 利用"样条曲线拟合"命令绘制的曲线　　图 4-55 利用"样条曲线控制点"命令绘制的曲线

利用"样条曲线拟合"命令绘制的曲线，其控制点位于曲线上；而利用"样条曲线控制点"命令绘制的曲线，其控制点在曲线旁边，曲线较为圆润、顺滑。

你学会了吗？

实战演练 完善楼梯间及电梯间平面图形

本例将综合本章所学知识点，绘制楼梯间及电梯平面图形，其中涉及的命令有"定数等分""直线""矩形""多段线""弧线"等。

步骤01 打开"楼梯间平面.dwg"素材文件，执行"直线"命令，绘制一条长1 410 mm的直线，如图4-56所示。

步骤02 继续执行"直线"命令，在刚绘制的直线的端点处绘制一条水平线段，将其作为楼梯平台，如图4-57所示。

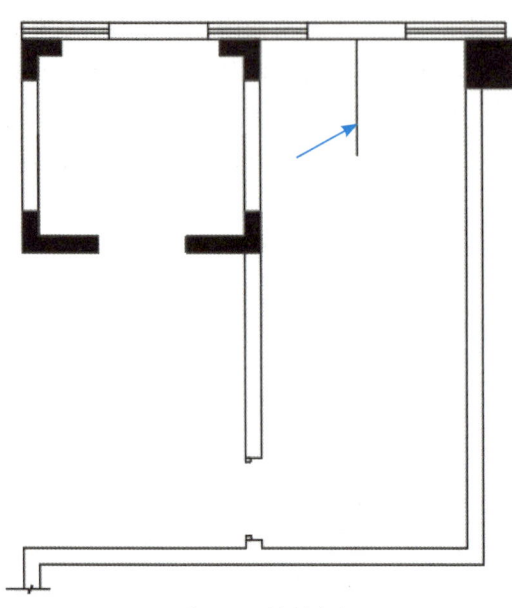

图4-56 绘制直线

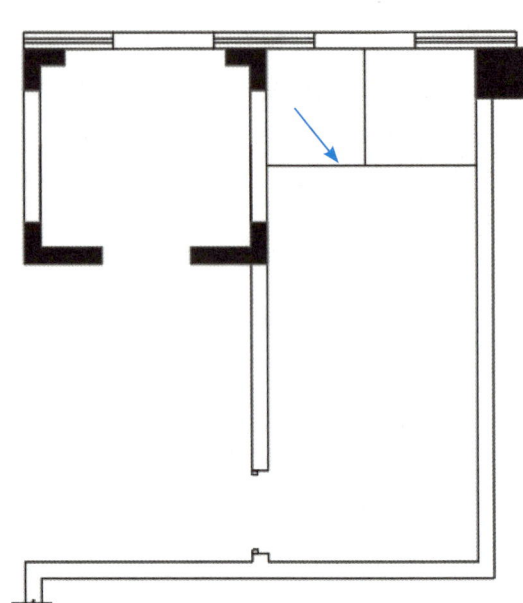

图4-57 绘制水平线段

步骤03 删除1 410 mm的线段。执行"直线"命令，捕捉水平线段的中点，向下再绘制一条长3 380 mm的垂直线段，如图4-58所示。

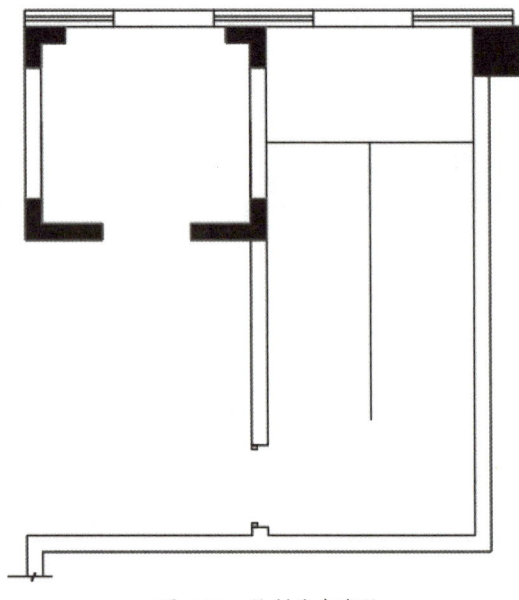

图4-58 绘制垂直线段

步骤 04 执行"复制"命令，选择水平线段，以中点为复制基点，将其复制到垂直线段的端点处，如图4-59所示。

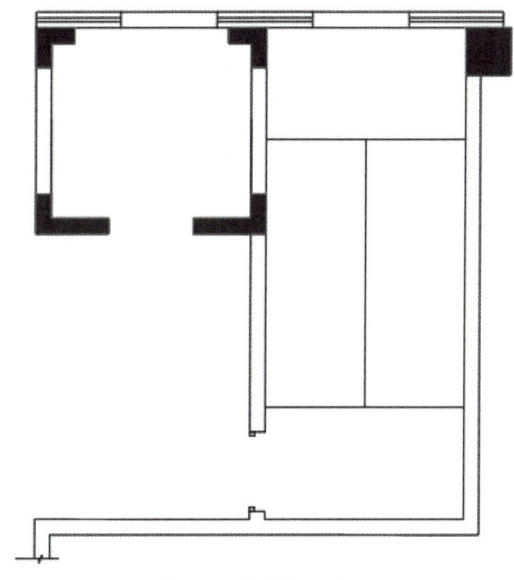

图 4-59 复制水平线段

步骤 05 执行"定数等分"命令，将垂直线段等分成12份，如图4-60所示。

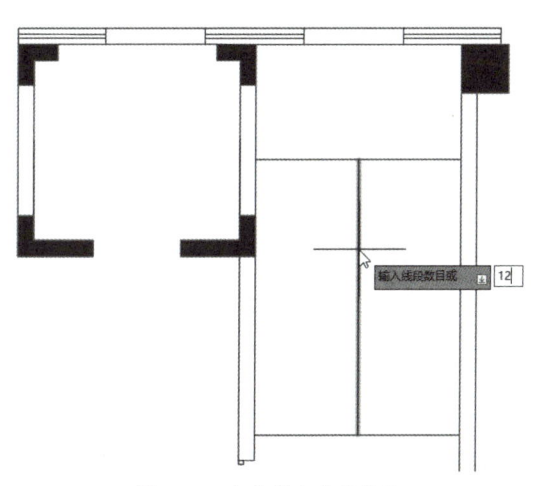

图 4-60 定数等分垂直线段

步骤 06 执行"复制"命令，将其中一条水平线段复制到垂直线段的等分点上，完成楼梯踏步图形的绘制，如图4-61所示。

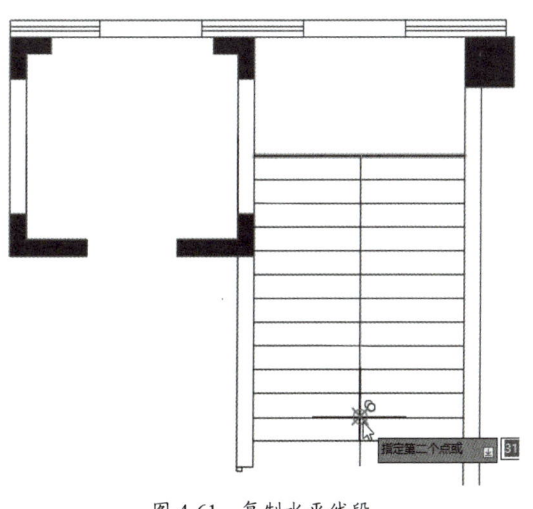

图 4-61 复制水平线段

步骤07 执行"矩形"命令，绘制长3 640 mm、宽200 mm的矩形，将其作为楼梯扶手，放置在踏步中央，如图4-62所示。

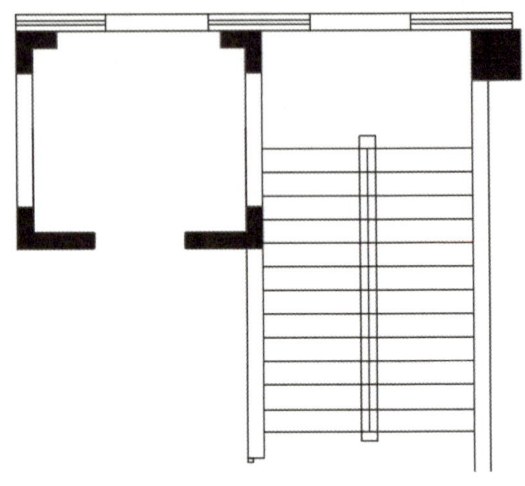

图 4-62　绘制矩形

步骤08 在命令行中输入"TR"，启动"修剪"命令，修剪楼梯扶手图形，如图4-63所示。

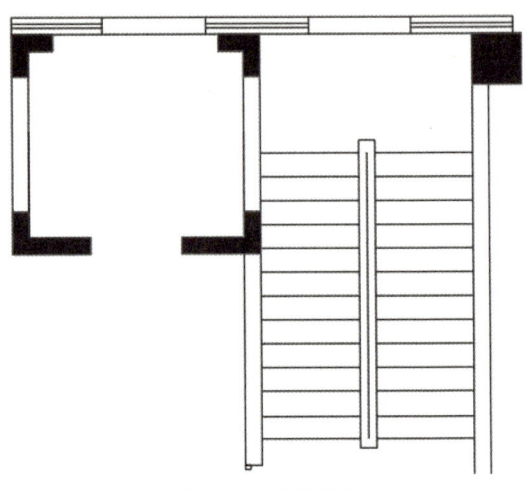

图 4-63　修剪图形

步骤09 执行"多段线"命令，绘制如图4-64所示的线段。

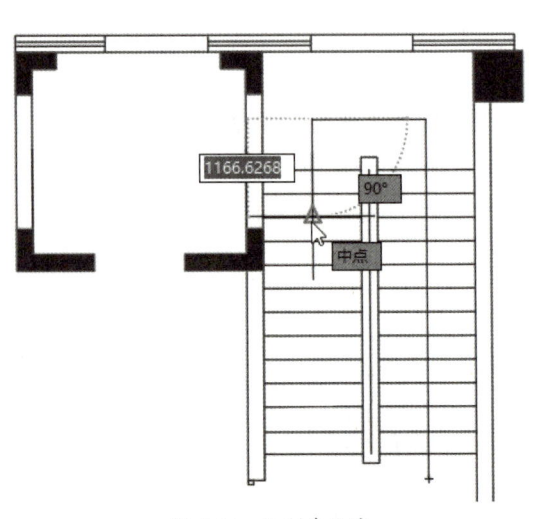

图 4-64　绘制多段线

步骤⑩ 保持"多段线"命令的启动状态，在命令行中输入"w"，将起点宽度设置为80，将端点宽度设置为0，然后指定多段线的端点，绘制箭头图形，如图4-65所示。

命令行中的提示信息如下：

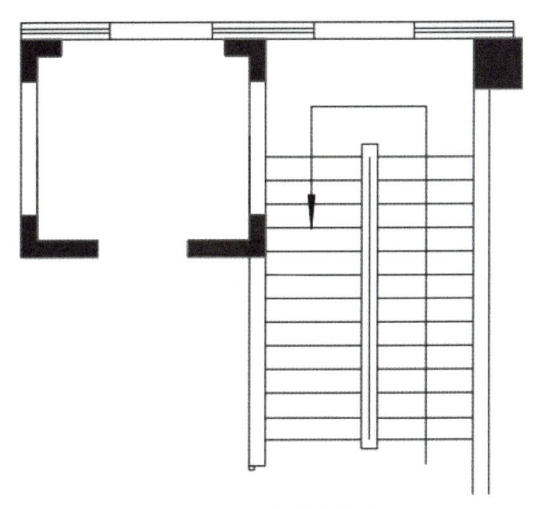

图 4-65 绘制箭头图形

```
命令：PL                                              执行命令，回车
PLINE
指定起点：                                            指定多段线的起点
当前线宽为 0.0000
指定下一个点或 [圆弧(A)/半宽(H)/长度(L)/放弃(U)/宽度(W)]：  依次指定下一点
指定下一点或 [圆弧(A)/闭合(C)/半宽(H)/长度(L)/放弃(U)/宽度(W)]：
指定下一点或 [圆弧(A)/闭合(C)/半宽(H)/长度(L)/放弃(U)/宽度(W)]：w
                                                      输入"w"，回车，设置线宽
指定起点宽度 <0.0000>：80                             输入起点宽度"80"，回车
指定端点宽度 <80.0000>：0                             输入端点宽度"0"，回车
指定下一点或 [圆弧(A)/闭合(C)/半宽(H)/长度(L)/放弃(U)/宽度(W)]：400
                                                      输入下一点距离，回车
```

步骤⑪ 按照同样的方法，绘制另一个箭头图形，如图4-66所示。

步骤⑫ 继续执行"多段线"命令，在两个箭头中间绘制折断线，如图4-67所示。

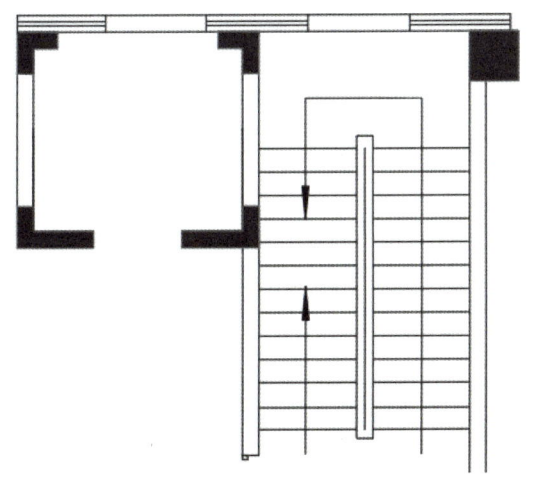

图 4-66 绘制另一个箭头图形　　　　　　图 4-67 绘制折断线

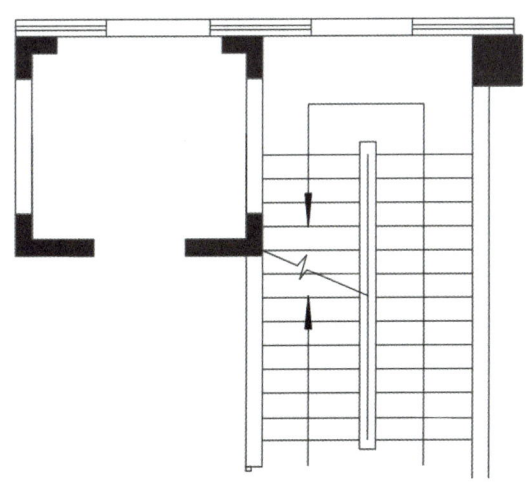

步骤 13 执行"矩形"命令，绘制长2 200 mm、宽1 320 mm的矩形，将其作为电梯厢，放置在电梯井中央，如图4-68所示。

步骤 14 继续执行"矩形"命令，绘制长1 300 mm、宽220 mm的矩形，将其作为平衡木，放置在厢体后方的合适位置，如图4-69所示。

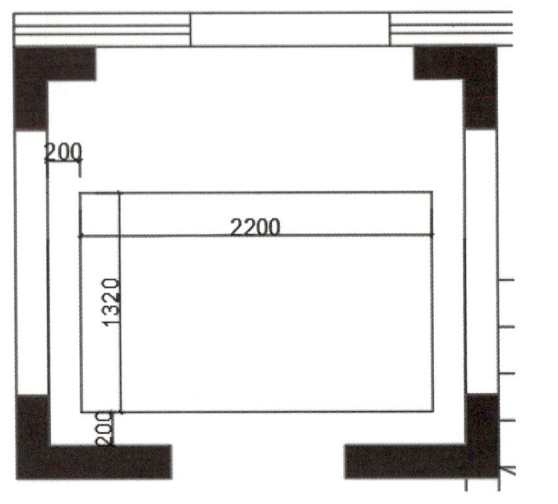

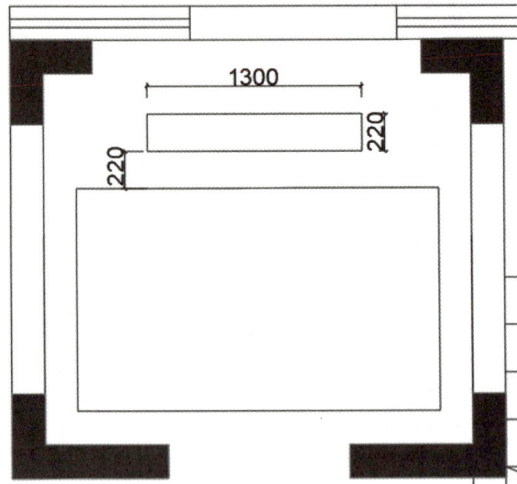

图 4-68　绘制矩形　　　　　图 4-69　绘制矩形

步骤 15 执行"直线"命令，绘制厢体标识线和封闭电梯入口，如图4-70所示。

步骤 16 执行"矩形"命令，绘制长900 mm、宽40 mm的矩形，将其放置在楼梯间的入口处，并执行"弧线"命令，分别捕捉矩形右侧的两个端点和门垛中点，绘制开门方向线，如图4-71所示。至此，完成楼梯间及电梯间平面图形的绘制操作。

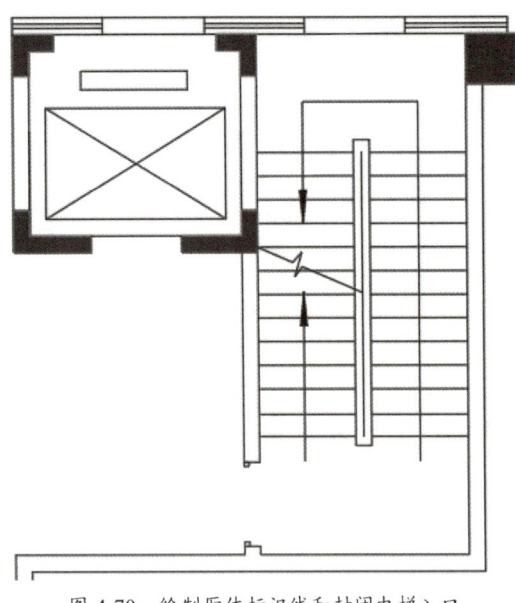

图 4-70　绘制厢体标识线和封闭电梯入口　　　　　图 4-71　绘制开门方向线

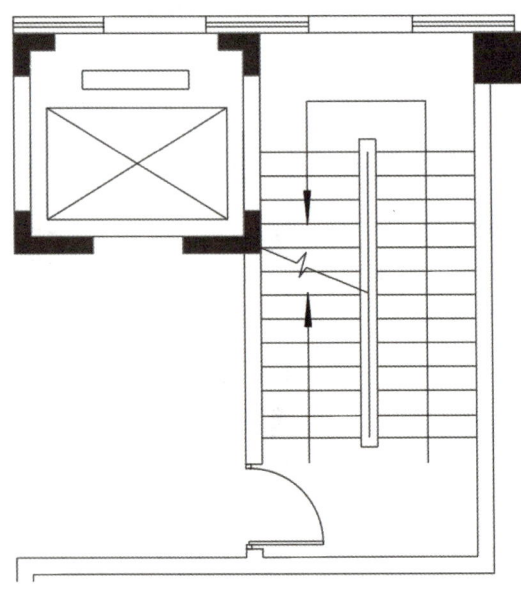

课后作业

1. 绘制立面窗图形

利用"矩形""直线"等命令绘制立面窗图形,尺寸如图4-72所示。

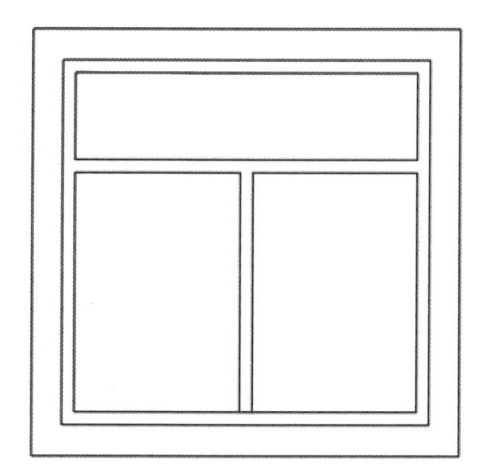

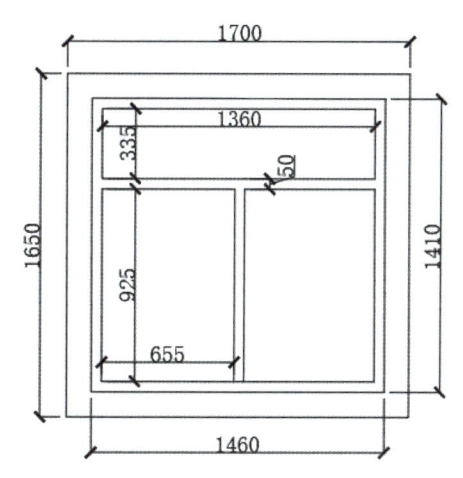

图 4-72 绘制立面窗图形

操作提示

- 执行"矩形"和"直线"命令,绘制窗户立面图形。
- 执行"矩形"命令,绘制窗套图形。

2. 绘制户型图墙体线

根据给出的轴线,利用"多线"命令,绘制墙体线,如图4-73所示。

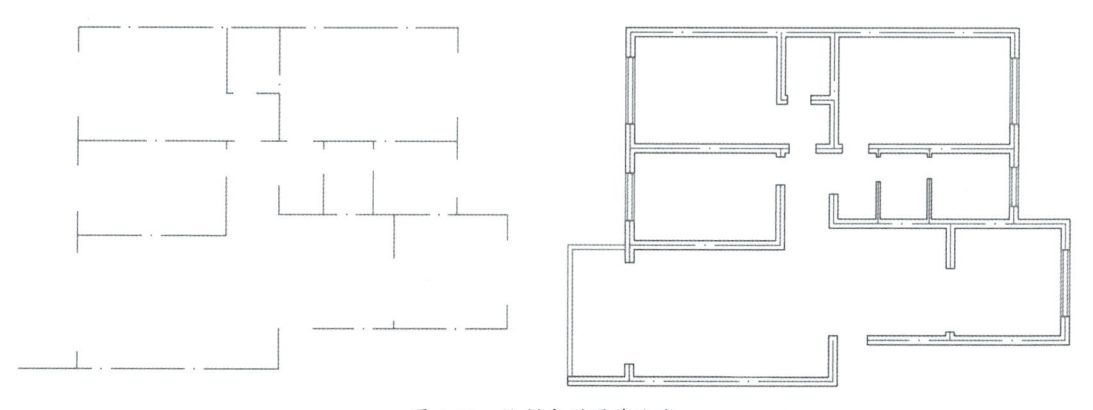

图 4-73 绘制户型图墙体线

操作提示

- 新建"墙体"多线样式,并执行"多线"命令,沿着轴线绘制墙体线。
- 新建"窗"多线样式,并执行"多线"命令,绘制窗图形。

第 5 章

绘制复杂建筑图形

内容概要

所谓复杂图形，其实就是在简单二维图形的基础上进行复制、旋转、镜像、阵列、修剪等编辑操作，使其转换为新图形。本章将着重讲解图形的编辑功能，使读者能够顺利绘制出更为复杂的图形。

知识要点

- 掌握图形的移动和复制方法。
- 掌握图形的修改方法。
- 掌握线段的编辑方法。
- 掌握图形的填充方法。

数字资源

【本章素材】："素材文件\第5章"目录下
【本章实战演练最终文件】："素材文件\第5章\实战演练"目录下

5.1 移动、复制图形对象

要想快速绘制多个图形，可使用"复制""偏移""镜像""阵列"等命令；要想调整图形的位置、角度及大小，可使用"移动""旋转""缩放"等命令。在"默认"选项卡的"修改"面板中可以选择相关命令进行操作，如图5-1所示。

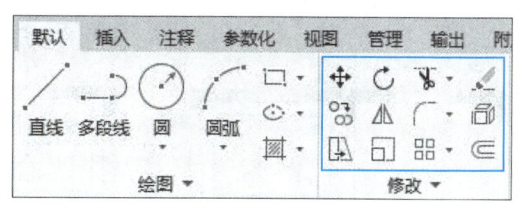

图 5-1 "修改"面板

■5.1.1 移动与复制

移动图形是指在不改变图形方向和大小的情况下，将其从当前位置移动到新的位置。复制图形则是指将原图形复制到新位置，并保留原图形的操作。

1. 移动图形

在"修改"面板中单击"移动"按钮，然后根据命令行中的提示信息，指定图形的移动基点和目标基点即可，如图5-2所示。

命令行中的提示信息如下：

命令：_move	执行命令
选择对象：找到 10 个	
选择对象：	选择图形，回车
指定基点或 [位移(D)] <位移>：	指定移动基点
指定第二个点或 <使用第一个点作为位移>：	指定目标基点

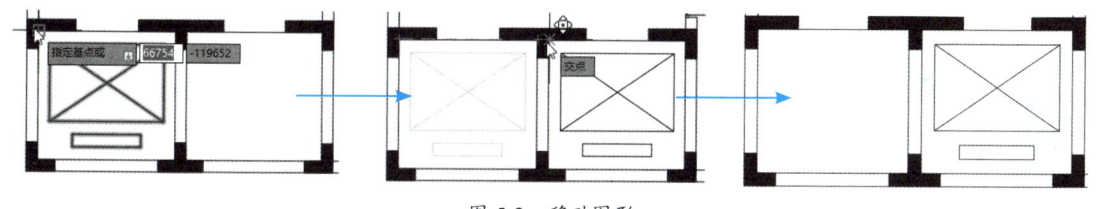

图 5-2 移动图形

> **知识点拨**
> "移动"命令的快捷键为M，在命令行中输入"M"后，按回车键，即可启动该命令。

2. 复制图形

"复制"命令与"移动"命令的操作相似。在"修改"面板中单击"复制"按钮，然后根据命令行中的提示信息，指定图形的复制基点和目标基点即可，如图5-3所示。

命令行中的提示信息如下：

命令：_copy	执行命令
选择对象：找到 1 个	
选择对象：	选择图形，回车

当前设置： 复制模式 = 多个	
指定基点或 [位移(D)/模式(O)]〈位移〉：	指定复制的基点
指定第二个点或 [阵列(A)]〈使用第一个点作为位移〉：	指定目标基点，回车

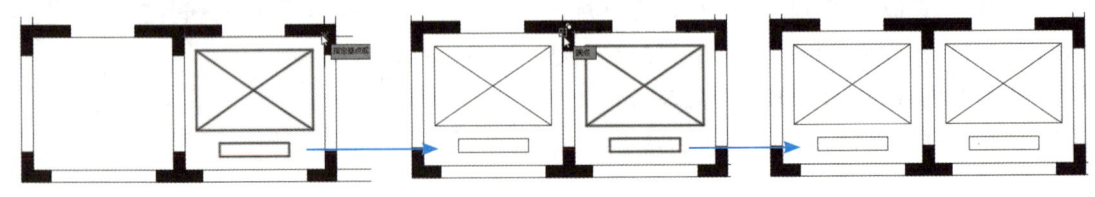

图 5-3 复制图形

> **知识点拨**
> "复制"命令的快捷键为 CO，在命令行中输入"CO"后，按回车键即可启动该命令。

■5.1.2 旋转与缩放

旋转图形是指将图形按照指定的角度进行旋转。缩放图形是指将图形按照指定的比例进行放大或缩小。

1. 旋转图形

在"修改"面板中单击"旋转"按钮○，然后根据命令行中的提示信息，选择图形的旋转基点并设置旋转角度即可，如图5-4所示。

> **知识点拨**
> "旋转"命令的快捷键为 RO，在命令行中输入"RO"后，按回车键即可启动该命令。

命令行中的提示信息如下：

命令：_rotate	执行命令
UCS 当前的正角方向： ANGDIR=逆时针 ANGBASE=0	
选择对象：找到 1 个	选择图形，回车
选择对象：	
指定基点：	指定旋转基点
指定旋转角度，或 [复制(C)/参照(R)]〈0〉：〈正交 关〉-45	输入旋转角度"-45"，回车

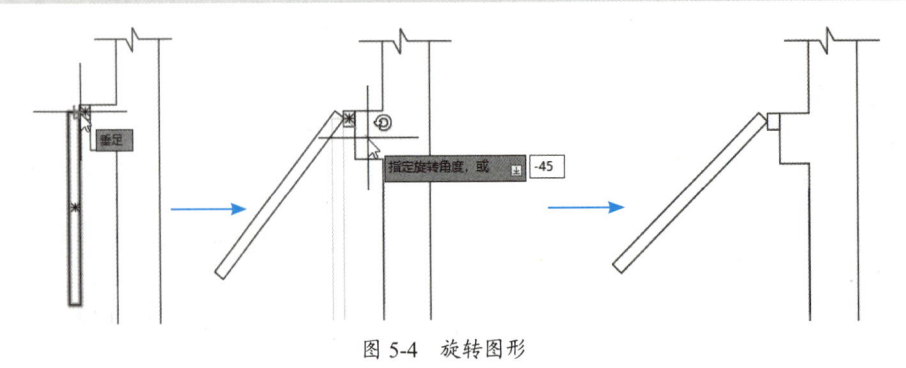

图 5-4 旋转图形

· 92 ·

2. 缩放图形

在"修改"面板中单击"缩放"按钮，然后根据命令行中的提示信息，指定缩放基点，移动光标并输入比例值，按回车键即可。比例值小于1时，为缩小图形，如图5-5所示；相反，比例值大于1时，则为放大图形，如图5-6所示。

> **知识点拨**
>
> "缩放"命令的快捷键为SC，在命令行中输入"SC"后，按回车键即可启动该命令。

命令行中的提示信息如下：

命令：_scale	执行命令
选择对象：指定对角点：找到 1 个	选择图形，回车
选择对象：	
指定基点：	指定缩放基点
指定比例因子或 [复制(C)/参照(R)]：0.5	输入缩放比例值"0.5"，回车，缩小图形

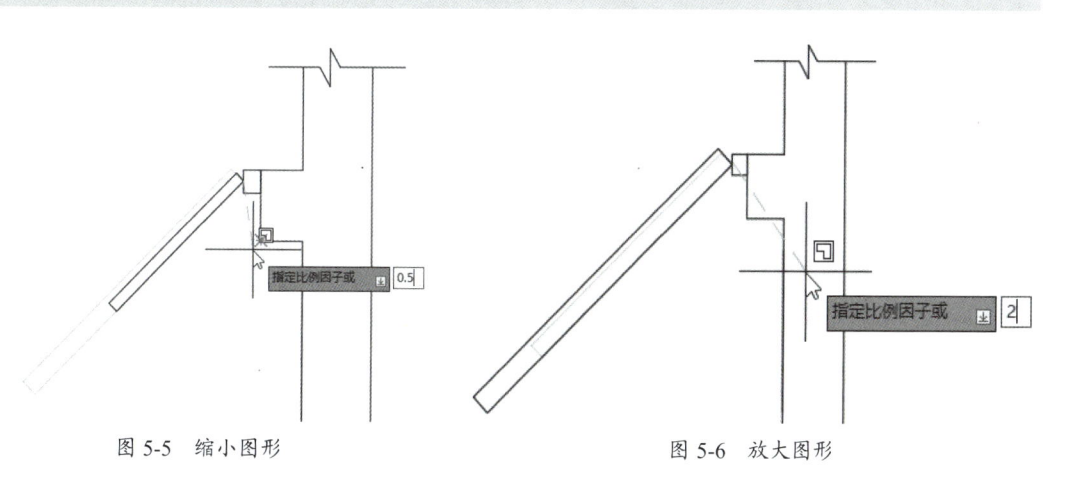

图 5-5　缩小图形　　　　图 5-6　放大图形

■5.1.3　偏移与镜像

偏移图形是指生成一个与原图形类似的新图形，并将其放置在原图形的内侧或外侧。镜像图形是指将图形按照指定的中线进行对称复制操作。

1. 偏移图形

在"修改"面板中单击"偏移"按钮，根据命令行中的提示信息，先设置偏移距离，然后选中所需图形，并指定偏移方向上的一点，即可偏移图形，如图5-7所示。

> **知识点拨**
>
> "偏移"命令的快捷键为O，在命令行中输入"O"后，按回车键即可启动该命令。此外，"偏移"命令只针对线段、圆形、矩形类图形进行操作，对于其他图块或组合图形不可用。

命令行中的提示信息如下：

```
命令：_offset                                              执行命令
当前设置：删除源=否  图层=源  OFFSETGAPTYPE=0
指定偏移距离或 [通过(T)/删除(E)/图层(L)] <通过>： 60  输入偏移距离值"60"，回车
选择要偏移的对象，或 [退出(E)/放弃(U)] <退出>：             选择所需图形
指定要偏移的那一侧上的点，或 [退出(E)/多个(M)/放弃(U)] <退出>：
                                                          指定偏移方向上的一点
选择要偏移的对象，或 [退出(E)/放弃(U)] <退出>：
```

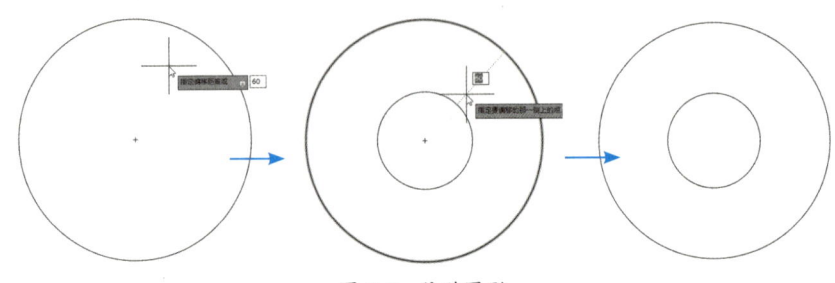

图 5-7 偏移图形

上手操作 绘制中式花窗立面图形

下面利用"偏移""复制""修剪"命令绘制中式花窗立面图形。

步骤01 执行"矩形"命令，绘制一个长750 mm、宽300 mm的矩形，如图5-8所示。

步骤02 执行"复制"命令，将该矩形向右进行复制，如图5-9所示。

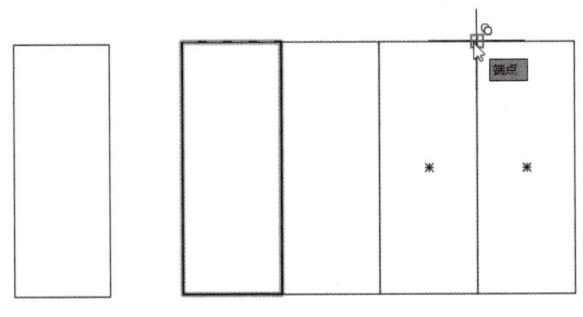

图 5-8 绘制矩形　　　图 5-9 复制矩形

步骤03 执行"偏移"命令，将偏移距离设置为20，选中第1个矩形，并在图形内指定一点作为偏移方向，向内偏移，如图5-10所示。

命令行中的提示信息如下：

```
命令：O                                                    执行命令，回车
OFFSET
当前设置：删除源=否  图层=源  OFFSETGAPTYPE=0
指定偏移距离或 [通过(T)/删除(E)/图层(L)] <通过>： 20        设置偏移距离"20"，回车
选择要偏移的对象，或 [退出(E)/放弃(U)] <退出>：             选择矩形
指定要偏移的那一侧上的点，或 [退出(E)/多个(M)/放弃(U)] <退出>：
                                                          单击矩形内任意点，回车
选择要偏移的对象，或 [退出(E)/放弃(U)] <退出>： *取消*      回车，结束操作
```

步骤04 在命令行中输入"X",按回车键,可启动"分解"命令。选中偏移后的矩形,按回车键将其进行分解,如图5-11所示。

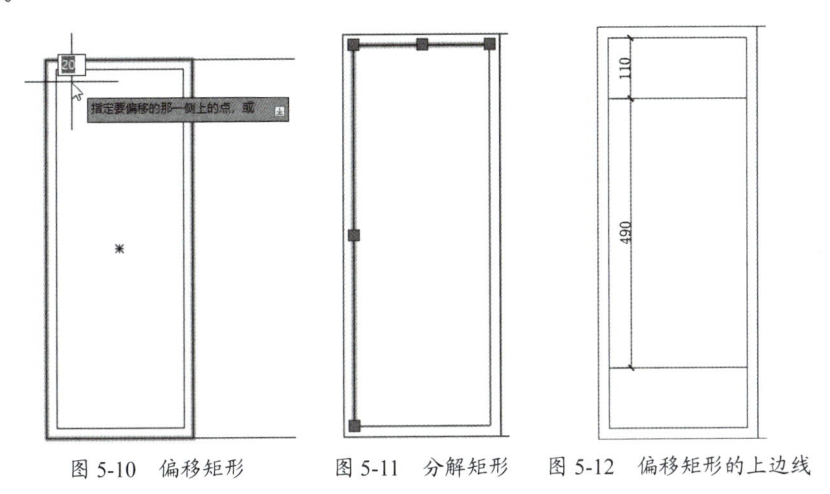

步骤05 执行"偏移"命令,将分解后的矩形的上边线向下依次偏移110 mm和490 mm,如图5-12所示。

图5-10　偏移矩形　　图5-11　分解矩形　　图5-12　偏移矩形的上边线

步骤06 执行"定数等分"命令,将偏移的上边线等分成5份,并绘制等分线,结果如图5-13所示。

步骤07 执行"直线"命令,捕捉等分线的中点,绘制一条中线,如图5-14所示。

步骤08 执行"偏移"命令,将中线分别向上、向下各偏移122 mm,如图5-15所示。

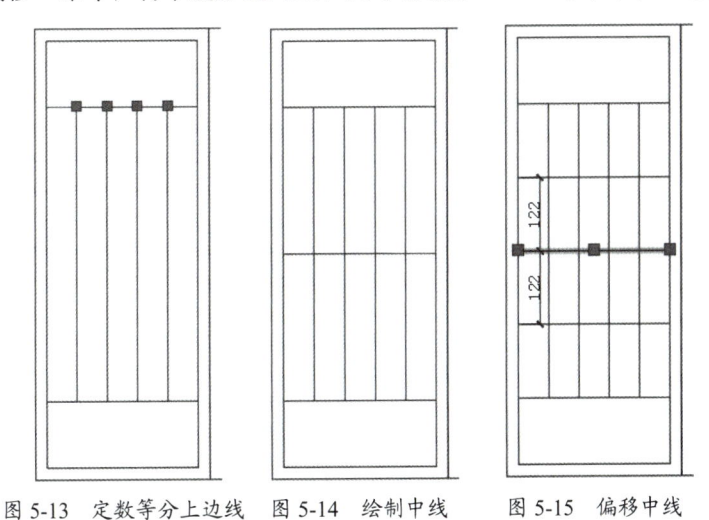

图5-13　定数等分上边线并绘制等分线　　图5-14　绘制中线　　图5-15　偏移中线

步骤09 继续执行"偏移"命令,将矩形内的所有线段分别向两侧偏移5 mm,如图5-16所示。

步骤10 删除所有中心线。执行"修剪"命令,按照如图5-17所示的图形修剪线段。

步骤11 执行"复制"命令,将修剪后的图形复制到其他3个矩形内,如图5-18所示。

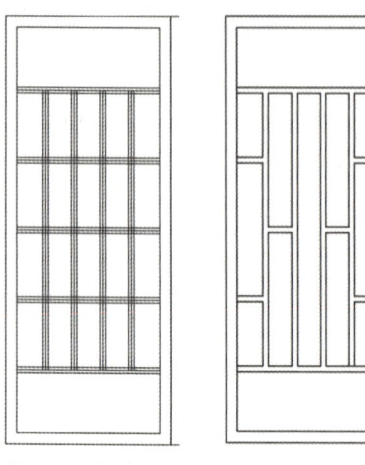

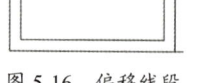

图 5-16　偏移线段　　图 5-17　修剪线段 　　　　　图 5-18　复制图形

步骤 12 执行"矩形"命令,捕捉图形中的两个对角点,绘制矩形,如图5-19所示。

步骤 13 执行"偏移"命令,将大矩形向外依次偏移50 mm、10 mm,如图5-20所示,绘制窗套图形。

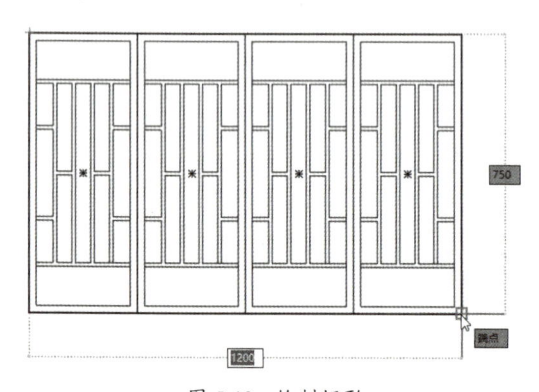

图 5-19　绘制矩形 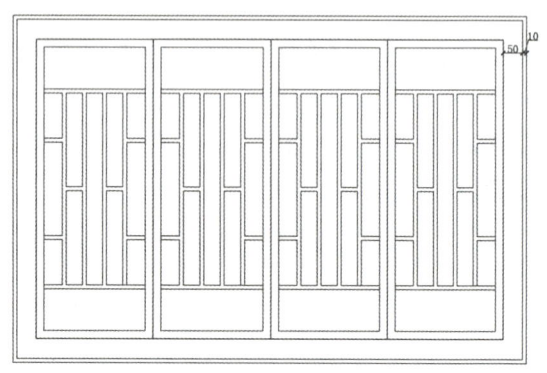　　　　　　　　　　图 5-20　偏移矩形

步骤 14 执行"直线"命令,绘制窗套4个角点的连接线,如图5-21所示。至此,中式花窗立面图形绘制完成。

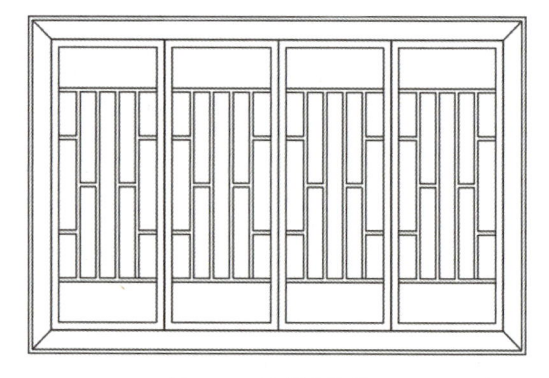

图 5-21　绘制连接线

2. 镜像图形

在"修改"面板中单击"镜像"按钮 ⚠，根据命令行中的提示信息，选择要镜像的源图形，并指定两个镜像点，如图5-22所示，然后在打开的列表中选择"否"选项，即可镜像图形，如图5-23所示。

> **知识点拨**
> "镜像"命令的快捷键为MI，在命令行中输入"MI"后，按回车键即可启动该命令。此外，如果在"要删除源对象吗？"列表中选择"是"选项，那么源图形会被删除，只保留镜像后的图形。

命令行中的提示信息如下：

命令：_mirror	执行命令
选择对象：找到 1 个	选择镜像的图形，回车
选择对象：	
指定镜像线的第一点：	指定中线的起点
指定镜像线的第二点：	指定中线的端点
要删除源对象吗？[是(Y)/否(N)]<否>：	回车，则保留源图形

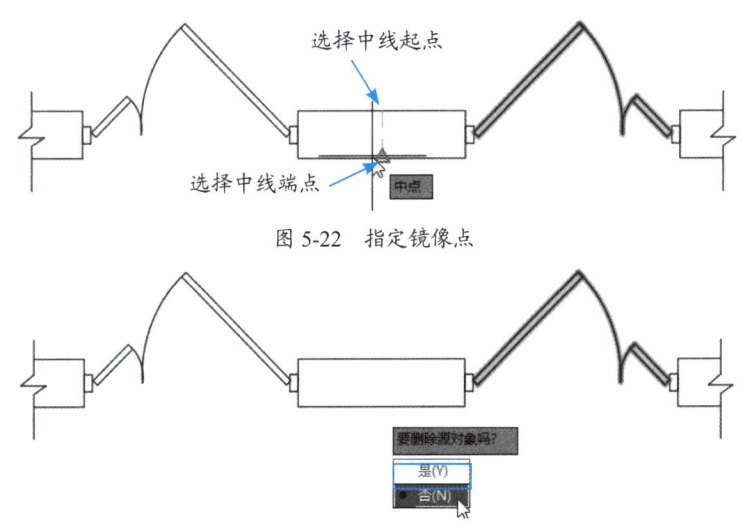

图 5-22 指定镜像点

图 5-23 镜像图形

5.1.4 阵列图形

阵列图形是指有规律地复制图形。当需要将图形按照指定的位置进行分布时，可以使用"阵列"命令。"阵列"命令包括"矩形阵列""环形阵列""路径阵列"3种。

1. 矩形阵列

矩形阵列是指将图形对象按照指定的行数和列数进行排列复制。在"修改"面板中单击"矩形阵列"按钮 ▦，选中图形，按回车键，系统会默认按照4列3行的排列模式进行排列，如图5-24所示。

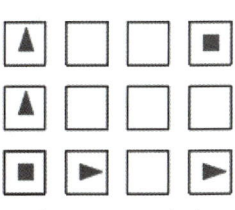

图 5-24 矩形阵列

如果需要对列数、行数,以及行间距、列间距的数值进行调整,可在打开的"阵列创建"选项卡中进行相应的设置,如图5-25所示。

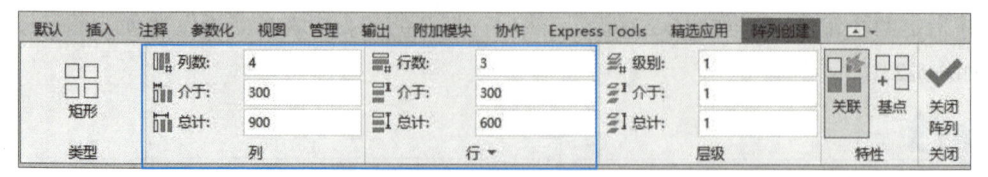

图 5-25 "阵列创建"选项卡

例如,要将图形以3列6行的排列方式进行阵列,可在"阵列创建"选项卡中将"列数"设置为3,将"行数"设置为6,阵列结果如图5-26所示。

还可在图形中拖动▲图标或▶图标,调整行数或列数的数值,如图5-27、图5-28所示。

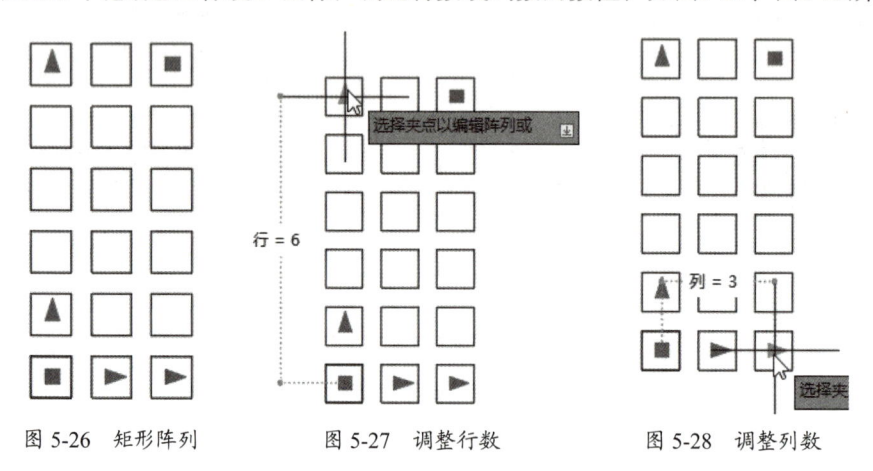

图 5-26 矩形阵列　　　图 5-27 调整行数　　　图 5-28 调整列数

2. 环形阵列

环形阵列是指将图形按照指定的基点以环形的结构进行排列复制。单击"矩形阵列"右侧的下拉按钮,在其列表中选择"环形阵列"选项,然后选择所需图形,指定旋转基点,并在"阵列创建"选项卡中设置"项目数",即可完成阵列操作,如图5-29所示。

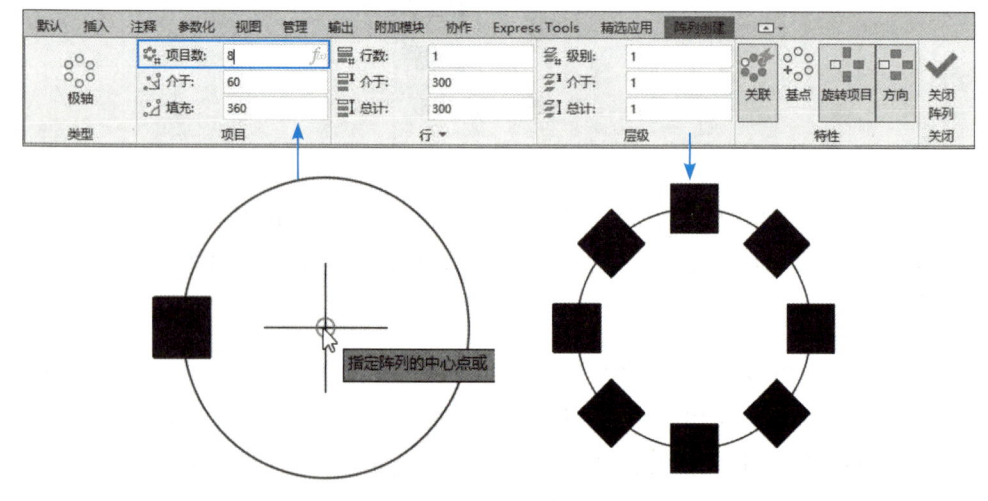

图 5-29 环形阵列

3. 路径阵列

路径阵列是指将图形按照指定的路径进行排列复制。路径可以是曲线、弧线、折线等线段。单击"矩形阵列"右侧的下拉按钮，在其列表中选择"路径阵列"选项，然后选择所需图形，并选择路径，在"阵列创建"选项卡中根据需要调整"介于"值，即可完成路径阵列，如图5-30所示。

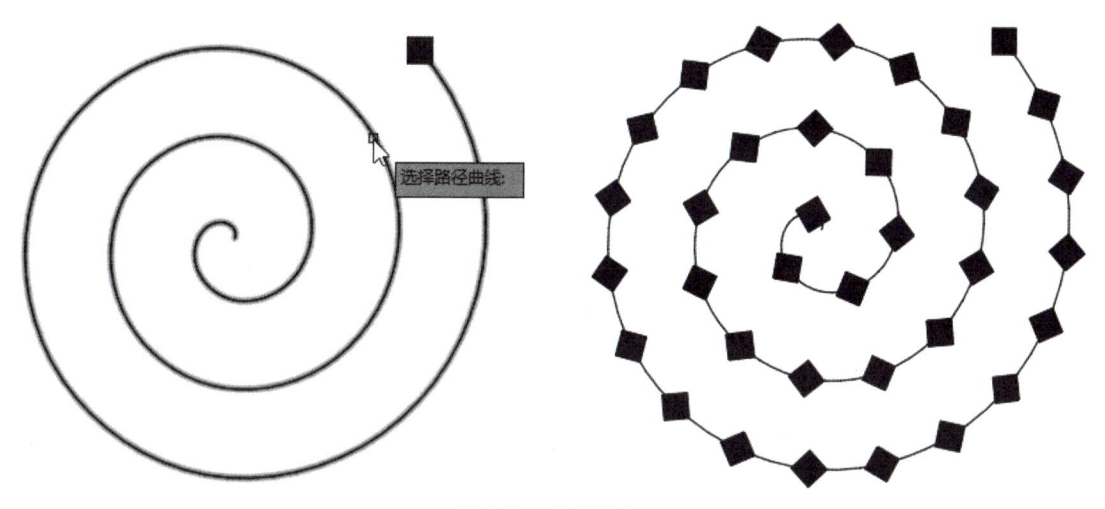

图 5-30 路径阵列

- **介于**：是指图形之间的距离值。距离值越大，图形排列越稀松；相反，距离值越小，图形排列越紧密。

> **知识点拨**
>
> 无论使用的是哪一种阵列方式，阵列后的图形都默认为组合图形。如果在阵列图形前，在"阵列创建"选项卡中关闭"关联"功能，则阵列后的图形都是独立图形，可对其进行单独编辑，如图5-31所示。

图 5-31 关闭"关联"功能

5.2 修改图形对象

如果需要对图形的形态进行修改,就会利用到一些修改编辑类工具了,例如"倒/圆角""修剪""延伸""拉伸"等。

■5.2.1 倒角与圆角

倒角和圆角是对两条相交的边线进行修剪,以此修饰图形的轮廓。

1. 倒角

在"修改"面板中单击"圆角"右侧的下拉按钮,在其列表中选择"倒角"选项 ,即可启动该命令。根据命令行中的提示信息,先设置两个倒角距离,然后选择两条倒角边线,即可完成倒角操作,如图5-32所示。

命令行中的提示信息如下:

```
命令: _chamfer                                              执行命令
("修剪"模式) 当前倒角距离 1 = 0.0000,距离 2 = 0.0000
选择第一条直线或 [放弃(U)/多段线(P)/距离(D)/角度(A)/修剪(T)/方式(E)/多个(M)]: d
                                                            输入"d",回车
指定 第一个 倒角距离 <0.0000>: 50                             输入第1个倒角距离值"50",回车
指定 第二个 倒角距离 <50.0000>: 50                            输入第2个倒角距离值"50",回车
选择第一条直线或 [放弃(U)/多段线(P)/距离(D)/角度(A)/修剪(T)/方式(E)/多个(M)]:
                                                            选择第1条边
选择第二条直线,或按住 Shift 键选择直线以应用角点或 [距离(D)/角度(A)/方法(M)]:
                                                            选择第2条边
```

2. 圆角

圆角是指通过指定圆弧的半径值,利用圆弧将两条相交的边线圆滑地连接起来。在"修改"面板中单击"圆角"按钮 ,先设置圆角半径值,再选择两条倒角边线,即可倒圆角,如图5-33所示。

命令行中的提示信息如下:

```
命令: _fillet                                               执行命令
当前设置: 模式 = 修剪,半径 = 0.0000
选择第一个对象或 [放弃(U)/多段线(P)/半径(R)/修剪(T)/多个(M)]: r
                                                            输入"r",回车
指定圆角半径 <0.0000>:50                                     输入半径值"50",回车
选择第一个对象或 [放弃(U)/多段线(P)/半径(R)/修剪(T)/多个(M)]:
                                                            选择第1条边
选择第二个对象,或按住 Shift 键选择对象以应用角点或 [半径(R)]:
                                                            选择第2条边
```

图 5-32　倒角　　　　　　　　　图 5-33　圆角

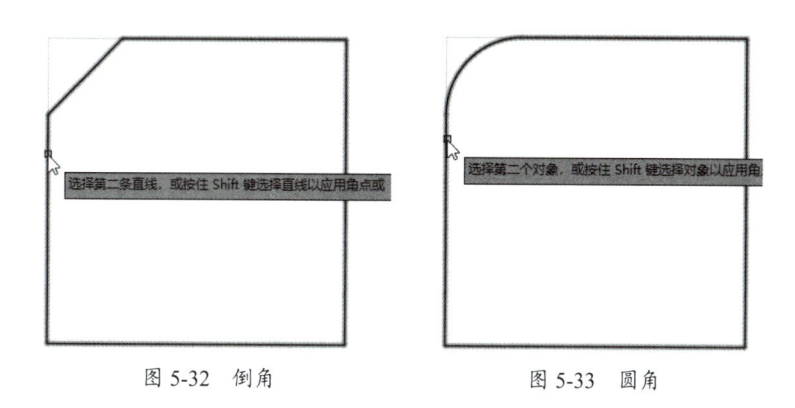

> **知识点拨**
> 设置倒角或圆角值后，该值会延续到下一次操作。因此，在绘制新图形时，需将倒角或圆角值都设置为0。

■5.2.2　修剪与延伸

修剪是指对超出图形边界或图形中多余的线段进行修剪。延伸是指将线段延伸到指定的边界。

在"修改"面板中单击"修剪"按钮，在图形中选择要修剪的线段即可，如图5-34所示。

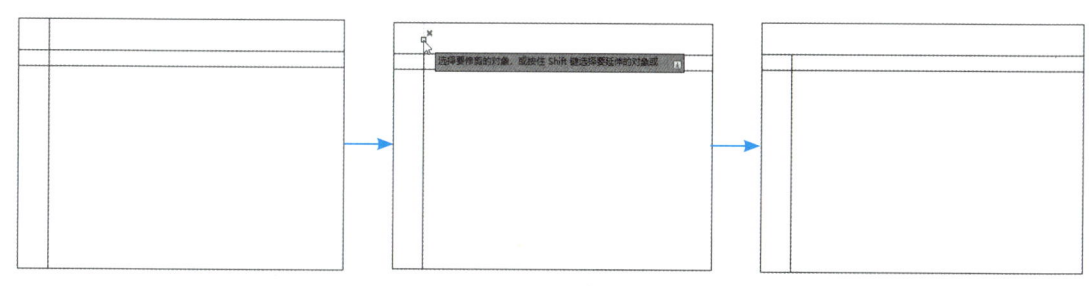

图 5-34　修剪线段

在"修改"面板中单击"修剪"右侧的下拉按钮，在其列表中选择"延伸"选项，选中要延伸的线段即可，如图5-35所示。

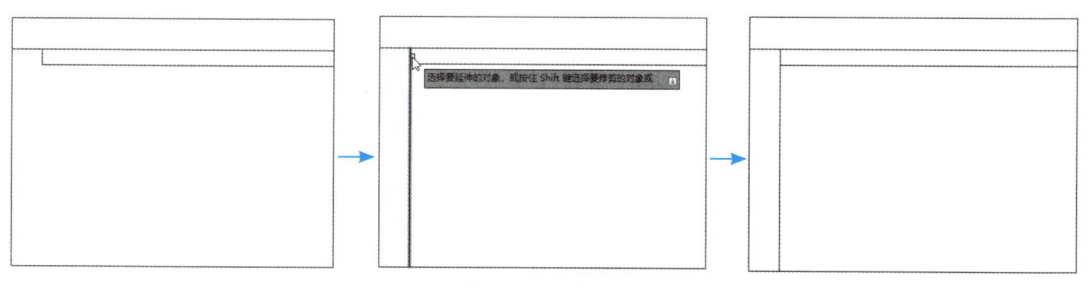

图 5-35　延伸线段

■5.2.3 分解与合并

要对组合图形中的某一图形对象进行单独编辑时，需要先对组合图形进行分解。在"修改"面板中单击"分解"按钮，选择所需图形，按回车键即可将其分解，如图5-36所示。

> **知识点拨**
>
> "分解"命令的快捷键为X，在命令行中输入"X"后，按回车键可启动该命令。

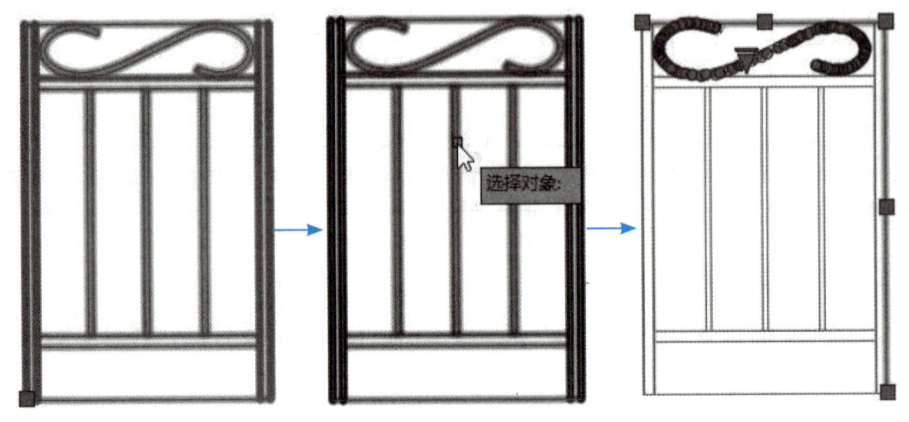

图 5-36　分解图形

合并图形是指在同一平面中将两条或多条相连的线段进行合并，从而形成组合图形。在"修改"面板中单击"合并"按钮，选择要合并的线段，按回车键即可，如图5-37所示。

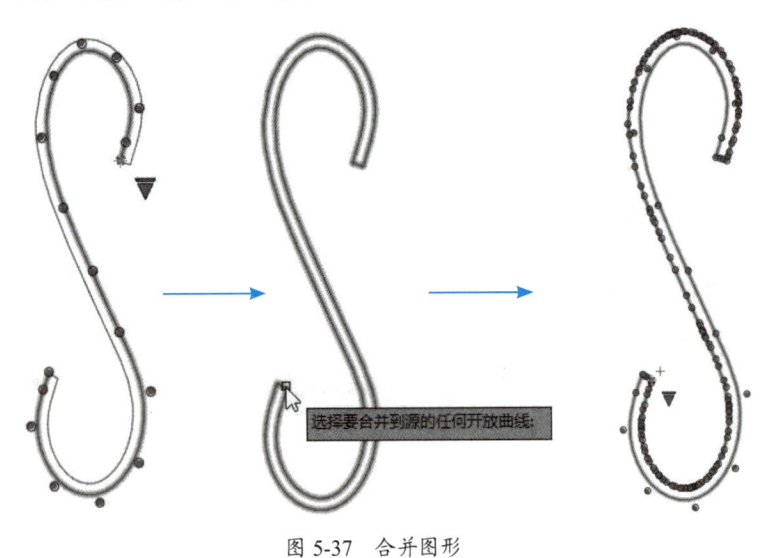

图 5-37　合并图形

上手操作 绘制矮柱立面图形

下面利用"偏移"和"修剪"命令绘制矮柱立面图形。

步骤01 执行"矩形"命令，绘制长900 mm、宽650 mm的矩形，如图5-38所示。

步骤02 执行"分解"命令，将矩形进行分解，如图5-39所示。执行"偏移"命令，将矩形的上边线依次向下偏移100 mm、50 mm、600 mm、50 mm，如图5-40所示。

扫码观看视频

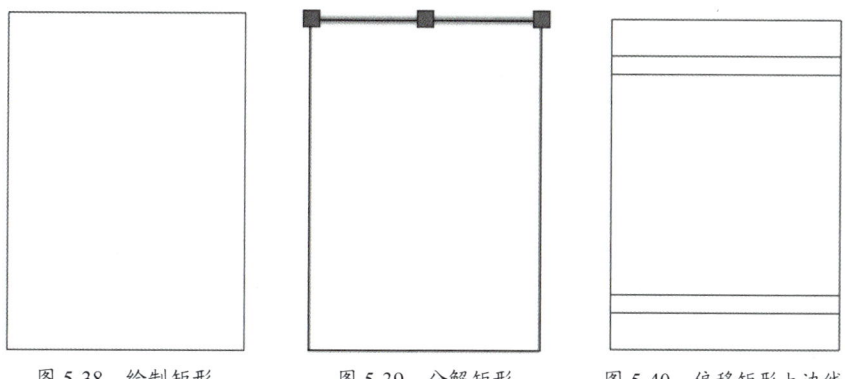

图 5-38　绘制矩形　　　图 5-39　分解矩形　　　图 5-40　偏移矩形上边线

步骤03 继续执行"偏移"命令，将矩形的左边线依次向右偏移50 mm、50 mm、450 mm、50 mm，如图5-41所示。

步骤04 执行"修剪"命令，修剪矮柱的左侧线段，如图5-42所示。

步骤05 按照同样的方法，继续修剪矮柱的右侧线段，结果如图5-43所示。至此，矮柱立面图形绘制完成。

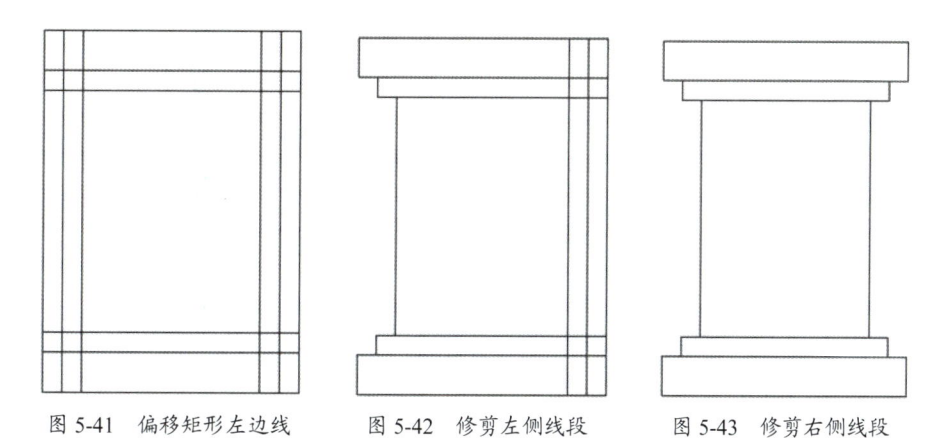

图 5-41　偏移矩形左边线　　　图 5-42　修剪左侧线段　　　图 5-43　修剪右侧线段

5.2.4　打断与拉伸

利用"打断"命令可将已有的线段分离为两段。被分离的线段只能是单独的线条，不能是任何组合图形，如图块、编组等。在"修改"面板中单击"打断"按钮，在图形中指定第1个打断点，移动光标，再指定第2个打断点，即可打断图形，如图5-44所示。

图 5-44　打断图形

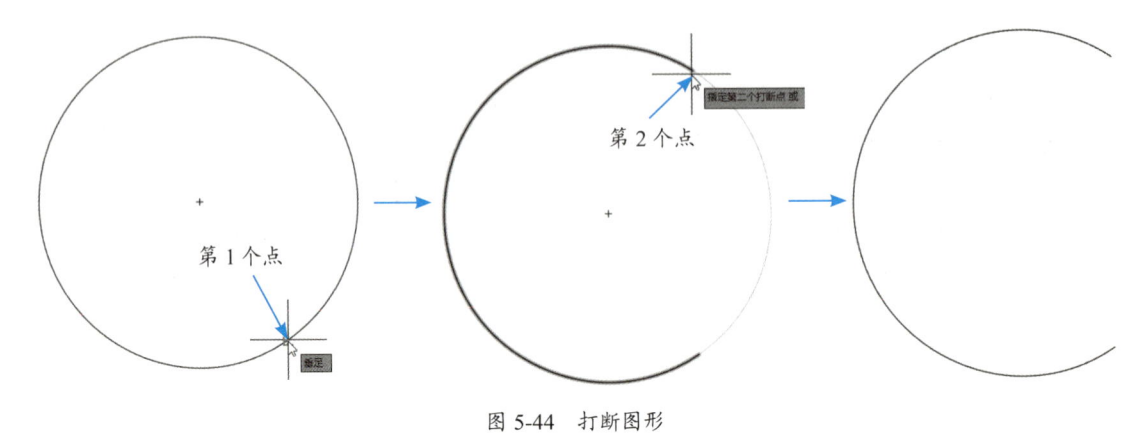

拉伸图形是指通过拉伸图形的某个局部，使整个图形发生变化。在"修改"面板中单击"拉伸"按钮，然后从右至左框选图形的局部，并指定拉伸基点，再将框选的部分移动至新位置，即可拉伸图形，如图5-45所示。

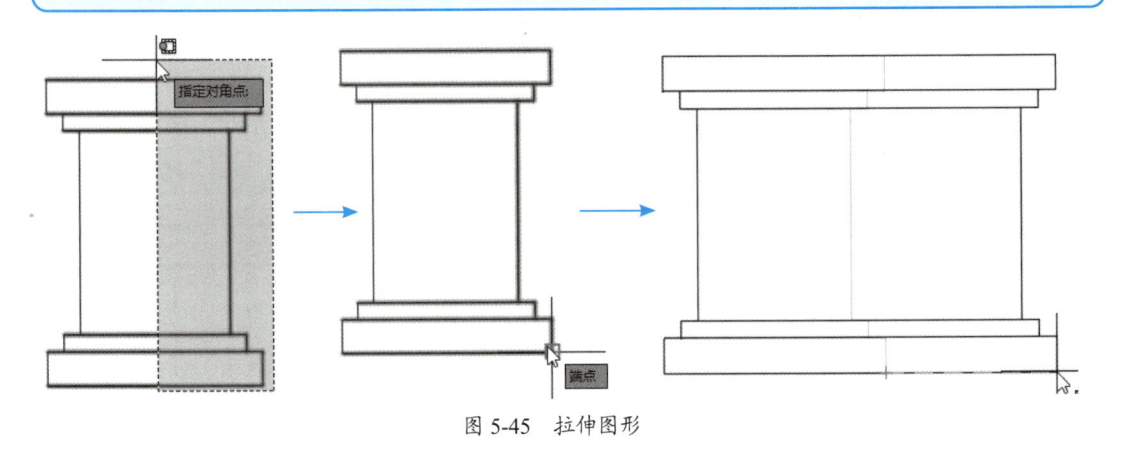

> **知识点拨**　圆、圆弧、椭圆类图形是不能够进行拉伸的。如果遇到组合图形，需先将其分解才可拉伸。

图 5-45　拉伸图形

5.3　编辑线段

在利用多线、多段线、样条曲线绘制图形时，可以根据需要对线段进行编辑，从而达到预期效果。

■5.3.1　编辑多线

在利用"多线"命令绘制墙体时，如需要对两条墙体线的相交处进行修剪，可双击其中一条多线，打开"多线编辑工具"对话框，在其中根据需要选择合适的编辑工具，然后在图形中选择两条相交的多线即可。

上手操作 修剪一层墙体线

下面利用"多线编辑工具"对话框修剪一层墙体线。

步骤 01 打开"一层墙体.dwg"素材文件，双击其中一条相交的墙体线，如图5-46所示。

步骤 02 在打开的"多线编辑工具"对话框中选择"T形合并"工具，如图5-47所示。

扫码观看视频

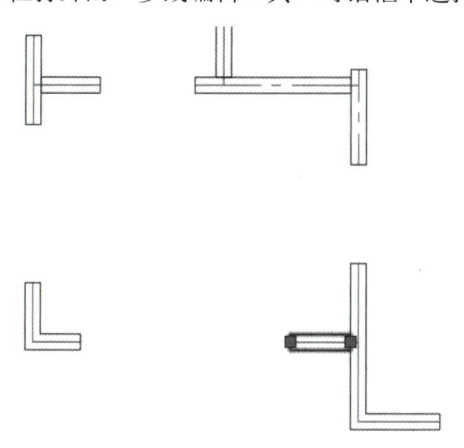

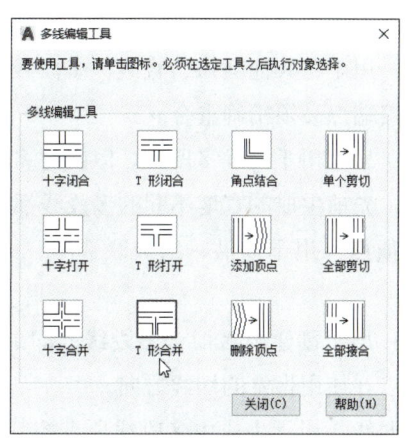

图 5-46 双击墙体线

图 5-47 选择"T形合并"工具

步骤 03 返回绘图区，选择要编辑的两条墙体线，如图5-48所示，即可对相交线进行修剪，结果如图5-49所示。

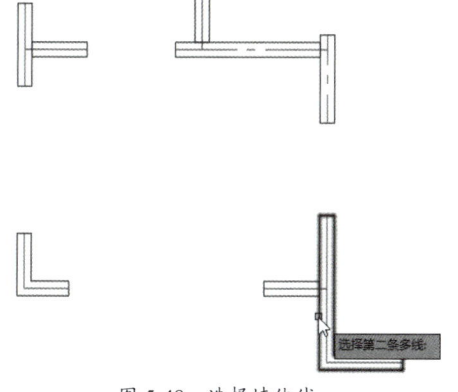

图 5-48 选择墙体线

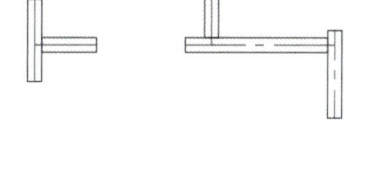

图 5-49 修剪墙体线

步骤 04 继续选择其他相交的两条墙体线，直到完成所有相交线的修剪，如图5-50所示。按回车键，退出修剪操作。

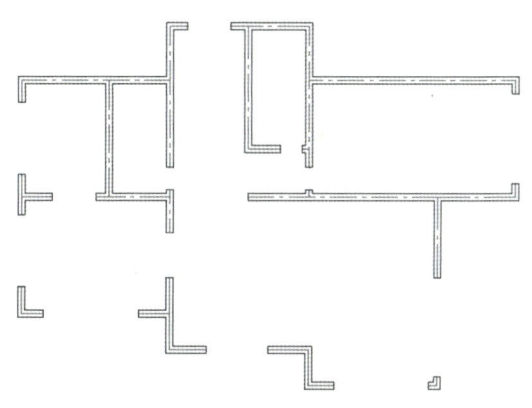

图 5-50 修剪其他墙体线

5.3.2 编辑多段线

与多线类似，多段线也可进行二次编辑加工。双击要编辑的多段线，打开编辑列表，如图5-51所示，根据需要选择相应的编辑选项进行操作即可。

下面对各编辑选项进行讲解。

- **闭合**：用于闭合当前多段线，使其成为封闭的多边形。
- **合并**：用于将其他圆弧、直线、多段线连接到已有的多段线上，不过连接端点必须精确重合。
- **宽度**：只可用于二维多段线，以指定多段线的宽度。当输入新宽度值后，先前生成的宽度不同的多段线都统一使用该宽度值。
- **编辑顶点**：用于提供一组级联选项，以编辑顶点和与顶点相邻的线段。
- **拟合**：用于创建圆弧拟合多段线（即由圆弧连接每对顶点），该曲线将通过多段线的所有顶点并使用指定的切线方向。
- **样条曲线**：用于生成由多段线顶点控制的样条曲线，所生成的多段线并不一定通过这些顶点，样条类型、分辨率由系统变量控制。
- **非曲线化**：用于取消拟合或样条曲线，回到初始状态。
- **线型生成**：用于控制非连续线型多段线顶点处的线型。如"线性生成"为关闭状态，在多段线顶点处将采用连续线型；否则，在多段线顶点处将采用多段线自身的非连续线型。
- **反转**：用于反转多段线。

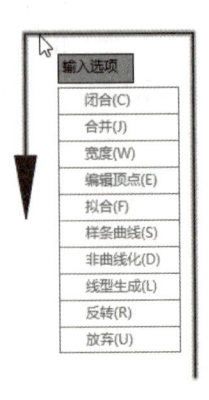

图 5-51 多段线的编辑列表

5.3.3 编辑样条曲线

创建样条曲线后，可以增加、删除样条曲线上的控制点，也可以调整该控制点的位置，以改变图形的形态，如图5-52所示，还可以打开或者闭合样条曲线。双击样条曲线，在打开的编辑列表中可选择相应的编辑选项进行操作，如图5-53所示。

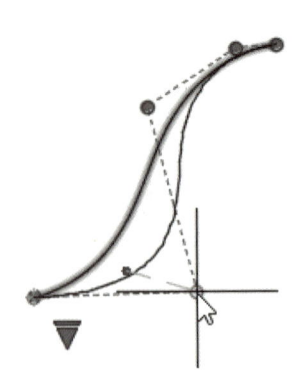

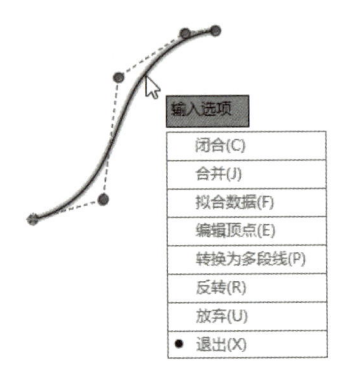

图 5-52 编辑样条曲线   图 5-53 样条曲线的编辑列表

下面对各编辑选项进行讲解。
- **闭合**：用于将未闭合的图形闭合。如果选中的样条曲线为闭合状态，则"闭合"选项显示为"打开"。
- **合并**：用于将线段上的两条或几条样条线合并成一条样条线。
- **拟合数据**：用于对样条曲线的拟合点、起点和端点进行拟合编辑。
- **编辑顶点**：用于编辑顶点。其中，"提升阶数"用于控制样条曲线的阶数，阶数越高，控制点越高，根据提示，可输入需要的阶数；"权值"用于改变控制点的权重。
- **转换为多段线**：用于将样条曲线转换为多段线。
- **反转**：用于改变样条曲线的方向。
- **放弃**：用于取消上一次的编辑操作。
- **退出**：用于退出样条曲线编辑操作。

5.3.4 光顺曲线

光顺曲线是指在两条直线或曲线之间创建样条曲线，使其达到无缝连接的效果。

在"修改"面板中单击"圆角"右侧的下拉按钮，在其列表中选择"光顺曲线"选项，然后根据命令行中的提示信息，选择两条要连接的线段，即可完成连接操作，如图5-54所示。

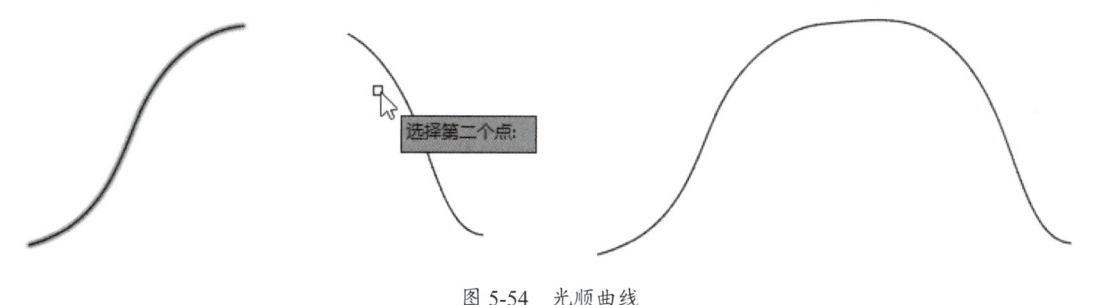

图 5-54 光顺曲线

5.4 编辑图形夹点

在选取图形时，图形中会显示相应的夹点，该夹点默认以蓝色小方框呈现。利用这些图形夹点也可以对图形进行编辑操作，例如拉伸图形、移动图形、旋转图形、缩放图形等。

5.4.1 设置夹点

夹点的大小和颜色是可以设置的。在命令行中输入"OP"，按回车键，打开"选项"对话框，切换到"选择集"选项卡，在"夹点尺寸"和"夹点"选线组中，可对夹点大小、颜色、显示状态等进行设置，如图5-55所示。

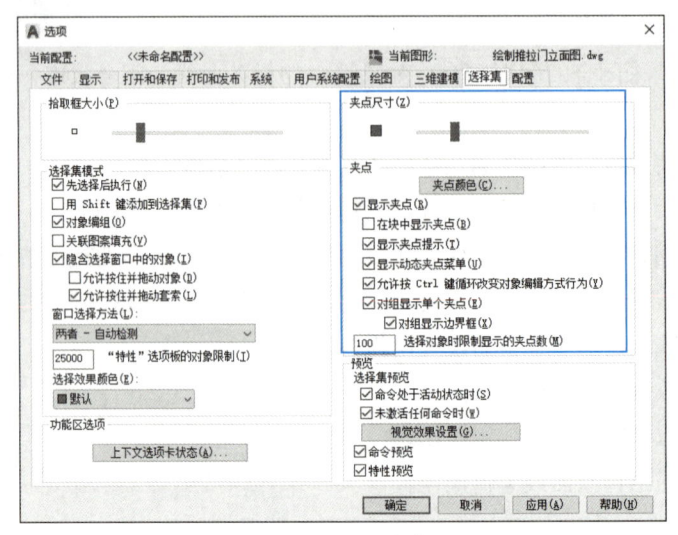

图 5-55 设置夹点

- **夹点尺寸**：用于控制显示夹点的大小。
- **夹点颜色**：单击该按钮，打开"夹点颜色"对话框，根据需要选择相应的选项，然后在"选择颜色"对话框中选择所需颜色即可。
- **显示夹点**：勾选该复选框，在选择对象时将显示夹点。
- **在块中显示夹点**：勾选该复选框，系统会显示被选择的块中每个对象的所有夹点；若取消勾选该复选框，则在被选择的块中显示一个夹点。
- **显示夹点提示**：勾选该复选框，则鼠标悬停在自定义对象的夹点上时，将显示夹点的特定提示。
- **选择对象时限制显示的夹点数**：用于设置夹点的显示数，默认为100。若被选择对象上的夹点数大于设置的数值，则该对象的夹点将不显示。夹点数的设置范围为1～32 767。

■5.4.2 编辑夹点

选中图形，右击图形中需要编辑的夹点，系统会打开编辑列表，在其中可选择相应的编辑选项进行操作，如图5-56所示。

常用编辑选项讲解如下：

- **拉伸**：默认情况下单击夹点，当其呈红色显示时，移动光标至指定位置，单击即可拉伸图形。
- **移动**：用于将图形对象从当前位置移动到新的位置，也可以进行多次复制。选择要移动的图形对象，进入夹点选择状态，按回车键即可进入移动编辑模式。
- **旋转**：用于使图形对象绕基点进行旋转，还可以进行多次旋转复制。选择要旋转的图形对象，进入夹点选择状态，连续两次按回车键，即可进入旋转编辑模式。

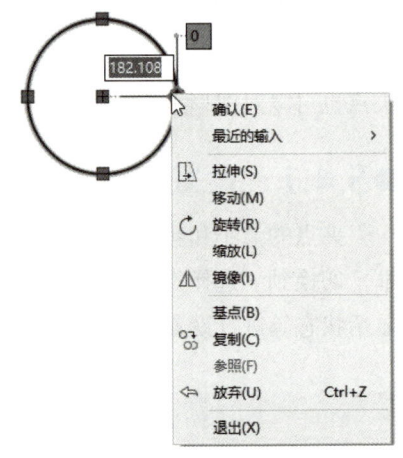

图 5-56 夹点的编辑列表

- **缩放**：用于使图形对象相对于基点缩放，同时也可以进行多次复制。选择要缩放的图形，进入夹点选择状态，连续三次按回车键，即可进入缩放编辑模式。
- **镜像**：用于将图形对象基于镜像线进行镜像或镜像复制。选择要镜像的图形对象，指定基点及第二点连线，即可进行镜像编辑操作。
- **复制**：用于将图形对象基于基点进行复制操作。选择要复制的图形对象，将光标移动到夹点上，按回车键，即可进入复制编辑模式。

5.5 填充图形图案

图案填充是指用各类图案对指定的图形进行填充。在操作过程中，可对图案样式、填充比例、填充颜色、填充角度进行设置。

■5.5.1 图案填充

在"绘图"面板中单击"图案填充"按钮，打开"图案填充创建"选项卡，在其中可对填充参数进行设置，如图5-57所示。

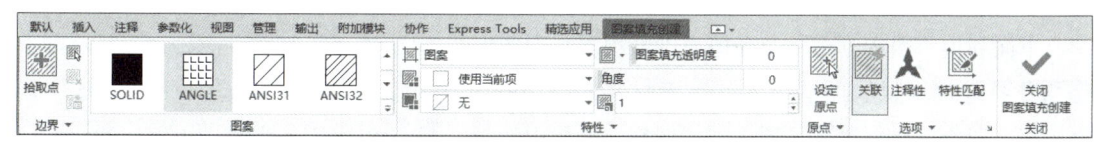

图 5-57 "图案填充创建"选项卡

此外，也可以利用"图案填充和渐变色"对话框进行设置，如图5-58所示。

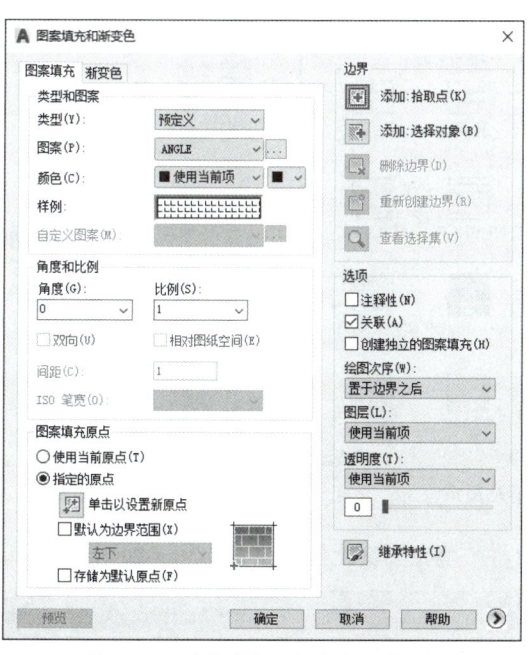

图 5-58 "图案填充和渐变色"对话框

"图案填充和渐变色"对话框中主要选项含义讲解如下：
- **类型**：包括"预定义""用户定义""自定义"3个选项，用于选择需要的图案类型。

- **图案**：单击打开下拉列表，可以从中选择图案名称。
- **颜色**：单击打开下拉列表，可以从中选择合适的颜色。选择"选择颜色"选项，可以打开"选择颜色"对话框，其中有更多的颜色可供选择。
- **样例**：用于设置选择的图案，单击右侧选项框，可以打开"填充图案选项板"对话框。
- **角度、比例**：用于设置填充图案线型的角度和比例。
- **双向**：选择"用户定义"图案类型时，"双向"复选框处于激活状态，勾选该复选框，平行的填充图案会被更改为互相垂直的两组平行线填充图案。
- **间距**：用于设置平行的填充图案线条之间的距离。
- **图案填充原点**：用于设置填充的图案均向原点对齐。
- **添加：拾取点**：利用光标拾取图形内部任意点，即可填充图形。
- **添加：选择对象**：根据需要选取图形对象的边界线填充图形。随着图形边界线的增加，其填充面积也随之增加。
- **删除边界**：在定义边界后，单击"删除边界"按钮，可以取消已选取的边界。

上手操作 填充别墅顶层屋面图形

下面利用"图案填充"命令填充别墅顶层屋面图形。

步骤01 打开"别墅屋顶平面.dwg"素材文件，在命令行中输入"H"，启动"图案填充"命令。在"图案填充创建"选项卡的"图案"面板中选择"AR-RSHKE"图案，如图5-59所示。

步骤02 在"特性"面板中单击"图案填充颜色"右侧的下拉按钮，从中选择合适的颜色，如图5-60所示。

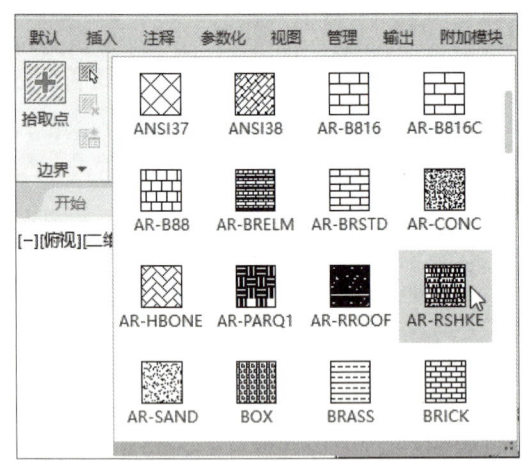

图 5-59 选择填充图案　　　　　　图 5-60 选择填充颜色

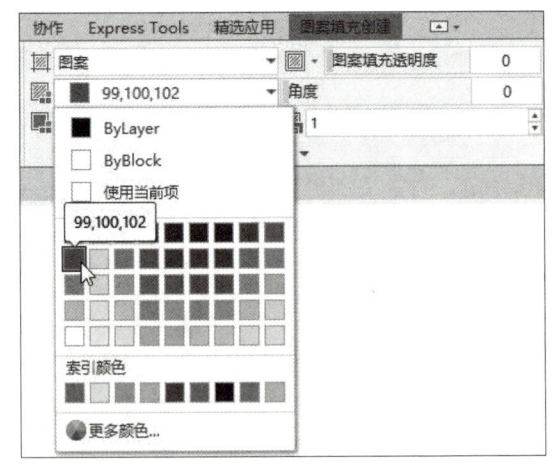

步骤03 在"特性"面板中将"填充图案比例"设置为30，如图5-61所示。

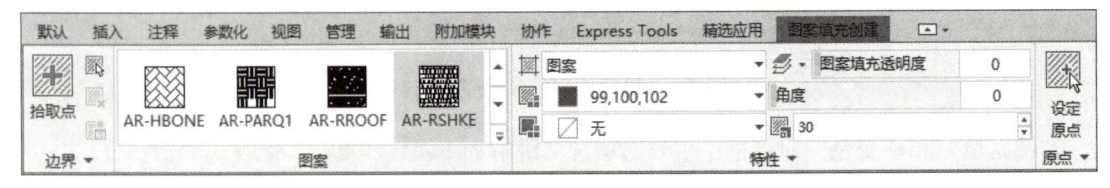

图 5-61 设置"填充图案比例"

步骤 04 在图形中选择要填充的顶层屋面区域,如图5-62所示。按回车键,完成填充操作。

步骤 05 再次启动"图案填充"命令,在"特性"面板中将"角度"设置为90,其他参数设置保持不变,在绘图区中选择要填充的其他顶层屋面区域,如图5-63所示。按回车键,完成别墅顶层屋面图形的填充操作。

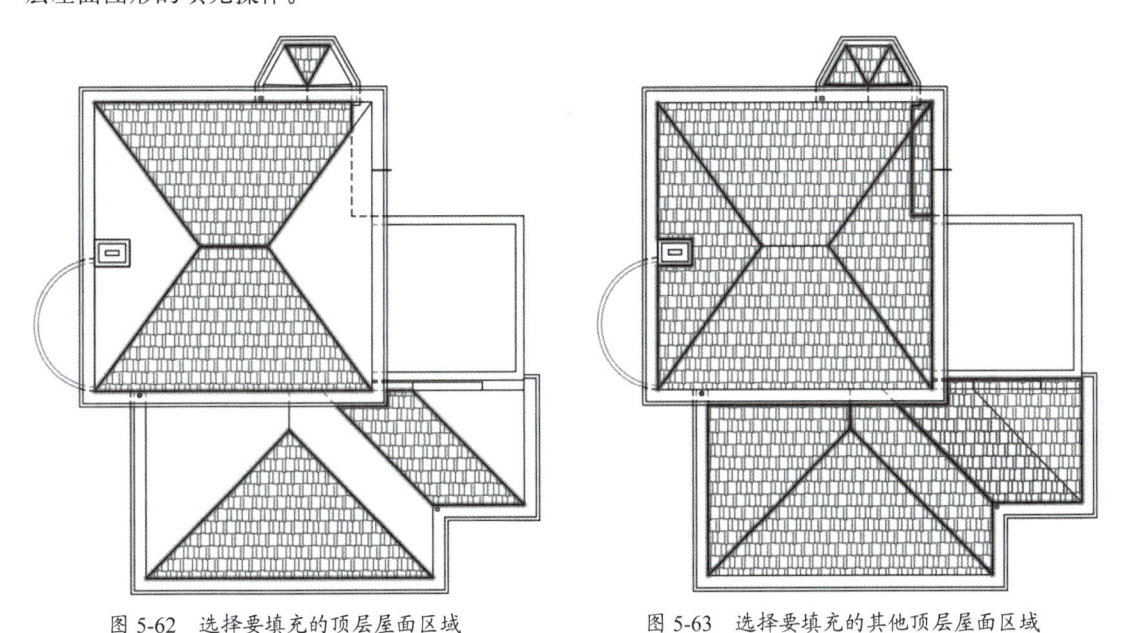

图 5-62 选择要填充的顶层屋面区域

图 5-63 选择要填充的其他顶层屋面区域

■5.5.2 渐变色填充

为了获得较好的视觉效果,可为填充的图案添加渐变颜色。在"图案填充创建"选项卡中的"图案填充图案"列表中选择渐变色类型,如图5-64所示,然后设置"渐变色1"和"渐变色2"的颜色,如图5-65所示。

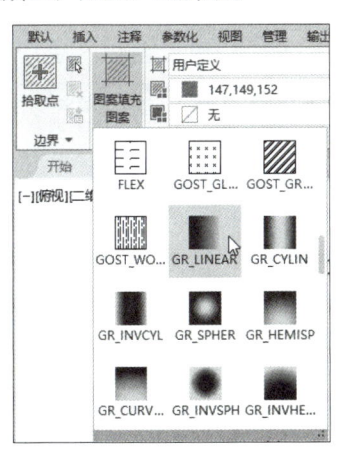

图 5-64 选择渐变色类型

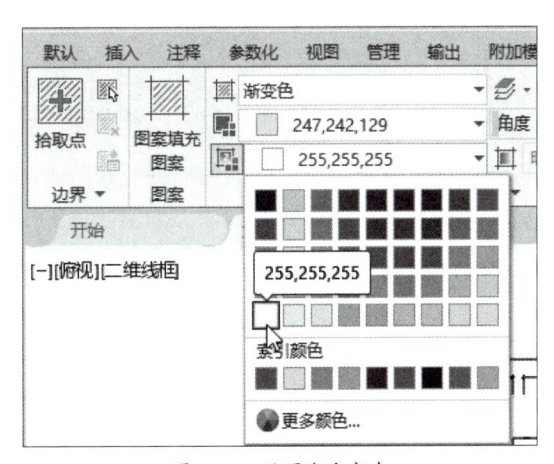

图 5-65 设置渐变颜色

此外,在"图案填充透明度"选项中可设置渐变色的透明度,如图5-66所示。设置完成后,单击要填充渐变色的区域即可。

图 5-66 设置渐变色的透明度

实战演练 绘制二层茶馆立面图形

本例将综合本章所学知识点，绘制二层茶馆立面图形，其中涉及的命令有"图案填充""偏移""直线""矩形""镜像""修剪"等。

步骤01 执行"直线"命令，绘制长11 600 mm、宽6 500 mm的矩形，再执行"偏移"命令，偏移出如图5-67所示的尺寸。

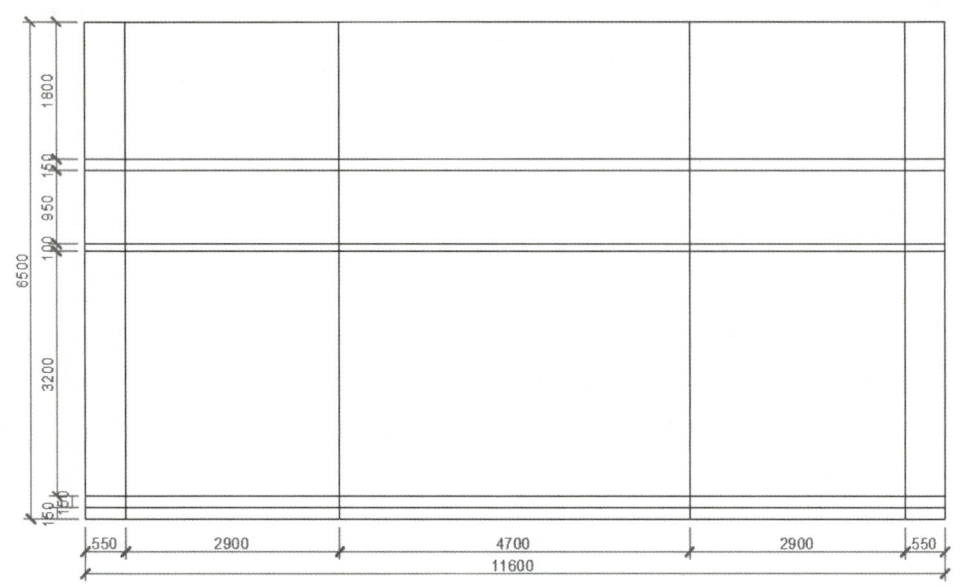

扫码观看视频

图 5-67 绘制矩形并进行偏移

步骤02 执行"修剪"命令，对偏移的图形进行修改，如图5-68所示。

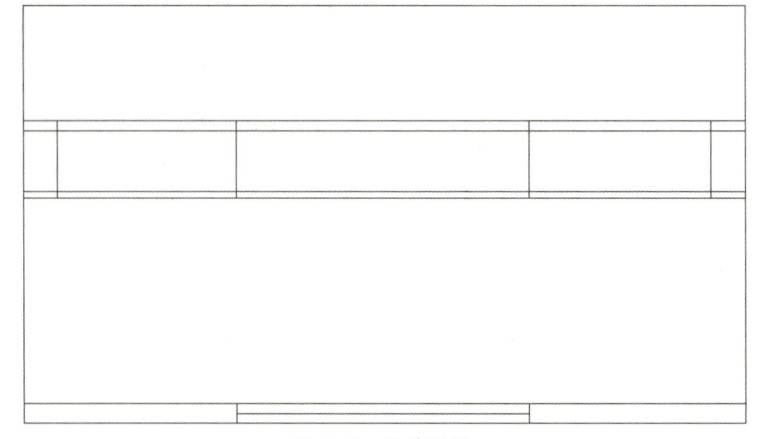

图 5-68 修剪图形

步骤 03 执行"矩形"命令，分别绘制长12 500 mm、宽250 mm和长12 000 mm、宽2 200 mm的两个矩形，并将其居中置于图形的上方，如图5-69所示。

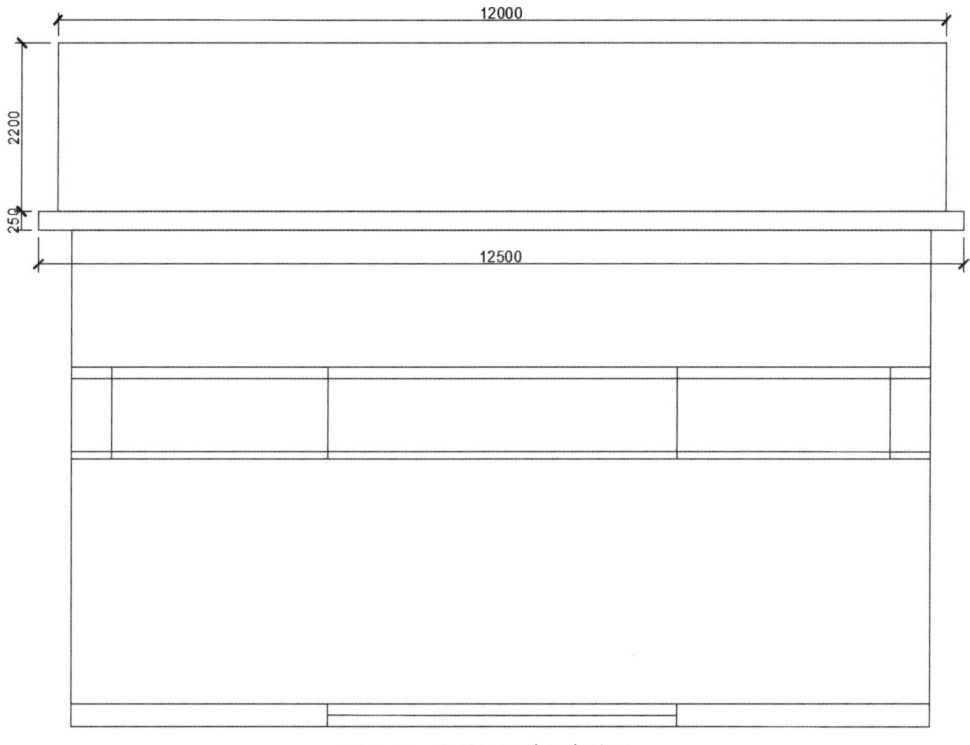

图 5-69 绘制矩形并居中放置

步骤 04 继续执行"矩形"命令，绘制如图5-70所示尺寸的矩形并进行复制。

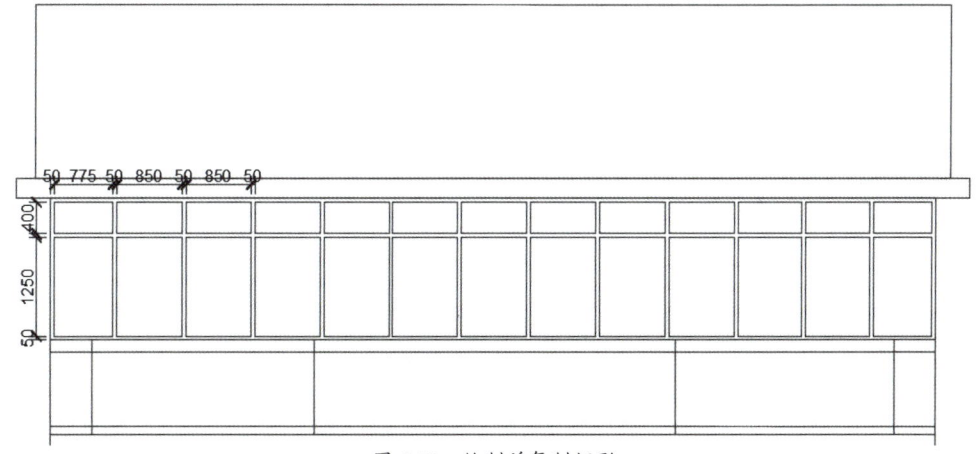

图 5-70 绘制并复制矩形

步骤 05 执行"矩形"命令,绘制长500 mm、宽270 mm的矩形并进行复制,如图5-71所示。

步骤 06 执行"直线"命令,捕捉矩形边线的中点,绘制一条直线,如图5-72所示。

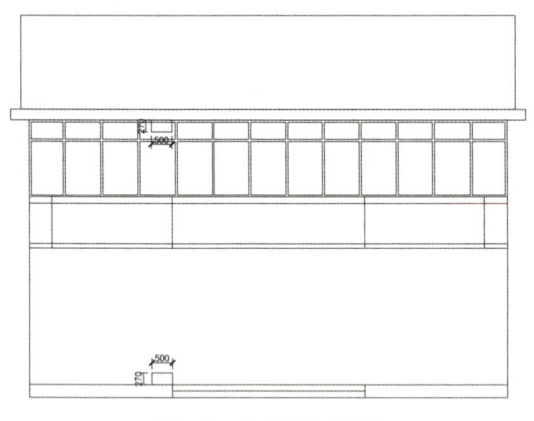

图 5-71 绘制并复制矩形

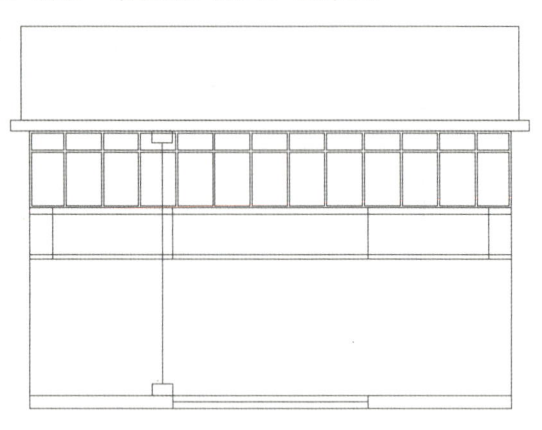

图 5-72 绘制直线

步骤 07 执行"偏移"命令,设置偏移距离为40 mm,向两侧偏移直线,如图5-73所示,将其作为柱子。

步骤 08 执行"镜像"命令,以建筑的中线为镜像线,将柱子图形镜像到另一侧,如图5-74所示。

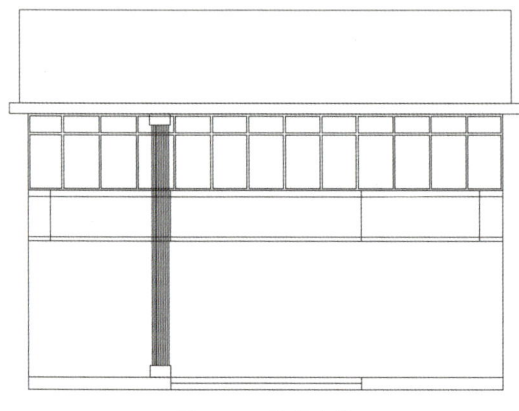

图 5-73 偏移直线

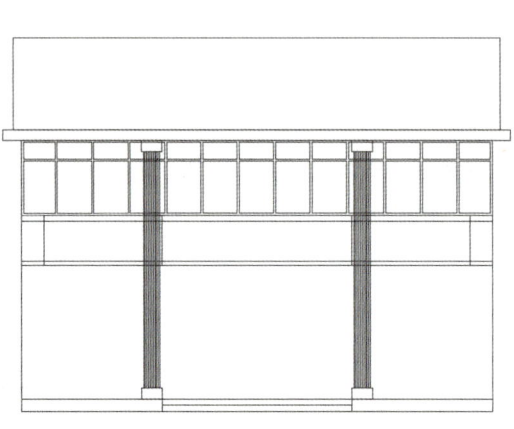

图 5-74 镜像图形

步骤 09 执行"修剪"命令,修剪被覆盖的图形,如图5-75示。

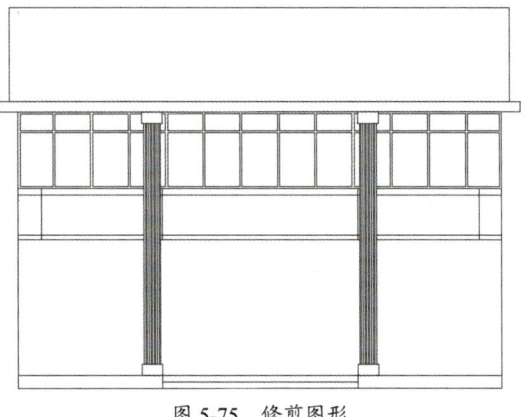

图 5-75 修剪图形

· 114 ·

步骤 10 执行"直线"命令和"偏移"命令，绘制长600 mm、宽1 000 mm的矩形并进行偏移操作，如图5-76示。

步骤 11 执行"直线"命令，捕捉绘制两条斜线，如图5-77所示。

步骤 12 执行"修剪"命令，修剪图形并删除多余图形，如图5-78所示。

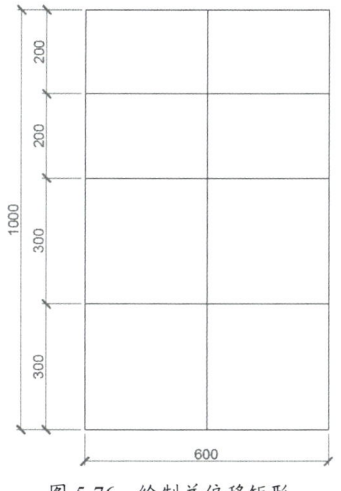

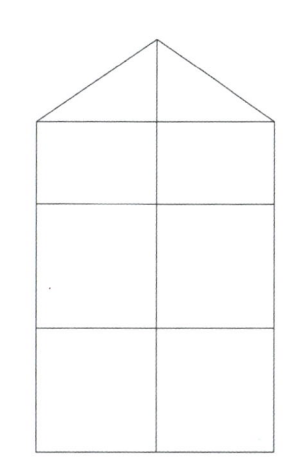

图 5-76　绘制并偏移矩形　　　图 5-77　绘制斜线　　　图 5-78　修剪图形并删除多余图形

步骤 13 执行"偏移"命令，将外轮廓向外偏移100 mm，再执行"圆角"命令，设置圆角半径为0 mm，将轮廓线连接，如图5-79所示。

步骤 14 移动图形到合适的位置，如图5-80所示。

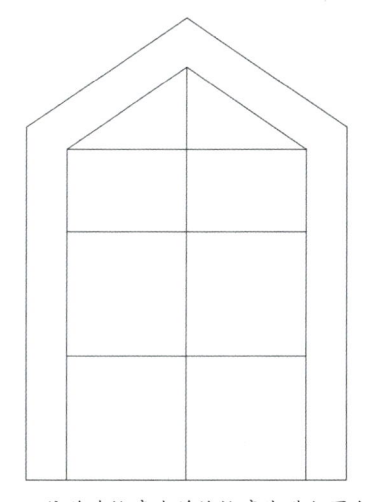

图 5-79　偏移外轮廓线并将轮廓线进行圆角连接　　　图 5-80　移动图形

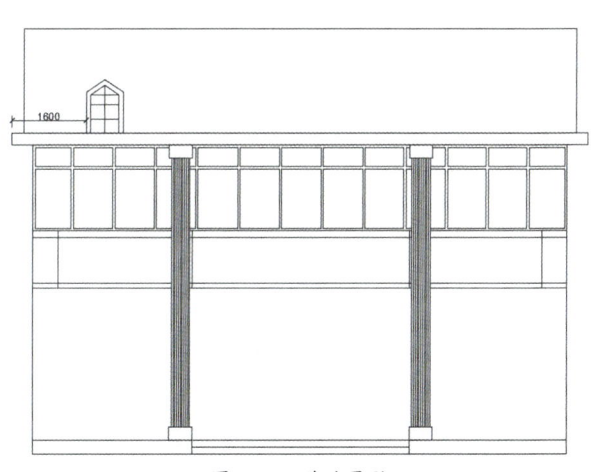

步骤15 执行"镜像"命令,将图形镜像复制到另一侧,如图5-81所示。

步骤16 执行"图案填充"命令,选择图案ANSI31,设置"角度"为45°,"比例"为40,填充屋顶区域,再调整柱子的线条颜色,即可完成二层茶馆立面图形的绘制,效果如图5-82所示。

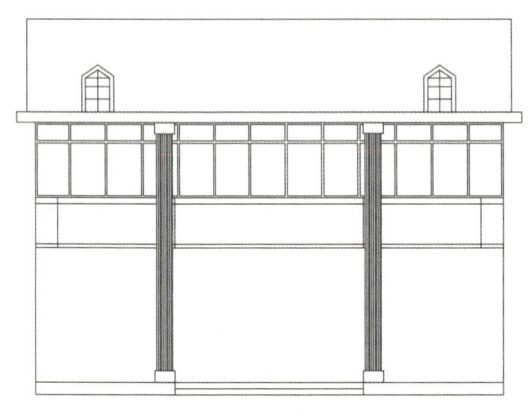

图 5-81 镜像复制图形　　　　　　　　图 5-82 填充图案

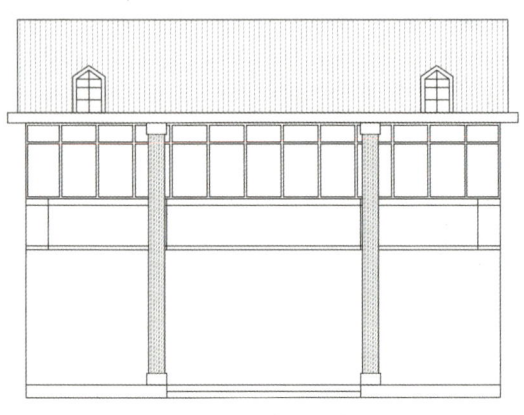

课后作业

1. 绘制办公楼立面图形

利用"矩形""直线""偏移""复制""修剪"等命令,绘制如图5-83所示的办公楼立面图形。

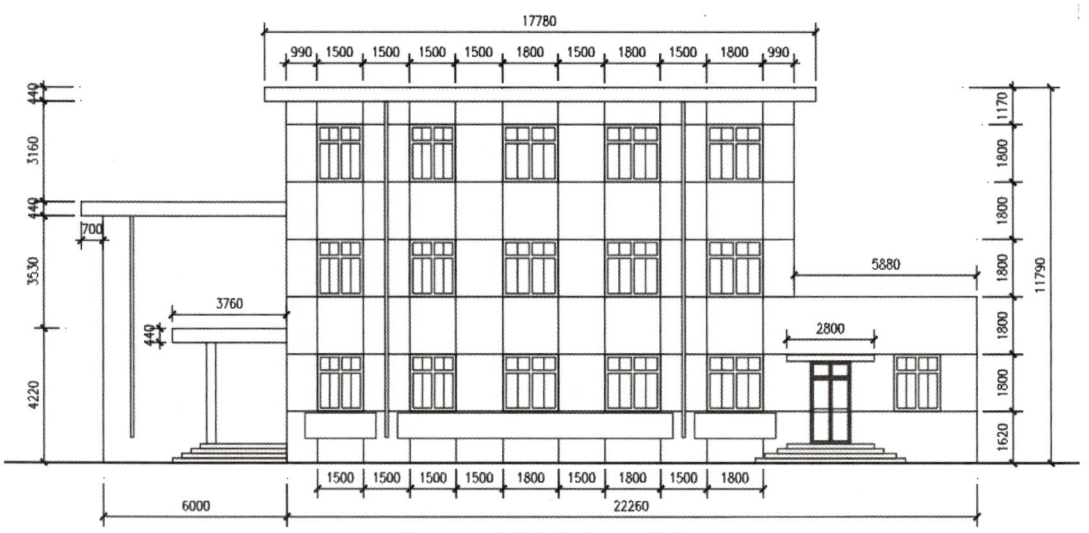

图 5-83 绘制办公楼立面图形

> **操作提示**
>
> - 执行"直线""矩形""偏移""修剪"命令,绘制办公楼立面图形。
> - 执行"偏移""复制""修剪"命令,绘制门窗图形。

2. 填充别墅立面图形

利用"图案填充"命令，完成别墅立面墙面和屋顶区域的填充操作，效果如图5-84所示（如果尺寸数字不清晰，请调用本书配套数字资源中相应章节的素材文件，以查看所需信息）。

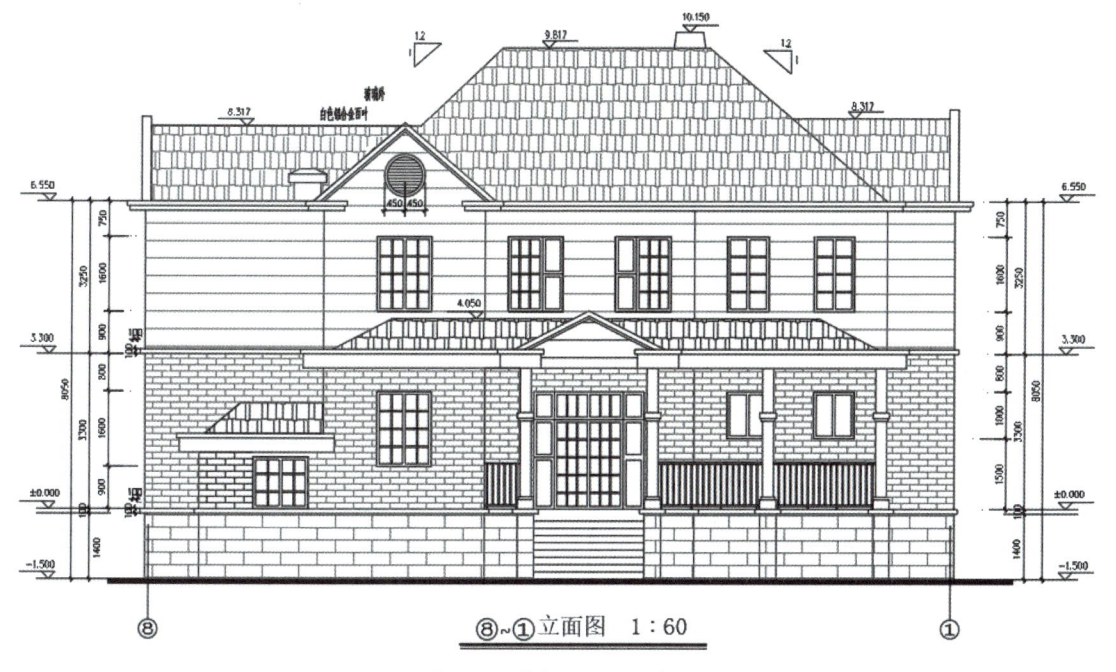

图 5-84　填充别墅立面图形

操作提示

- 执行"图案填充"命令，设置图案类型、填充比例、填充颜色。
- 选择要填充的区域进行填充。如果是未封闭区域，需使用"多段线"命令绘制一个闭合区域才可填充。

学习体会

第 6 章

设置与管理建筑图块

内容概要

为了提高绘图效率，可将经常使用的图形创建成图块，以便后期直接调用。在AutoCAD中，除了创建普通图块外，还可以创建带有文字属性的图块，以及使用外部参照图块。本章将对常用建筑图块的创建与管理功能进行讲解。

知识要点

- 掌握图块的创建与保存。
- 掌握带属性图块的创建。
- 掌握外部参照图块的应用。

数字资源

【本章素材】："素材文件\第6章"目录下
【本章实战演练最终文件】："素材文件\第6章\实战演练"目录下

6.1 图块的概念和特点

块是一个或多个图形的集合，当需要绘制大量复杂图形时，使用块可以减少因为重复性操作而消耗的时间。当图形生成块时，可将处于不同图层上的具有不同颜色、线型和线宽的属性定义为块，使块中图形仍保持原有的属性。

使用图块具有如下特点：

- **提高绘图速度**：在日常工作中常常会重复绘制一些图形，可以将这些图形创建成图块，当再次需要绘制它们时使用插入块的方法实现，即将绘图变成拼图，从而简化大量重复的工作，提高绘图速度。
- **节省存储空间**：如果一张图纸中包含大量相同的图形，就会占用较大的磁盘空间。但如果将相同的图形事先定义成块，在绘制时就可直接将定义的块插入到图中，从而降低文件容量，节省存储空间。
- **便于修改图形**：建筑工程图纸往往需要经过多次修改，例如，在建筑设计中要多次修改标高符号的尺寸。如果一一修改每一个标高符号，既费时又不方便，但如果原来的标高符号是通过插入块的方法绘制的，那么只要对块进行简单的再定义，就可对图中所有的标高符号进行修改。
- **方便添加文字属性**：很多图块要求用文字信息进一步解释其用途，可以从图中提取这些信息并将它们传送至数据库中。

6.2 创建与存储块

所谓创建块，首先要绘制组成块的图形，然后将它创建成块。如果要将图纸中的某部分图形单独保存，可采用块的方式。在"插入"选项卡的"块定义"面板中可选择相关命令进行操作，如图6-1所示。

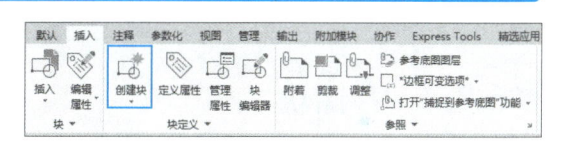

图6-1 "块定义"面板

在"插入"选项卡的"块定义"面板中单击"创建块"按钮，打开"块定义"对话框，单击"选择对象"按钮，选择要创建成块的图形，如图6-2所示。

返回"块定义"对话框，设置块的名称，单击"拾取点"按钮，在图形中指定块的插入基点，如图6-3所示。

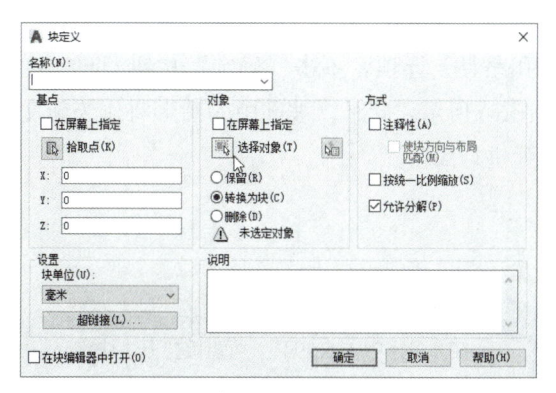

图6-2 单击"选择对象"按钮

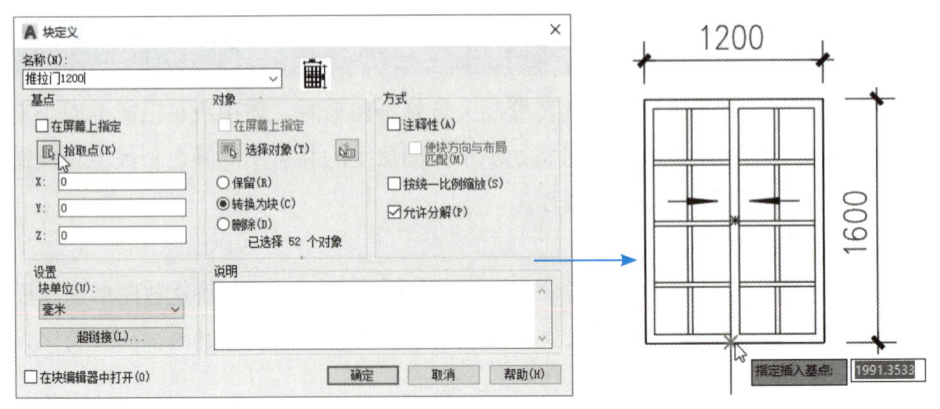

图 6-3 单击"拾取点"按钮并指定插入基点

再次返回"块定义"对话框，单击"确定"按钮，完成块的创建操作。将光标移至块上，会显示该块的一些基本信息，如图6-4所示。

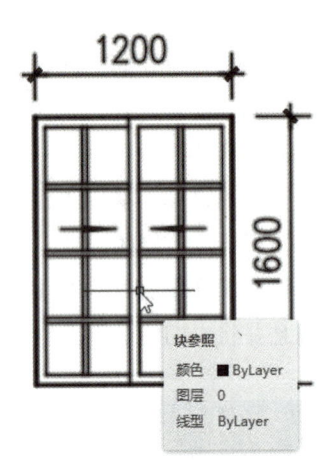

图 6-4 显示块的基本信息

■6.2.2 存储块

存储块是指将生成的块存储到本地磁盘中，以便将其调入其他图纸文件中。

在"创建块"下拉列表中选择"写块"选项，打开"写块"对话框，单击"选择对象"按钮，选择所需图形；单击"拾取点"按钮，设置图块的插入基点；设置"文件名和路径"选项，单击"确定"按钮即可，如图6-5所示。此时，被选中的图形将作为新文件进行保存。

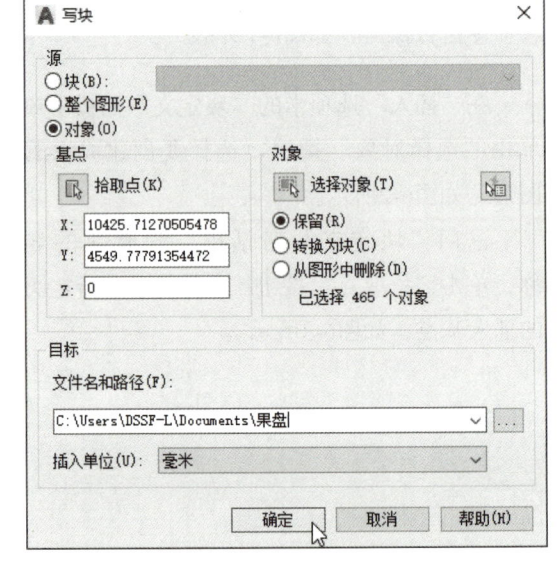

图 6-5 "写块"对话框

> **知识点拨**
> 在命令行中输入"B"，可直接打开"块定义"对话框；输入"W"，可打开"写块"对话框。

· 120 ·

上手操作 保存外墙标准结构图

下面利用"写块"命令将图纸中的外墙标准结构图单独进行保存。

步骤 01 打开"楼梯大样图.dwg"素材文件,执行"写块"命令,打开"写块"对话框,单击"选择对象"按钮,如图6-6所示。

步骤 02 在图纸中框选外墙结构图形,如图6-7所示。

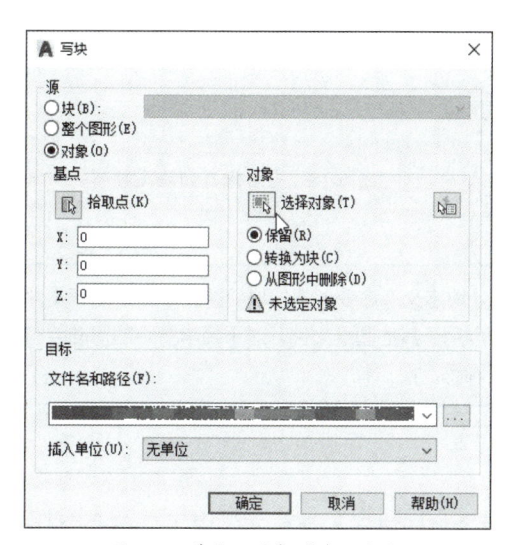

图 6-6　单击"选择对象"按钮　　　　图 6-7　框选外墙结构图形

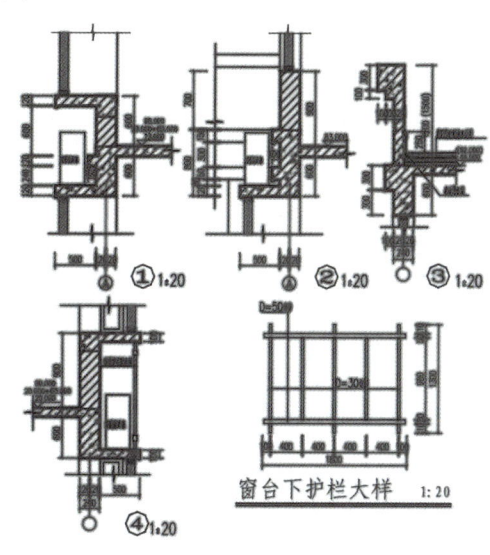

步骤 03 按回车键,返回"写块"对话框,单击"拾取点"按钮,在图纸中指定块的插入基点,如图6-8所示。

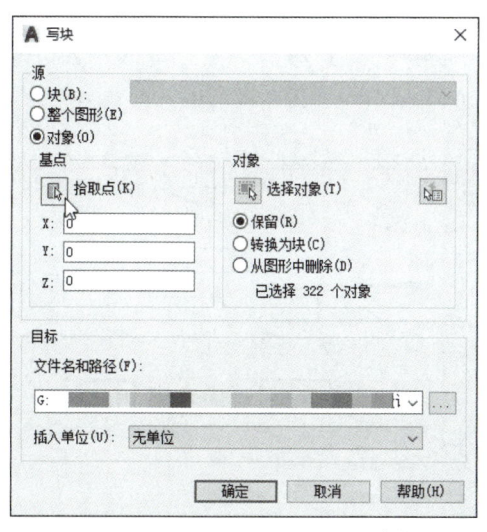

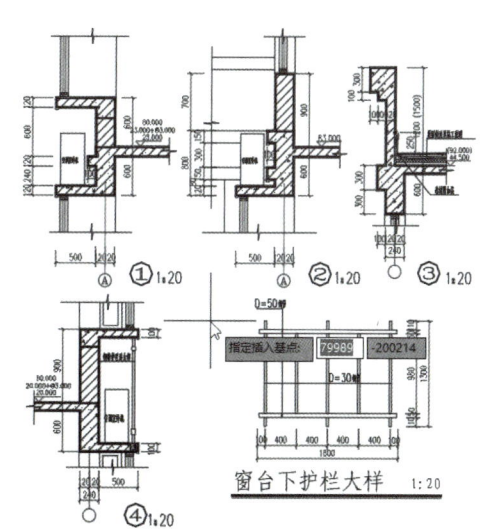

图 6-8　单击"拾取点"按钮并指定插入基点

步骤 04 返回"写块"对话框,单击"文件名和路径"右侧的 按钮,在打开的"浏览图形文件"对话框中设置文件名称,单击"保存"按钮,如图6-9所示。

步骤 05 再次返回"写块"对话框,将"插入单位"设置为"毫米",单击"确定"按钮,完成块的存储操作。根据保存路径可查看保存的块文件,如图6-10所示。

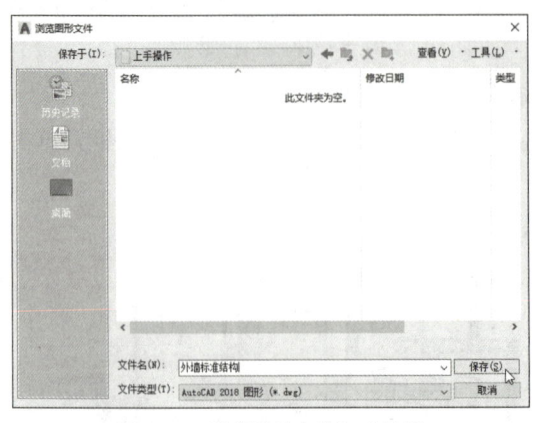

图 6-9 "浏览图形文件"对话框

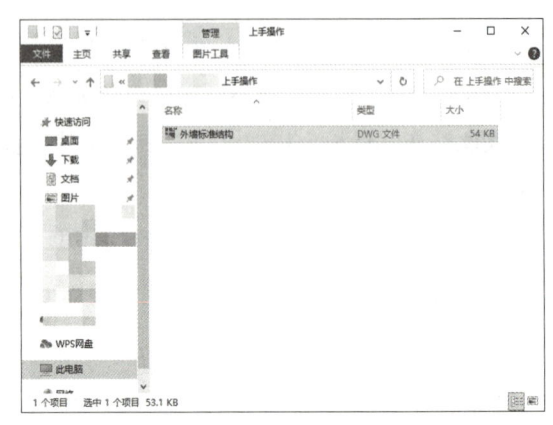

图 6-10 查看保存的块文件

> **知识点拨**
>
> "块定义"和"写块"这两个命令是有区别的。使用"块定义"命令创建的块只能用于当前图纸文件，不能用于其他图纸文件；而使用"写块"命令创建的块可以用于其他图纸文件。对于经常要绘制标准结构的图形，建议用"写块"命令将其保存下来，以便下次直接调用。

6.2.3 插入块

将图形创建成图块后，就可使用"插入块"命令将图块插入当前文件中了。在命令行中输入"i"，按回车键，即可打开"块"面板，如图6-11所示。

"块"面板分"当前图形""最近使用""收藏夹""库"4个选项卡。

- **当前图形**：用于将当前图形中的所有块定义显示为图标或列表。
- **最近使用**：用于显示所有最近插入的块。在该选项卡中的图块可以被清除。
- **收藏夹**：主要用于图块的云存储，以便在各个设备之间共享图块。
- **库**：用于存储在单个图形文件中的块定义集合。可使用Autodesk或其他厂商提供的块库或自定义块库。

可在"最近使用"选项卡中查找所需使用的图块。如果没有合适的图块，可单击面板右上方的 按钮，打开"选择要插入的文件"对话框，选择所需图块文件，单击"打开"按钮，如图6-12所示，将该图块插入图形中。

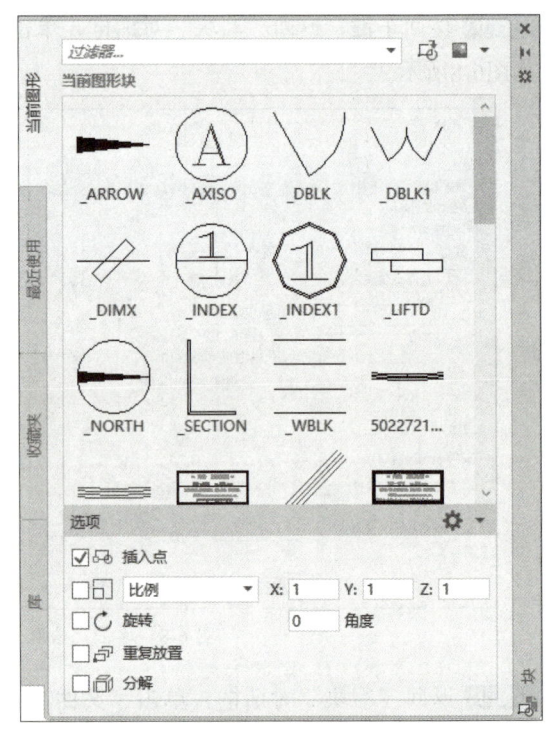

图 6-11 "块"面板

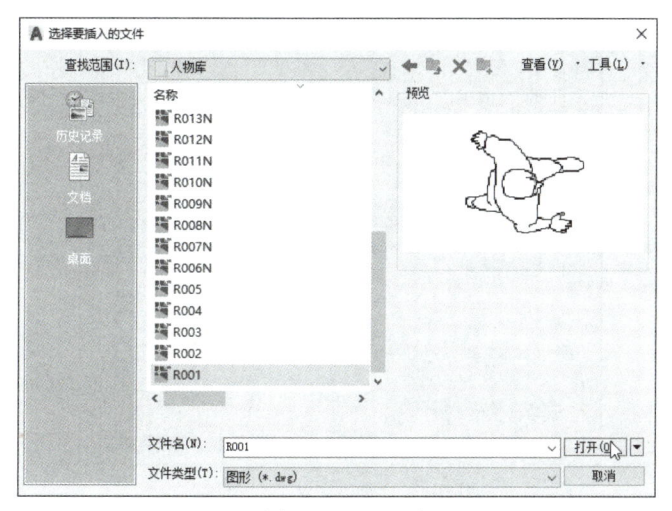

图 6-12 "选择要插入的文件"对话框

6.3 编辑与管理块属性

块属性是指与图块关联的文本信息,是图块的组成部分。图块的属性既可以文本形式显示,也可以不可见的方式存储在图形中。

6.3.1 块属性的特点

块属性具有以下几个特点:
- 块属性由属性标记名和属性值两部分组成。
- 在定义块前,应先定义该块的每个属性,即定义每个属性的标记名、属性提示、属性默认值、属性的显示格式(可见或不可见)及属性在图中的位置等。一旦定义了属性,该属性与其标记名会在图中显示出来,并保存有关的信息。
- 应将图形和表示属性定义的标记名一起用来定义块对象。
- 插入有属性的块时,系统会提示输入需要的属性值,插入块后,属性会用它的值表示。因此,将同一个块插入在不同点时,可以有不同的属性值。如果在属性定义时规定属性值为常量,系统将不再询问它的属性值。
- 插入块后,可以改变属性的显示可见性,对属性进行修改,将属性单独提取出来写入文件以用于统计或制表,还可以与其他高级语言或数据库进行数据通信。

6.3.2 创建并使用带有属性的块

属性块由图形对象和属性对象组成。为块增加属性,其实就是使块中的指定内容可以发生变化。要创建块属性,可使用"定义属性"功能,先建立一个属性定义描述其特征,包括标记、提示符、属性值、文本格式、位置和可选模式等。

在"块定义"面板中单击"定义属性"按钮,可打开"属性定义"对话框,如图6-13所示,在其中可定义属性模式、属性标记、属性文字样式等。下面对"属性定义"对话框中的一些常用选项进行讲解。

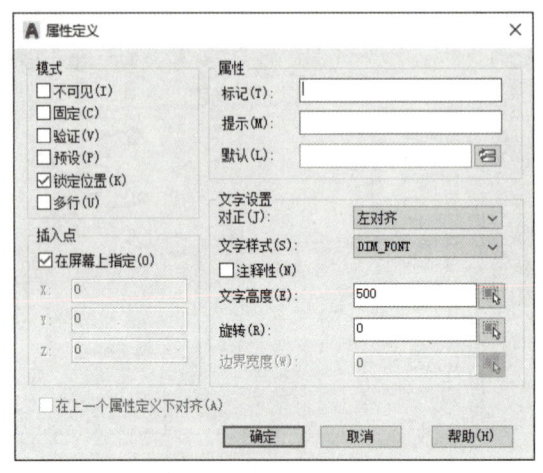

图 6-13 "属性定义"对话框

1. 模式

"模式"选项组用于在图形中插入块时设置与块关联的属性值。

- **不可见**：用于确定插入块后是否显示属性值。
- **固定**：用于设置属性是否为固定值。为固定值时，插入块后该属性值不再发生变化。
- **验证**：用于验证所输入的属性值是否正确。
- **预设**：用于确定是否将属性值直接预置为其默认值。
- **锁定位置**：用于锁定块参照中属性的位置。解锁后，属性可以相对于使用夹点编辑的块的其他部分移动，并且可以调整多行文字属性的大小。
- **多行**：用于指定属性值可以包含多行文字。勾选该复选框后，可以指定属性的边界宽度。

2. 属性

"属性"选项组用于设置属性的数据。

- **标记**：用于标识图形中每次出现的属性。
- **提示**：用于指定在插入包含该属性定义的块时显示的提示。如果不输入提示，属性标记将用作提示。如果在"模式"选项组中勾选了"固定"复选框，"提示"选项将不可用。
- **默认**：用于指定默认属性值。单击右侧的"插入字段"按钮，打开"字段"对话框，在其中可以插入一个字段作为属性的全部或部分值；选择"多行"模式后，会显示"多行编辑器"按钮，单击该按钮，可以弹出包含"文字格式"工具栏和标尺的在位文字编辑器。

3. 插入点

"插入点"选项组用于指定属性的位置。

- **在屏幕上指定**：用于在绘图区中指定一点作为插入点。
- **X、Y、Z**：用于输入插入点的坐标。

4. 文字设置

"文字设置"选项组用于设置属性文字的对正、样式、高度和旋转等属性。

- **对正**：用于设置属性文字相对于参照点的排列方式。
- **文字样式**：用于指定属性文字的预定义样式，并显示当前加载的文字样式。
- **注释性**：用于指定属性为注释性。如果块是注释性的，则属性将与块的方向相匹配。
- **文字高度**：用于指定属性文字的高度。
- **旋转**：用于指定属性文字的旋转角度。
- **边界宽度**：换行至下一行前，用于指定多行文字属性中一行文字的最大长度。此选项不适用于单行文字属性。

5. 在上一个属性定义下对齐

该选项用于将属性标记直接置于之前定义的属性的下方。如果之前没有创建属性定义，则此选项不可用。

6.3.3 块属性管理器

当块中包含属性定义时，属性会作为一种特殊的文本一同被插入，此时即可使用"块属性管理器"对话框编辑之前定义的块属性，然后使用"增强属性管理器"对话框将属性标记赋予新值，使其符合相似图形对象的设置要求。

在"插入"选项卡的"块定义"面板中单击"管理属性"按钮，打开"块属性管理器"对话框，如图6-14所示，在其中可以对块属性进行管理操作。

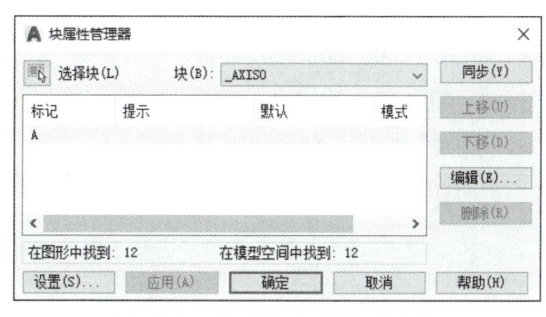

图6-14 "块属性管理器"对话框

"块属性管理器"对话框中的相关选项讲解如下：
- **块**：用于列出当前图形中定义了属性的图块。
- **属性列表**：用于显示当前选择的图块的属性特性。
- **同步**：用于更新具有当前定义的属性特性的选定块的全部实例。
- **上移、下移**：单击"上移"或"下移"按钮，可调整图块标记的前后顺序。
- **编辑**：单击"编辑"按钮，可以打开"编辑属性"对话框，在其中可以修改定义图块的属性。
- **删除**：用于从块定义中删除选定的属性。
- **设置**：单击"设置"按钮，可以打开"块属性设置"对话框，在其中可以设置属性信息的列出方式。

在"块定义"面板中单击"编辑属性"按钮，选择属性图块，可以打开"增强属性编辑器"对话框，如图6-15所示，在其中可以对块属性内容进行修改。

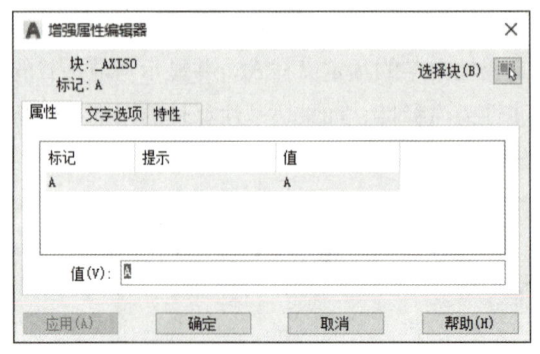

图 6-15 "增强属性编辑器"对话框

"增强属性编辑器"对话框中的相关选项讲解如下：
- **属性**：用于显示块的标记、提示和值。选择属性，对话框下方的"值"文本框中会显示属性值，可以在其中进行设置。
- **文字选项**：用于修改文字格式，其中包括文字样式、对正、高度、旋转、宽度因子、倾斜角度、反向和倒置等选项。
- **特性**：用于设置图层、线型、颜色、线宽和打印样式等选项。

上手操作 创建轴号属性块

下面利用"定义属性"命令创建带文字属性的轴号块。

步骤01 执行"圆"命令，绘制半径为200 mm的圆形。

步骤02 单击"定义属性"按钮，打开"属性定义"对话框，在"标记"文本框中输入标记并更改"文字高度"数值，单击"确定"按钮，如图6-16所示。

步骤03 根据命令行中的提示信息，指定标记的起点，如图6-17所示。

图 6-16 "属性定义"对话框　　　图 6-17 指定标记的起点

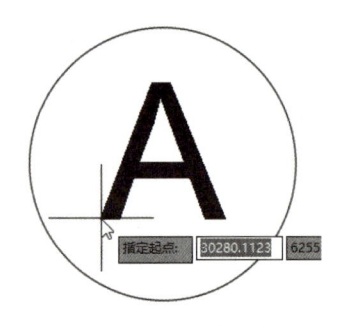

步骤04 在命令行中输入"B"，按回车键，打开"块定义"对话框，单击"选择对象"按钮，选择创建的轴号图形，单击"拾取点"按钮，设置块的插入基点，并输入块名称，完成属性块的创建操作，如图6-18所示。

步骤05 在打开的"编辑属性"对话框中，设置该轴标记，单击"确定"按钮，如图6-19所示。

· 126 ·

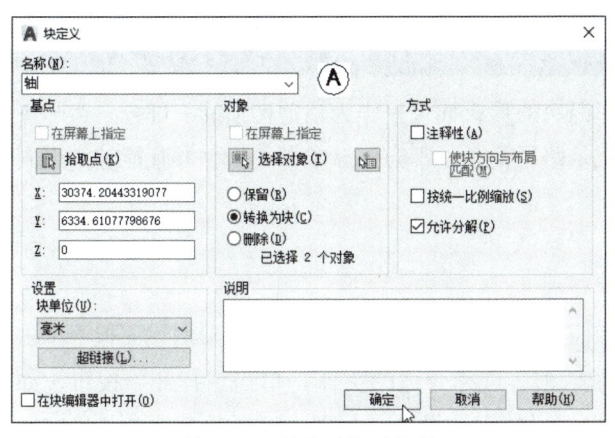

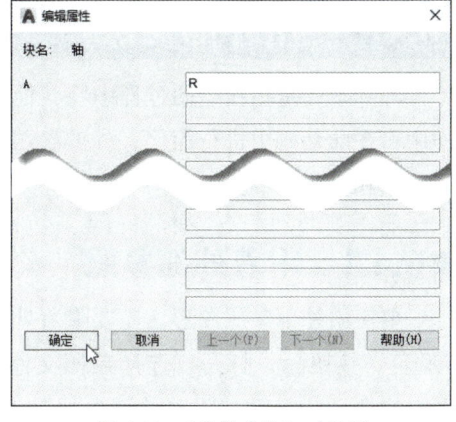

图 6-18 "块定义"对话框　　　　　　　图 6-19 "编辑属性"对话框

步骤 06 此时的轴号内容已发生了变化，将其放至相应的轴线上，如图6-20所示。

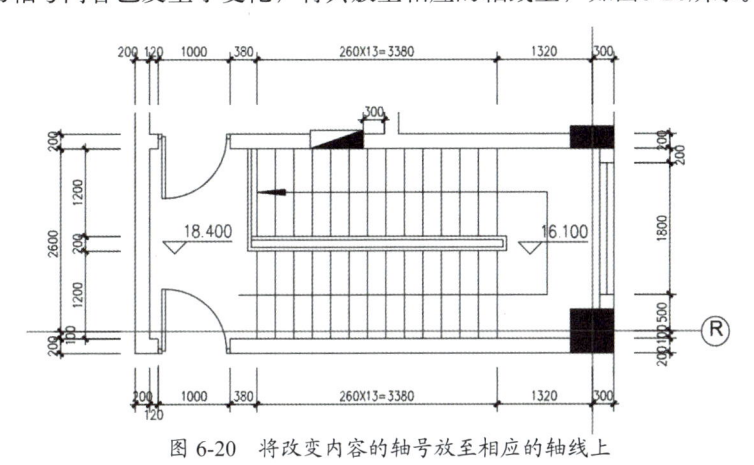

图 6-20　将改变内容的轴号放至相应的轴线上

步骤 07 执行"复制"命令，将轴号复制到其他轴线上，双击该块，在打开的"增强属性编辑器"对话框中更改"值"参数，如图6-21所示。

步骤 08 单击"确定"按钮，此时被复制的块的文字标记已发生改变，如图6-22所示。

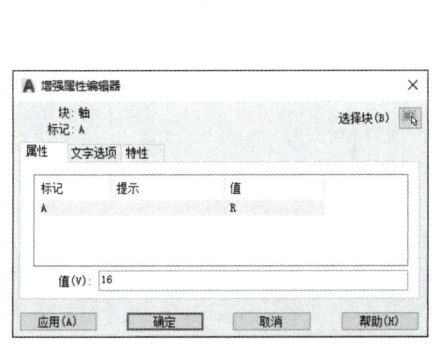

图 6-21　"增强属性编辑器"对话框　　　　图 6-22　文字标记发生改变

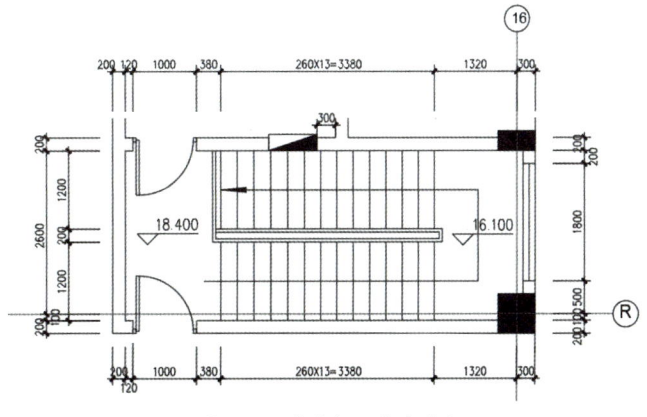

6.4 使用外部参照

外部参照是指在绘图过程中将其他图形以块的形式插入，作为当前图形的一部分，实际操作中可在此基础上进行深化。外部参照只记录路径信息，不会保存参照图纸，并且能够实现同步修改和更新。

6.4.1 附着外部参照

要使用外部参照图形，先要附着外部参照文件。在"插入"选项卡的"参照"面板中单击"附着"按钮，打开"选择参照文件"对话框，选择合适的文件，单击"打开"按钮，如图6-23所示，打开"附着外部参照"对话框，保持默认设置，如图6-24所示，单击"确定"按钮。

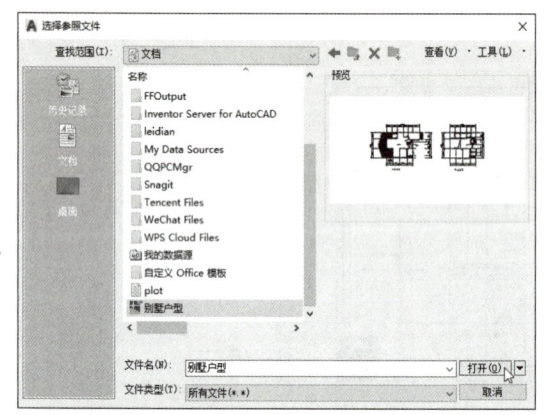

图 6-23 "选择参照文件"对话框 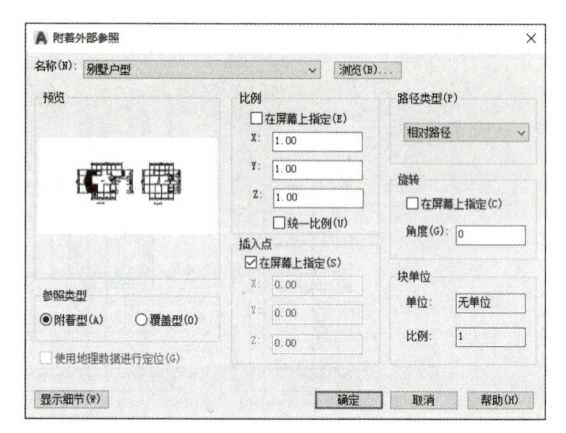　　　　图 6-24 "附着外部参照"对话框

在绘图区中指定插入点，即可插入外部参照文件，该文件会以半透明状态显示，如图6-25所示。

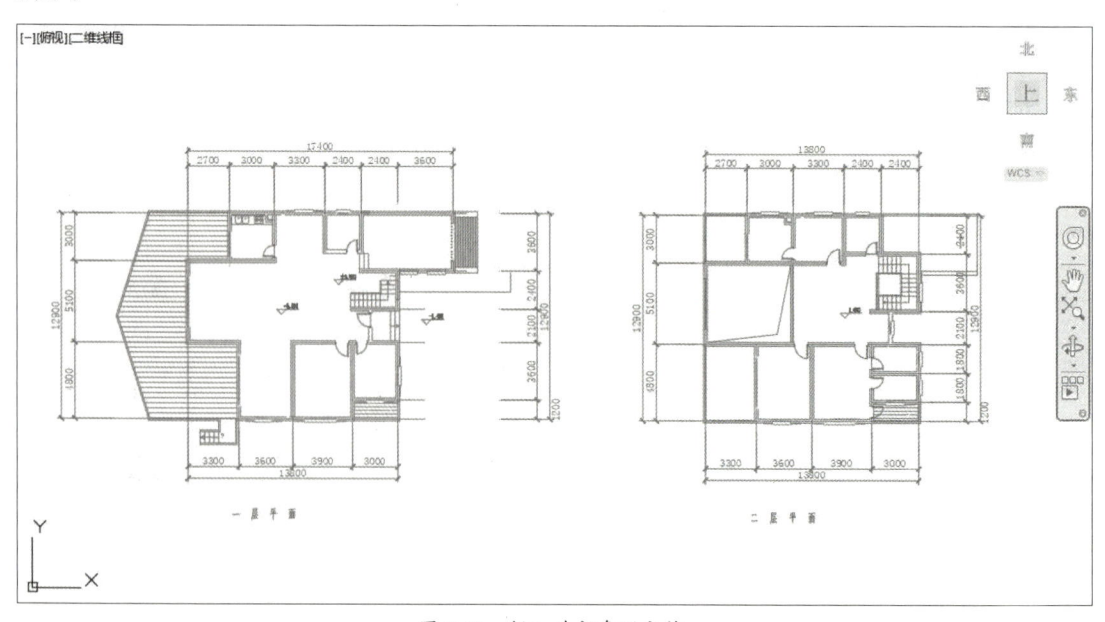

图 6-25 插入外部参照文件

外部参照分为"附着型"和"覆盖型"两种类型。

- **附着型**：在图形中附着该类型外部参照时，若其中嵌套有其他外部参照，则将嵌套的外部参照包含在内。
- **覆盖型**：在图形中附着该类型外部参照时，任何嵌套在其中的覆盖型外部参照都将被忽略，而其本身也不显示。

> **知识点拨**
>
> 外部参照的路径是指插入对象的路径，在"附着外部参照"对话框的"路径类型"下拉列表中可选择相应的路径。其中，"完整路径"即外部参照对象存储位置的完整地址，此时文件不能进行任何移动，加载参照时只能到指定地址查找，若这个地址有变化或对文件名进行了变更，则再次打开主图时就会显示缺少外部参照；而"相对路径"是外部参照对象相对于主图的路径，参照对象和主图被放在同一个文件夹中，无论是更改文件名还是将文件复制到另一台计算机中，在打开主图时外部参照对象都会自动融入。

■6.4.2 编辑外部参照

在插入的外部参照图形中，可对该图形进行修改或编辑操作。选中参照文件，在"外部参照"选项卡中单击"在位编辑参照"按钮，如图6-26所示。

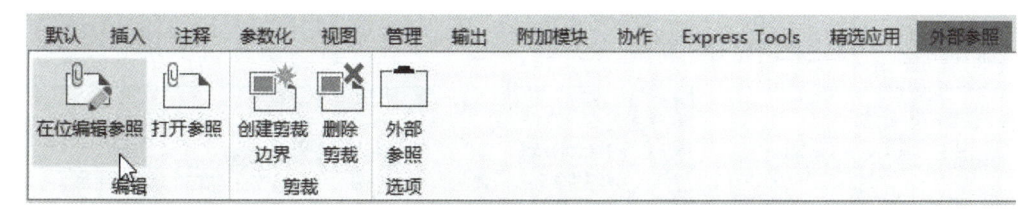

图 6-26 单击"在位编辑参照"按钮

打开"参照编辑"对话框，在"参照名"列表中可以选择要编辑的图形，单击"确定"按钮，如图6-27所示。返回绘图区，此时被选中的图形会正常显示，其他图形均不可编辑，如图6-28所示。

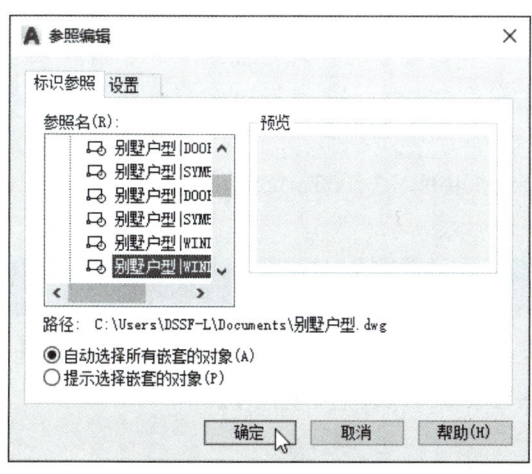

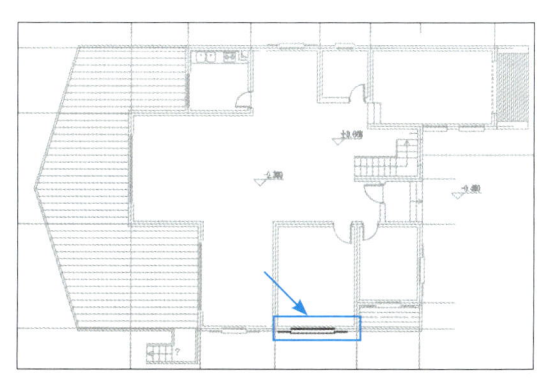

图 6-27 "参照编辑"对话框　　图 6-28 被选中的图形正常显示

完成编辑后，在"插入"选项卡的"编辑参照"面板中单击"保存修改"按钮，即可保存参照修改，如图6-29所示。

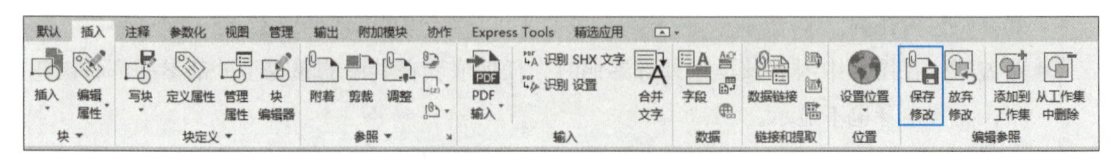

图 6-29　保存对参照的修改

■6.4.3　管理外部参照

利用"外部参照"面板可对外部参照文件进行管理，如查看附着的文件参照，或者编辑附着文件的路径等。"外部参照"面板是一种外部应用程序，用于检查图形文件可能附着的所有文件。

在"参照"面板中单击面板右侧的小箭头 ⬛ ，打开"外部参照"面板，在此可以查看当前文件中所有参照图形的名称及信息，如图6-30所示。

单击"附着"按钮 ⬛▾，可添加不同格式的外部参照文件，如图6-31所示；单击"刷新"按钮 ⬛，可以刷新当前图形的参照；单击"更改路径"按钮 ⬛，可对参照文件的路径进行操作，如图6-32所示；"文件参照"列表用于显示当前文件中各种外部参照的"参照名""状态""大小""类型"；"详细信息"列表用于显示参照文件的详细信息，其中包括"日期""找到位置""保存路径""待定相对路径"等。

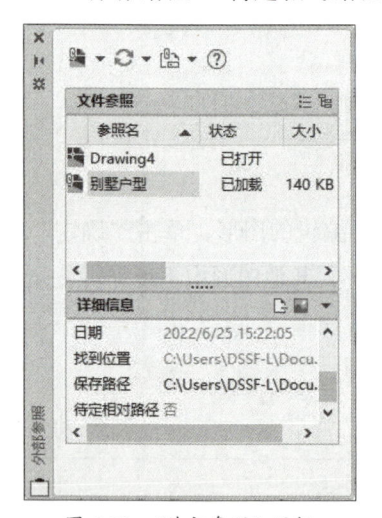

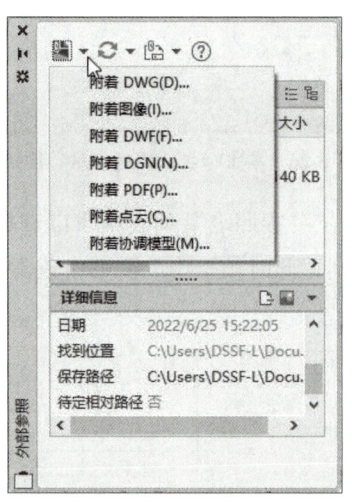

图 6-30　"外部参照"面板　　　图 6-31　单击"附着"按钮　　　图 6-32　单击"更改路径"按钮

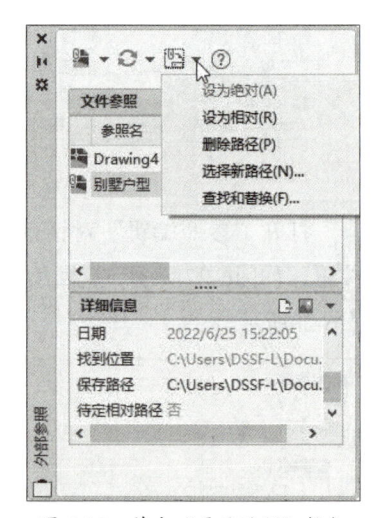

6.5　使用设计中心

通过设计中心，可访问图形、块、图案填充及其他图形内容，可将原图形中的任何内容拖动到当前图形中使用，还可在图形之间复制、粘贴对象属性以避免重复操作。

■6.5.1　设计中心选项板

在"视图"选项卡的"选项板"面板中单击"设计中心"按钮，可打开该选项板，如图6-33所示。

第6章　设置与管理建筑图块

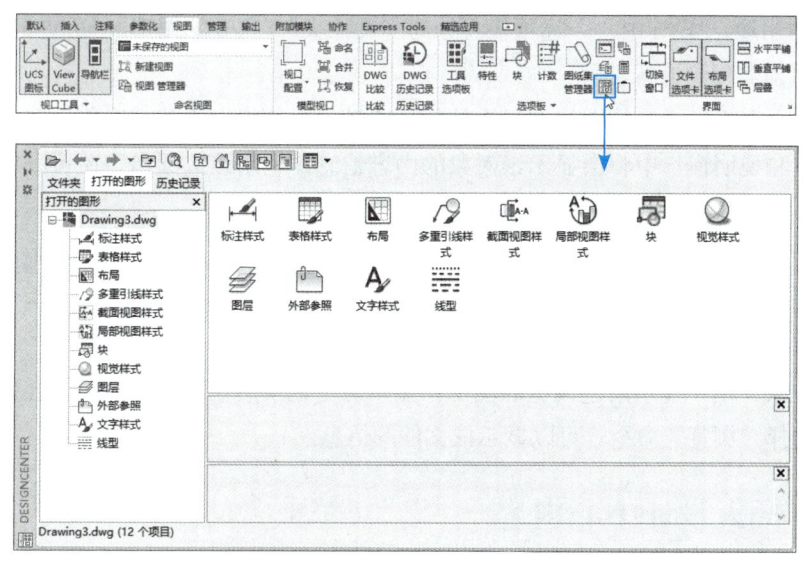

图6-33　打开"设计中心"选项板

设计中心由工具栏和选项卡组成。工具栏主要包括"加载" 、"上一页" 、"下一页" 、"上一级" 、"搜索" 、"收藏夹" 、"主页" 、"树状图" 、"预览" 、"说明" 、"视图" 等工具，用于控制树状图和内容窗口中信息的浏览和显示。需要注意的是，当设计中心的选项卡不同时，工具栏也略有不同。下面进行简要讲解：

- **加载**：单击"加载"按钮，会打开"加载"对话框，在其中可以选择预加载的文件。
- **上一页**：单击该按钮，可以返回设计中心的上一步操作。如果没有上一步操作，则该按钮呈未激活的灰色状态。
- **下一页**：单击该按钮，可以返回设计中心的下一步操作。如果没有下一步操作，则该按钮呈未激活的灰色状态。
- **上一级**：单击该按钮，会在内容窗口或树状图中显示上一级内容、内容类型、内容源、文件夹、驱动器等。
- **搜索**：单击该按钮，可以提供类似于Windows的查找功能。使用该功能，可以查找内容源、内容类型及内容等。
- **收藏夹**：单击该按钮，可以找到常用文件的快捷方式图标。
- **主页**：单击该按钮，可以使设计中心返回默认文件夹。安装软件时，设计中心的默认文件夹被设置为"…\Sample\DesignCenter"。在树状图中选中一个对象，右击该对象，在弹出的快捷菜单中选择"设置为主页"命令，即可更改默认文件夹。
- **树状图切换**：单击该按钮，可以显示或者隐藏树状图。如果绘图区需要更多的空间，可以隐藏树状图。隐藏树状图后，可以使用内容窗口浏览器加载图形文件。在树状图中使用"历史记录"选项卡时，"树状图切换"按钮不可用。
- **预览**：用于切换预览窗口打开或关闭状态。如果选定项目没有保存的预览图像，则预览窗口为空。
- **视图**：用于确定选项板所显示内容的不同格式，可以从视图列表中选择一种视图。

· 131 ·

根据不同用途，"设计中心"选项板可分为"文件夹""打开的图形""历史记录"3个选项卡。下面分别对其用途进行讲解：

- **文件夹**：用于显示导航图标的层次结构。选择层次结构中的某一对象，在内容窗口、预览窗口和说明窗口中将会显示该对象的内容信息。利用该选项卡，还可以向当前文档中插入各种内容。
- **打开的图形**：用于在设计中心中显示当前绘图区中打开的所有图形，其中包括最小化图形。选中某文件选项，可以查看该图形的有关设置，例如图层、线型、文字样式、块、标注样式等。
- **历史记录**：用于显示最近浏览的图形。显示历史记录后在文件上右击，在弹出的快捷菜单中选择"浏览"命令，可以显示该文件的信息。

■6.5.2 插入设计中心内容

在"设计中心"选项板中可以很方便地在图形中插入图块、引用图像和外部参照，以及在图形之间复制图层、图块、线型、文字样式、标注样式和用户定义等。

1. 插入图块

打开"设计中心"选项板，在"文件夹列表"中查找文件的保存目录，并在内容窗口中选择需要插入为块的图形，右击，在弹出的快捷菜单中选择"插入为块"选项，如图6-34所示，打开"插入"对话框，保持默认设置，单击"确定"按钮即可，如图6-35所示。

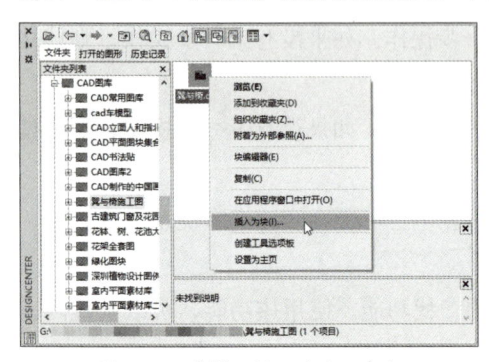

图 6-34 选择"插入为块"命令　　　　　　图 6-35 "插入"对话框

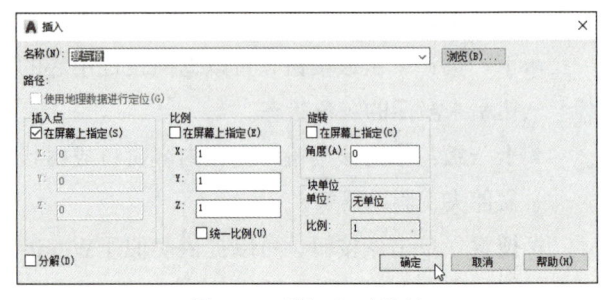

2. 插入图片

在"文件夹列表"中指定要插入的图片，右击，在弹出的快捷菜单中选择"附着图像"选项，即可将图片插入图纸中。

上手操作 在图纸中插入建筑参考图片

下面利用设计中心功能，将建筑参考图片插入图纸中。

步骤01 打开"别墅户型.dwg"素材文件，打开"设计中心"选项板，在"文件夹列表"中选择路径，并找到要插入的建筑参考图片，如图6-36所示。

步骤02 右击图片，在弹出的快捷菜单中选择"附着图像"选项，如图6-37所示。

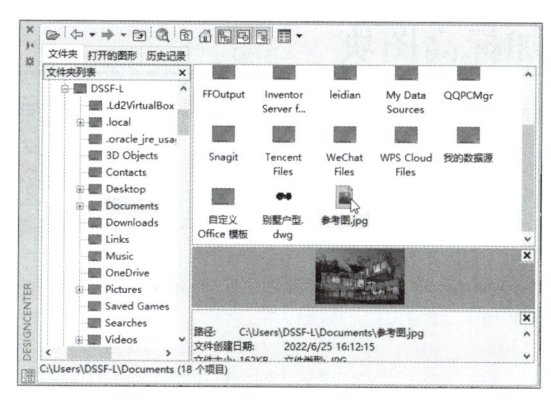

图 6-36 选择要插入的建筑参考图片

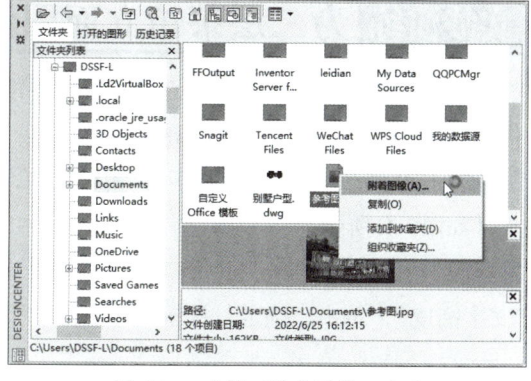

图 6-37 选择"附着图像"选项

步骤 03 在打开的"附着图像"对话框中，保持默认设置，单击"确定"按钮，如图6-38所示。

步骤 04 在绘图区中指定插入点，并调整图片的大小，即可完成插入图片操作，如图6-39所示。

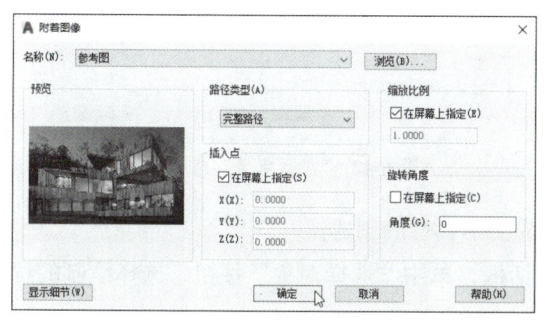

图 6-38 "附着图像"对话框

图 6-39 指定插入点并调整图片的大小

3. 复制图层

在"文件夹列表"中双击要复制的图层文件，进入该文件。在右侧内容窗口中双击"图层"选项，系统会显示出该文件中的所有图层信息，如图6-40所示，按住鼠标左键将其拖至新文件中，即可完成图层复制操作。

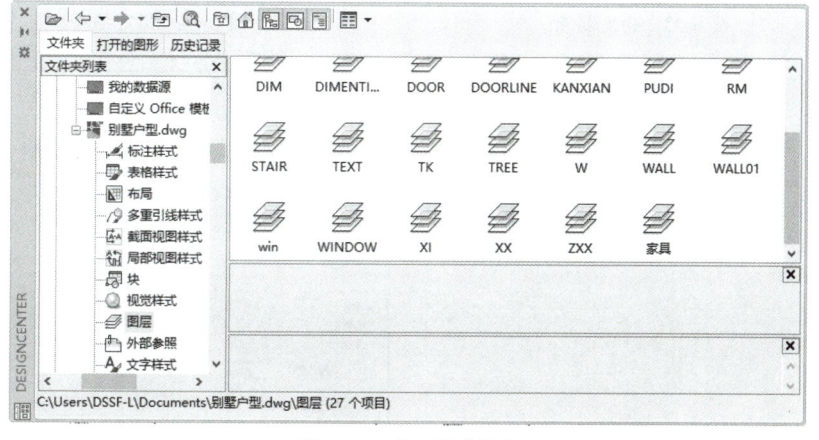

图 6-40 显示图层信息

实战演练 为二层茶馆立面图添加标高图块

本例将综合本章所学知识点，为二层茶馆立面图添加标高图块，其中涉及的操作有创建块、定义属性、编辑属性块等。

步骤 01 打开"二层茶馆立面.dwg"素材文件，执行"直线"命令，绘制标高图形，尺寸如图6-41所示。

步骤 02 执行"定义属性"命令，打开"属性定义"对话框，在该对话框中设置属性"标记"和"文字高度"，单击"确定"按钮，如图6-42所示。

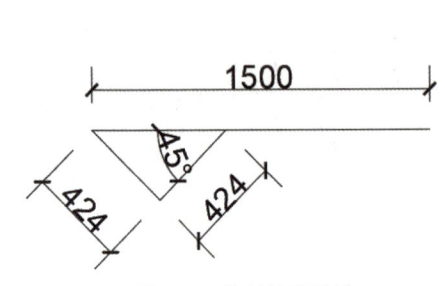

图 6-41 绘制标高图形

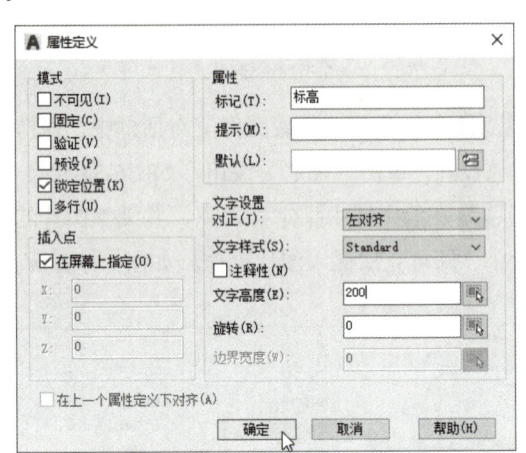

图 6-42 "属性定义"对话框

步骤 03 在绘图区中指定起点，如图6-43所示，完成文本属性的创建。

步骤 04 执行"创建块"命令，打开"块定义"对话框，单击"选择对象"按钮，选择绘制的标高图形，单击"拾取点"按钮，指定插入基点，如图6-44所示。

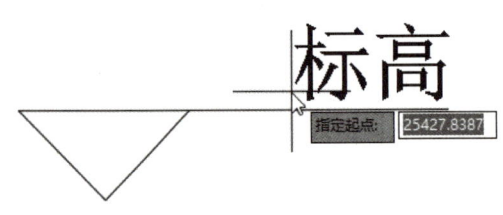

图 6-43 指定起点

图 6-44 指定插入基点

步骤 05 返回"块定义"对话框，设置块名称，单击"确定"按钮，如图6-45所示。

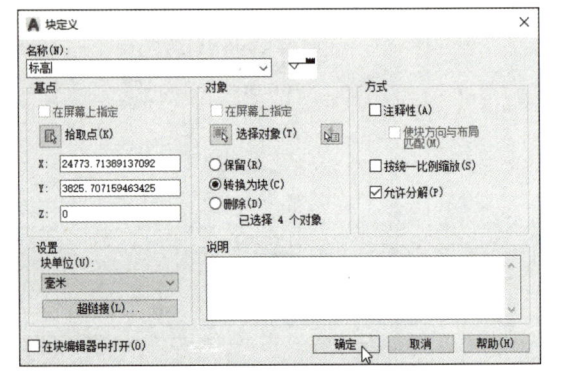

图 6-45 "块定义"对话框

第6章 设置与管理建筑图块

步骤 06 在打开的"编辑属性"对话框中输入标高默认值,单击"确定"按钮,如图6-46所示。

步骤 07 选择该图块,在"块定义"面板中单击"块编辑器"按钮,打开"编辑块定义"对话框,选择标高图块,单击"确定"按钮,如图6-47所示,进入"块编写"选项板的编辑状态。

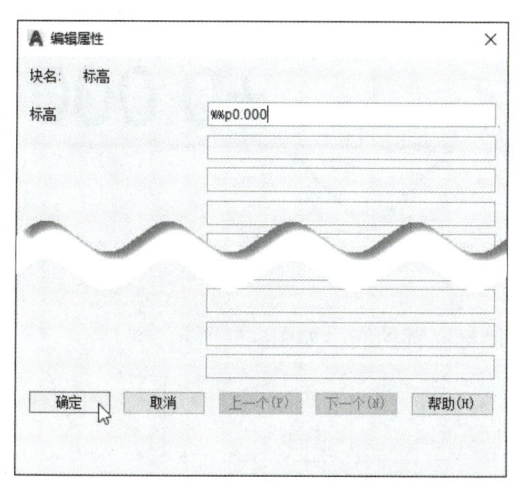

图 6-46 "编辑属性"对话框

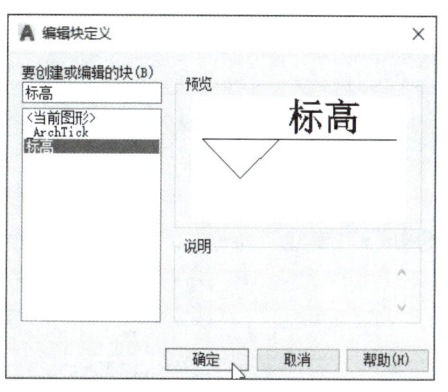

图 6-47 "编辑块定义"对话框

步骤 08 在"块编写"选项板的"参数"面板中单击"翻转"按钮,为图形指定翻转基线和标签位置,如图6-48所示。

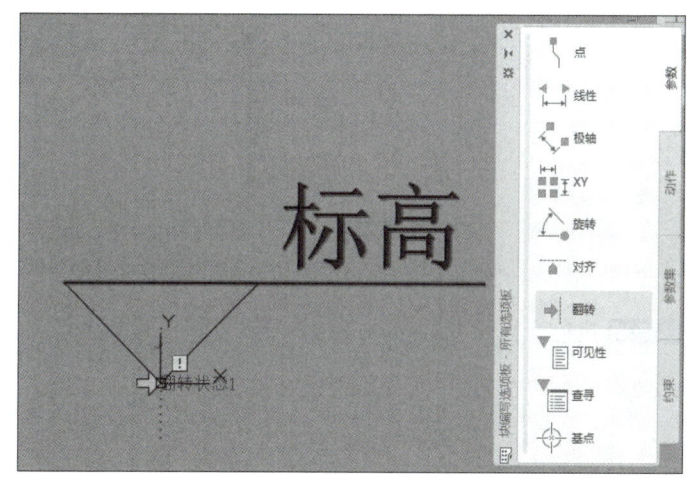

图 6-48 单击"翻转"按钮

步骤 09 切换到"动作"面板,单击"翻转"按钮,根据提示选择"翻转"参数,再根据提示选择翻转对象,如图6-49所示。

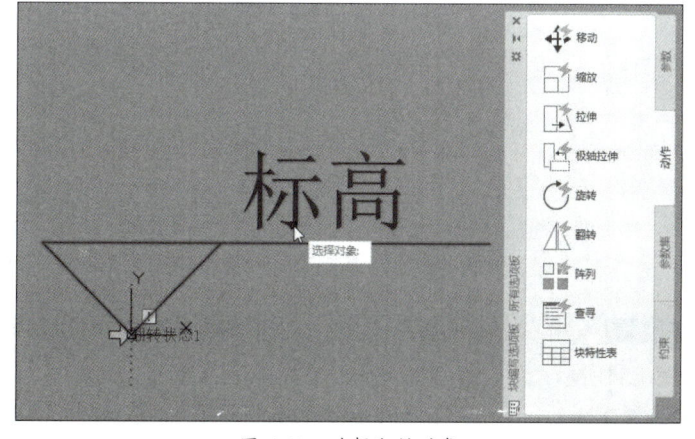

图 6-49 选择翻转对象

· 135 ·

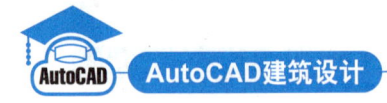

步骤10 按回车键，即可完成动态翻转块的创建，如图6-50所示。可以看到，在图块上显示有翻转动作符号。

步骤11 在块编辑器中单击"关闭块编辑器"按钮，退出编辑操作，如图6-51所示。

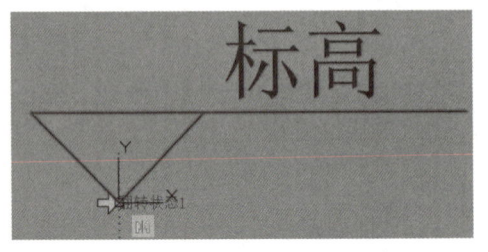

图 6-50　完成动态翻转块的创建　　　　　图 6-51　退出编辑操作

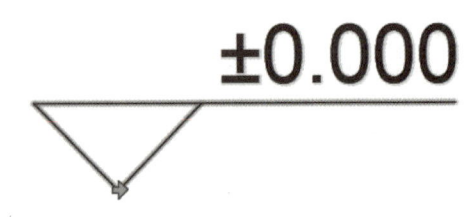

步骤12 执行"直线"命令，沿着立面结构线绘制标高辅助线，如图6-52所示。

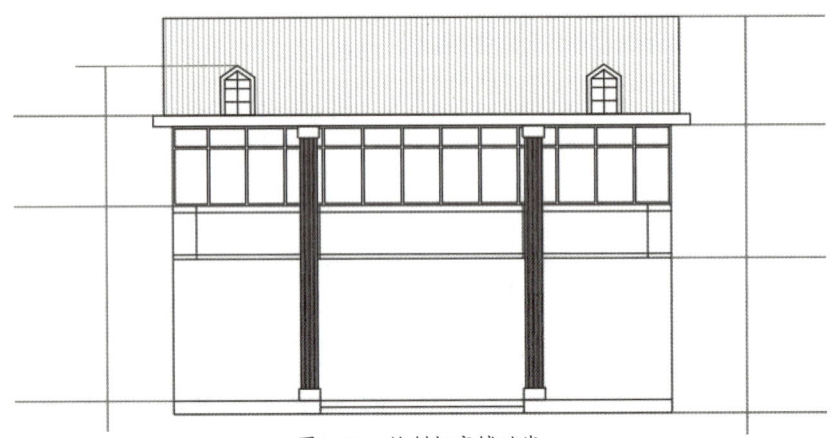

图 6-52　绘制标高辅助线

步骤13 执行"复制"命令，将标高图块复制到辅助线上，如图6-53所示。

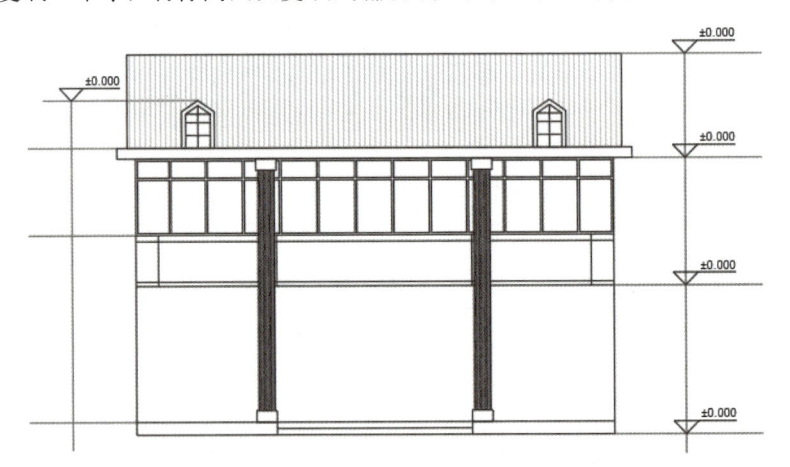

图 6-53　复制标高图块

步骤14 双击右上角的标高图块，在打开的"增强属性编辑器"对话框中修改"值"参数，如图6-54所示。

步骤15 单击"确定"按钮关闭对话框，可以看到该标高值发生改变，如图6-55所示。

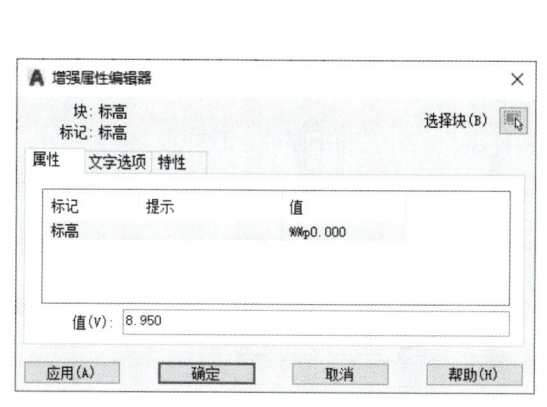

图 6-54　修改"值"参数

图 6-55　标高值发生改变

步骤 16 按照同样的方法，修改其他标高值，如图6-55所示。

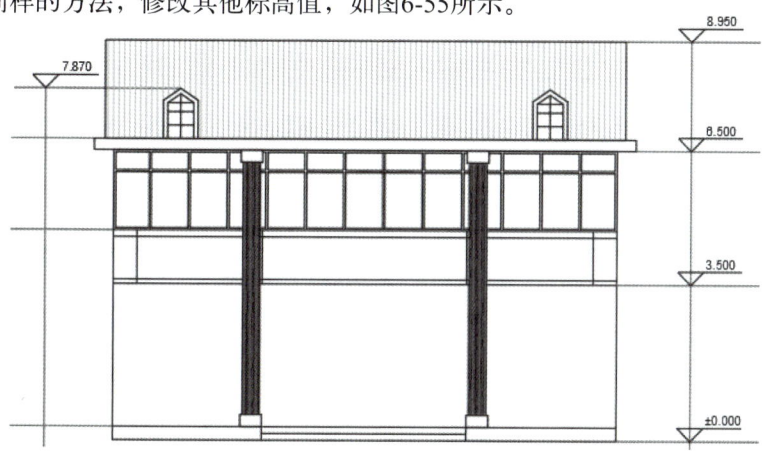

图 6-56　修改其他标高值

步骤 17 选择左上角的标高图块，单击蓝色箭头，可将该符号进行翻转，如图6-57所示。

步骤 18 再次将该标高图块向下复制，并修改标高值，如图6-58所示。

图 6-57　单击蓝色箭头可翻转符号

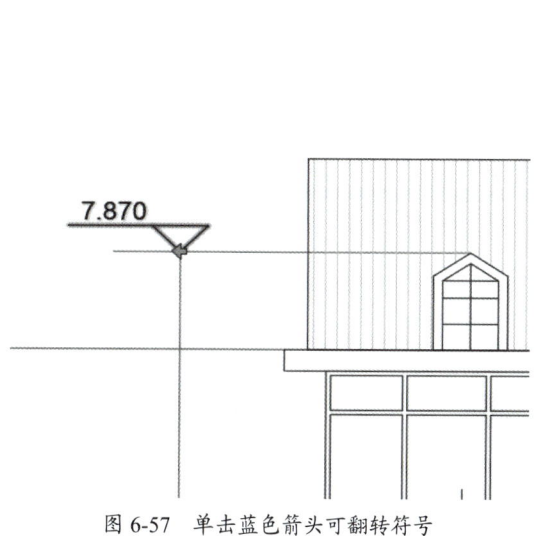

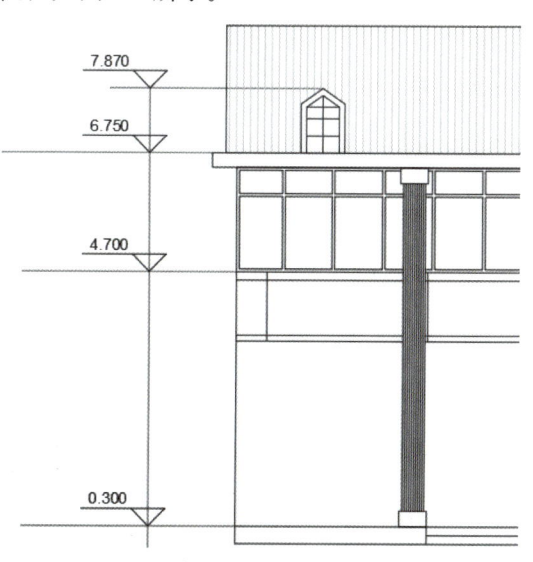

图 6-58　复制标高图块并修改标高值

步骤 19 修剪辅助线，完成二层茶馆立面图标高图块的添加操作，如图6-59所示。

图 6-59　完成二层茶馆立面图标高图块的添加操作

课后作业

1. 为别墅剖面图添加轴号图块

利用"创建块"和"定义属性"命令，为别墅剖面图添加轴号图块，结果如图6-60所示。

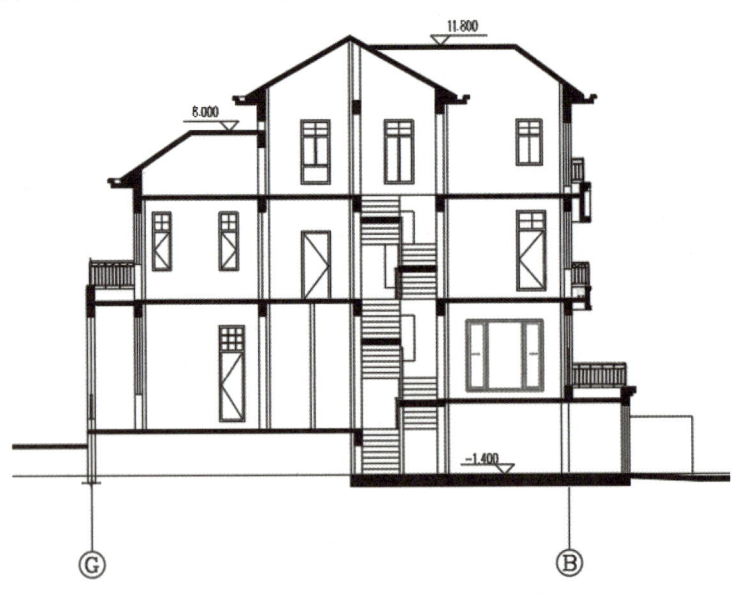

图 6-60　为别墅剖面图添加轴号图块

操作提示

- 绘制轴号图形，执行"定义属性"命令添加文字属性。
- 执行"创建块"命令，将轴号图形创建成块，复制并修改轴号。

2. 为办公楼立面图添加植物图块

利用"插入块"命令,为办公楼立面图添加植物图块,以丰富画面效果,如图6-61所示。

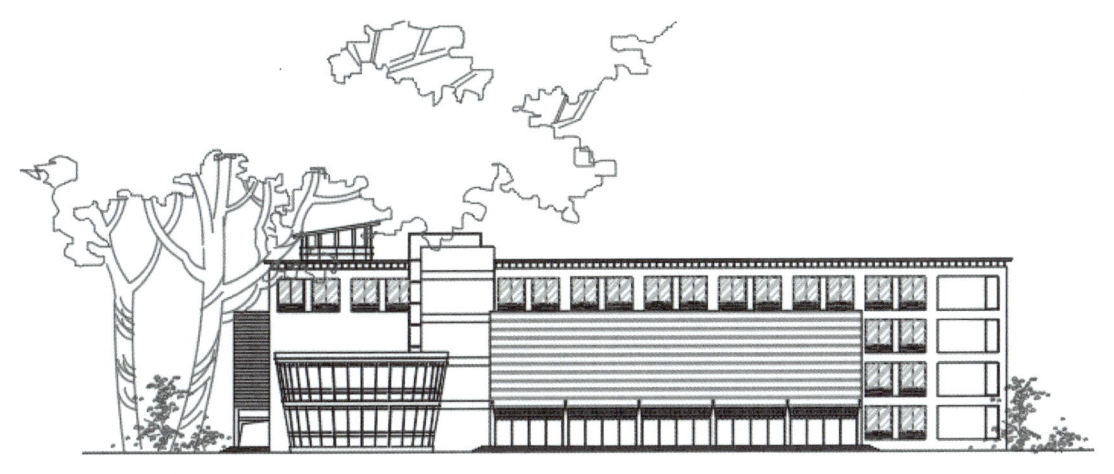

图 6-61　为办公楼立面图添加植物图块

操作提示

- 打开"块"面板,插入所需植物图块。
- 复制图块,并调整图块的大小。

学习体会

第 7 章
在建筑图纸中添加尺寸标注

内容概要

为图形标注尺寸是为了说明图形的实际尺寸和各图形之间的位置关系，这在制图过程中是不可缺少的一步。本章将着重讲解尺寸标注的相关功能，其中包括标注样式的设置、各类标注尺寸的创建与编辑等操作。

知识要点

- 掌握创建尺寸标注的规则和步骤。
- 掌握各类尺寸标注命令的使用。

数字资源

【本章素材】："素材文件\第7章"目录下
【本章实战演练最终文件】："素材文件\第7章\实战演练"目录下

7.1 尺寸标注的规则与组成

在绘制建筑图纸时，需要准确、详细、完整、清晰地标注出图形各部分的实际尺寸，这些尺寸是施工的重要依据。

7.1.1 尺寸标注的组成

完整的尺寸标注包括尺寸界线、尺寸线、箭头和尺寸数字4个基本要素，如图7-1所示。

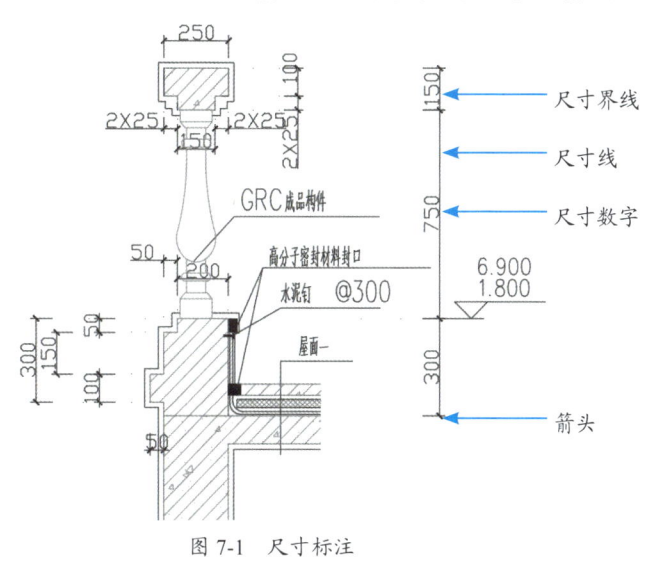

图7-1 尺寸标注

尺寸标注基本要素的含义如下：

- **尺寸界线**：也被称为"投影线"，从被标注的对象延伸到尺寸线。尺寸界线一般与尺寸线垂直，特殊情况下可将尺寸界线倾斜。有时也用对象的轮廓线或中心线代替尺寸界线。
- **尺寸线**：用于表示尺寸标注的范围。通常与所标注的对象平行，一端或两端带有终端号，例如箭头或斜线，角度标注的尺寸线为圆弧线。
- **箭头**：位于尺寸线的两端，用于标记标注的起始和终止位置。箭头的范围很广，既可以是短划线、点或其他标记，也可以是块，还可以是用户创建的自定义符号。
- **尺寸数字**：表示测量的具体数值，一般位于尺寸线的上方或中断处。尺寸数字可以反映基本尺寸，也可以包含前缀、后缀和公差，还可以按极限尺寸形式进行标注。如果尺寸界线内放不下尺寸数字，系统会自动将其放至尺寸界线外侧，并用引线标明。

7.1.2 创建尺寸标注的步骤

标注尺寸是一项系统化的工作，涉及尺寸线、尺寸界线、指引线所属的图层，尺寸数字的样式、尺寸样式、尺寸公差样式等。在对图形进行尺寸标注时，通常遵循以下步骤。

- 创建或设置尺寸标注图层，将尺寸标注在该图层上。
- 创建或设置尺寸标注的文字样式。
- 创建或设置尺寸标注的样式。
- 使用对象捕捉等功能，对图形中的元素进行相应的标注。

- 设置尺寸公差样式。
- 标注带公差的尺寸。
- 设置形位公差样式。
- 标注形位公差。
- 修改并调整尺寸标注。

7.1.3 尺寸标注的规则

国家标准《机械制图 尺寸注法》(GB/T 4458.4—2003)对尺寸标注的方法作了明确规定，规则如下：

1. 基本规则

- 机件的真实大小应以图样上所注的尺寸数值为依据，与图形的大小及绘图的准确度无关。
- 图样中（包括技术要求和其他说明）的尺寸，以毫米为单位时，不需标注单位符号（或名称），如采用其他单位，则应注明相应的单位符号。
- 图样中所标注的尺寸，为该图样所示机件的最后完工尺寸，否则应另加说明。
- 机件的每一尺寸，一般只标注一次，并应标注在反映该结构最清晰的图形上。

2. 尺寸数字

- 线性尺寸的数字一般应注写在尺寸线的上方，也允许注写在尺寸线的中断处。
- 线性尺寸数字的方向，如图7-2所示。在不致引起误解时，也允许采用引线标注。但在一张图样中，应尽可能采用一种方法。
- 角度的数字一律写成水平方向，一般注写在尺寸线的中断处。必要时也可使用引线标注。
- 尺寸数字不可被任何图线所通过，否则必须将该图线断开。

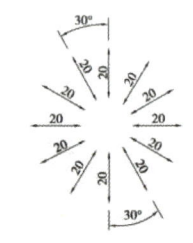

图 7-2 标注尺寸数字

3. 尺寸线

- 尺寸线用细实线绘制，其终端可以用箭头和斜线两种形式。箭头适用于各种类型的图样。斜线用细实线绘制，当尺寸线的终端采用斜线形式时，尺寸线与尺寸界线应相互垂直。
- 机械图样中一般采用箭头作为尺寸线的终端。当尺寸线与尺寸界线相互垂直时，同一张图样中只能采用一种尺寸线终端的形式。
- 标注线性尺寸时，尺寸线应与所标注的线段平行。尺寸线不能用其他图线代替，一般也不得与其他图线重合或画在其延长线上。
- 圆的直径和圆弧半径的尺寸线的终端应画成箭头。当圆弧的半径过大或在图纸范围内无法标出其圆心位置时，可使用折弯线的形式标注。若不需要标出其圆心位置时，可按圆弧半径的形式标注。
- 标注角度时，尺寸线应画成圆弧，其圆心是该角的顶点。
- 当对称机件的图形只画出一半或略大于一半时，尺寸线应略超过对称中心线或断裂处的边界，此时仅在尺寸线的一端画出箭头。

- 在没有足够的位置或箭头或注与数字时，允许用圆点或斜线代替箭头。

4. 尺寸界线

- 尺寸界线用细实线绘制，并应由图形的轮廓线、轴线或对称中心线处引出。也可利用轮廓线、轴线或对称中心线作为尺寸界线。
- 当表示曲线轮廓上各点的坐标时，可将尺寸线或其延长线作为尺寸界线。
- 尺寸界线一般应与尺寸线垂直，必要时才允许倾斜。
- 在光滑过渡处标注尺寸时，应用细实线将轮廓线延长，从它们的交点处引出尺寸界线。
- 标注角度的尺寸界线应沿径向引出；标注弦长的尺寸界线应平行于该弦的垂直平分线；标注弧长的尺寸界线应平行于该弧所对圆心角的角平分线，但当弧度较大时，可沿径向引出。

5. 标注尺寸的符号

- 标注直径时，应在尺寸数字前加注符号"ϕ"；标注半径时，应在尺寸数字前加注符号"R"；标注球面的直径或半径时，应在符号"ϕ"或"R"前再加注符号"S"。
- 标注弧长时，应在尺寸数字左方加注符号"⌒"。
- 标注参考尺寸时，应将尺寸数字加上圆括弧。
- 当需要指明半径尺寸是由其他尺寸所确定时，应用尺寸线和符号"R"标出，但不要注写尺寸数字。

7.2 创建与设置标注样式

一般情况下，在添加尺寸标注前应设置其样式，以便统一图纸的尺寸样式。

7.2.1 新建标注样式

在"注释"选项卡中单击"标注"面板右侧的小箭头⇘，打开"标注样式管理器"对话框，如图7-3所示，在其中可以对标注样式进行新建、修改等操作。

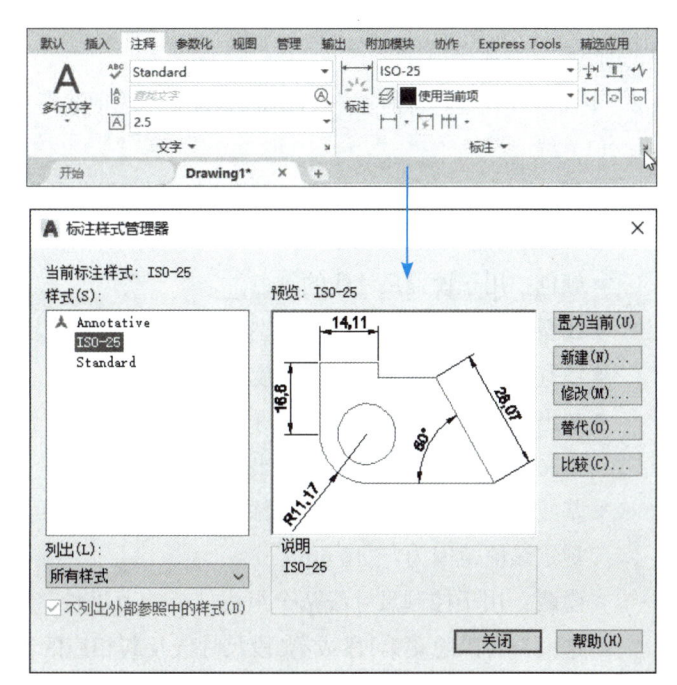

图 7-3 打开"标注样式管理器"对话框

1. 新建标注样式

单击"新建"按钮，打开"创建新标注样式"对话框，输入新样式名，单击"继续"按钮。

进入"新建标注样式"对话框，根据需要可以对尺寸线的颜色及位置，箭头的大小及符号，文字的大小及颜色，以及尺寸精度等参数进行设置，如图7-4所示。

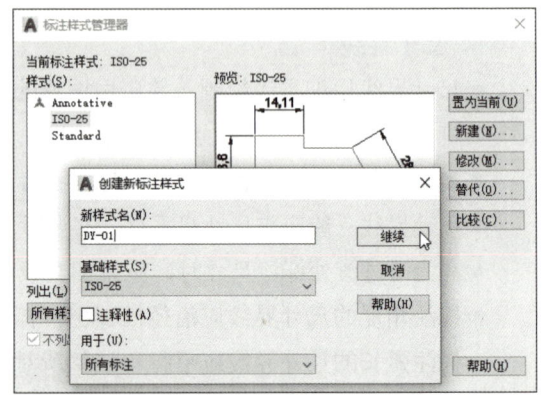

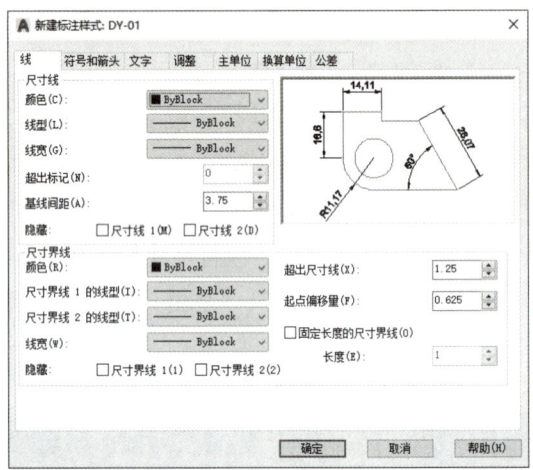

图 7-4　新建标注样式

完成设置后，单击"确定"按钮返回上一级对话框，单击"置为当前"按钮，即可将新建样式设置为当前使用样式。

下面对"新建标注样式"对话框中的主要选项进行简单讲解：

（1）线

"线"选项卡主要用于设置尺寸线、尺寸界线的相关参数。

"尺寸线"选项组：

- **颜色**：用于设置尺寸线的颜色。
- **线型**：用于设置尺寸线的线型。
- **线宽**：用于设置尺寸线的宽度。
- **超出标记**：当尺寸线的箭头采用倾斜、建筑标记、小点、积分或无标记等样式时，使用该文本框可以设置尺寸线超出尺寸界线的长度。
- **基线间距**：用于设置基线标注的尺寸线之间的距离，即平行排列的尺寸线的间距。国标规定该值范围为7～10 mm。
- **隐藏**：用于控制尺寸线两个组成部分的可见性。通过勾选"尺寸线1"或"尺寸线2"复选框，可以隐藏第1段或第2段尺寸线及其相应的箭头。

"尺寸界线"选项组：
- **颜色**：用于设置尺寸界线的颜色。
- **尺寸界线1的线型、尺寸界线2的线型**：用于分别控制延伸线的线型。
- **线宽**：用于设置尺寸界线的宽度。
- **隐藏**：用于控制尺寸界线的隐藏和显示。
- **超出尺寸线**：用于设置尺寸界线超出尺寸线的距离。通常规定尺寸界线的超出尺寸为2~3 mm，使用1∶1的比例绘制图形时，设置该项为2或3。
- **起点偏移量**：用于设置图形中定义标注的点到尺寸界线的偏移距离，通常规定该值不小于2 mm。
- **固定长度的尺寸界线**：用于控制尺寸界线的固定长度。

（2）符号和箭头

该选项卡用于设置箭头、圆心标记、折断标注、弧长符号、半径折弯标注、线性折弯标注参数，如图7-5所示。

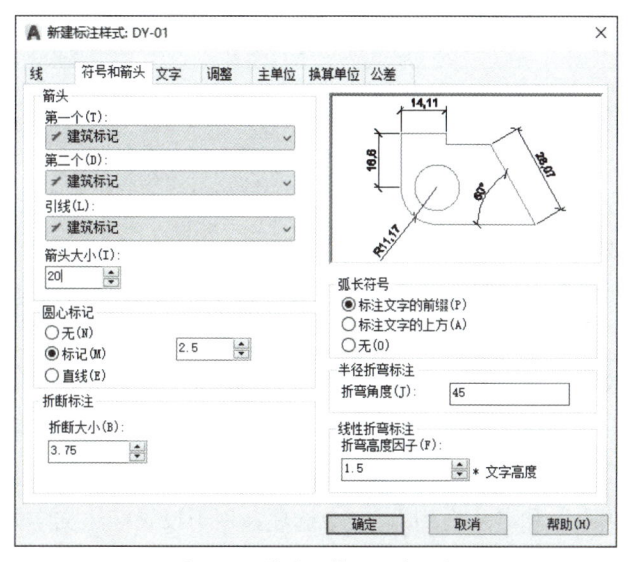

图7-5 "符号和箭头"选项卡

- **箭头**：用于控制尺寸线和引线箭头的类型及尺寸大小等。当改变第1个箭头的类型时，第2个箭头将自动与第1个箭头类型相匹配。
- **圆心标记**：用于控制直径和半径标注的圆心及中心线的外观。可以通过选择或取消选择"无""标记""直线"单选按钮，设置圆或圆弧的圆心标记类型；在"大小"文本框中可以设置圆心标记的大小。
- **弧长符号**：用于控制弧长标注中圆弧符号的显示。
- **折断标注**：用于控制折断标注的大小。
- **半径折弯标注**：用于控制折弯（Z字型）半径标注的显示。
- **线性折弯标注**：用于设置折弯文字的高度大小。

(3) 文字

该选项卡用于设置文字外观、文字位置和文字对齐方式，如图7-6所示。

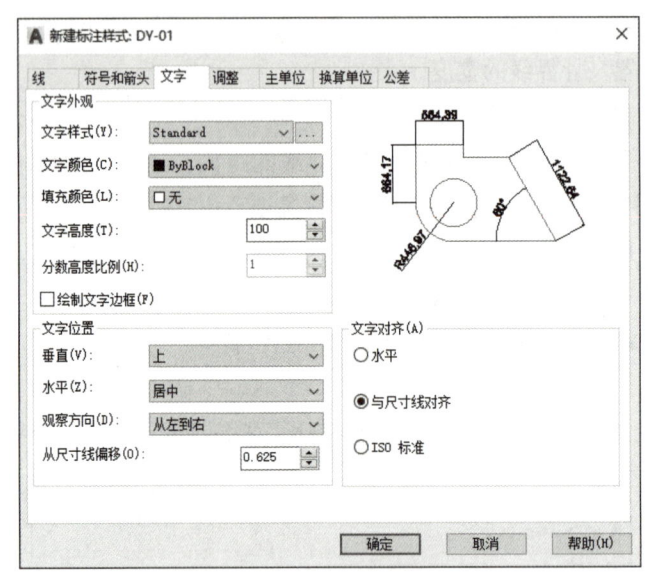

图7-6 "文字"选项卡

- **文字外观**：用于设置标注文字的格式，包括设置"文字样式""文字颜色""填充颜色""文字高度""分数高度比例""绘制文字边框"。其中，"分数高度比例"选项用于设置标注文字中的分数相对于其他标注文字的比例。
- **文字位置**：用于设置文字在尺寸线中的位置。其中，"垂直"选项包括"居中""上""外部""JIS""下"5个选项，用于控制标注文字相对于尺寸线的垂直位置，选择其中某个选项时，在"文字"选项卡的预览框中可以观察到尺寸文字的变化；"水平"选项包括"居中""第一尺寸界线""第二尺寸界线""第一尺寸界线上方""第二尺寸界线上方"5个选项，用于设置标注文字相对于尺寸线和尺寸界线在水平方向的位置；"观察方向"选项包括"从左到右"和"从右到左"2个选项，用于设置标注文字的显示方向；"从尺寸线偏移"选项用于设置当前文字的间距，即当尺寸线断开以容纳标注文字时标注文字周围的距离。
- **文字对齐**：用于设置标注文字与尺寸线的对齐方式。其中，"水平"选项用于设置标注文字的水平放置；"与尺寸线对齐"选项用于设置标注文字方向与尺寸线方向一致；"ISO标准"选项用于设置标注文字按ISO标准放置，当标注文字在尺寸线内时其方向与尺寸线方向一致，而当标注文字在尺寸界线外时其方向将为水平放置。

（4）调整

该选项卡用于设置箭头、文字、引线和尺寸线的放置方式，如图7-7所示。

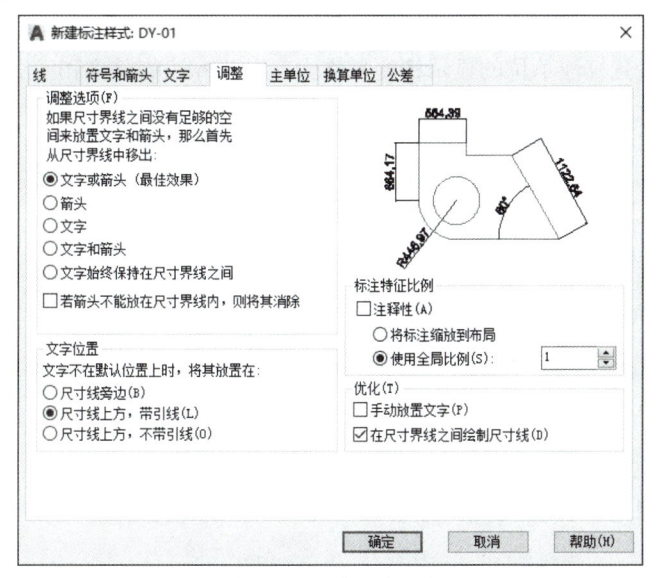

图 7-7 "调整"选项卡

- **文字或箭头（最佳效果）**：表示系统将按最佳布局将文字或箭头移动到尺寸界线的外部。当尺寸界线间的距离足够放置文字和箭头时，文字和箭头都放在尺寸界线内，否则将按照最佳效果移动文字或箭头。当尺寸界线间的距离仅能够容纳文字时，将文字放在尺寸界线内，而将箭头放在尺寸界线外；当尺寸界线间的距离仅能够容纳箭头时，将箭头放在尺寸界线内，而将文字放在尺寸界线外；当尺寸界线间的距离既不够放文字又不够放箭头时，文字和箭头都放在尺寸界线外。
- **箭头**：如果尺寸界线之间没有足够空间容纳文字和箭头，先将箭头移至尺寸界线外。
- **文字**：如果尺寸界线之间没有足够空间容纳文字和箭头，先将文字移至尺寸界线外。
- **文字和箭头**：如果尺寸界线之间没有足够空间容纳文字和箭头，文字和箭头都会被放在尺寸界线外。
- **文字始终保持在尺寸界线之间**：表示系统会始终将文字放在尺寸界线之间。
- **若箭头不能放在尺寸界线内，则将其消除**：表示当尺寸界线内没有足够的空间时，系统会隐藏箭头。
- **尺寸线旁边**：表示将标注文字放在尺寸线的旁边。
- **尺寸线上方，带引线**：表示将标注文字放在尺寸线的上方，并加上引线。
- **尺寸线上方，不带引线**：表示将文字放在尺寸线的上方，但不加引线。
- **将标注缩放到布局**：用于根据当前模型空间视口与图纸空间视口之间的缩放关系设置比例。
- **使用全局比例**：用于为所有标注样式设置统一的比例值，其中包括数字和箭头类型的大小。
- **手动放置文字**：表示忽略标注文字的水平设置，在标注时可将标注文字放置在用户指定的位置。

- **在尺寸界线之间绘制尺寸线**：表示始终在测量点之间绘制尺寸线，同时将箭头放在测量点处。

（5）主单位

该选项卡用于设置标注单位的显示精度和格式，以及标注的前缀和后缀，如图7-8所示。

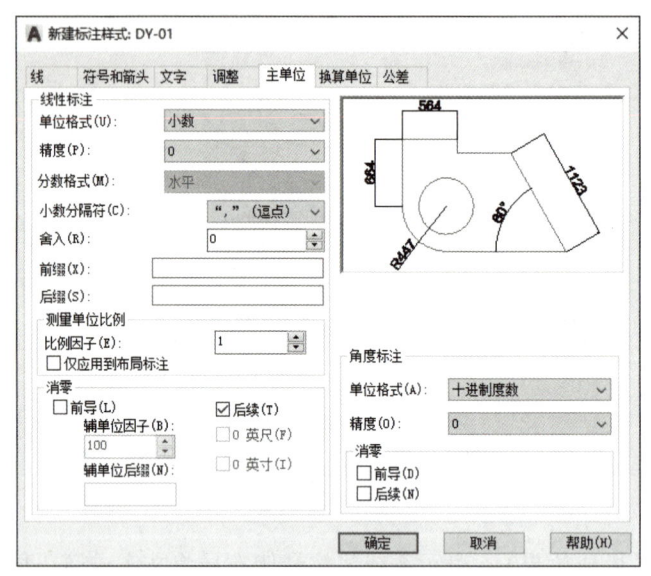

图7-8 "主单位"选项卡

"线性标注"选项组：
- **单位格式**：用于设置除角度标注之外的各标注类型的尺寸单位，包括"科学""小数""工程""建筑""分数""Windows桌面"等选项。
- **精度**：用于设置标注文字中的小数位数。
- **分数格式**：用于设置分数的格式，包括"水平""对角""非堆叠"3种。在"单位格式"下拉列表中选择"小数"选项时，此选项不可用。
- **小数分隔符**：用于设置小数的分隔符，包括"."（句点）、","（逗点）、" "（空格）3种。
- **舍入**：用于设置除角度标注之外的尺寸测量值的舍入值，类似于数学中的四舍五入。
- **前缀、后缀**：用于设置标注文字的前缀和后缀，在相应的文本框中输入文本符即可。

"测量单位比例"选项组：
- **比例因子**：用于设置测量尺寸的缩放比例，实际标注值为测量值与该比例的积。
- **仅应用到布局标注**：用于设置"比例因子"的比例关系是否仅适应于布局。

"消零"选项组：
- **消零**：用于设置是否显示尺寸标注中"前导"和"后续"的0。

"角度标注"选项组：
- **单位格式**：用于设置标注角度时的单位。
- **精度**：用于设置标注角度的精度。
- **消零**：用于设置是否消除角度标注中"前导"和"后续"的0。

（6）换算单位

该选项卡用于设置标注测量值中换算单位的显示，以及格式和精度。

- **显示换算单位**：勾选该复选框，"换算单位"选项卡的其他设置选项才可使用。
- **位置**：用于设置换算单位的位置，包括"主值后"和"主值下"两种方式。

（7）公差

该选项卡用于设置标注文字中公差的显示及格式。

- **方式**：用于确定以何种方式标注公差。
- **精度**：用于设置小数位数。
- **上偏差、下偏差**：用于设置尺寸的上偏差和下偏差。
- **高度比例**：用于确定公差文字的高度比例因子。
- **垂直位置**：用于控制公差文字相对于尺寸文字的位置，包括"上""中""下"3种。
- **消零**：用于控制前导零或者后续零是否输出。
- **换算单位公差**：当标注换算单位时，用于设置换算单位的精度和是否消零。

2. 修改标注样式

如果要对标注样式进行修改，只需在"标注样式管理器"对话框中选择所需样式，单击"修改"按钮，如图7-9所示。

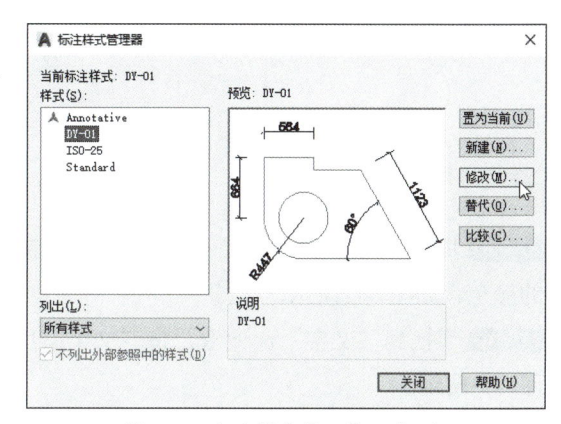

图 7-9 "标注样式管理器"对话框

在"修改标注样式"对话框中进入相应的选项卡，并对其选项设置进行修改即可，如图7-10所示。

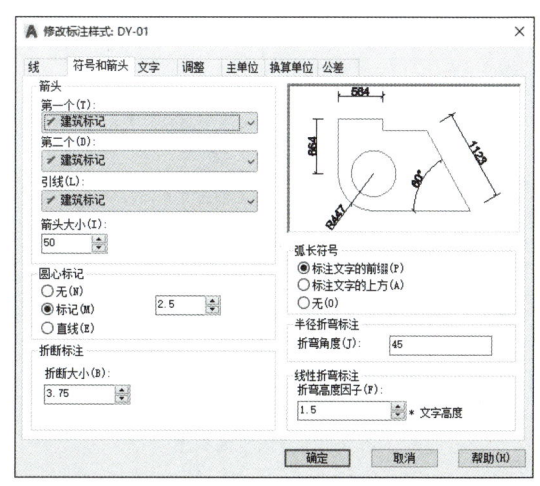

图 7-10 "符号和箭头"选项卡

> **知识点拨**
>
> 要想删除多余的样式，可在"标注样式管理器"对话框中右击要删除的样式，在弹出的快捷菜单中选择"删除"选项。需注意的是，当前使用的样式和系统样式无法删除。

上手操作 修改"DY-01"标注样式

下面对"DY-01"标注样式进行修改。

步骤 01 打开"大样标注.dwg"素材文件，在命令行中输入"D"，打开"标注样式管理器"对话框，选择"DY-01"样式，单击"修改"按钮，如图7-11所示。

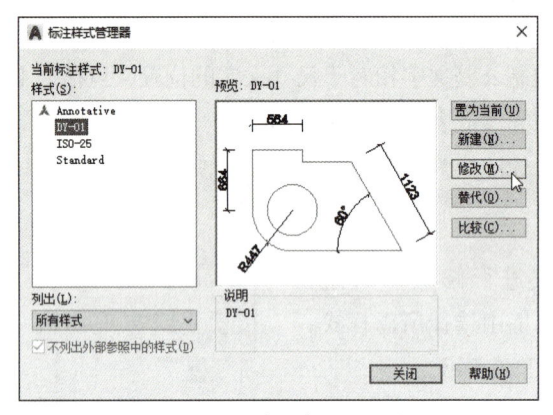

图 7-11 "标注样式管理器"对话框

步骤 02 打开"修改标注样式"对话框，切换到"线"选项卡，更改"尺寸线"和"尺寸界线"的颜色，如图7-12所示。

步骤 03 切换到"文字"选项卡，将"文字高度"设置为150，将"文字颜色"设置为红色，如图7-13所示。

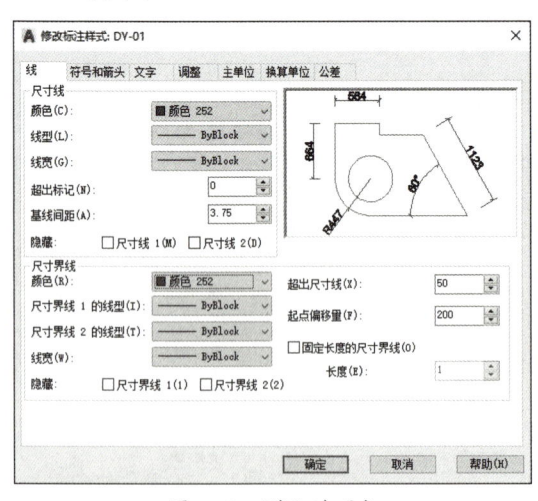

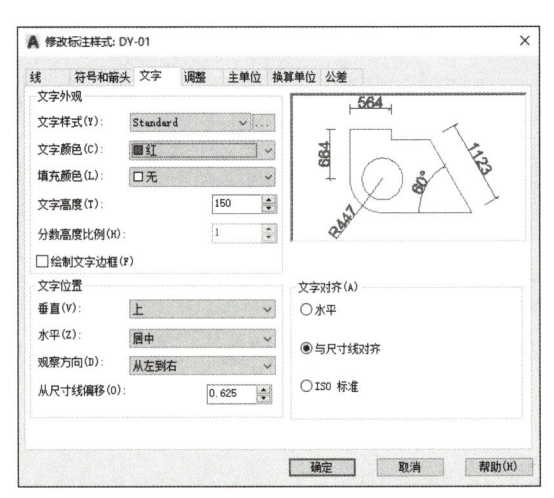

图 7-12 "线"选项卡　　　图 7-13 "文字"选项卡

步骤 04 切换至"符号和箭头"选项卡,将"箭头大小"调整为80,如图7-14所示。

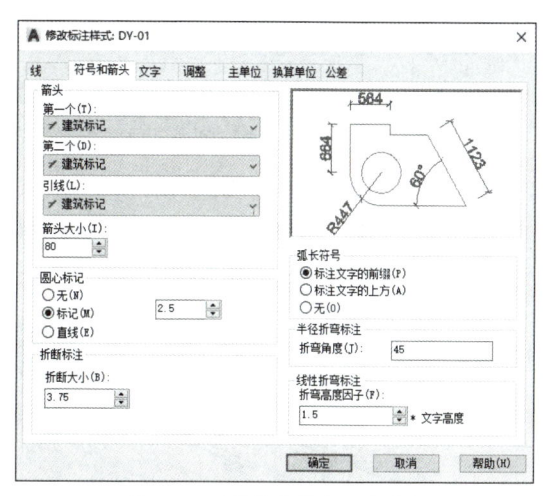

图7-14 "符号和箭头"选项卡

步骤 05 其他设置保持不变,单击"确定"按钮,返回"标注样式管理器"对话框,单击"置为当前"按钮,将"DY-01"样式设置为当前使用样式,如图7-15所示。关闭该对话框,完成修改操作。

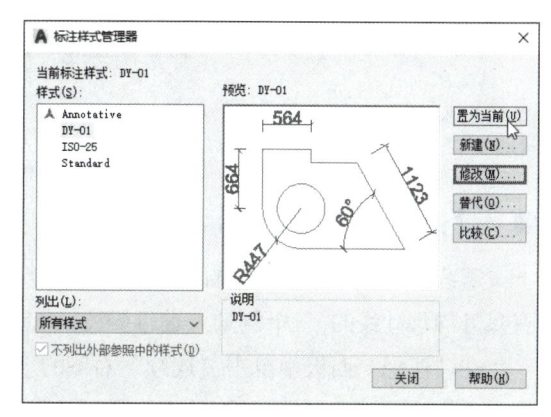

图7-15 "标注样式管理器"对话框

7.2.2 创建线性标注

线性标注用于标注水平或垂直方向上的尺寸。可以通过指定两点确定尺寸界线,也可以直接选择需要标注的对象,一旦确定所选对象,系统会自动进行标注操作。

在"注释"面板中单击"线性"按钮,指定图形的两个测量点和尺寸线的位置,即可创建线性标注,如图7-16所示。

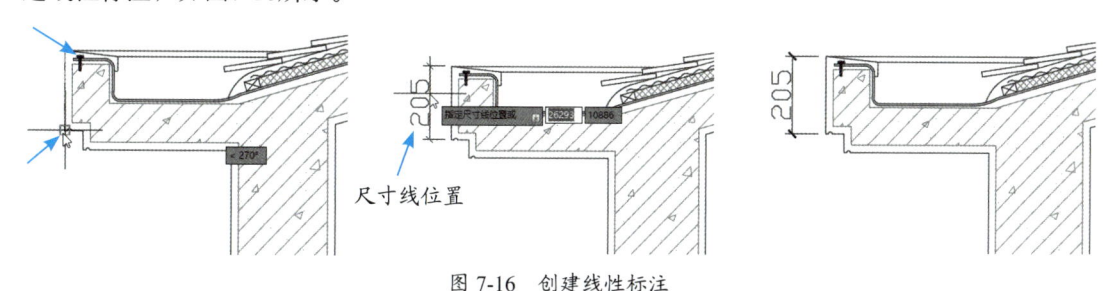

图7-16 创建线性标注

7.2.3 创建对齐标注

对齐标注又被称为"平行标注",即尺寸线始终与标注对象保持平行。若标注的是圆弧,则平行尺寸标注的尺寸线与圆弧两个端点对应的弦保持平行。对齐标注被广泛用于对斜线、斜面等具有倾斜特征的对象进行的尺寸标注。

单击"线性"右侧的下拉按钮,在其列表中选择"对齐"选项，指定图形的两个测量点和尺寸线的位置即可,如图7-17所示。

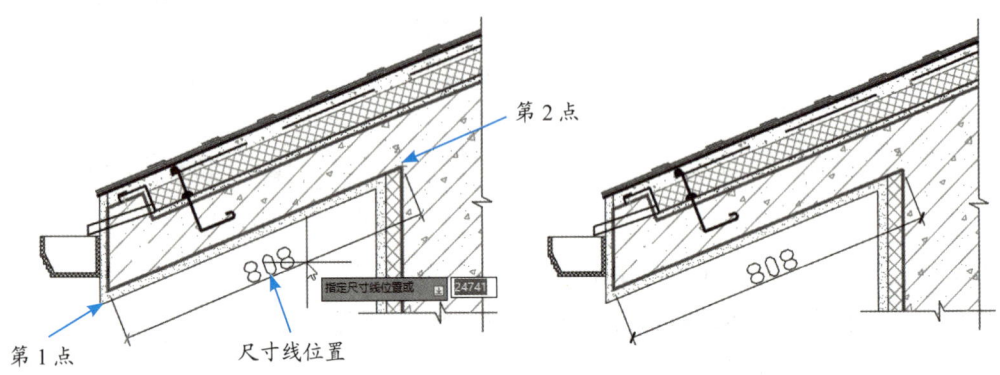

图 7-17 创建对齐标注

7.2.4 创建基线标注

基线标注用于多个尺寸标注使用同一条尺寸线作为尺寸界线的情况。系统会自动先指定已有尺寸的尺寸线的第1个测量点进行标注。

在"注释"面板中单击"连续"右侧的下拉按钮,在其列表中选择"基线"选项，先指定已有尺寸线一端（第1个测量点）的尺寸界线,再指定第2个测量点,即可在已有尺寸的下方创建尺寸,如图7-18所示。

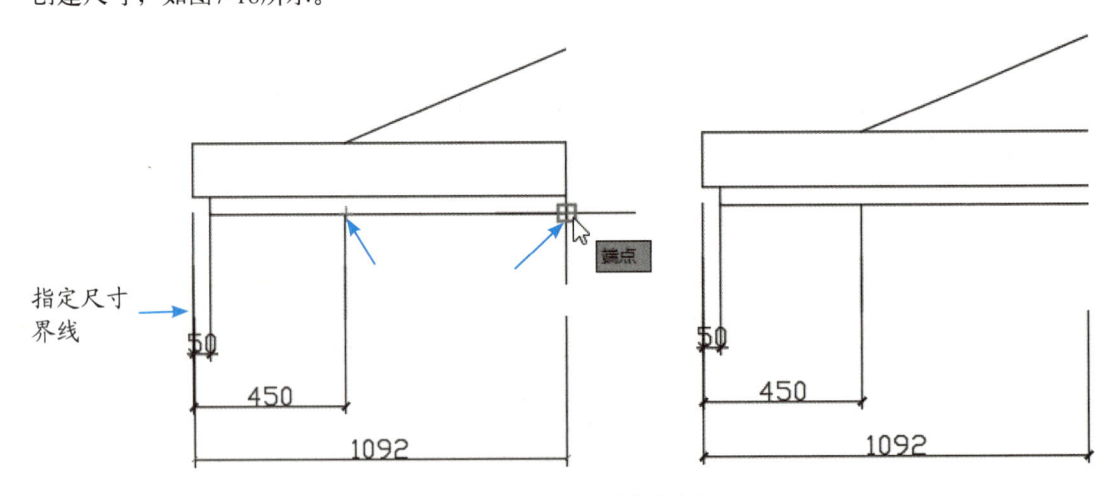

图 7-18 创建基线标注

知识点拨

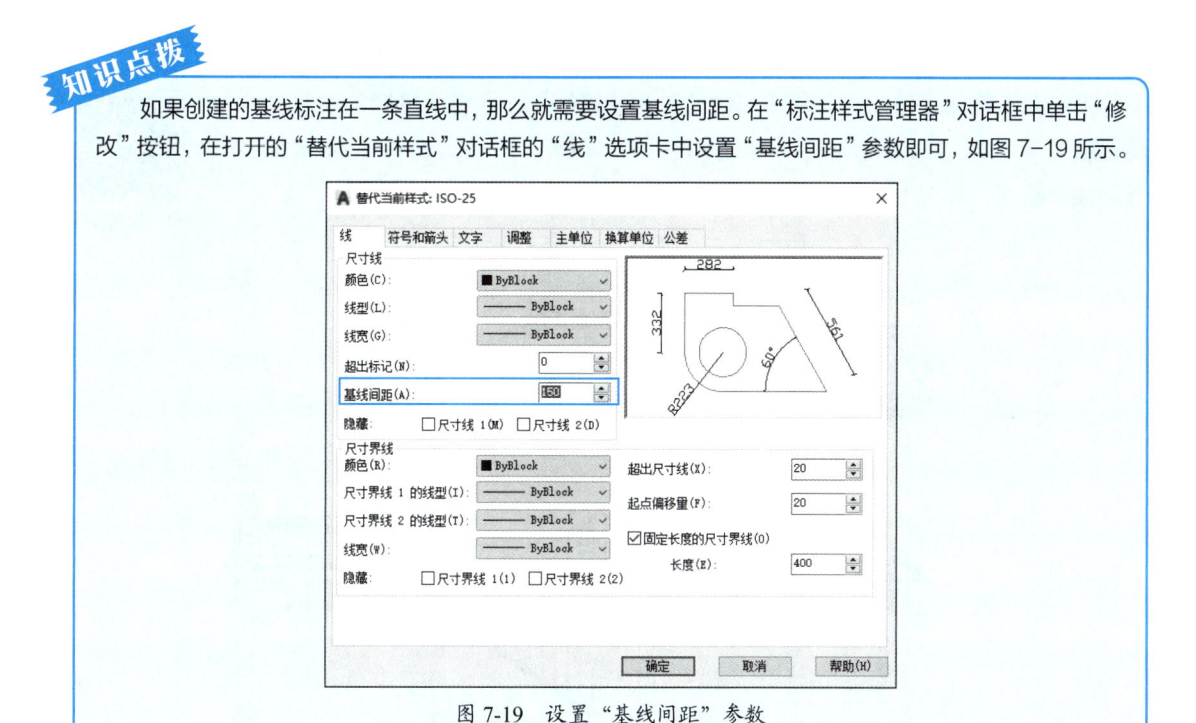

如果创建的基线标注在一条直线中，那么就需要设置基线间距。在"标注样式管理器"对话框中单击"修改"按钮，在打开的"替代当前样式"对话框的"线"选项卡中设置"基线间距"参数即可，如图7-19所示。

图7-19 设置"基线间距"参数

■7.2.5 创建连续标注

连续标注是指连续地进行线性标注，用于创建系列标注。每个连续标注都是从前一个标注的第2个尺寸界线处开始的，先使用"线性"命令标注第1个尺寸标注，然后在"标注"面板中单击"连续"按钮，以标注的第2个尺寸界线处为起点，依次指定其他测量点，即可进行连续标注，如图7-20所示。

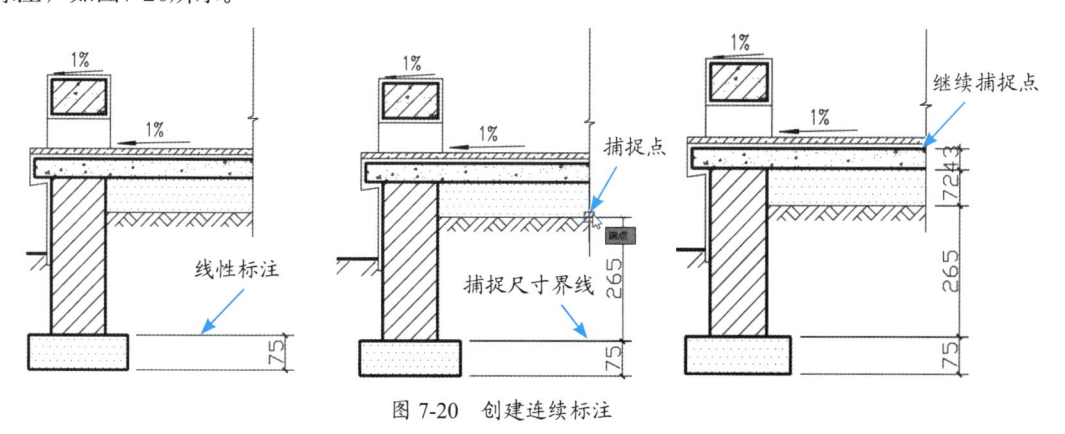

图7-20 创建连续标注

上手操作 为别墅剖面图添加横向尺寸标注

下面以别墅剖面图为例,使用"线性"和"连续"命令标注别墅的横向尺寸。

步骤 01 打开"别墅剖面.dwg"素材文件,执行"线性"命令,捕捉剖面图左侧第1条轴线的端点,如图7-21所示。

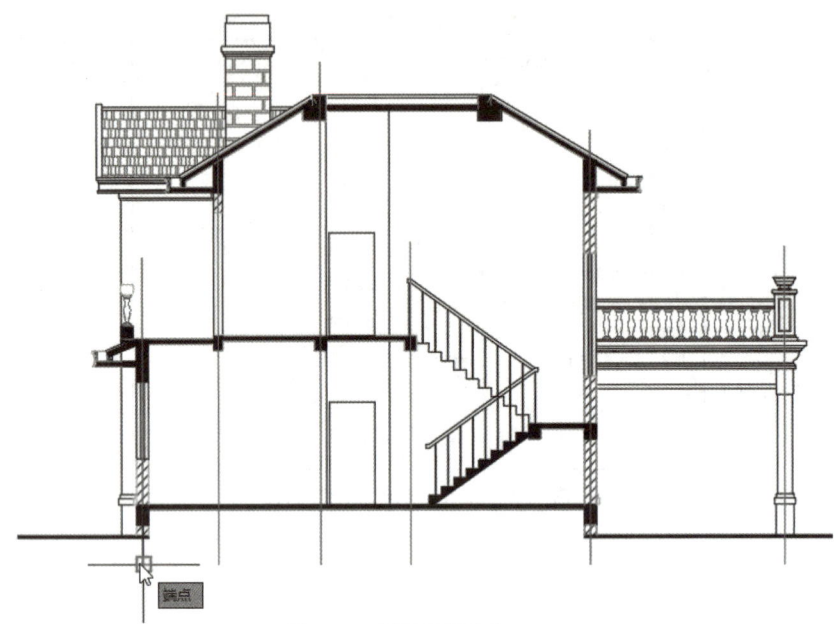

图 7-21 捕捉轴线端点

步骤 02 捕捉第2条轴线的端点,并指定尺寸线的位置,完成第1段尺寸的标注,如图7-22所示。

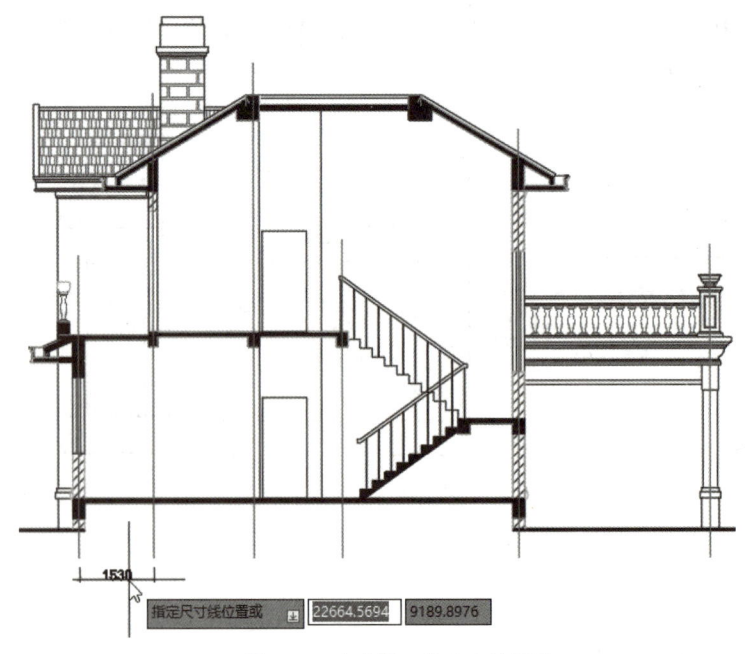

图 7-22 完成第1段尺寸的标注

第7章 在建筑图纸中添加尺寸标注

步骤 03 执行"连续"命令，捕捉第3条轴线，完成第2段尺寸的标注，如图7-23所示。

步骤 04 依次捕捉其他轴线的端点，完成剖面图第1道横向尺寸的标注，如图7-24所示。

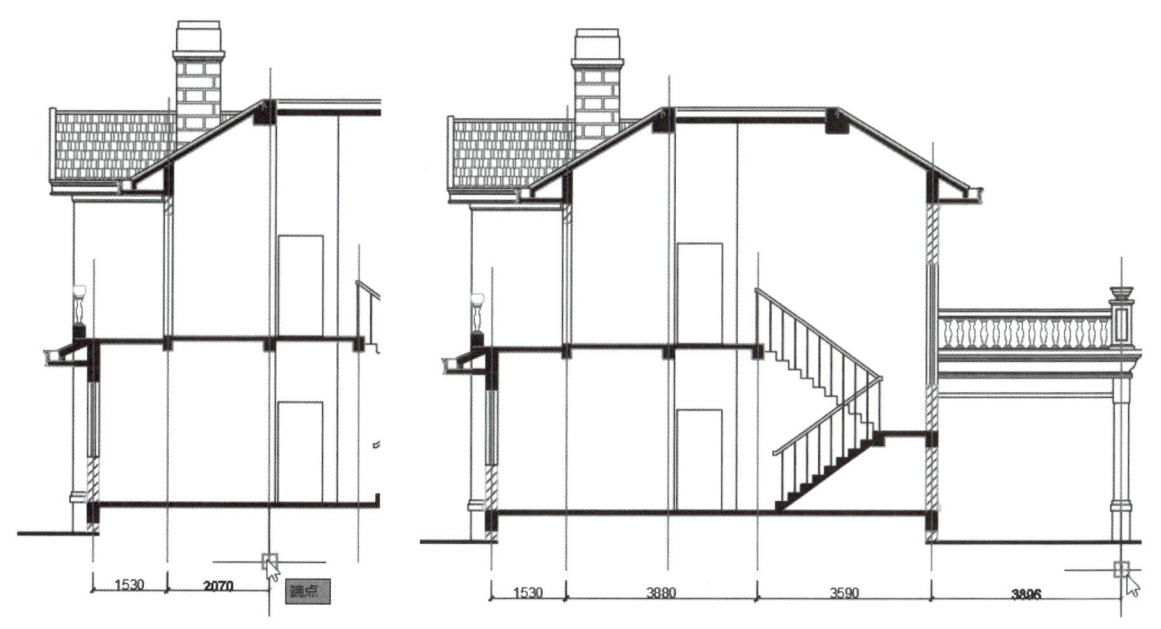

图 7-23 完成第 2 段尺寸的标注　　　　图 7-24 完成剖面图第 1 道横向尺寸的标注

步骤 05 执行"线性"命令，捕捉剖面图两侧轴线的端点，并指定尺寸线的位置，完成剖面图第2道横向尺寸的标注，如图7-25所示。

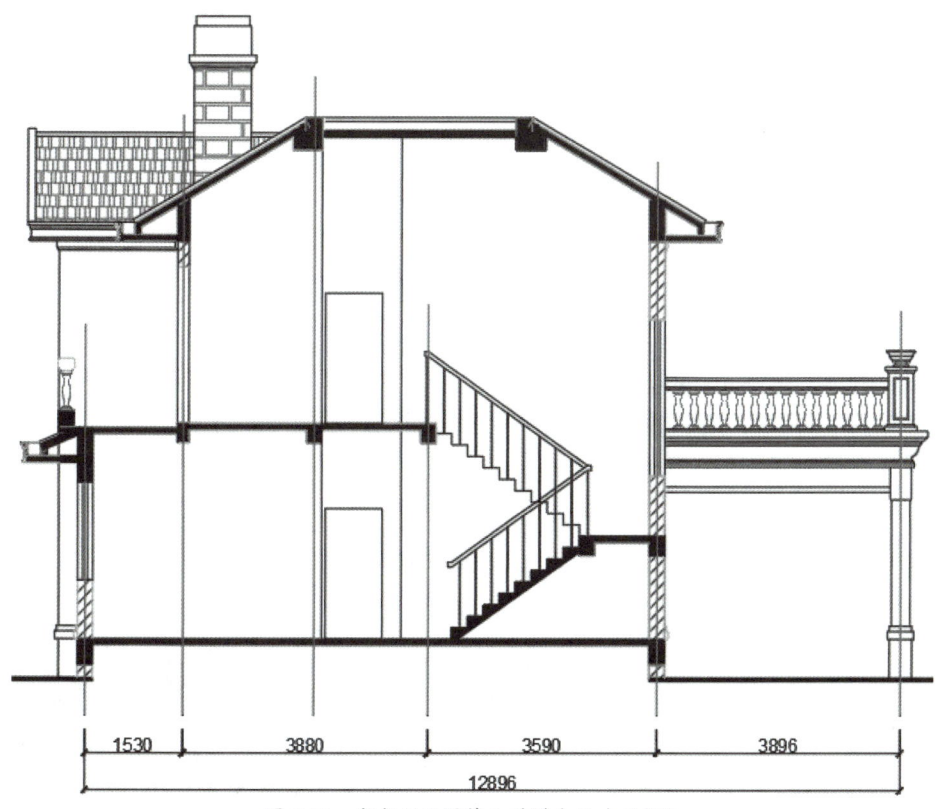

图 7-25 完成剖面图第 2 道横向尺寸的标注

7.2.6 创建半径/直径标注

半径和直径标注用于标注圆或圆弧的半径和直径尺寸，并显示前面带有字母"R"和"φ"符号的标注。在"线性"下拉列表中选择"半径"或"直径"选项，即可启动相应的标注命令，然后选中所需的圆，并指定标注所在的位置，如图7-26所示为半径标注，如图7-27所示为直径标注。

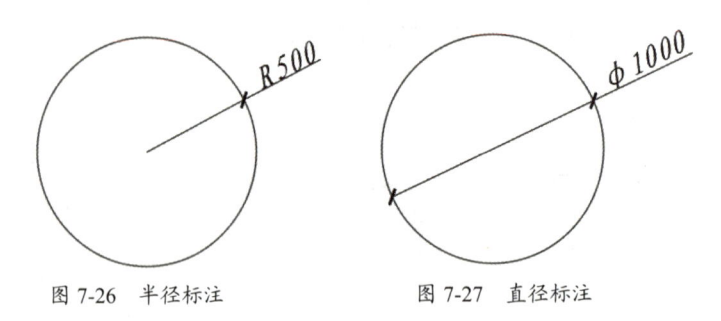

图 7-26　半径标注　　　　图 7-27　直径标注

7.2.7 创建圆心标记

圆心标记主要用于标注圆弧或圆的圆心。在"注释"选项卡的"中心线"面板中单击"圆心标记"按钮，选择要标记的圆或圆弧，即可标记相应的圆心，如图7-28所示。

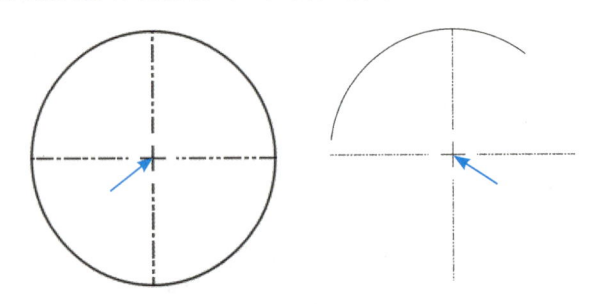

图 7-28　创建圆心标记

知识点拨

在"修改标注样式"对话框中可对圆心标记进行设置。选择"无"选项，为无标记；选择"标记"选项，会以默认的十字标记显示，其大小可在右侧数值框中进行设置；选择"直线"选项，会以直线标记圆心。

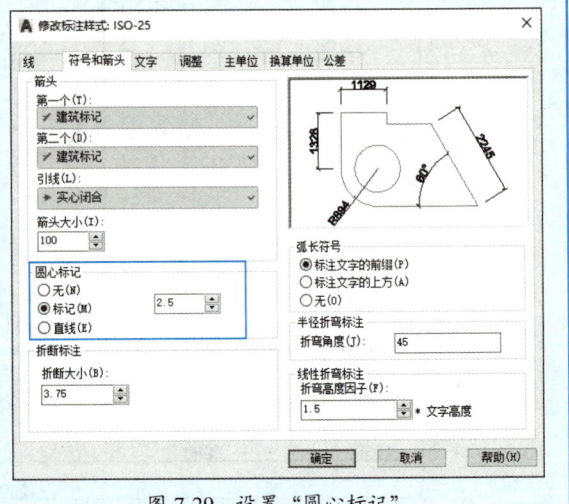

图 7-29　设置"圆心标记"

7.2.8 创建角度标注

角度标注用于标注两条非平行线之间的夹角度数，测量对象包括圆弧、圆、直线和点4种，如图7-30所示。

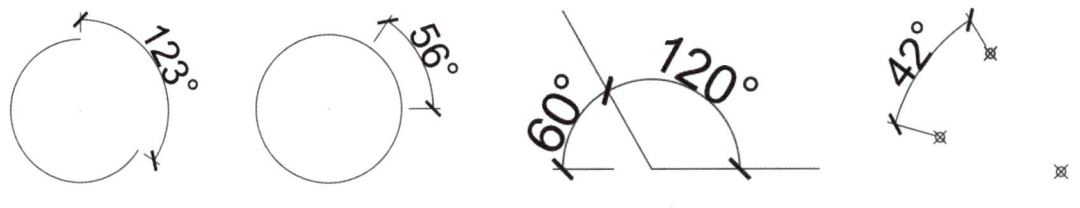

图 7-30 角度标注的测量对象

在"线性"下拉列表中选择"角度"选项△，然后选中夹角的两条测量线段，并指定尺寸线的位置即可，如图7-31所示。

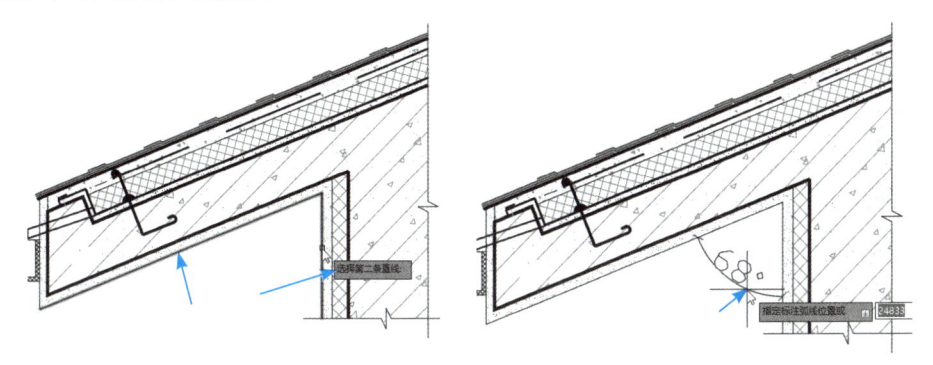

图 7-31 创建角度标注

7.2.9 快速标注

快速标注，顾名思义，就是对图形进行快速标注，可用于基线标注、连续标注、半径标注、线性标注等，但不可用于圆心标记和公差标注。在"标注"面板中单击"快速"按钮，选择要标注的图形，按回车键，并指定尺寸线的位置即可，如图7-32所示。

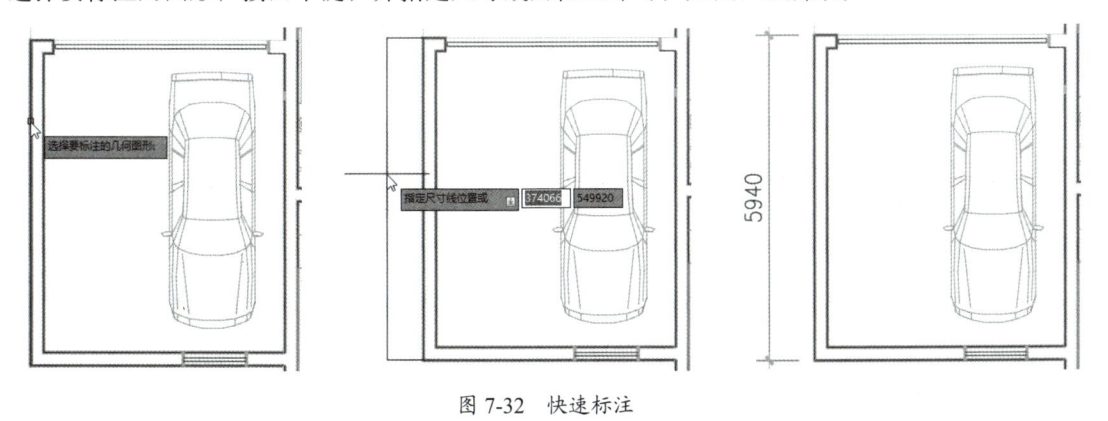

图 7-32 快速标注

7.3 编辑尺寸标注

如果对标注的尺寸不满意，可以对其进行修改，例如，修改尺寸数字或修改尺寸数字的对齐方式和位置等。

■ 7.3.1 编辑标注

双击尺寸线中的数字，进入可编辑状态，对尺寸数字进行修改，如图7-33所示。

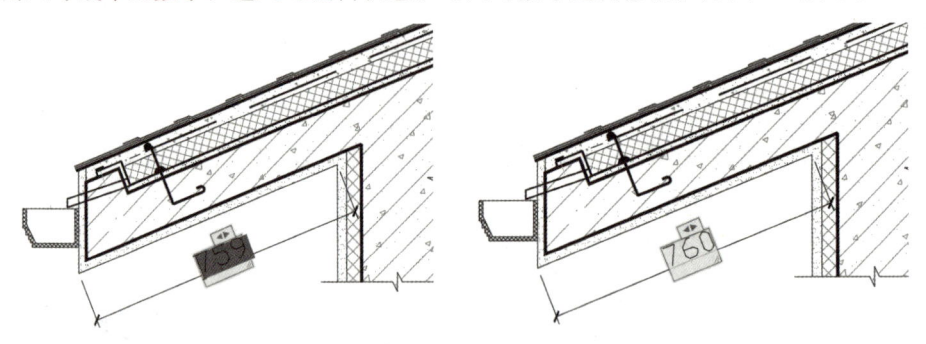

图 7-33 编辑尺寸数字

单击"标注"右侧的下拉按钮 标注▼，在展开的"标注"面板中根据需要单击"左对正""居中对正""右对正"按钮，可设置尺寸数字的对齐方式。在此单击"左对正"按钮，如图7-34所示，如图7-35所示为尺寸数字的左对正状态。

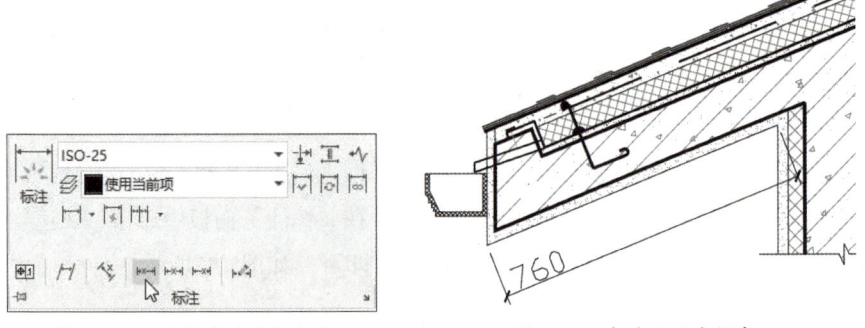

图 7-34 尺寸数字的对齐方式　　图 7-35 左对正尺寸数字

在展开的"标注"面板中单击"倾斜"按钮 ，可以调整尺寸标注的倾斜角度；单击"文字角度"按钮 ，可以调整尺寸数字的显示角度。

■ 7.3.2 替代标注样式

当少数尺寸标注与其他大多数尺寸标注在样式上有差别时，若不想创建新的标注样式，可以创建标注样式替代。

在"标注样式管理器"对话框中单击"替代"按钮，打开"替代当前样式"对话框，如图7-36所示，在其中可对所需参数进行设置，单击"确定"按钮，返回上一级对话框，在"样式"列表中显示了"<样式替代>"字样，如图7-37所示。

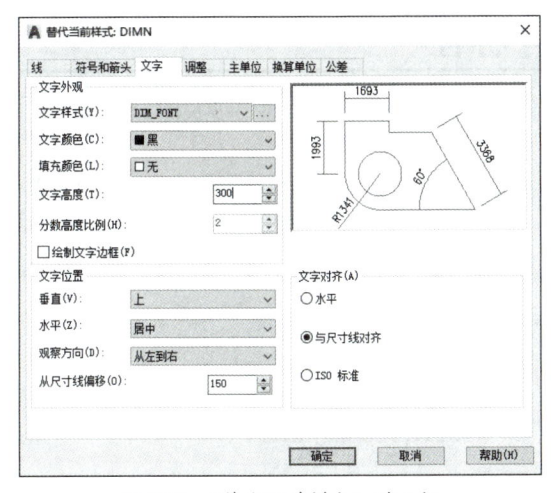

图 7-36 "替代当前样式"对话框 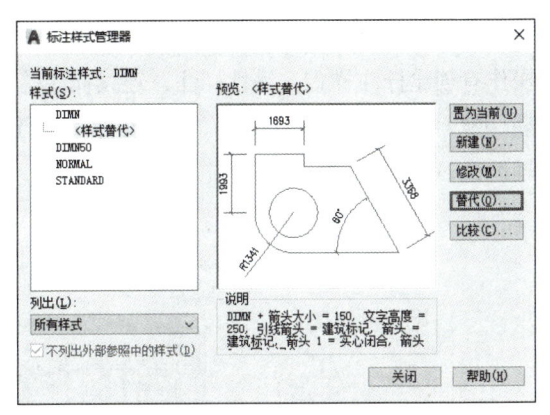　　　　图 7-37 "标注样式管理器"对话框

■7.3.3　更新标注样式

如果对当前使用的标注样式进行了更改，可在"标注"面板中单击"更新"按钮，然后选择所需尺寸标注，按回车键，即可更新标注样式，如图7-38所示。

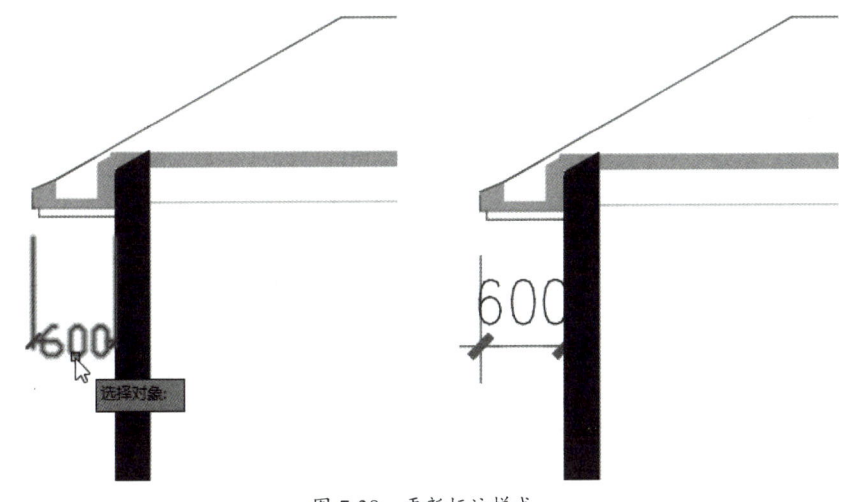

图 7-38　更新标注样式

实战演练 为别墅立面图添加尺寸标注

本例将综合本章所学知识点，为别墅立面图添加相应的尺寸标注，其中涉及的操作有创建标注样式、线性标注、连续标注等。

步骤01 打开"别墅立面.dwg"素材文件，执行"直线"命令，沿着建筑立面线绘制辅助线，如图7-39所示。

图 7-39 绘制辅助线

步骤02 执行"复制"命令，将绘制的直线进行复制，如图7-40所示。

图 7-40 复制直线

步骤03 在命令行中输入"D"，按回车键，打开"标注样式管理器"对话框，单击"修改"按钮，如图7-41所示。

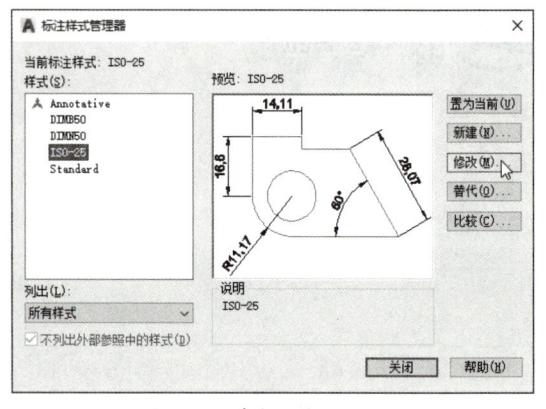

图 7-41 单击"修改"按钮

第7章 在建筑图纸中添加尺寸标注

步骤 04 在"修改标注样式"对话框中切换到"文字"选项卡,设置"文字样式"和"文字高度",如图7-42所示。

步骤 05 切换到"符号和箭头"选项卡,设置箭头类型和"箭头大小",如图7-43所示。

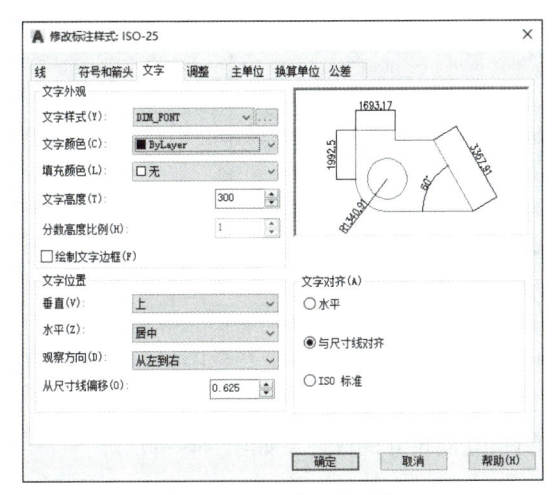

图 7-42 "文字"选项卡

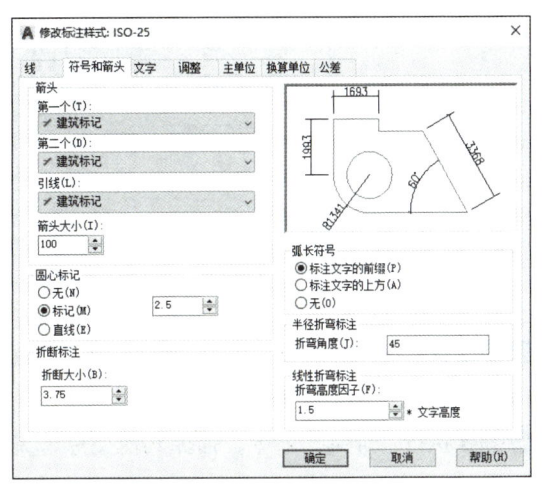

图 7-43 "符号和箭头"选项卡

步骤 06 切换到"线"选项卡,设置"超出尺寸线"和"起点偏移量",如图7-44所示。

步骤 07 切换到"主单位"选项卡,将"精度"设置为0,单击"确定"按钮,如图7-45所示。

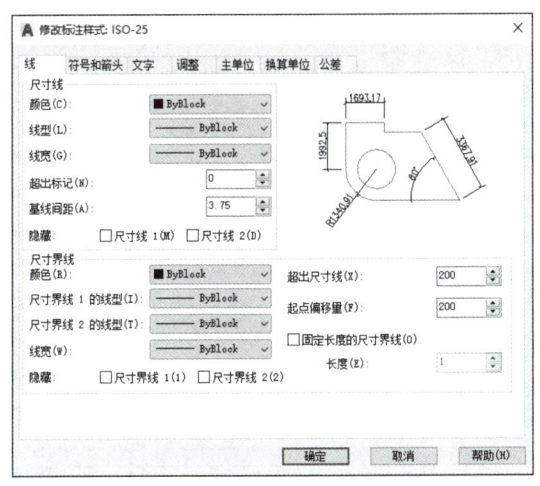

图 7-44 "线"选项卡

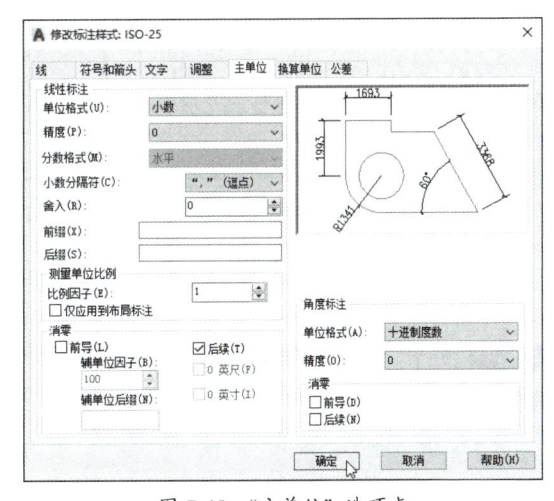

图 7-45 "主单位"选项卡

步骤 08 在"标注样式管理器"对话框中单击"置为当前"按钮,将修改的样式设置为当前使用样式,如图7-46所示。

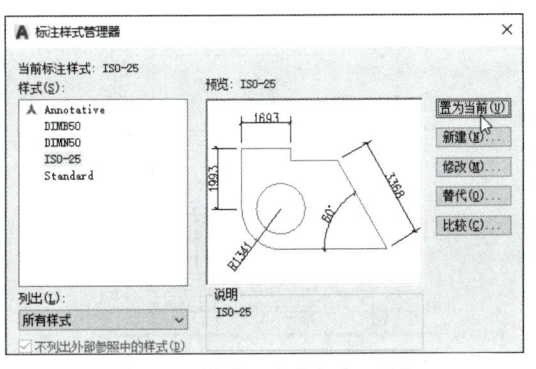

图 7-46 单击"置为当前"按钮

· 161 ·

步骤 09 执行"直线"命令，在立面图两侧绘制两条垂直线，如图7-47所示。

图 7-47　绘制垂直线

步骤 10 执行"线性"命令，捕捉地平线与垂直线的交点，以及水平线与垂直线的交点，标注第1段立面尺寸，如图7-48所示。

步骤 11 执行"连续"命令，捕捉其他交点，完成第1道立面尺寸的标注，如图7-49所示。

图 7-48　标注第1段立面尺寸

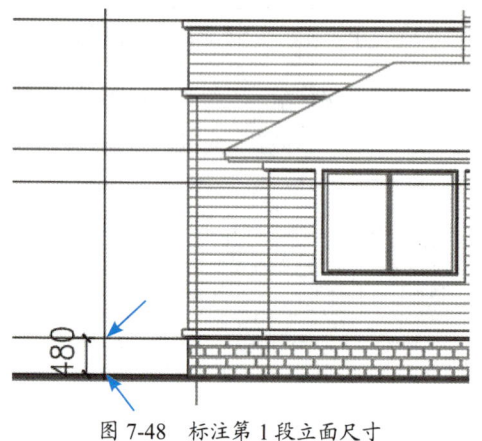

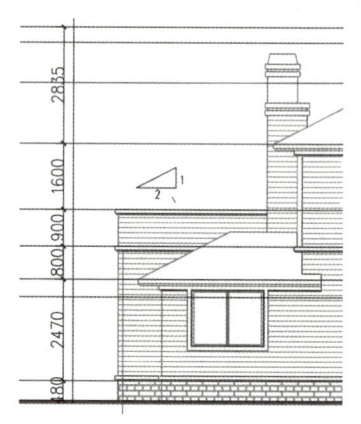

图 7-49　完成第1道立面尺寸的标注

步骤 12 执行"线性"命令，标注第2道立面尺寸，如图7-50所示。

步骤 13 执行"线性"和"连续"命令，完成立面图右侧两道尺寸线的标注，结果如图7-51所示。

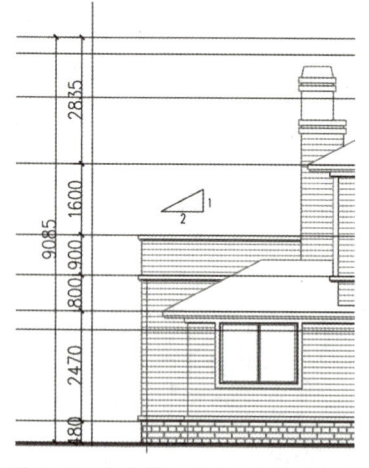

图 7-50　完成第2道立面尺寸的标注

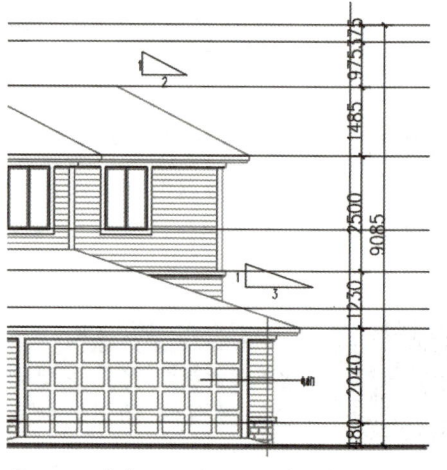

图 7-51　完成立面图右侧两道尺寸线的标注

步骤 14 绘制标高图形，添加文字属性，并将其放至地平线处，如图7-52所示。

步骤 15 复制标高图形至其他辅助线处，并修改其标高值，删除所有辅助线，完成别墅立面图尺寸的标注，结果如图7-53所示。

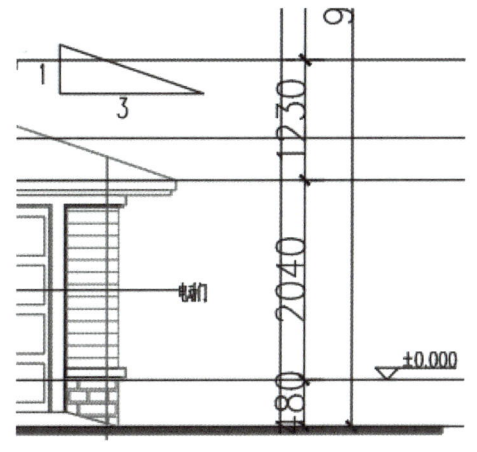

图 7-52 绘制标高图形、添加文字属性并放至地中线处

图 7-53 完成别墅立面图尺寸的标注

课后作业

1. 为别墅剖面图添加尺寸标注

利用"线性"和"连续"命令，为别墅剖面图添加尺寸标注，结果如图7-54所示。

图 7-54 为别墅剖面图添加尺寸标注

> **操作提示**
> - 在"标注样式管理器"对话框中，设置尺寸标注的样式。
> - 执行"线性"和"连续"命令，标注剖面图尺寸，创建标高图块，复制并修改标高值。

2. 为住宅楼立面图添加立面尺寸标注

利用"线性"和"连续"命令，为住宅楼立面图添加立面尺寸标注，结果如图7-55所示。

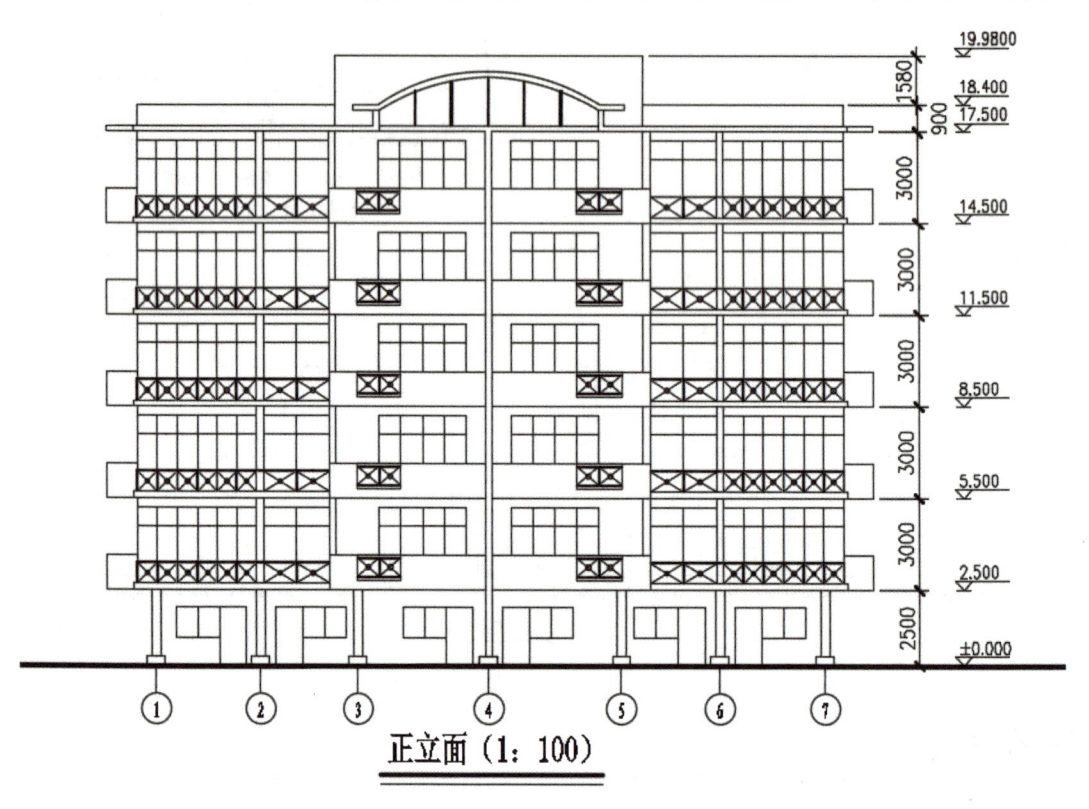

图 7-55　为住宅楼立面图添加立面尺寸标注

> **操作提示**
> - 利用"线性"和"连续"命令，为住宅楼立面图添加立面尺寸标注。
> - 利用"直线"和"文字"命令，创建标高图形，并修改标高值。

你学会了吗？

第 8 章
在建筑图纸中添加文字标注

内容概要

文字元素是图纸中不可缺少的一项，它能够传达一些无法用图形表达的信息，例如设计思路、图纸说明、材料注释等。本章将着重对文字功能进行讲解，其中包括文字样式的设置，单行文字和多行文字的创建与编辑，以及引线标注的添加等。

知识要点

- 掌握文字样式的设置操作。
- 掌握单行文字和多行文字的创建与编辑操作。
- 掌握多重引线功能的编辑操作。

数字资源

【本章素材】："素材文件\第8章"目录下
【本章实战演练最终文件】："素材文件\第8章\实战演练"目录下

8.1 创建文字样式

与尺寸标注相同，在创建文字前需要对文字的大小、字体等样式进行设置，以统一图纸中所有的文字样式。

■ 8.1.1 设置样式名

在"注释"选项卡的"文字"面板中单击"文字样式对话框"按钮 ↘，打开"文字样式"对话框，在"样式"列表中可以新建样式，也可以使用已定义的样式；单击"新建"按钮，在"新建文字样式"对话框中输入新样式名称，单击"确定"按钮，可新建样式名，如图8-1所示。

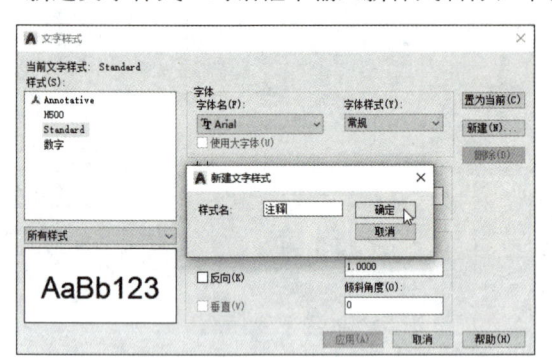

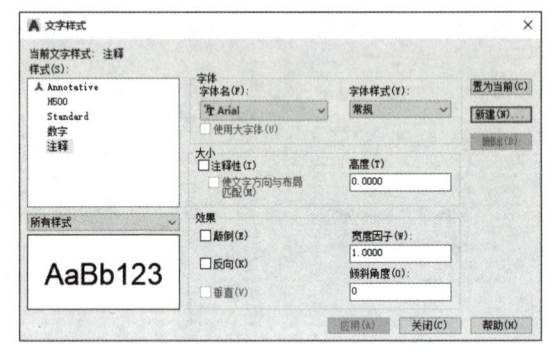

图 8-1　新建样式名

在"样式"列表中右击样式，在弹出的快捷菜单中选择"删除"选项，可删除所选样式，如图8-2所示。在该列表中单击样式，可对其重命名，如图8-3所示。

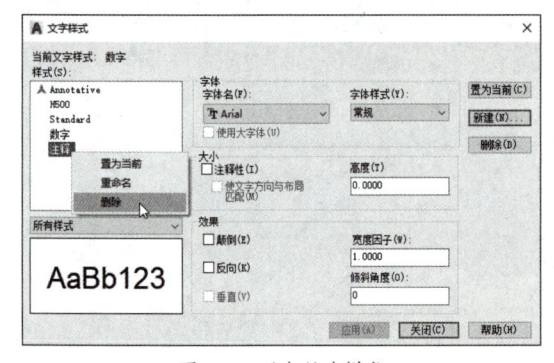

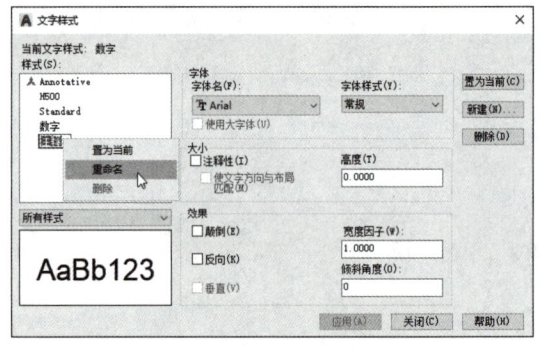

图 8-2　删除所选样式　　　　　图 8-3　重命名所选样式

> **知识点拨**
>
> 需注意的是，系统默认的文字样式、正在使用的文字样式和附着参照的文字样式是无法删除的。

■ 8.1.2 设置字体

设置字体是指选择字体文件和定义文字高度。系统中可使用的字体文件分为两种：一种是普通字体，即TrueType字体文件；另一种是AutoCAD特有的字体文件*.shx。

在"文字样式"对话框中单击"字体名"右侧的下拉按钮，在字体列表中选择所需字体，如图8-4所示。在"高度"文本框中可以设置文字的大小，如图8-5所示。

第8章 在建筑图纸中添加文字标注

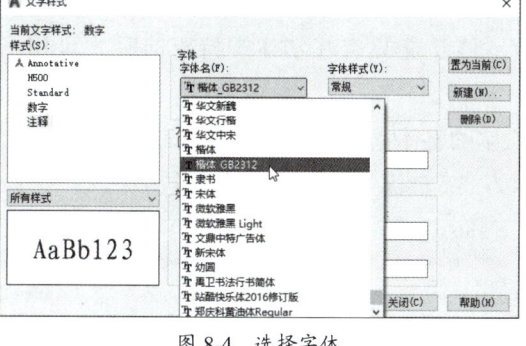

图8-4 选择字体

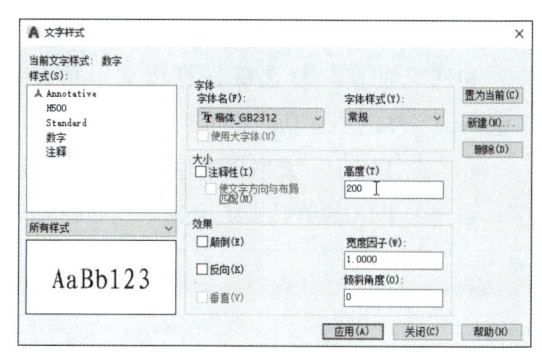

图8-5 设置"高度"参数

"字体"和"大小"选项组中各选项讲解如下：

- **字体名**：在该下拉列表中列出了Windows注册的TrueType字体文件和AutoCAD特有的字体文件*.shx。
- **字体样式**：用于指定字体格式，例如"斜体""粗体""常规"字体。勾选"使用大字体"复选框后，该选项变为"大字体"，用于选择大字体文件。
- **使用大字体**：用于指定亚洲语言的大字体文件。只有*.shx文件可以创建大字体文件。
- **注释性**：用于指定文字为注释性。
- **使文字方向与布局匹配**：用于指定图纸空间视口中的文字方向与布局方向匹配。如果未勾选"注释性"复选框，则该复选框不可用。
- **高度**：用于设置文字的高度，默认值为0。如果将其设置为默认值，在写入文字时文字高度为2.5 mm，可重新对其进行设置。

> **知识点拨**
>
> 在"字体名"下拉列表中有一类字体前带有 @，如果选择了该类字体，则标注的文字效果为向左旋转90°。此外，只有选择了带有中文字库的字体，如宋体、仿宋体、楷体或大字体中的 Hztxt.shx 等字体，文字才会正常，否则会出现问号或者乱码。

8.1.3 设置文字效果

在"文字样式"对话框中除了正常设置文字的字体和高度外，还可以在"效果"选项组中设置一些特殊效果，例如"颠倒""反向""垂直""宽度因子""倾斜角度"。

勾选"颠倒"复选框，可将文字颠倒显示，即文字会旋转180°，如图8-6所示。

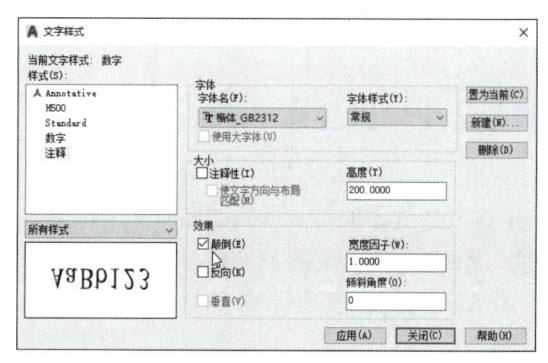

图8-6 勾选"颠倒"复选框

· 167 ·

勾选"反向"复选框，文字将镜像显示，如图8-7所示。

勾选"垂直"复选框，可将文字垂直显示。该功能只有在字体支持双向时才可用，TrueType字体的垂直功能不可用。

在"宽度因子"文本框中输入数值，可设置文字的整体宽度。输入小于1.0的值，将压缩文字；输入大于1.0的值，则扩大文字。如图8-8所示为"宽度因子"为1.5时的文字效果。

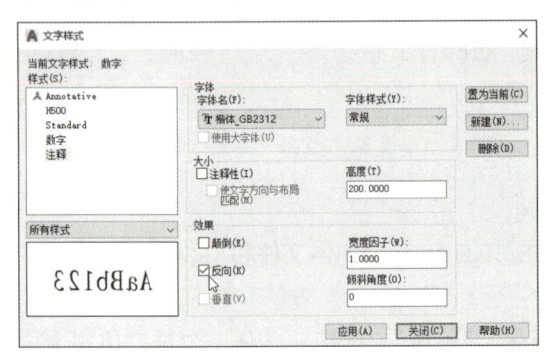

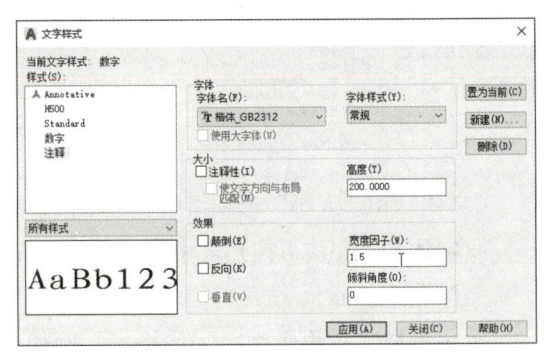

图 8-7　勾选"反向"复选框　　　　　　　图 8-8　设置"宽度因子"为 1.5

在"倾斜角度"文本框中输入数值，可设置文字的倾斜度。如图8-9所示为"倾斜角度"为30°时的文字效果。

完成设置后，单击"置为当前"按钮，可将设置的样式应用于当前文字，如图8-10所示。

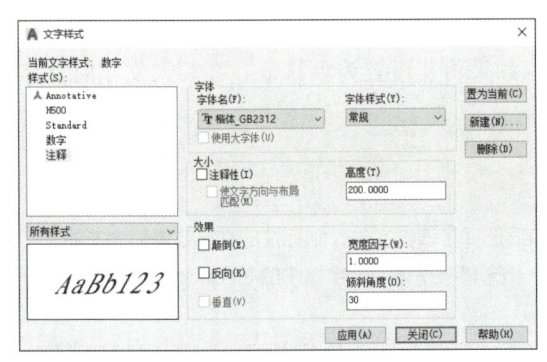

图 8-9　设置"倾斜角度"为 30°　　　　　　图 8-10　单击"置为当前"按钮

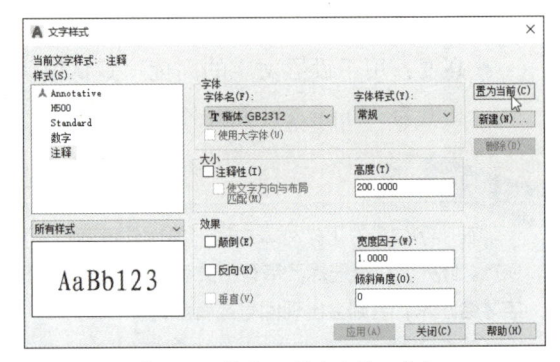

8.2　创建与编辑单行文字

单行文字是指将每一行文字作为一个独立的文字对象显示。当需要在图纸中输入简短的文字加以注释时，可使用单行文字。

■8.2.1　创建单行文字

在"注释"选项卡的"文字"面板中单击"多行文字"下方的下拉按钮，在其列表中选择"单行文字"选项 A，可启动该命令。根据命令行中的提示信息，指定文字的起点和文字的高度，如图8-11所示，按回车键，进入文字编辑状态，在此输入文字内容即可，如图8-12所示。

· 168 ·

命令行中的提示信息如下：

```
命令：_text                                          执行命令
当前文字样式："DIM_FONT"  文字高度：3  注释性：否   对正：左
指定文字的起点 或 [对正(J)/样式(S)]:                指定文字的起点
指定高度 <3>: 250                                    指定文字的高度，回车
指定文字的旋转角度 <0>:                             默认值，回车
```

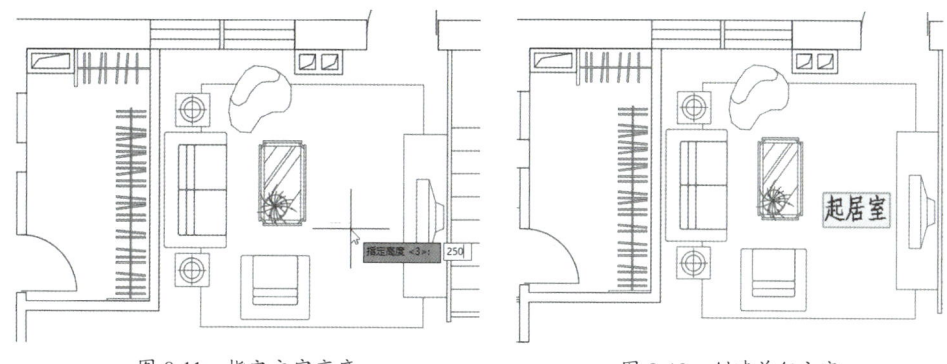

图 8-11　指定文字高度　　　　　　　　　图 8-12　创建单行文字

1. 设置文字对齐方式

在命令行中选择"对正"选项，可设置文字的对齐方式，默认为左对齐。

命令行中的提示信息如下：

```
命令：_text
当前文字样式："Standard" 文字高度：250.0000  注释性：否  对正：左
指定文字的起点 或 [对正(J)/样式(S)]: j              输入"j"，选择"对正"选项
输入选项 [左(L)/居中(C)/右(R)/对齐(A)/中间(M)/布满(F)/左上(TL)/中上(TC)/
右上(TR)/左中(ML)/正中(MC)/右中(MR)/左下(BL)/中下(BC)/右下(BR)]: C
```

- **居中**：用于指定标注文字基线的中点。选择该选项后，输入的文字均匀地分布在该中点的两侧。
- **对齐**：用于指定基线的第一端点和第二端点。通过指定距离，使输入的文字只保留在该区域，输入文字的数量取决于文字的大小。
- **中间**：用于指定文字在基线的水平点和指定高度的垂直中点上对齐，中间对齐的文字不保持在基线上。

> **知识点拨**
> "中间"选项和"正中"选项不同，"中间"选项使用的中点是所有文字包括下行文字在内的中点，而"正中"选项使用的是大写字母高度的中点。

- **布满**：用于指定文字按照由两点定义的方向和一个高度值布满整个区域。输入的文字越多，文字之间的距离就越小。

2. 设置文字样式

执行"单行文字"命令后,系统会以默认的文字样式显示文字。如果需要调整该文字样式,可在命令行中选择"样式"选项进行设置。

命令行中的提示信息如下:

```
命令: _text
当前文字样式: "Standard"  文字高度: 100.0000  注释性: 否  对正: 布满
指定文字基线的第一个端点 或 [对正(J)/样式(S)]: s
                                        输入"s",选择"样式"选项,回车
输入样式名或 [?] <Standard>: 文字注释        输入所需样式名
当前文字样式: "Standard"  文字高度: 180.0000  注释性: 否  对正: 布满
```

> **知识点拨**
> 需提前设置好文字样式,然后在命令行中直接输入相应的样式名称即可。

■8.2.2 输入特殊符号

如果需要输入一些特殊符号,例如直径、角度、正/负、百分号等,可通过输入特殊符号代码进行操作。常见的特殊符号及其代码如表8-1所示。

表8-1 常见的特殊符号及其代码

代　码	对应的特殊符号	代　码	对应的特殊符号
%%c	直径（ϕ）	%%d	度数（°）
%%o	上划线	%%p	正/负（±）
%%u	下划线	\U+2248	几乎相等（≈）
%%%	百分号（%）	\U+2220	角度（∠）

■8.2.3 编辑单行文字

要修改输入的单行文字,可使用"特性"面板。右击所需修改的文字,在弹出的快捷菜单中选择"特性"选项,如图8-13所示。打开"特性"面板,在"文字"选项栏中可对"内容""样式""高度""旋转"等参数进行修改,如图8-14所示。

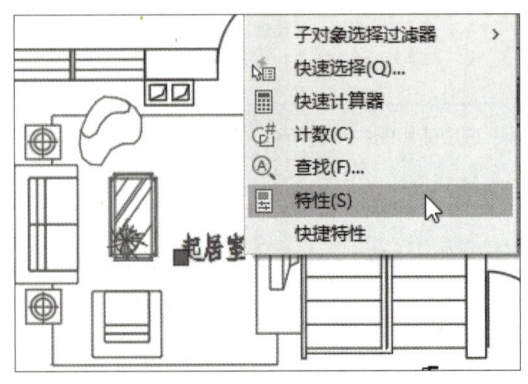

图8-13 选择"特性"选项　　　图8-14 "文字"选项栏

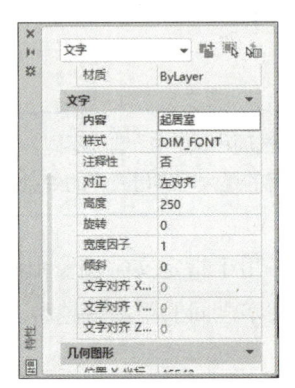

上手操作 在别墅二层户型图中标注面积信息

下面利用"单行文字"命令，为别墅二层户型图标注各区域的面积信息。

步骤01 打开"户型图.dwg"素材文件，执行"单行文字"命令，在图纸中指定文字的起点和文字的高度，如图8-15所示。

步骤02 将旋转角度设置为0，按回车键，输入面积信息，如图8-16所示。

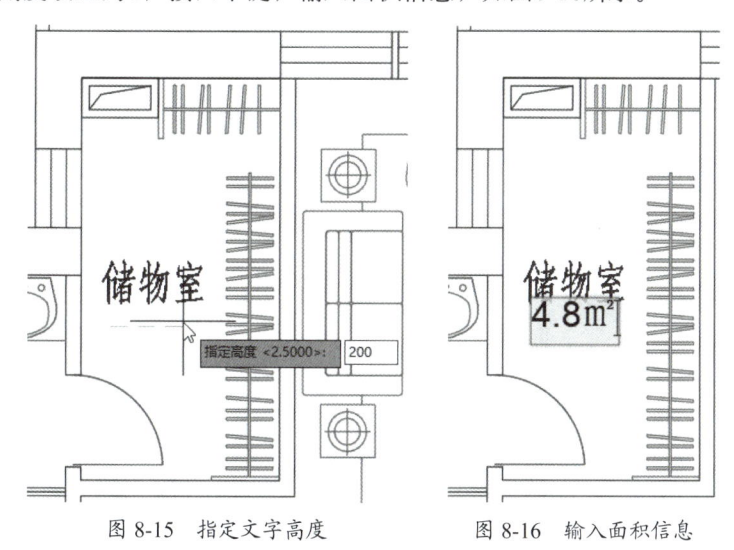

图 8-15　指定文字高度　　　图 8-16　输入面积信息

步骤03 单击绘图区中的任意点，按Esc键退出操作。执行"复制"命令，将输入的面积信息复制到其他区域，双击文字进入编辑状态，如图8-17所示。

步骤04 更改面积信息，按Esc键退出文字编辑状态，如图8-18所示。

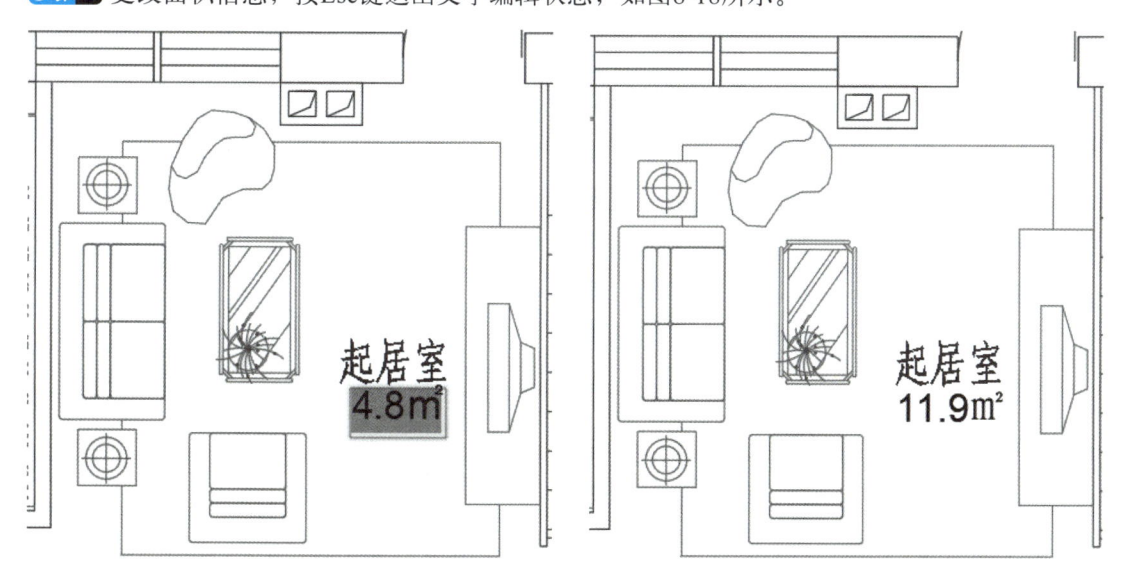

图 8-17　复制面积信息并进入文字编辑状态　　　图 8-18　更改面积信息并退出文字编辑状态

步骤05 按照同样的方法，复制文字并修改其内容，如图8-19所示。至此，别墅二层户型图的面积信息输入完毕。

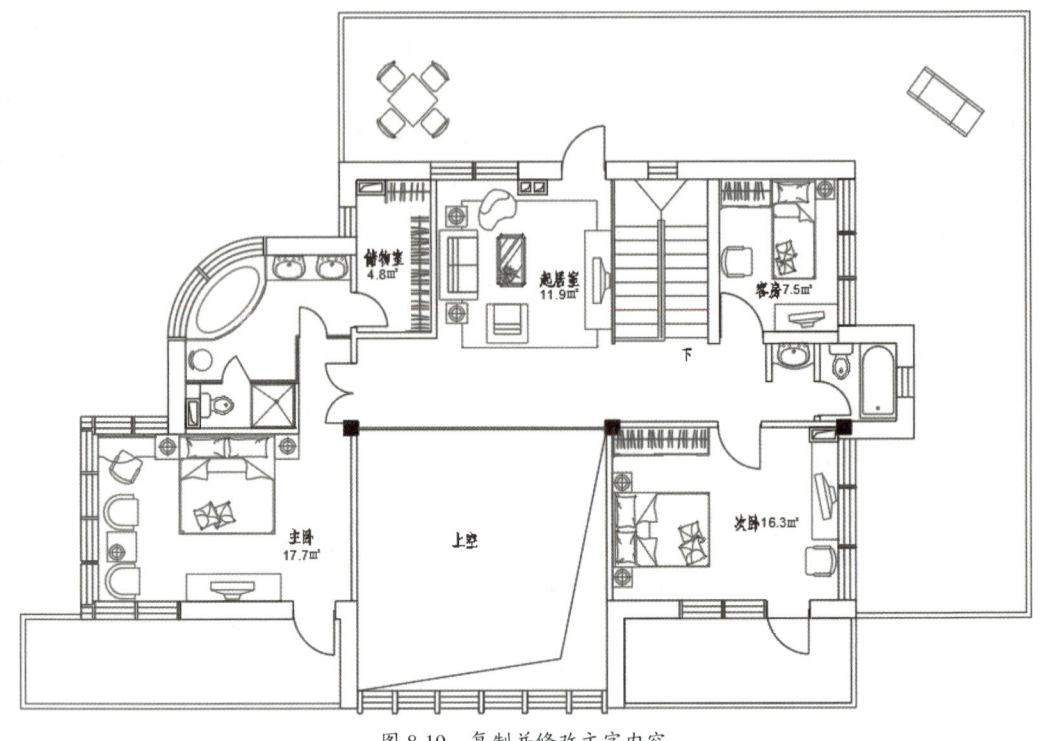

图 8-19　复制并修改文字内容

8.3　创建与编辑多行文字

多行文字是一种更易于管理的文字对象，由两行或两行以上的文字组成。利用"多行文字"命令可以创建包含一行或多行文字的段落，在实际制图过程中常使用"多行文字"命令创建较为复杂的文字说明。

■8.3.1　创建多行文字

在"注释"选项卡的"文字"面板中单击"多行文字"按钮 A，在绘图区中通过指定对角点框选出文字输入范围，如图8-20所示，在打开的文字编辑框中输入文字，如图8-21所示，文字输入完毕，单击绘图区的空白处即可结束操作。

图 8-20　框选出文字输入范围　　　图 8-21　输入文字

■8.3.2　编辑多行文字

默认情况下，多行文字的高度为2.5 mm，可以根据需要对其高度进行设置。在文字编辑框中选中所需文字，在打开的"文字编辑器"选项卡中单击"文字高度"文本框，输入指定的高度值即可，如图8-22所示。

第8章 在建筑图纸中添加文字标注

图8-22 "文字编辑器"选项卡

在"文字编辑器"选项卡中，还可对文字格式、段落格式进行设置。在"格式"面板和"段落"面板中单击相应的按钮即可，如图8-23所示。

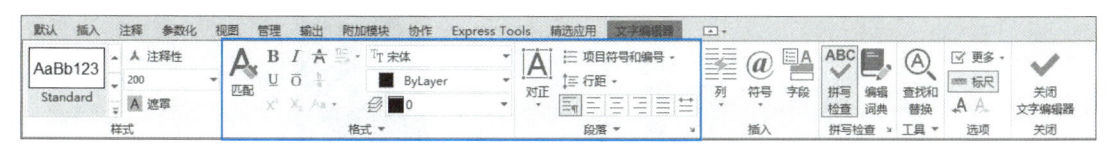

图8-23 "格式"面板和"段落"面板

单击"符号"下方的下拉按钮，在打开的列表中可选择一些特殊符号进行插入，如图8-24所示。如果列表中没有合适的符号，则选择"其他"选项，在打开的"字符映射表"对话框中选择所需符号即可，如图8-25所示。

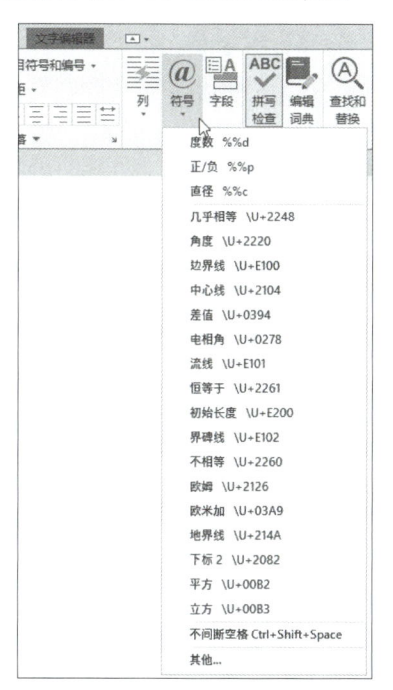

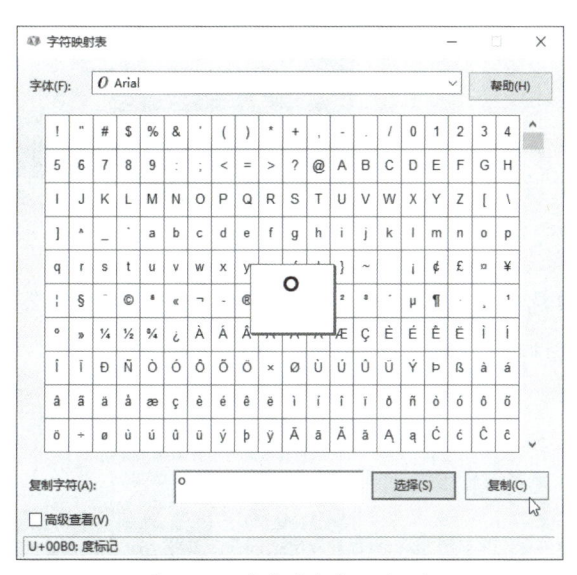

图8-24 选择特殊符号　　图8-25 "字符映射表"对话框

> **知识点拨**
> 使用"特性"面板，同样可对多行文字进行编辑，方法与编辑单行文字相同。

在文字编辑框中拖动右侧的◆按钮，可调整文字的整体宽度，如图8-26所示。此外，选中多行文字，单击"列宽"按钮▶，可调整文字的宽度，如图8-27所示。

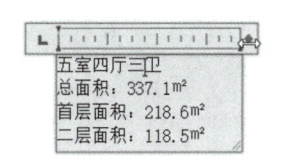

图8-26 调整文字的整体宽度　　图8-27 调整列宽

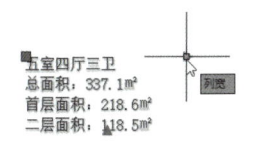

· 173 ·

上手操作 在图纸中添加技术要求

下面利用"多行文字"命令，在电梯预埋件安装图中添加技术要求。

步骤 01 打开"电梯预埋件安装图.dwg"素材文件，执行"多行文字"命令，设置文字范围，输入所需内容，如图8-28所示。

步骤 02 全选文字内容，在"文字编辑器"选项卡中将文字高度设置为5，如图8-29所示。

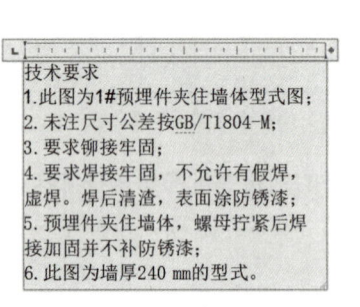

图 8-28　输入多行文字　　　图 8-29　设置文字高度

步骤 03 拖动文字编辑框右侧的◆按钮，调整文字的整体宽度，如图8-30所示。

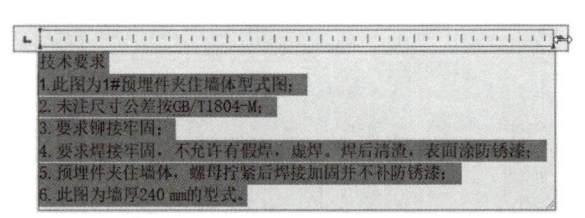

图 8-30　调整文字的整体宽度

步骤 04 选中"技术要求"文字内容，在"文字编辑器"选项卡中单击"加粗"按钮，加粗字体，并将其文字高度设置为6，如图8-31所示。

图 8-31　加粗文字并设置文字高度

步骤 05 全选文字内容，将其字体设置为"仿宋_GB2312"，如图8-32所示。

图 8-32　设置文字的字体

步骤 06 将光标放至"技术要求"右侧,在"文字编辑器"选项卡中单击"行距"右侧的下拉按钮,选择"1.5x"选项,设置其行距值,如图8-33所示。

步骤 07 完成设置后,单击绘图区的空白处,完成文字内容的添加操作,结果如图8-34所示。

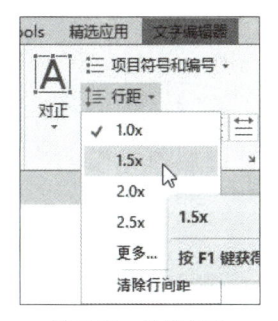

图 8-33 设置行距　　　　　图 8-34 完成文字内容的添加

■8.3.3 合并文字

在打开图纸时,经常会遇到设计说明等文字是以单行文字展示的,有的还是以单个字符展示的,如果需要对文字内容进行复制或修改会比较麻烦。利用"合并文字"命令,可以快速将多个单独文字合并为一句或一整段文字。

在"插入"选项卡的"插入"面板中单击"合并文字"按钮,选择要合并的文字,按回车键,即可将多个单行文字进行合并。如图8-35所示为单行文字效果,如图8-36所示为合并文字后的效果。

图 8-35 单行文字效果　　　　　图 8-36 合并文字效果

8.4 创建与编辑多重引线

引线是一条线或一条样条曲线,其一端可以带有箭头或没有箭头,其另一端带有多行文字对象或块。"多重引线"命令常用于对图形中的某些特定对象进行说明,使图形表达更清楚。

■8.4.1 多重引线标注样式

在"注释"选项卡中单击"引线"面板右侧的小箭头,打开"多重引线样式管理器"对话框,在其中可以新建引线样式,也可以对已定义的引线样式进行设置,如图8-37所示。单击"修改"按钮,在打开的"修改多重引线样式"对话框中,可根据需要对"引线格式""引线结构""内容"选项进行设置,其设置方法与标注样式的设置方法相似,如图8-38所示。

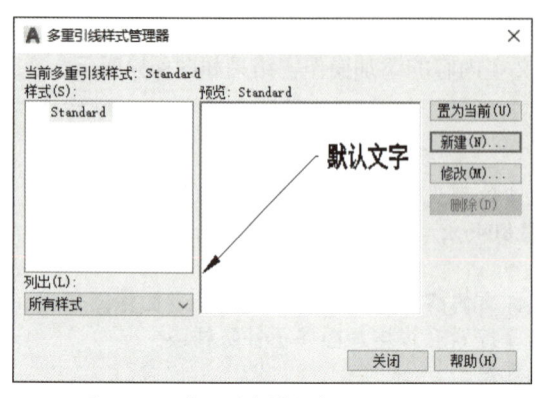

图 8-37 "多重引线样式管理器"对话框 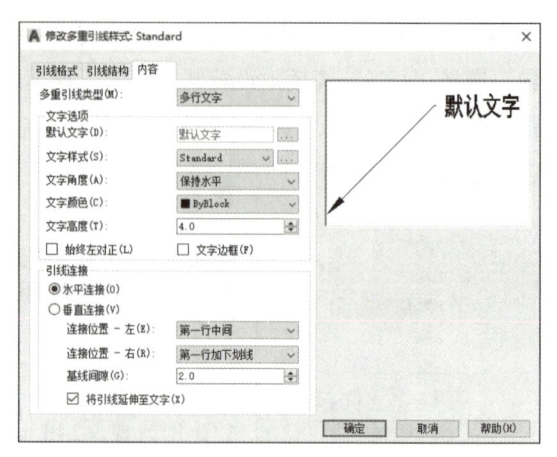　　　　图 8-38 "修改多重引线样式"对话框

完成引线样式的设置后，在"引线"面板中单击"多重引线"按钮，先指定引线的起点，再指定引线基线的位置，然后在光标处输入注释文字，单击绘图区的空白处，即可完成多重引线标注的添加操作。

8.4.2 编辑多重引线

完成多重引线标注的添加后，如果要对其内容或形式进行修改，可在"注释"选项卡的"引线"面板中根据需要选择相应的编辑操作，如图8-39所示。

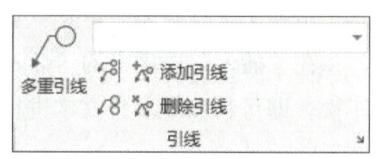

图 8-39 "引线"面板

多重引线的编辑操作包括添加引线、删除引线、对齐和合并。

- **添加引线**：用于在一条引线的基础上添加另一条引线，并且标注是同一个。
- **删除引线**：用于将选定的引线删除。
- **对齐**：用于将选定的引线对象对齐并按一定间距排列。
- **合并**：用于将包含块的选定多重引线组织到行或列中，并使用单引线显示结果。

上手操作　为地基节点大样图添加材料注释

下面利用"多重引线"命令，为地基节点大样图添加材料注释。

步骤 01 打开"地基节点图.dwg"素材文件，然后打开"多重引线样式管理器"对话框，单击"修改"按钮，打开"修改多重引线样式"对话框，切换到"内容"选项卡，将"文字高度"设置为40，如图8-40所示。

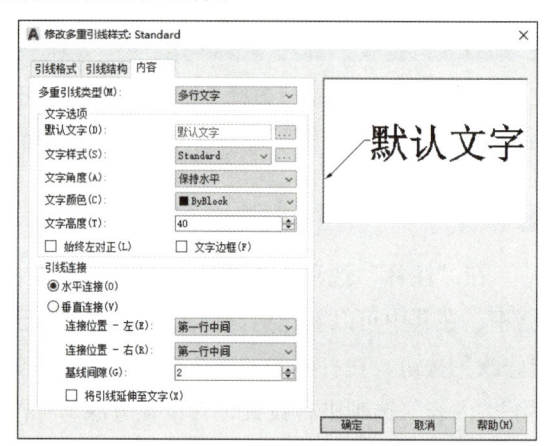

图 8-40 "内容"选项卡

步骤 02 切换到"引线格式"选项卡,将"符号"设置为"●点",将"大小"设置为20,如图8-41所示。

步骤 03 单击"确定"按钮,返回上一级对话框,单击"置为当前"按钮,如图8-42所示,关闭对话框。

步骤 04 执行"多重引线"命令,指定引线的起点和引线基线的位置,如图8-43所示。

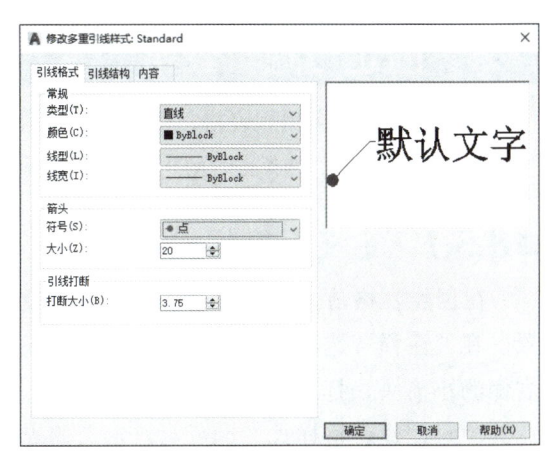

图 8-41 "引线格式"选项卡

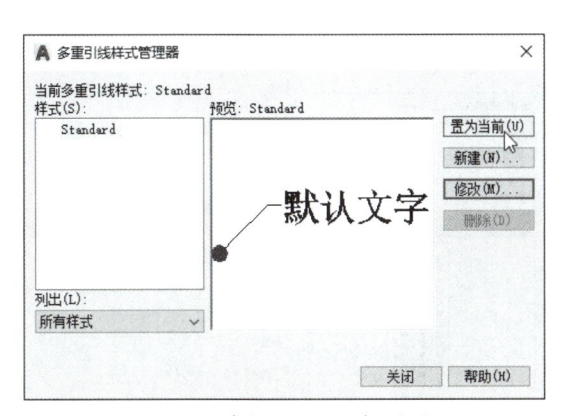

图 8-42 单击"置为当前"按钮

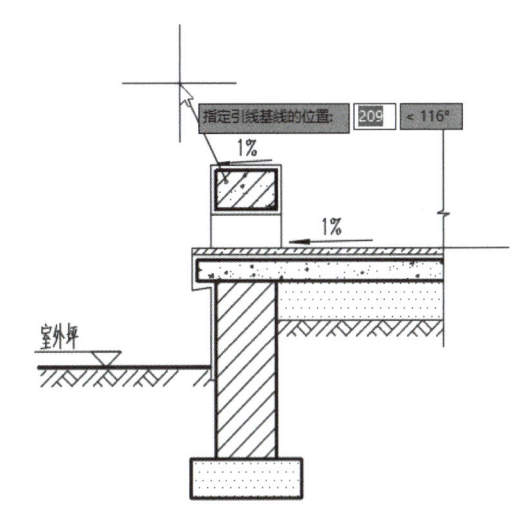

图 8-43 指定引线的起点和基线位置

步骤 05 在文字编辑框中输入注释内容,如图8-44所示,单击绘图区中的任意点结束操作。

步骤 06 再次执行"多重引线"命令,按照同样的方法,添加其他材料注释,结果如图8-45所示。

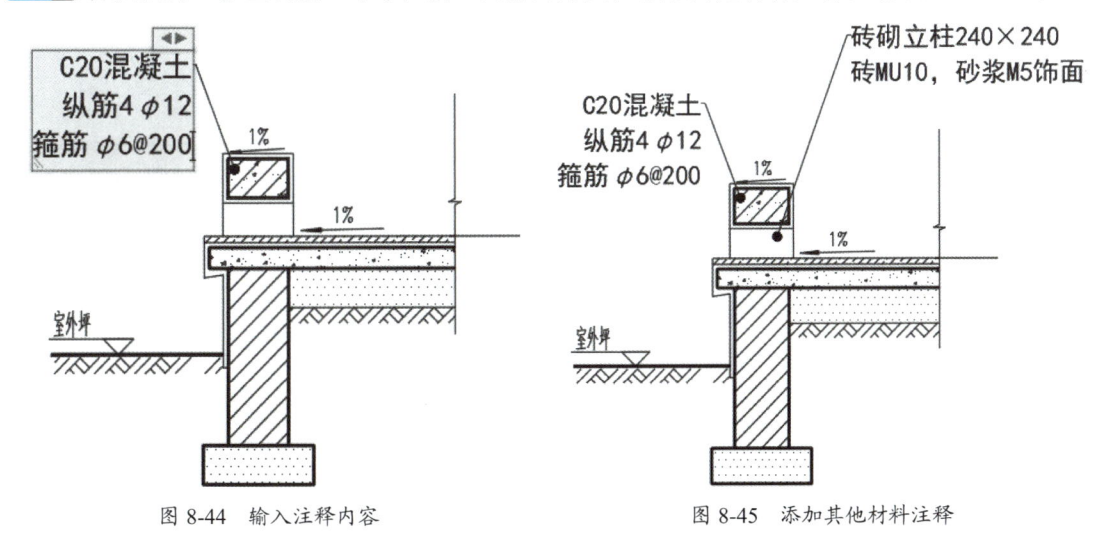

图 8-44 输入注释内容

图 8-45 添加其他材料注释

8.5 创建与编辑表格

在图纸中经常会用到表格，例如各类材料图例表、门窗表、面积表等。它能够更加清晰地呈现一些设计数据。在AutoCAD中可利用表格功能创建这些数据表。

8.5.1 定义表格样式

在创建表格前，需要对表格样式进行设置。在"注释"选项卡中单击"表格"面板右侧的小箭头，打开"表格样式"对话框，在其中可创建表格样式，也可对已定义的表格样式进行修改，如图8-46所示。

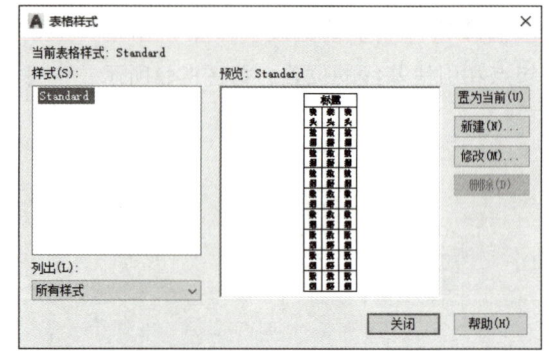

图 8-46 "表格样式"对话框

单击"修改"按钮，打开"修改表格样式"对话框，展开"单元样式"下拉列表，可对表格的"数据""表头""标题"样式进行设置，如图8-47所示。

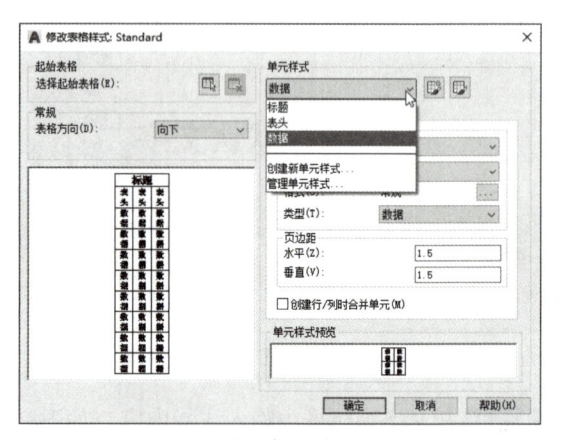

图 8-47 "修改表格样式"对话框

在"常规""文字""边框"选项卡中，可对样式参数进行设置。"常规"选项卡用于设置表格的填充颜色、对齐方式、格式、类型和页边距等特性，如图8-48所示；"文字"选项卡用于设置文字的样式、高度、颜色、角度等特性，如图8-49所示；"边框"选项卡用于设置表格边框的线宽、线型、颜色等特性，如图8-50所示。

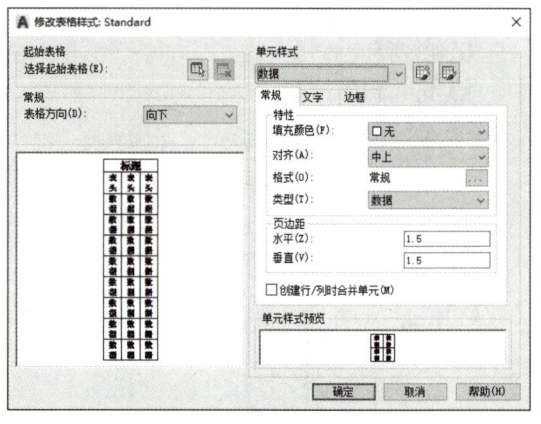

图 8-48 "常规"选项卡

图 8-49 "文字"选项卡　　　　　　　　　图 8-50 "边框"选项卡

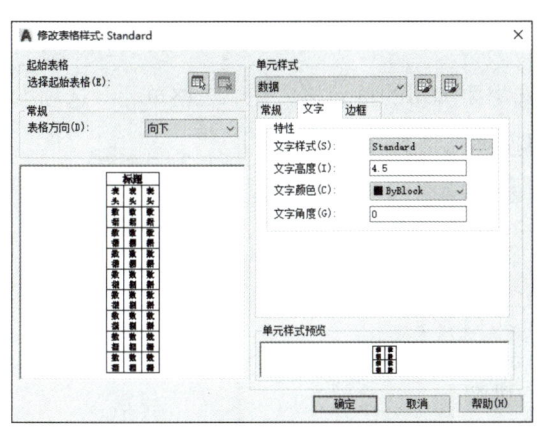

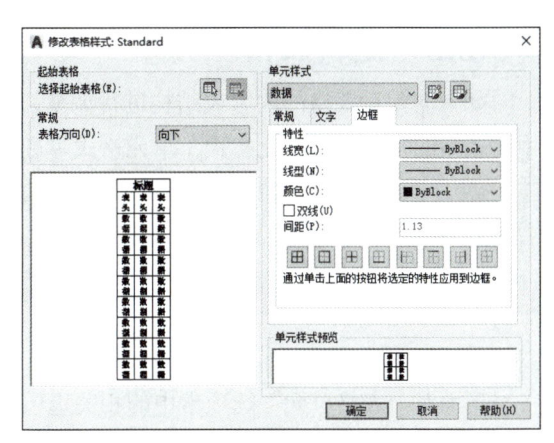

■8.5.2 插入表格

设置表格样式的目的是在图纸指定的位置插入带有该样式的表格。在"表格"面板中单击"表格"按钮，打开"插入表格"对话框，根据需要设置插入的行、列等参数，如图8-51所示，单击"确定"按钮，在绘图区中指定表格的插入点，即可插入表格，如图8-52所示。

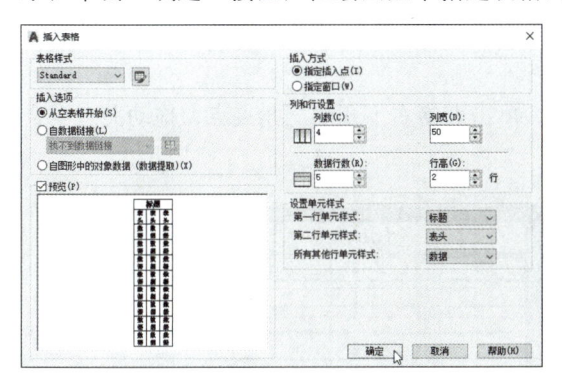

图 8-51 "插入表格"对话框　　　　　　　图 8-52 插入表格

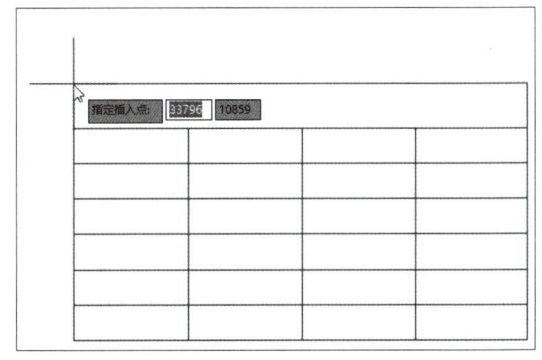

指定插入点后，可直接进入编辑状态，在此输入表格内容，如图8-53所示；按回车键，系统将按照表格顺序自动进入下一单元格内容，如图8-54所示；完成输入后，单击表格外的空白处即可。

图 8-53 输入表格内容　　　　　　　　　图 8-54 进入下一单元格内容

· 179 ·

8.5.3 编辑表格

如果需要对表格的内容或结构进行调整,可选中要编辑的单元格,在"表格单元"选项卡中对表格的行、列、单元样式、单元格式等进行编辑操作,如图8-55所示。

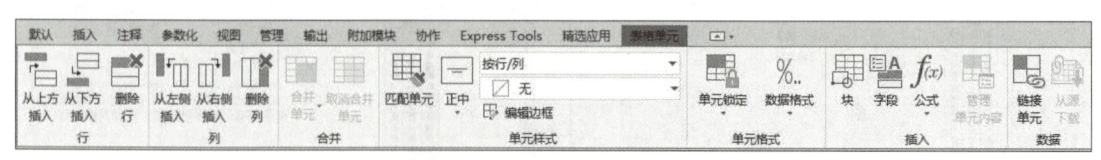

图 8-55 "表格单元"选项卡

下面对"表格单元"选项卡中的相关选项进行讲解。

- **行**:用于对选定的单元行进行相应的操作,例如插入行、删除行。
- **列**:用于对选定的单元列进行相应的操作,例如插入列、删除列。
- **合并**:用于将多个单元格合并成一个单元格,或将已合并的单元格取消合并。
- **单元样式**:用于设置表格文字的对齐方式、单元格的颜色及表格边框样式等。
- **单元格式**:用于确定是否对选择的单元格进行锁定操作,或设置单元格的数据类型。
- **插入**:用于插入图块、字段和公式等特殊符号。
- **数据**:用于设置表格数据,如将Excel电子表格中的数据与当前表格中的数据进行链接操作。

如果需要对表格的大小进行调整,选中表格,单击表格右下角的三角夹点,拖动夹点至合适位置,即可统一调整表格大小,如图8-56所示。

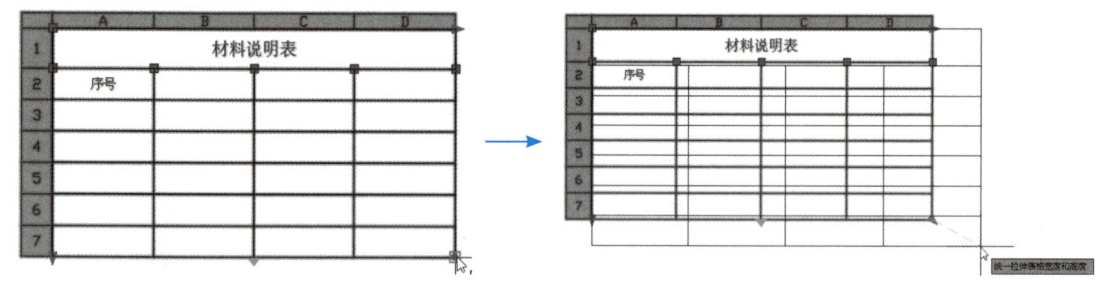

图 8-56 统一调整表格大小

单击表格右上角的三角夹点,将其移动至合适位置,可统一调整表格的列宽,如图8-57所示。单击表格左上角的三角夹点,将其移动至合适位置,可统一调整表格的行高,如图8-58所示。

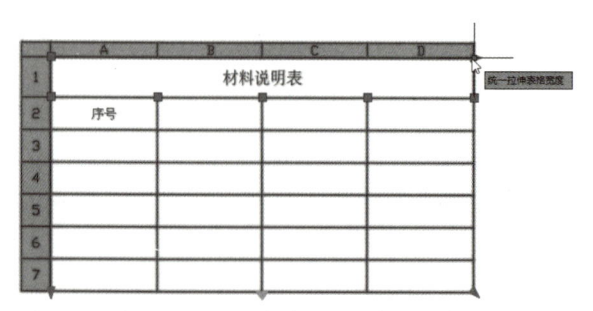

图 8-57 统一调整表格的列宽

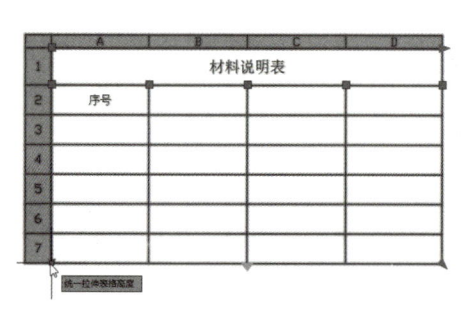

图 8-58 统一调整表格的行高

实战演练 完善电梯大样图纸

本例将综合本章所学知识点，完善电梯大样图纸，其中涉及的命令有"单行文字""多行文字""多重引线"等。

步骤01 打开"电梯大样图.dwg"素材文件，执行"多段线"命令，绘制一条多段线，将其宽度设置为50，并将其放置在基坑图纸的下方，如图8-59所示。

步骤02 执行"单行文字"命令，将文字高度设置为300，将旋转角度设置为0，输入图纸名称及图纸比例，如图8-60所示。

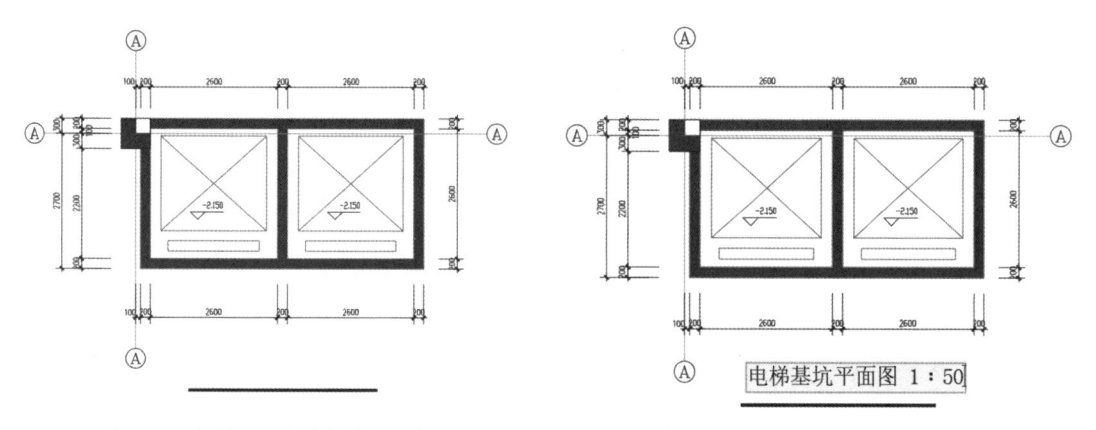

图 8-59 绘制、设置并放置多段线

图 8-60 输入图纸名称和图纸比例

步骤03 执行"复制"命令，将输入的图纸名称、图纸比例及多段线复制到其他图纸的下方，并修改名称，如图8-61所示（如果图中尺寸数字不清晰，请调用本书配套资源中相应章节的素材文件，以查看所需信息）。

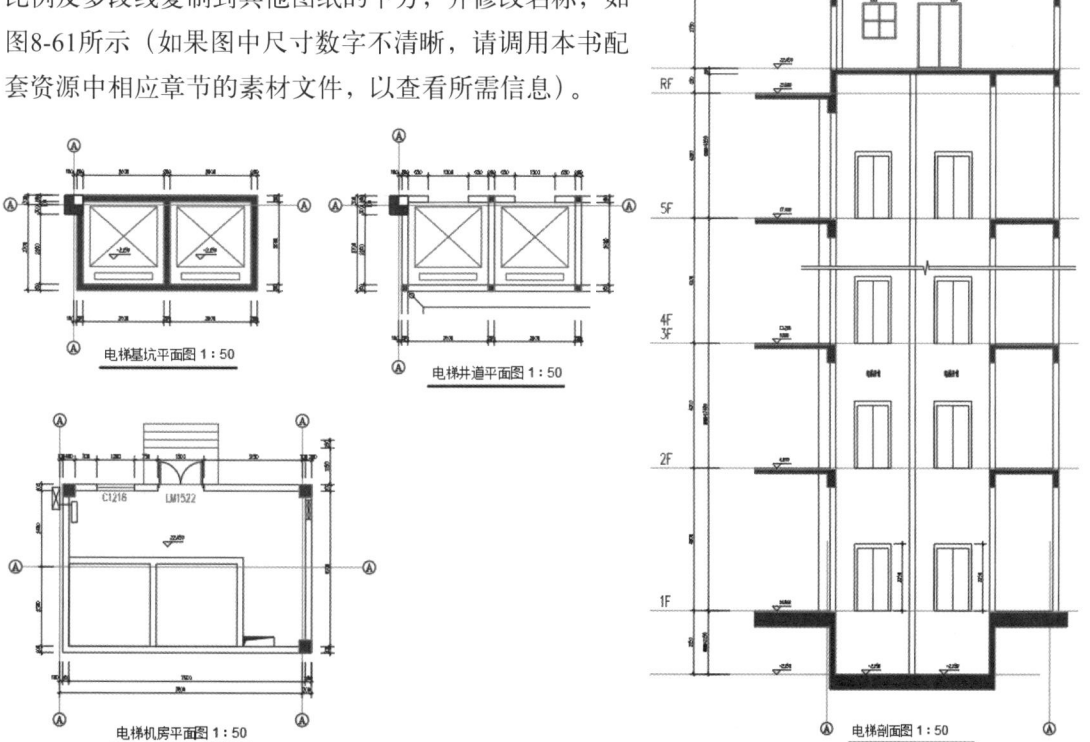

图 8-61 复制图纸名称、比例及多段线并修改名称

步骤 04 再次执行"单行文字"命令，将文字高度设置为150，将旋转角度设置为0，在剖面图中进行文字标注，结果如图8-62所示。

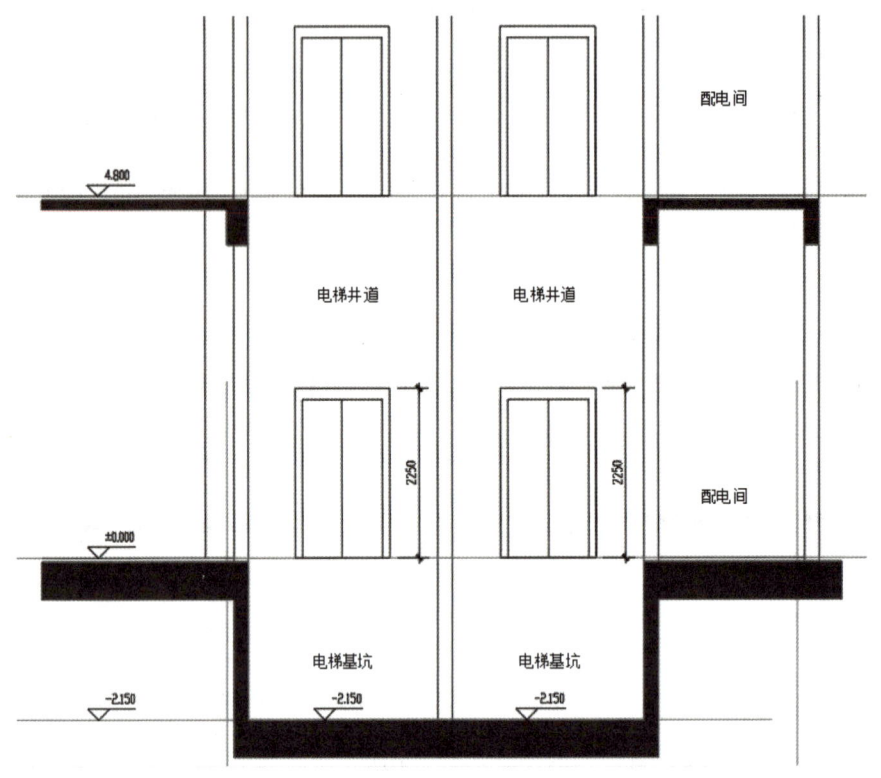

图 8-62　文字标注

步骤 05 打开"多重引线样式管理器"对话框，单击"修改"按钮，如图8-63所示。

步骤 06 在"修改多重引线样式"对话框中切换到"内容"选项卡，将"文字高度"设置为150，如图8-64所示。

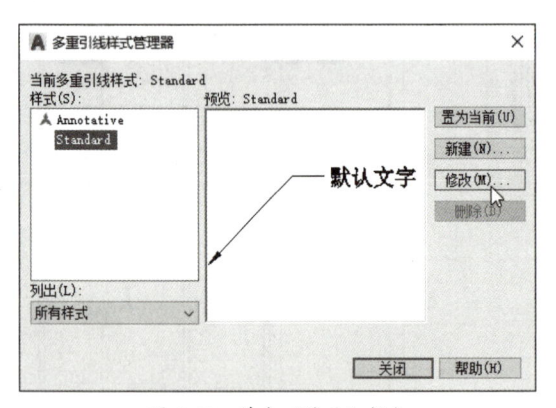

图 8-63　单击"修改"按钮　　　　　　　　　图 8-64　"内容"选项卡

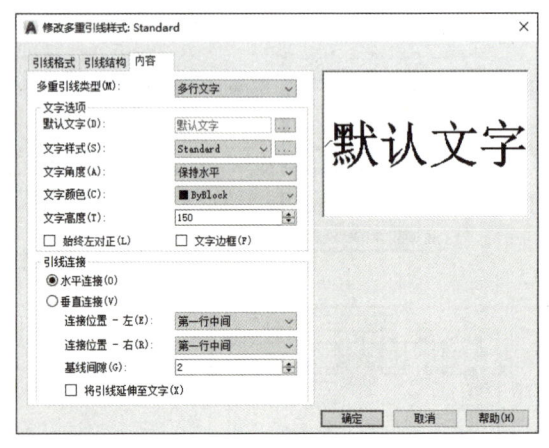

步骤 07 切换到"引线格式"选项卡，将"符号"设置为"•点"，将"大小"设置为100，如图8-65所示。

步骤 08 单击"确定"按钮，返回上一级对话框，单击"置为当前"按钮，将该样式设置为当前使用样式，如图8-66所示。

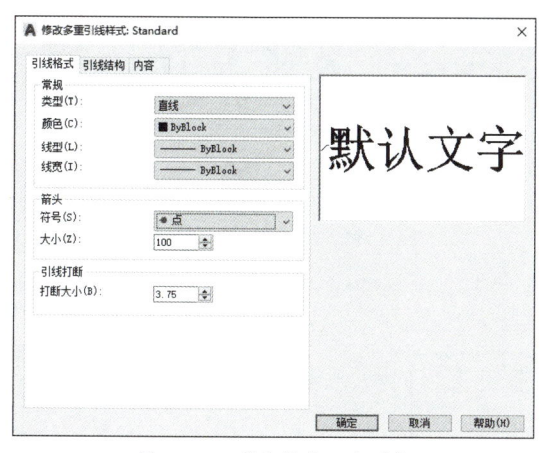

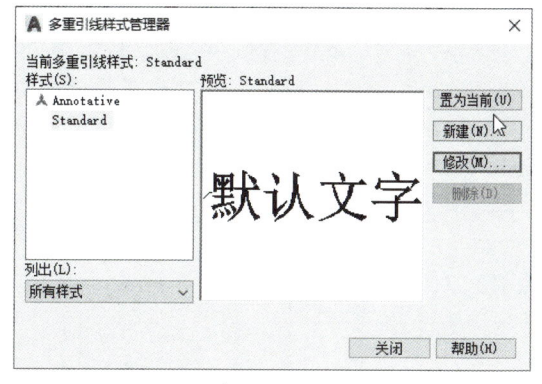

第8章 在建筑图纸中添加文字标注

图 8-65 "引线格式"选项卡

图 8-66 单击"置为当前"按钮

步骤 09 执行"多重引线"命令，在剖面图中指定插入点及基线位置，如图8-67所示。

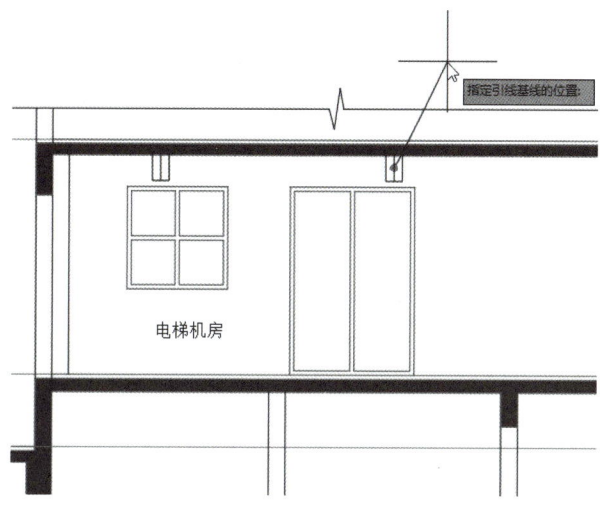

图 8-67 指定插入点及基线位置

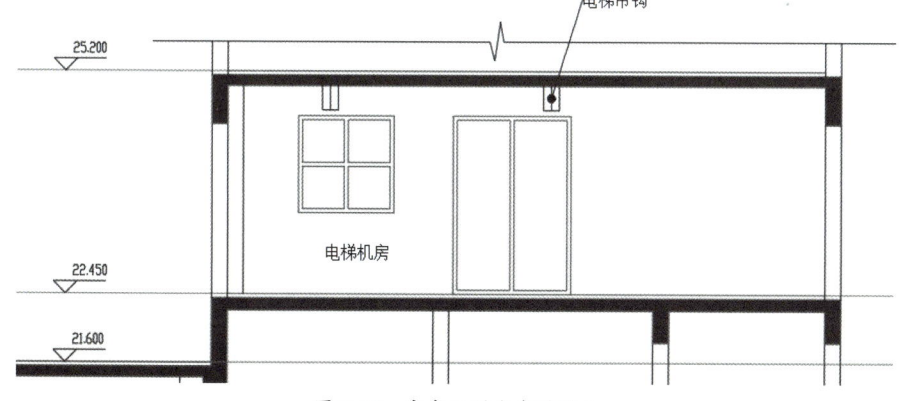

步骤 10 在文字编辑框中输入注释内容，并单击绘图区中的任意一点，完成输入操作，如图8-68所示。

图 8-68 完成注释内容的输入

· 183 ·

步骤 11 继续执行"多重引线"命令,在其他图纸中插入引线注释,如图8-69所示。

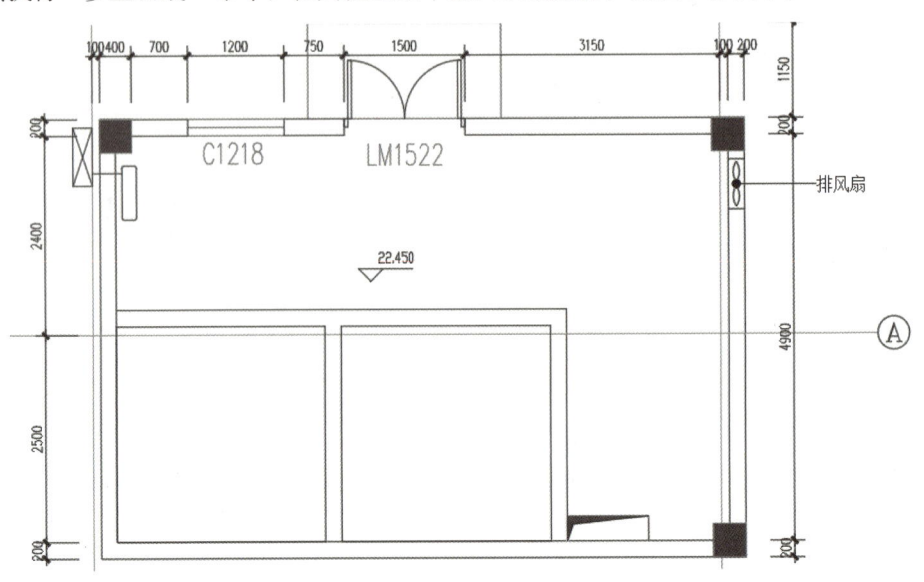

图 8-69 插入引线注释

步骤 12 执行"多行文字"命令,在绘图区中指定文字范围,并输入文字内容,如图8-70所示。

步骤 13 在"文字编辑器"选项卡中适当调整文字高度、行间距等,即可完成电梯说明内容的输入操作,如图8-71所示。

电梯选用说明:
根据甲方要求电梯土建条件适用于****产品
1. 1、2号电梯均为客梯;
2. 载重量:1350 kg;
3. 速度:1.75 m/s;
4. 电梯轿厢尺寸:宽2000 mm×深1500 mm;
5. 电梯井道尺寸:宽2600 mm×深2600 mm;
6. 基坑深度:1、2号电梯均为2150 mm;
7. 缓冲高度: 4850 mm;
8. 提升高度:17400 mm;
9. 停站层数: 5层
10. 电梯门尺寸:宽1200 mm×高2100 mm,土建门洞宽1300 mm×高2250 mm;
11. 电梯轿厢为不锈钢,电梯厅门为不锈钢,电梯门套为不锈钢大门套。

图 8-70 输入文字内容

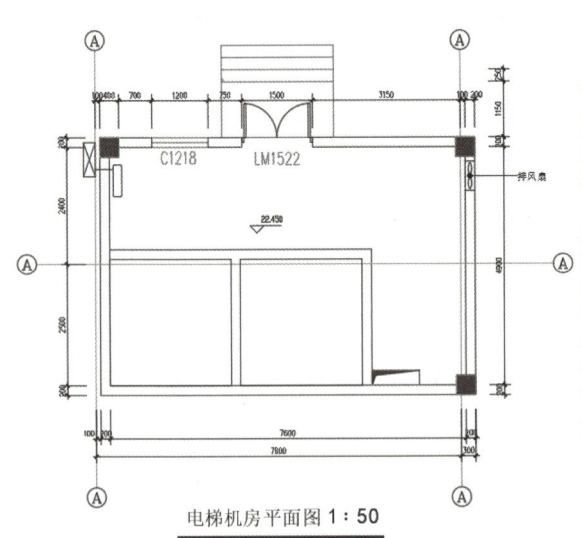

电梯机房平面图 1:50

电梯选用说明:
根据甲方要求电梯土建条件适用于****产品
1. 1、2号电梯均为客梯;
2. 载重量:1350 kg;
3. 速度:1.75 m/s;
4. 电梯轿厢尺寸:宽2000 mm×深1500 mm;
5. 电梯井道尺寸:宽2600 mm×深2600 mm;
6. 基坑深度:1、2号电梯均为2150 mm;
7. 缓冲高度: 4850 mm;
8. 提升高度:17400 mm;
9. 停站层数: 5层
10. 电梯门尺寸:宽1200 mm×高2100 mm,土建门洞宽1300 mm×高2250 mm;
11. 电梯轿厢为不锈钢,电梯厅门为不锈钢,电梯门套为不锈钢大门套。

图 8-71 完成电梯说明内容的输入

课后作业

1. 为图纸添加图名及比例

利用"单行文字"命令，为公共洗手间添加图名及比例内容，结果如图8-72所示。

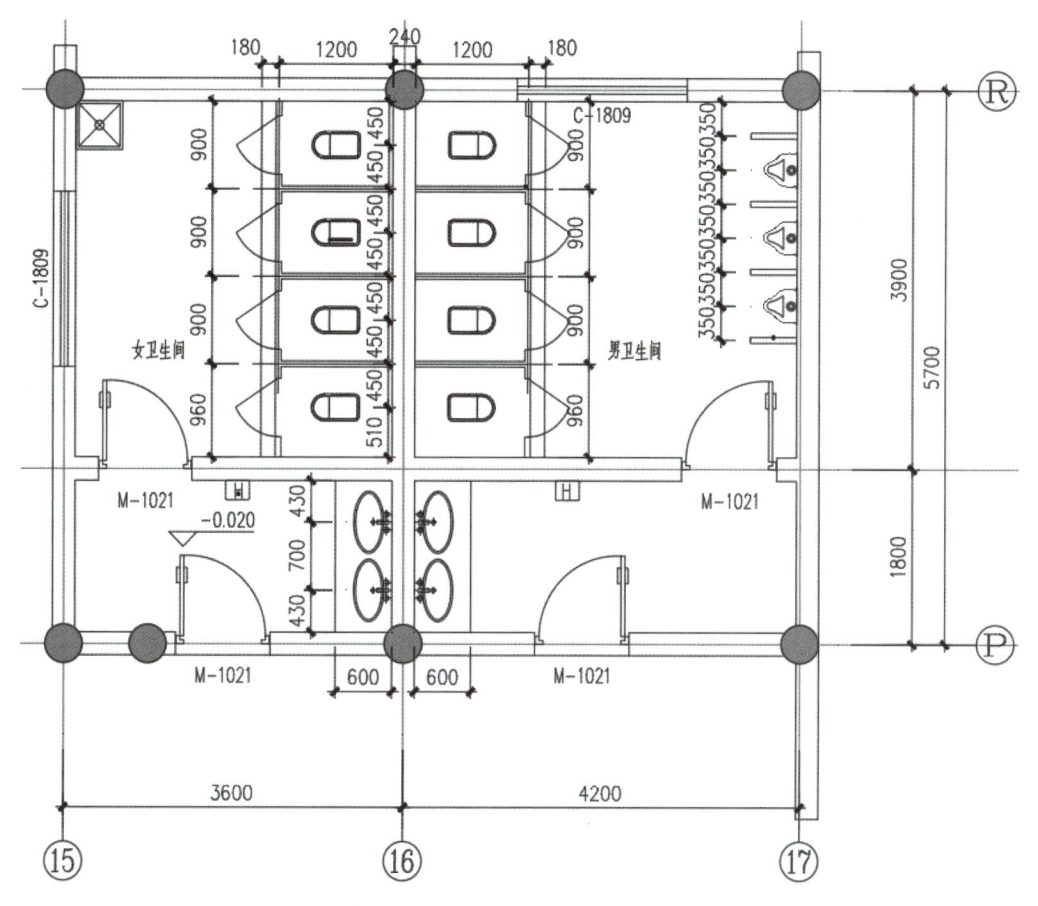

图 8-72 为图纸添加图名及比例

操作提示

- 执行"多段线"命令，绘制图名下方的直线。
- 执行"单行文字"命令，设置文字高度，输入图名和比例内容。

2. 为图纸添加引线注释

在公共洗手间平面图的基础上，利用"多重引线"命令，添加施工做法说明，结果如图8-73所示。

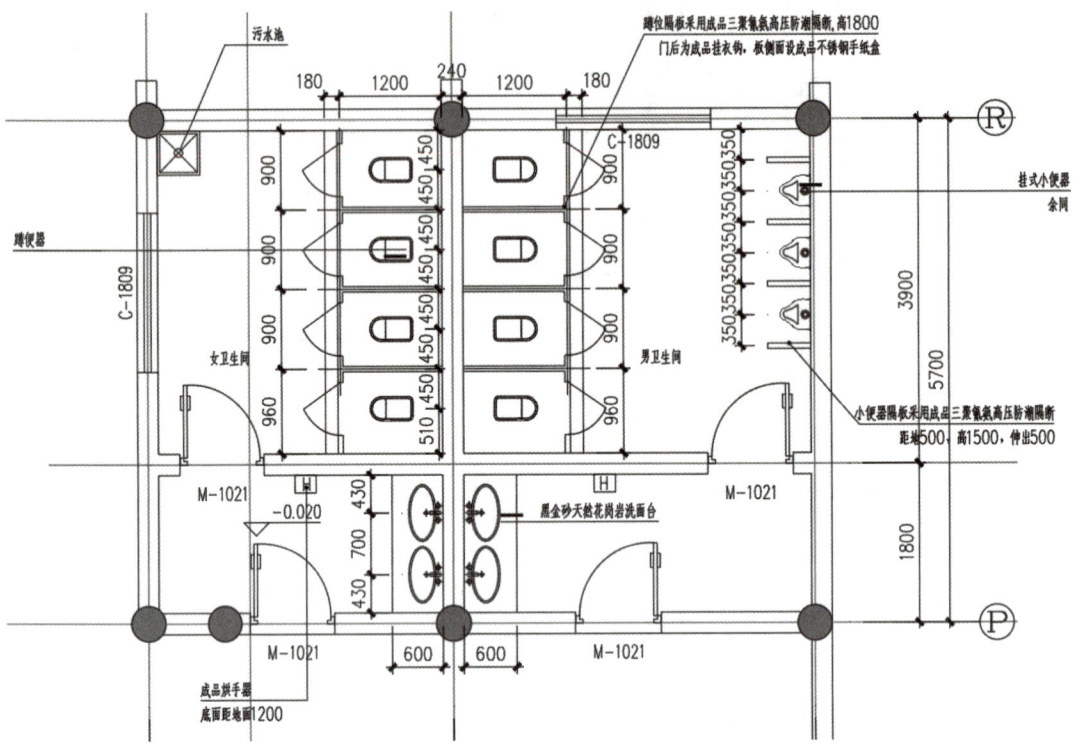

图 8-73　为图纸添加引线注释

操作提示

- 设置多重引线的样式。
- 执行"多重引线"命令，添加施工做法说明文字内容。

你学会了吗？

第 9 章

打印与发布建筑图形

内容概要

完成设计图的绘制后，通常需要将设计图打印出来，以供相关人员审核和施工。此外，将图纸转换为其他格式的文件，也使在没有安装AutoCAD的计算机中查看相关设计图成为可能。本章将着重讲解图形的打印输出功能，其中包括图形的输入和输出、布局视口的设置、图形打印、网络分享等。

知识要点

- 掌握图形的输入和输出操作。
- 掌握模型空间与布局空间的设置操作。
- 掌握图形的打印操作。

数字资源

【本章素材】："素材文件\第9章"目录下
【本章实战演练最终文件】："素材文件\第9章\实战演练"目录下

9.1 图形的输入输出

在AutoCAD中除了可以打开和保存DWG格式的图形文件外，还可以导入或导出其他格式的图形文件，以便有不同需求的人查看。

■ 9.1.1 输入图形

要将其他图形文件导入AutoCAD，除了使用图块、外部参照、图形链接等方法外，还可以使用输入功能。

单击 按钮，在菜单浏览器中选择"输入"→"其他格式"选项，如图9-1所示；在打开的"输入文件"对话框中，将"文件类型"设置为"所有文件（*.*）"，如图9-2所示，然后选择所需文件，单击"打开"按钮即可。

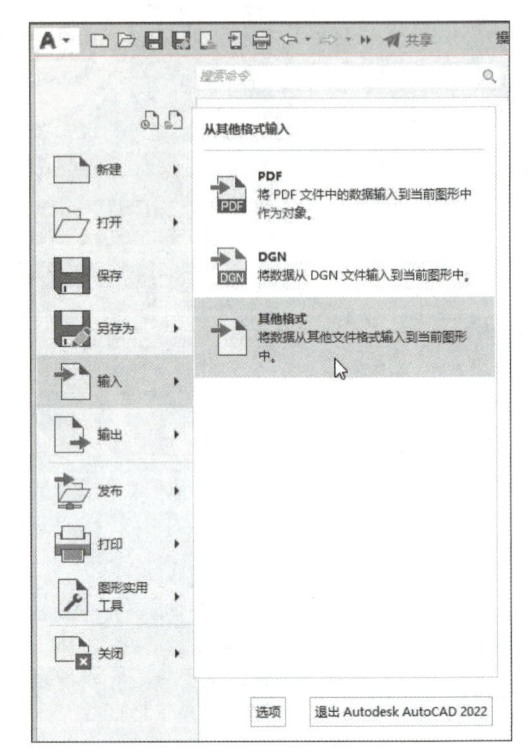

图 9-1 选择"其他格式"选项

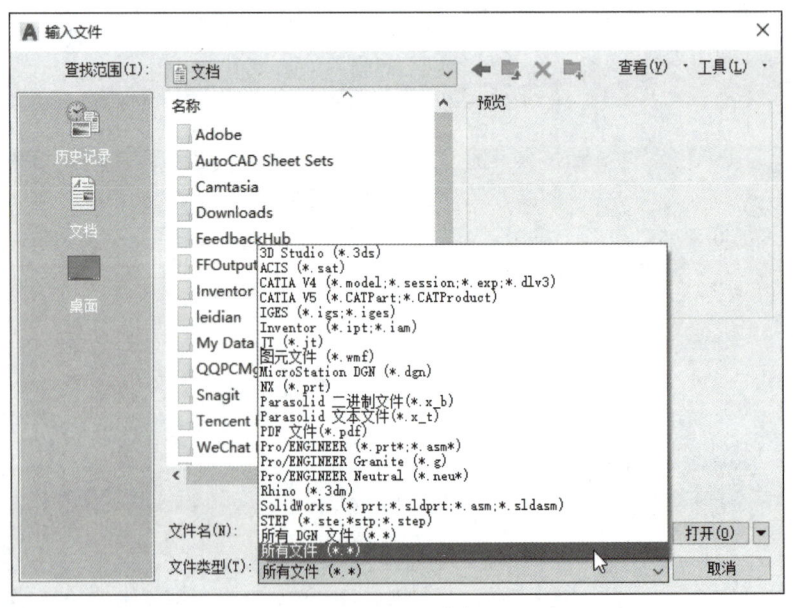

图 9-2 设置"文件类型"

上手操作 将PDF文件导入AutoCAD

下面利用输入功能,将"酒店立面"PDF格式的文件导入AutoCAD。

步骤 01 新建空白文件,打开菜单浏览器,选择"输入"→"其他格式"选项,在打开的"输入文件"对话框中,将"文件类型"设置为"所有文件(*.*)",选择"酒店立面"PDF文件,如图9-3所示。

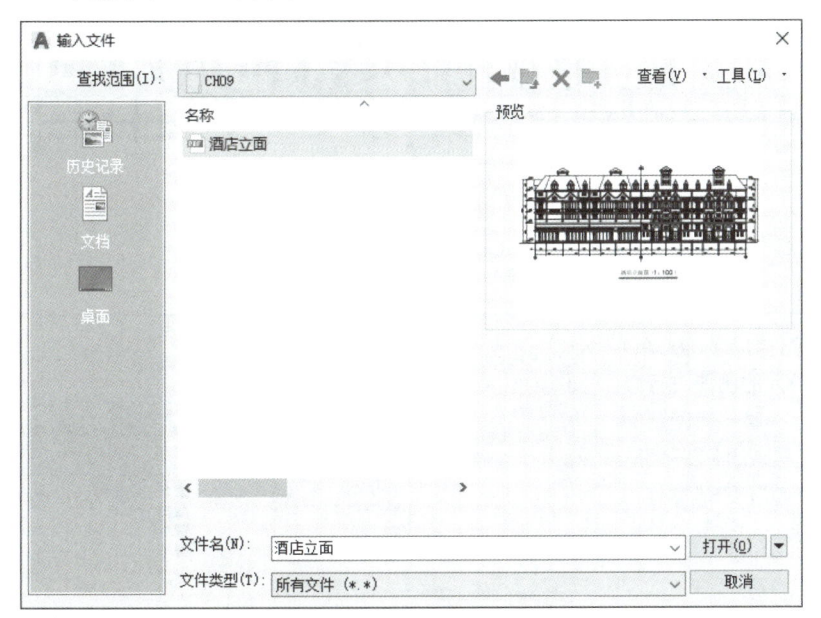

图 9-3 "输入文件"对话框

步骤 02 单击"打开"按钮,在"输入PDF"对话框中保持默认设置,单击"确定"按钮,如图9-4所示。

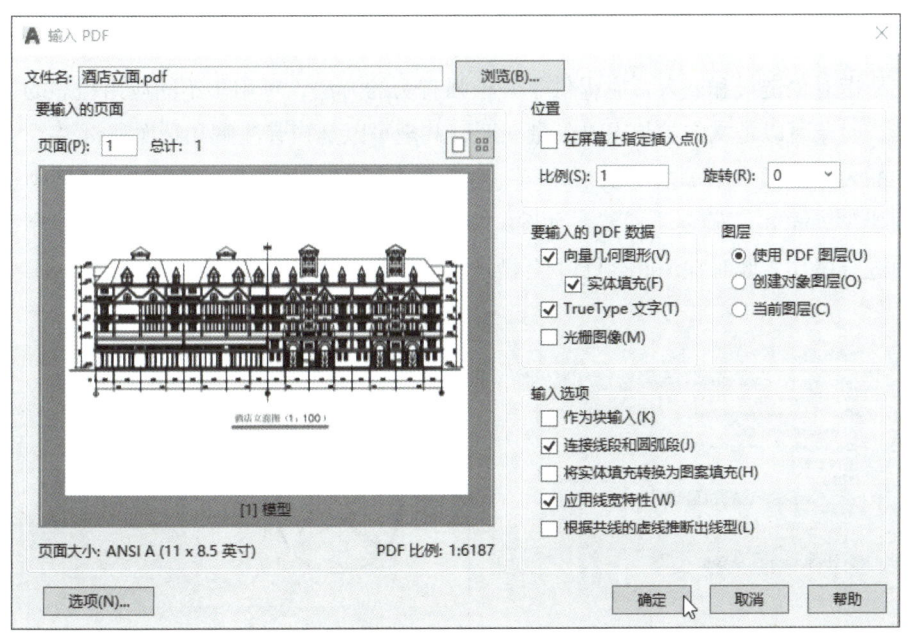

图 9-4 "输入 PDF"对话框

步骤 03 稍等片刻，即可完成导入操作。可在导入的文件中进行正常的编辑操作，如图9-5所示。

酒店立面图（1∶100）

图 9-5　完成文件导入操作

知识点拨

将PDF文件导入AutoCAD后，可以对导入的图形进行修改、编辑操作。唯一有差别的是图层功能，导入的PDF图形其图层中会带有"PDF"字样，如图9-6所示。

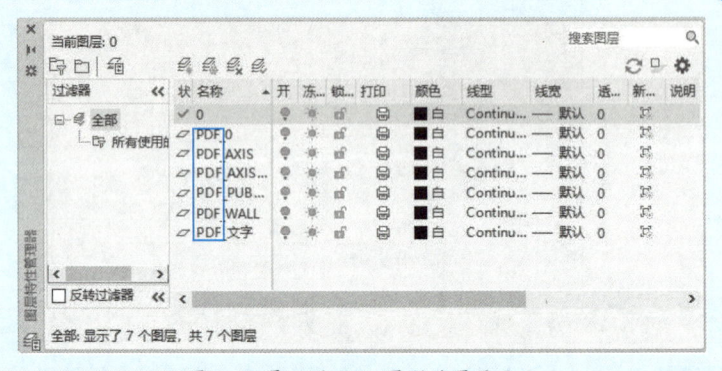

图 9-6　导入的 PDF 图形的图层显示

9.1.2　插入OLE对象

OLE是指对象链接和嵌入，它提供了一种强有力的方法，可用于不同应用程序的信息创建复合文档，对象可以是文字、位图、矢量图形，甚至可以是声音注解和录像剪辑等。

在"插入"选项卡中单击"OLE对象"按钮，在打开的"插入对象"对话框中选择要插入的对象类型，单击"确定"按钮，如图9-7所示，系统会自动启动相应的应用程序，可在应用程序中进行操作，此时在AutoCAD中会显示相应的操作内容，如图9-8所示。

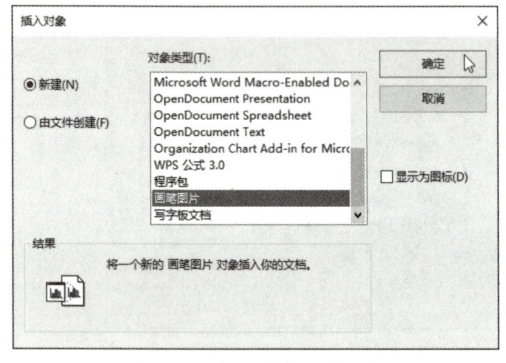

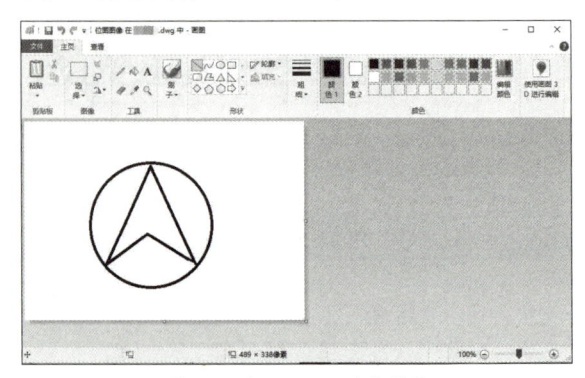

图 9-7　"插入对象"对话框　　　　　图 9-8　插入 OLE 对象效果

> **知识点拨**
> 默认情况下，未打印的 OLE 对象显示有边框。OLE 对象支持绘图次序，都是不透明的，打印结果也是不透明的，它们覆盖了背景中的对象。

■9.1.3 输出图形

使用AutoCAD绘制的图形经常会被应用到许多领域，这时就需要根据不同的用途，以不同的方式输出图形。单击 A▼ 按钮，在菜单浏览器中选择"输出"→"其他格式"选项，如图9-9所示。在"输出数据"对话框中设置"文件名"和"文件类型"，如图9-10所示，单击"保存"按钮，即可完成输出操作。

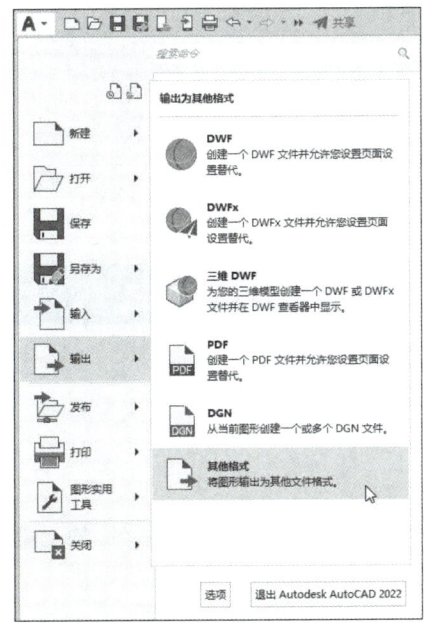

图 9-9 选择"其他格式"选项

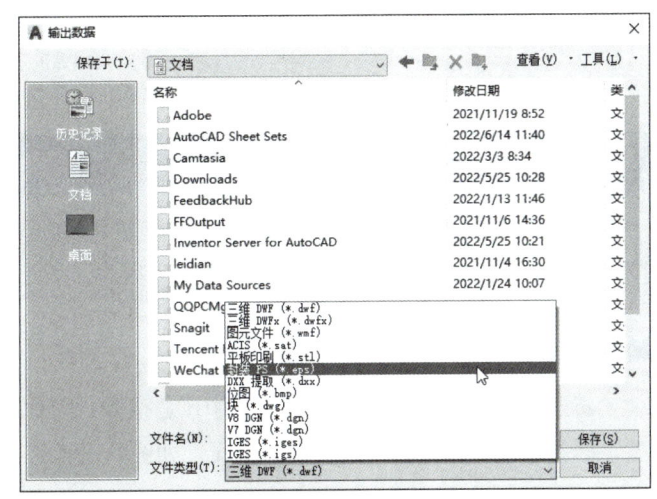

图 9-10 "输出数据"对话框

上手操作 将户型图输出为"封装PS"格式文件

一般来说，将AutoCAD图纸转换为JPG格式的图片后，图形会出现锯齿，放大显示会不清楚。要想输出高清的图纸文件，可将文件输出为"封装PS"格式。

步骤01 打开"户型图.dwg"文件，单击 A 按钮，在菜单浏览器中选择"输出"→"其他格式"选项，打开"输出数据"对话框，将"文件类型"设置为"封装PS（*.eps）"，并输入文件名，如图9-11所示。

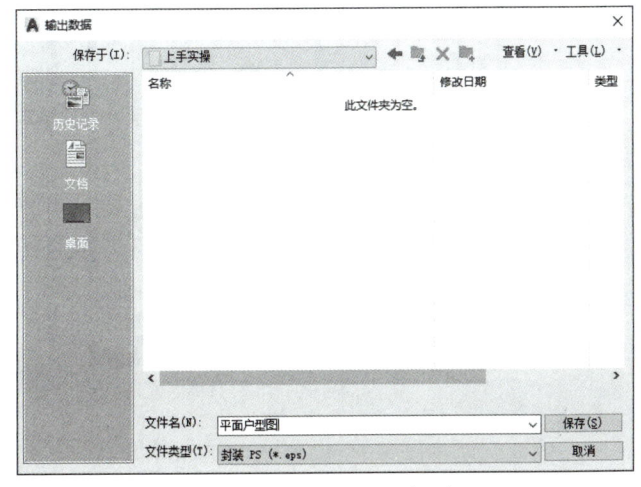

图 9-11 "输出数据"对话框

步骤 02 单击"保存"按钮，即可完成输出操作，将该格式文件直接拖入Photoshop中，即可查看图纸，并可对其进行后期加工操作，如图9-12所示。

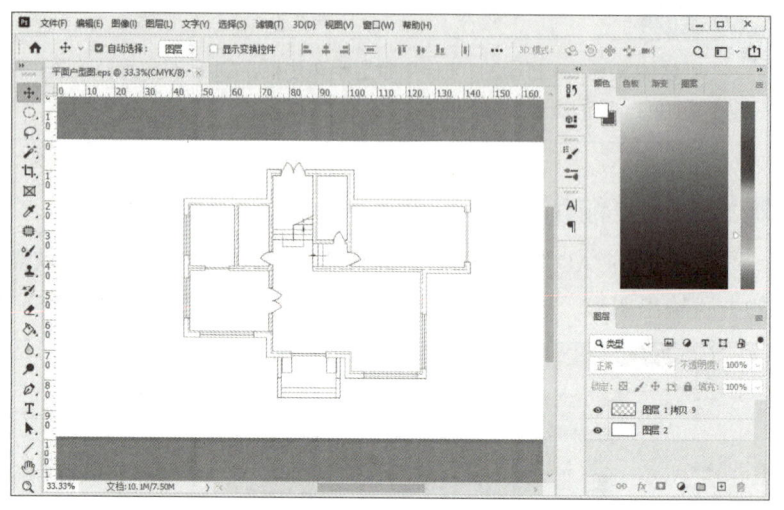

图 9-12　在 Photoshoop 中查看图纸并进行后期加工

9.2　模型与布局

AutoCAD提供了模型空间和布局空间两种绘图环境，默认为模型空间。在状态栏中单击"布局"标签，即可切换空间。

9.2.1　模型空间与布局空间

模型空间用于创建和设计图形，并且是按照1∶1比例的实际尺寸绘图。当状态栏中的"模型"标签处于激活状态时，为模型空间，如图9-13所示。

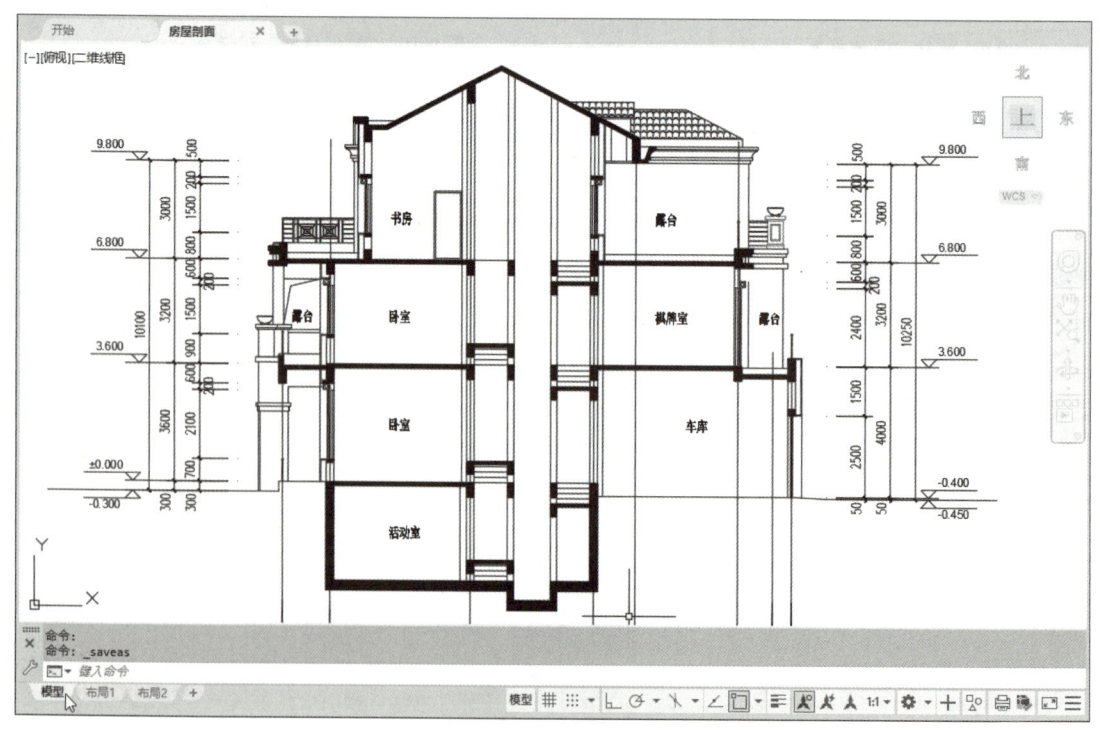

图 9-13　模型空间

在模型空间中可以建立物体的二维或三维视图,并可以在"视图"选项卡中单击"视口配置"右侧的下拉按钮,在其列表中根据需要选择合适的视口模式查看图形,如图9-14所示。

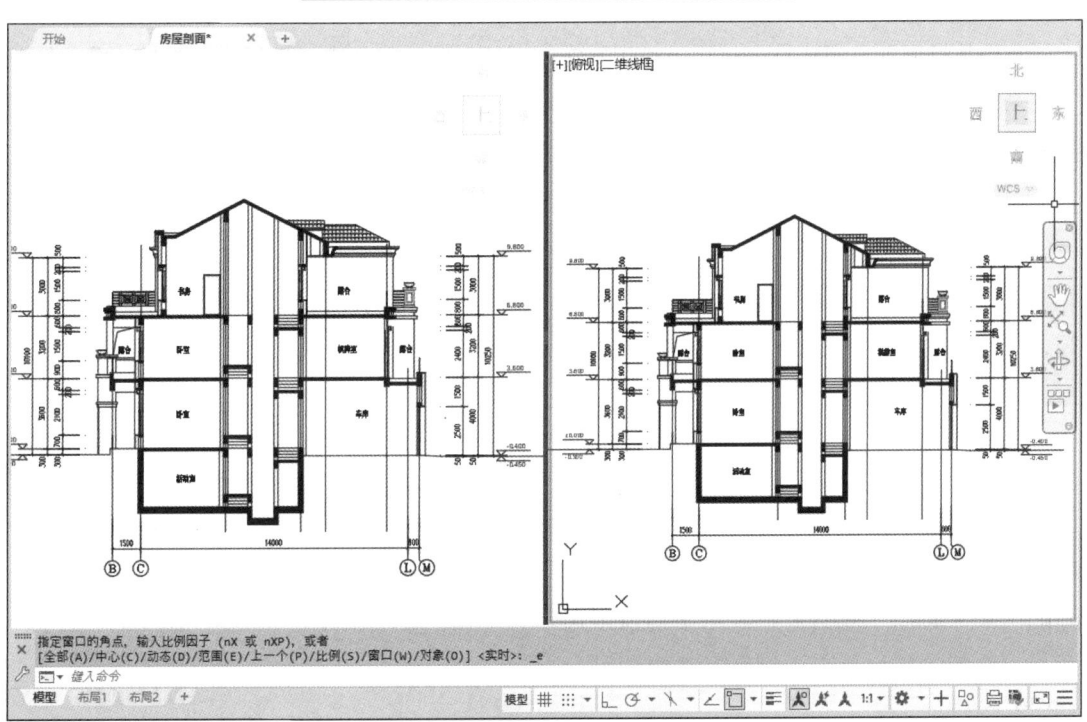

图 9-14 选择合适的视口模式查看图形

在状态栏中单击"布局1"标签,可切换到布局空间。该空间主要用于图纸的输出和打印,可方便地插入各类图框,设置打印设备、纸张、比例等,并且能预览实际出图的效果,如图9-15所示,但无法绘制图形。

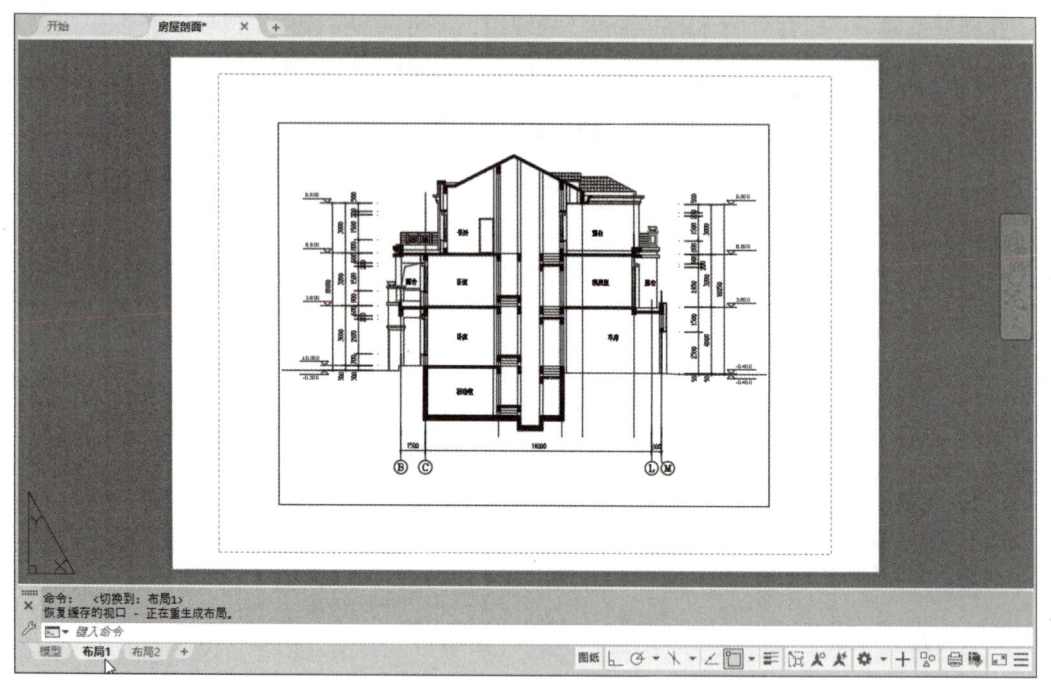

图 9-15 布局空间

9.2.2 创建布局

布局是指图纸空间环境，可用于模拟真实的图纸页面，以便查看图纸打印效果。默认情况下，系统会提供两个布局环境，分别为"布局1"和"布局2"，也可根据需要创建符合自己要求的布局环境。

1. 使用样板创建布局

使用样板创建布局，对于在建筑等工程领域中遵循某种通用标准进行绘图和打印的用户非常有意义。因为AutoCAD提供了多种不同国际标准体系的布局模板，包括ANSI、GB、ISO等，特别是遵循中国国家工程制图标准（GB）的布局就有12种之多，支持的图纸幅面有A0、A1、A2、A3和A4。

执行"插入"→"布局"→"来自样板的布局"命令，如图9-16所示；在打开的"从文件选择样板"对话框中选择需要的布局模板，单击"打开"按钮，如图9-17所示；在打开的"插入布局"对话框中显示了当前所选布局模板的名称，单击"确定"按钮即可，如图9-18所示。

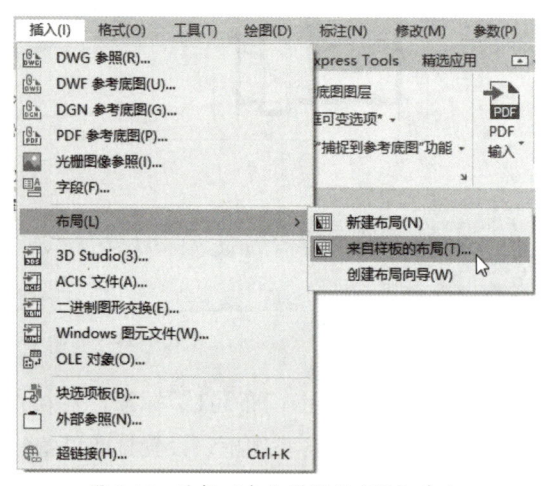

图 9-16 选择"来自样板的布局"命令

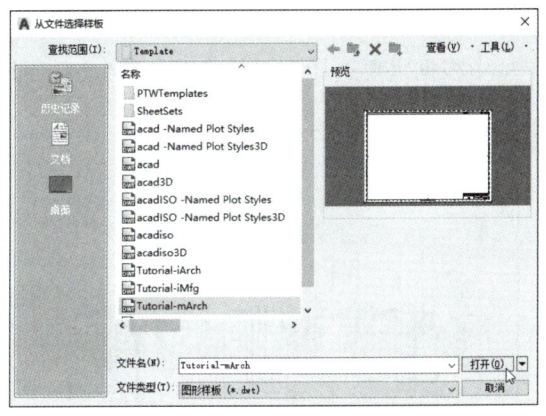

图 9-17 "从文件选择样板"对话框 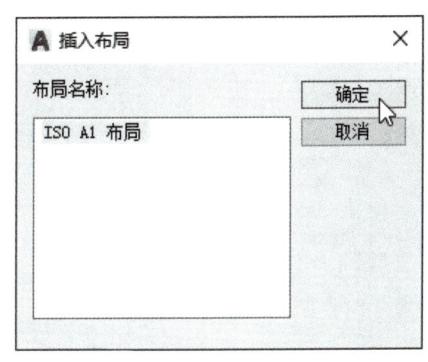　　　　　图 9-18 "插入布局"对话框

2. 使用向导创建布局

布局向导用于引导用户创建一个新的布局，每个向导页面都会提示用户为正在创建的新布局指定不同的版面和打印设置。执行"插入"→"布局"→"创建布局向导"命令，打开"创建布局-开始"对话框，如图9-19、图9-20所示。

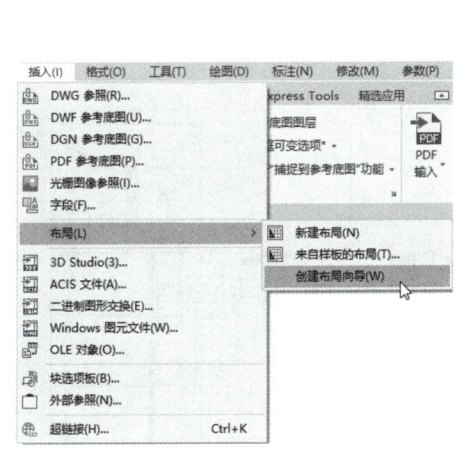

图 9-19 选择"创建布局向导"命令 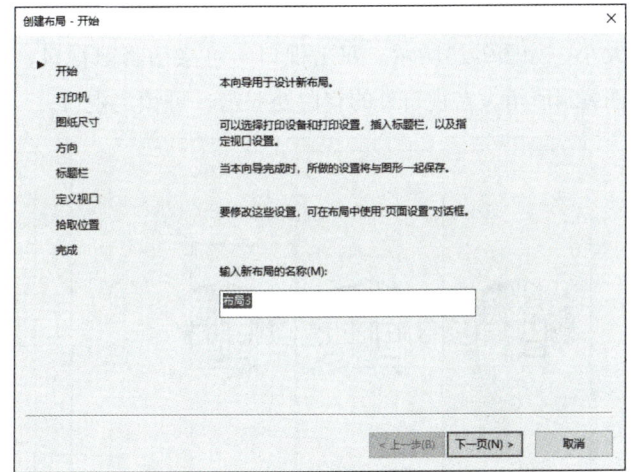　　　　　图 9-20 "创建布局 - 开始"对话框

该向导会一步步引导用户进行创建布局的操作，在这一过程中会分别对布局的名称、打印机、图纸尺寸和单位、图纸方向、标题栏及其类型、视口类型，以及视口大小和位置等进行设置。利用向导创建布局的过程比较简单，而且一目了然。

■9.2.3　布局视口

视口是布局中用于显示模型空间图形的窗口，可以控制图形显示的范围和比例。如果默认的视口模式不符合打印需求，可重新创建新的视口模式。

> **知识点拨**
>
> 不论是模型空间还是布局空间，都可以使用多个视口，但两者的性质和作用各不相同。模型空间的多视口是为了观察图形的各个角度，方便绘图；而布局空间的多视口是为了使图纸布局更加合理。

执行"视图"→"视口"命令，在其级联菜单中根据需要选择视口模式，如图9-21、图9-22所示。

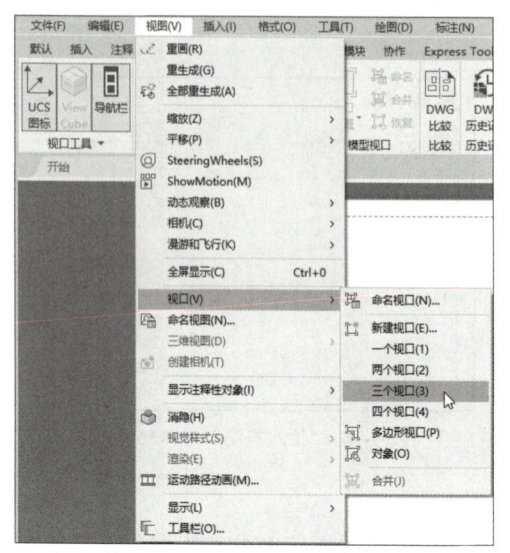

图 9-21　根据需要选择视口模式

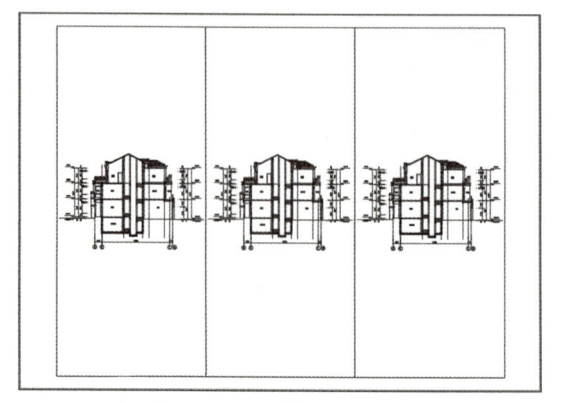

图 9-22　视口模式显示效果

完成视口的创建后，可以根据需要对视口进行调整，例如调整视口大小、调整视口中图形的显示状态、删除视口等。选中视口四周的任意夹点，拖动夹点至合适位置，可调整视口大小，如图9-23所示。双击视口，可激活当前视口，此时可调整视口中图形的显示状态，如图9-24所示。在视口外的空白处双击，可锁定视口。

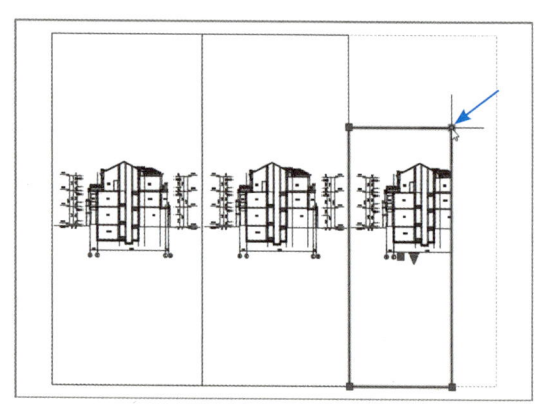

图 9-23　调整视口大小

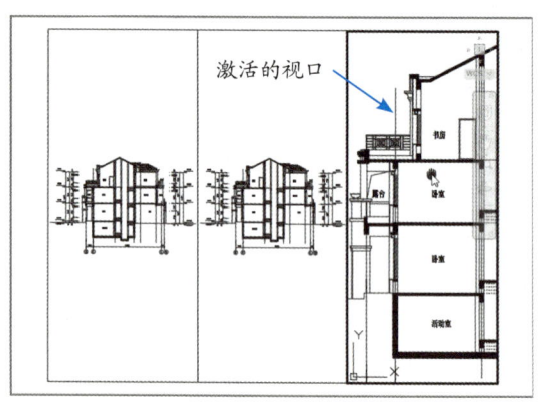

图 9-24　调整视口中图形的显示状态

选中视口，按Delete键可删除视口，如图9-25所示。

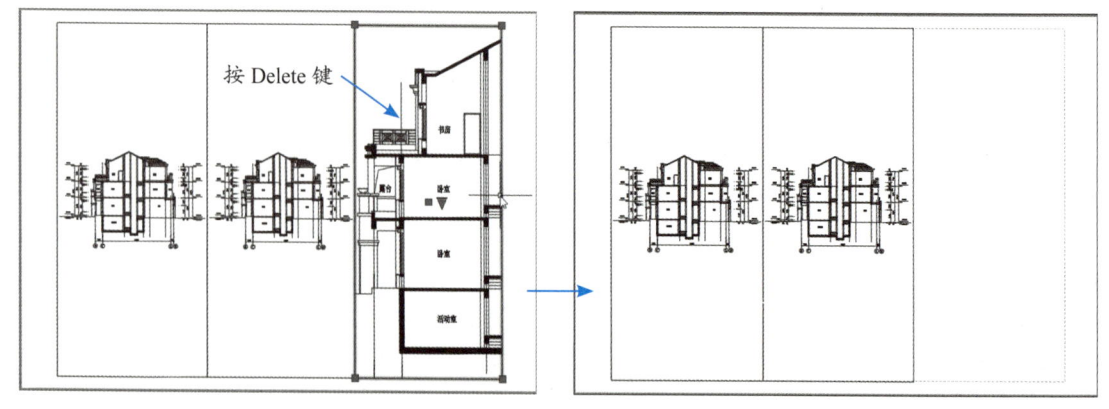

图 9-25　删除视口

第9章 打印与发布建筑图形

在布局空间中除了可创建矩形视口外,还可创建不规则视口。在"布局"选项卡的"布局视口"面板中单击"矩形"右侧的下拉按钮,在其列表中选择"多边形"选项,如图9-26所示,然后在布局空间中指定起点和端点,绘制封闭的图形,按回车键,即可创建不规则视口,如图9-27所示。

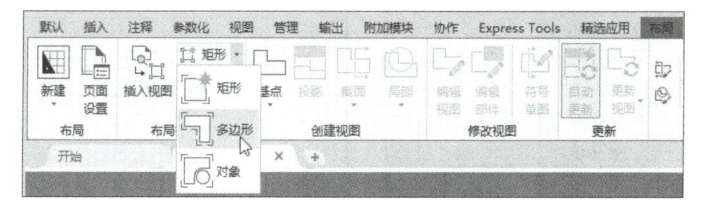

图 9-26 选择"多边形"选项

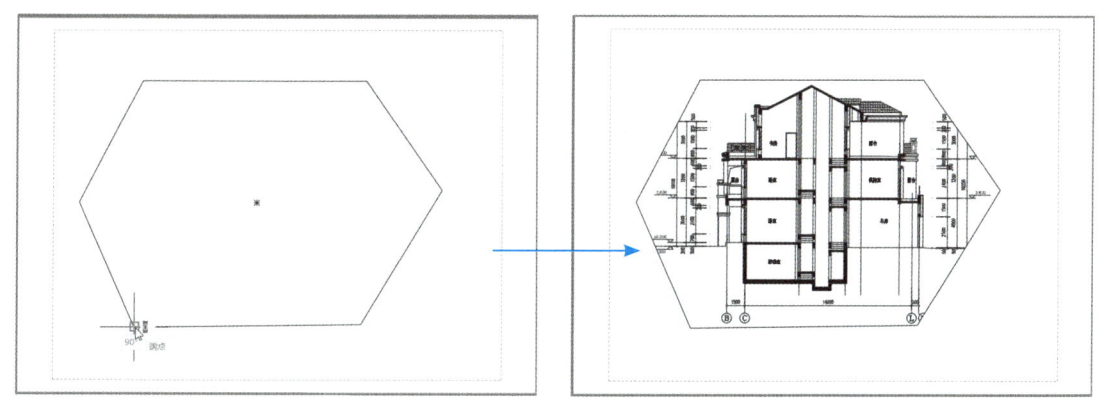

图 9-27 创建不规则视口

上手操作 创建并调整视口

下面以别墅建筑图为例,利用视口功能布局图纸。

步骤01 打开"别墅建筑平面图.dwg"素材文件,在状态栏中单击"布局1"标签,进入布局空间,如图9-28所示。

步骤02 选择默认视口,按Delete键删除,执行"视图"→"视口"→"新建视口"命令,如图9-29所示。

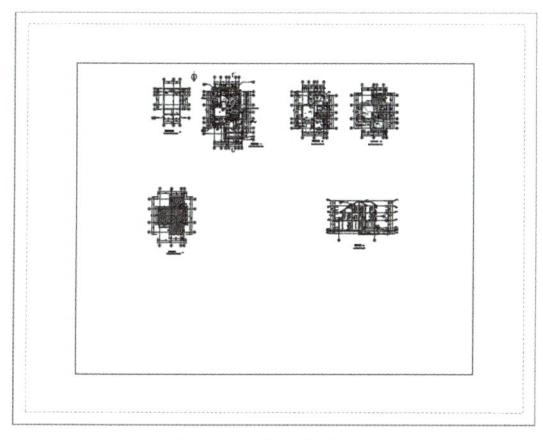

图 9-28 进入布局空间

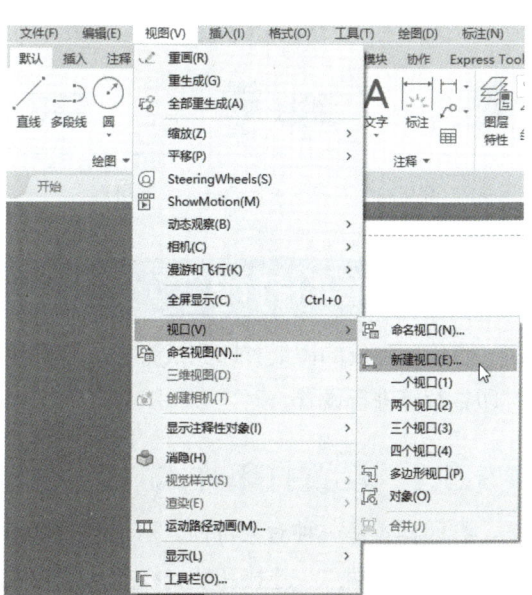

图 9-29 执行"新建视口"命令

· 197 ·

步骤 03 在"视口"对话框的"标准视口"列表中选择"四个：相等"选项，单击"确定"按钮，如图9-30所示。

步骤 04 指定视口起点，移动光标指定视口的对角点，创建视口，如图9-31所示。

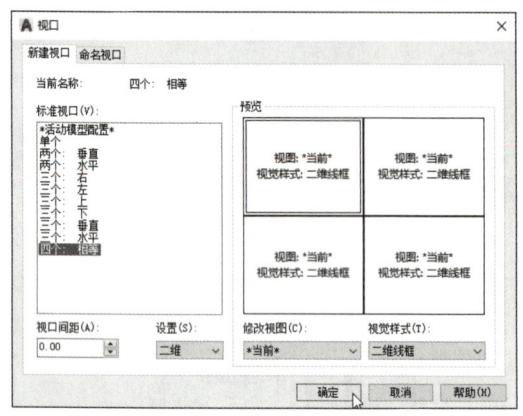

图 9-30　选择"四个：相等"选项 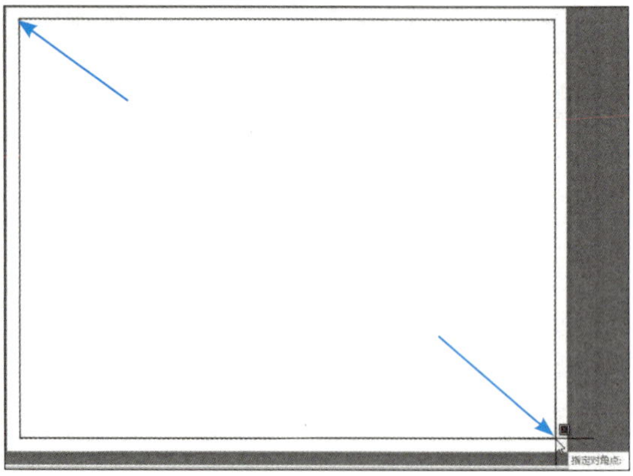　　　　　图 9-31　创建视口

步骤 05 双击左上角的视口，将其激活，滚动鼠标中键，缩放视口中的图形，将一层平面图形显示在视口中，如图9-32所示。

步骤 06 双击视口外的空白处，锁定视口。按照同样的方法，将二层、三层和屋顶平面图分别显示在其他3个视口中，如图9-33所示。

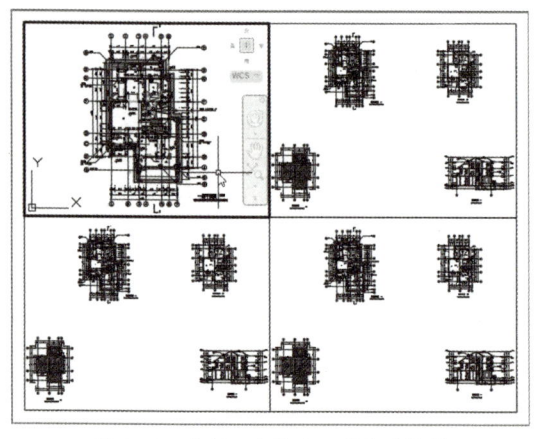

图 9-32　在视口中显示一层平面图形 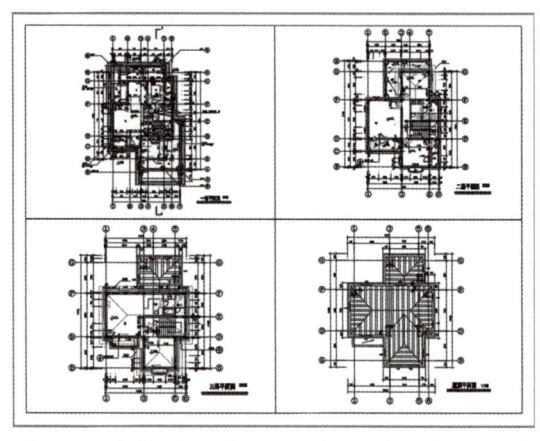　　　　图 9-33　在其他视口中显示二层、三层和屋顶平面图

9.3　图形的打印

将绘制完成的图纸打印到纸张上，可方便施工人员查看。在打印之前，需要对打印样式及打印参数等进行设置。

9.3.1　设置打印样式

打印样式是一种对象特性，用于修改打印图形的外观，包括对象的颜色、线型和线宽等，也可用于指定端点、连接和填充样式，以及抖动、灰度、笔号和淡显等输出效果。

1. 创建颜色打印样式表

颜色打印样式建立在图形颜色设置的基础上，通过颜色控制图形输出。在使用时可以根据颜色设置打印样式，再将这些打印样式赋予使用该颜色的图形上，从而最终控制图形的输出。与颜色相关的打印样式表都被保存在以".ctb"为扩展名的文件中，命名打印样式表被保存在以".stb"为扩展名的文件中。

2. 添加打印样式表

通常在打印前需要进行页面设置和添加打印样式表。执行"工具"→"向导"→"添加打印样式表"命令，打开"添加打印样式表"对话框的向导窗口，如图9-34所示。该向导会一步步引导用户进行添加打印样式表的操作，在这一过程中会分别对打印的表格类型、样式表名称等进行设置。

3. 管理打印样式表

如果要对相同颜色的图形进行不同的打印设置，可使用命名打印样式表，根据需要创建统一颜色的多种命名打印样式，并将其指定给图形。

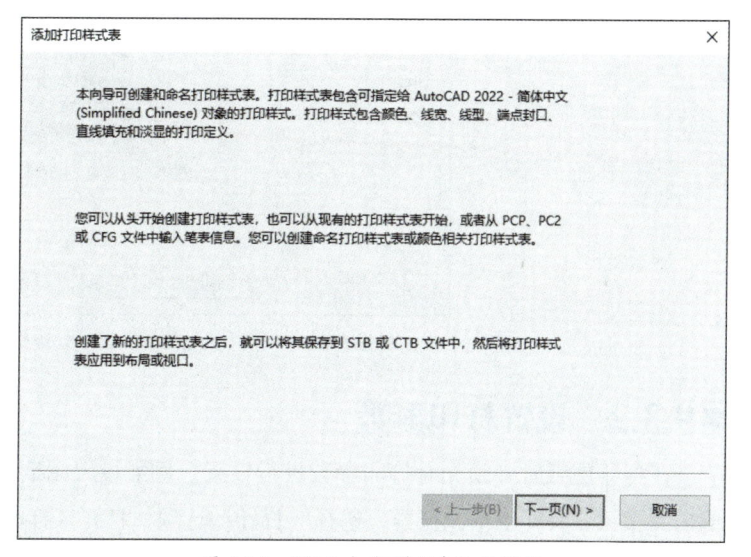

图 9-34 "添加打印样式表"对话框

执行"文件"→"打印样式管理器"命令，即可打开如图9-35所示的打印样式列表，在该列表中显示了之前添加的打印样式表文件。双击打印样式表文件，在打开的"打印样式表编辑器"对话框中设置打印颜色、线宽、打印样式和填充等，如图9-36所示。

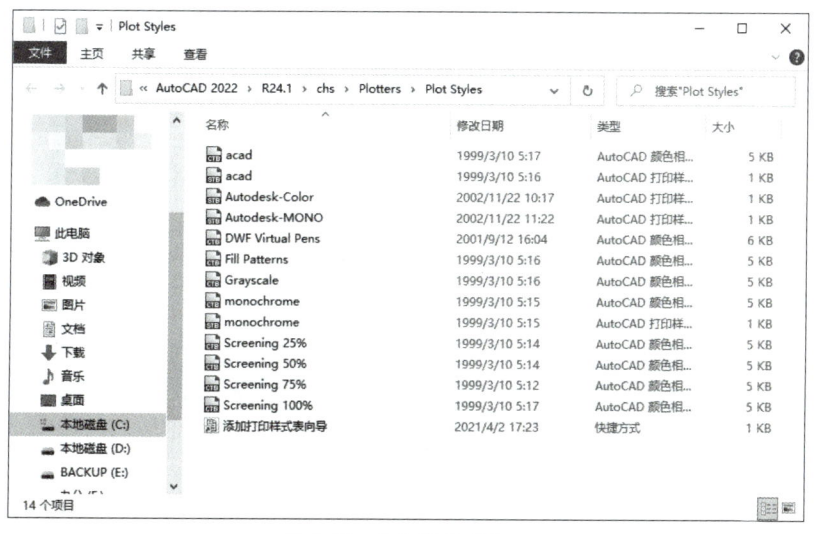

图 9-35 打印样式列表

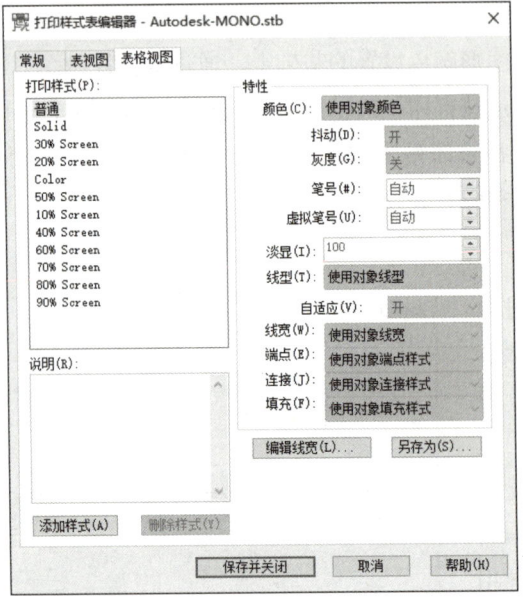

图 9-36 "打印样式表编辑器"对话框

■9.3.2 设置打印参数

在打印图纸时必须先对打印参数进行设置，例如设置图纸尺寸、图形方向、打印区域等。单击 A 按钮，打开菜单浏览器，选择"打印"选项，打开"打印-模型"对话框，如图9-37所示。

> **知识点拨**
>
> 按 Ctrl+P 组合键可快速打开"打印"对话框。

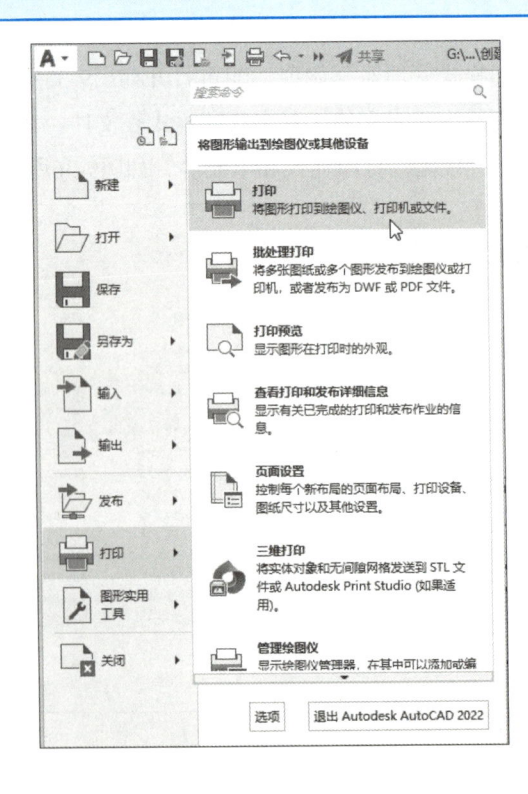

第9章 打印与发布建筑图形

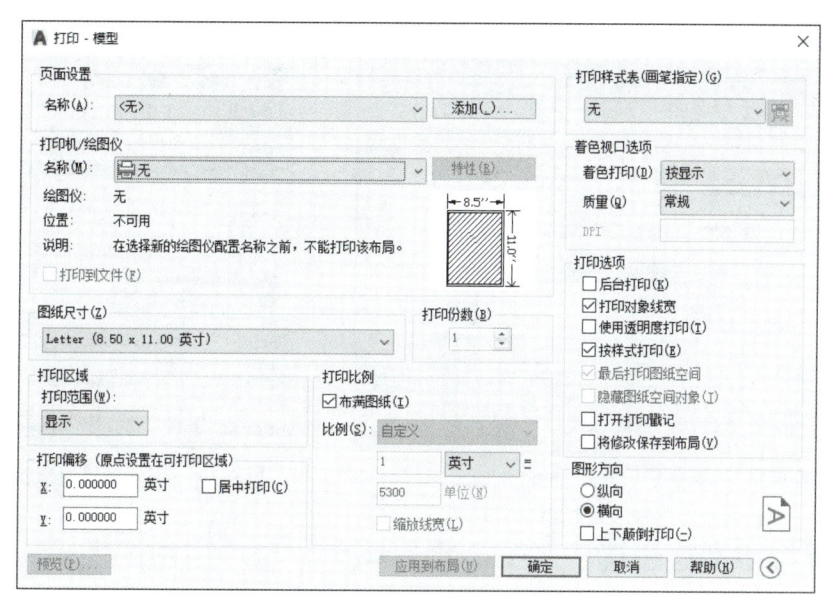

图 9-37 打开"打印 - 模型"对话框

"打印-模型"对话框中各主要选项组讲解如下：

- **打印机/绘图仪**：用于指定打印机的名称、位置和说明。在"名称"下拉列表中可选择打印机或绘图仪的名称。
- **图纸尺寸**：可以在其下拉列表中选择所需的图纸尺寸，并可以通过对话框中的预览窗口进行预览。
- **打印区域**：用于对打印区域进行设置。
- **打印偏移（原点设置在可打印区域）**：用于指定相对于可打印区域左下角的偏移量。勾选"居中打印"复选框，系统可以自动计算偏移值以便居中打印。
- **打印比例**：用于选择标准比例，该值显示在"比例"文本框中。如果需要按打印比例缩放线宽，可勾选"缩放线宽"复选框。
- **打印样式表（画笔指定）**：用于修改图形打印的外观。图形中每个对象或图层都具有打印样式属性，通过修改打印样式可以改变对象输出的颜色、线型、线宽等特性。
- **打印选项**：用于设置一些打印选项，在需要的情况下可以使用。
- **图形方向**：用于设置图形在图纸上的放置方向。如果勾选"上下颠倒打印"复选框，表示将图形旋转180°打印。

■ 9.3.3 保存与调用打印设置

要重复使用当前打印设置打印多份图纸，可将当前打印设置进行保存，以方便下次调用。

打开"打印-模型"对话框，单击"添加"按钮，在打开的"添加页面设置"对话框中为保存的打印设置命名，单击"确定"按钮，如图9-38所示。

当下次调用该打印设置时，在"输出"选项卡中单击"页面设置管理器"按钮，打开"页面设置管理器"对话框，选择保存的打印设置，单击"置为当前"按钮即可，如图9-39所示。

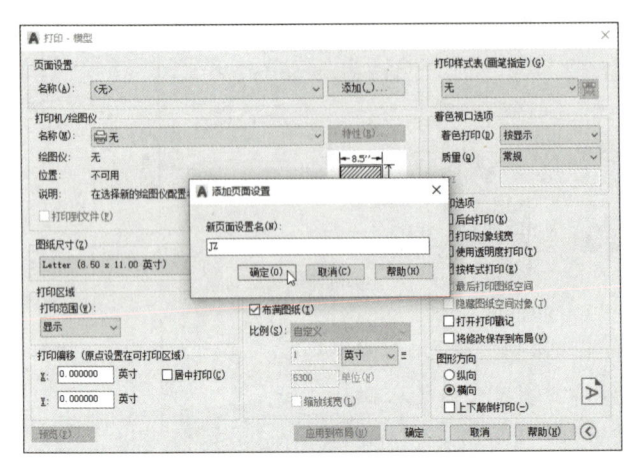

图 9-38 "添加页面设置"对话框 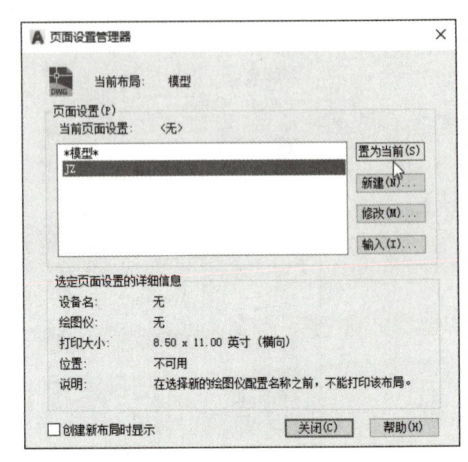　　　　图 9-39 "页面设置管理器"对话框

上手操作 打印别墅建筑平面图

下面以别墅建筑平面图为例，讲解打印设置的具体操作。

步骤 01 打开"别墅建筑平面图.dwg"素材文件，按Ctrl+P组合键打开"打印-模型"对话框，如图9-40所示。

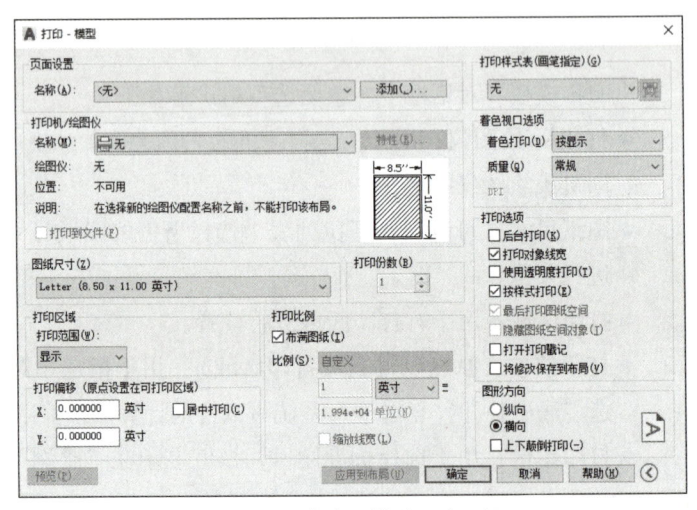

图 9-40 "打印 - 模型"对话框

步骤 02 设置"打印机/绘图仪"名称和图纸尺寸，如图9-41所示。

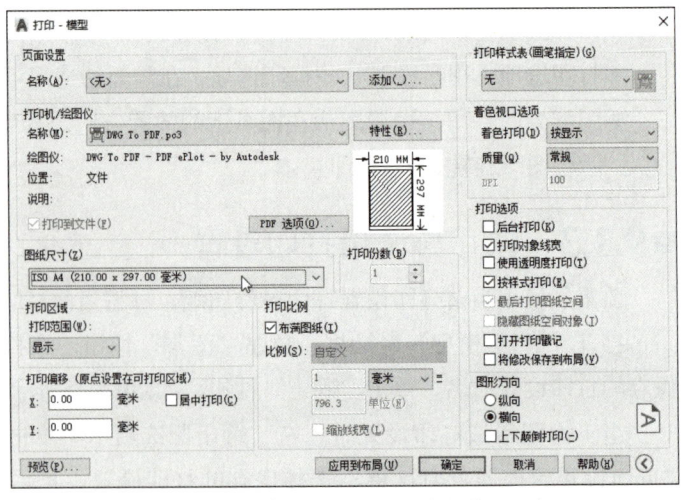

图 9-41 设置"打印机 / 绘图仪"名称和图纸尺寸

第9章　打印与发布建筑图形

步骤 03 单击"打印范围"右侧的下拉按钮，右侧的在其列表中选择"窗口"选项，如图9-42所示。

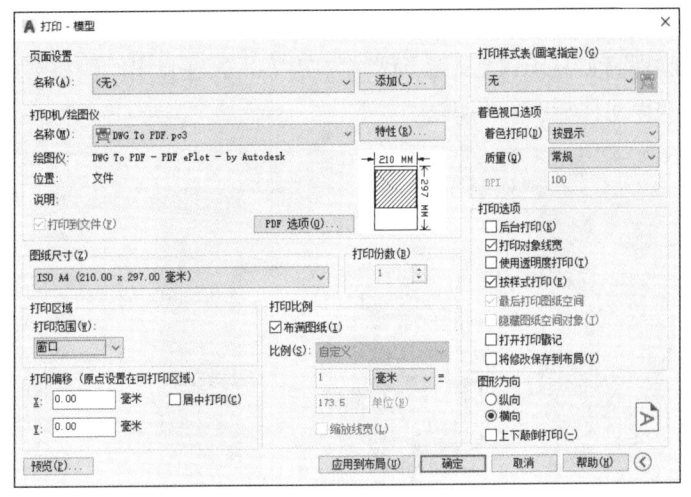

图 9-42　设置"打印范围"

步骤 04 在绘图区中框选要打印的平面图形，如图9-43所示。

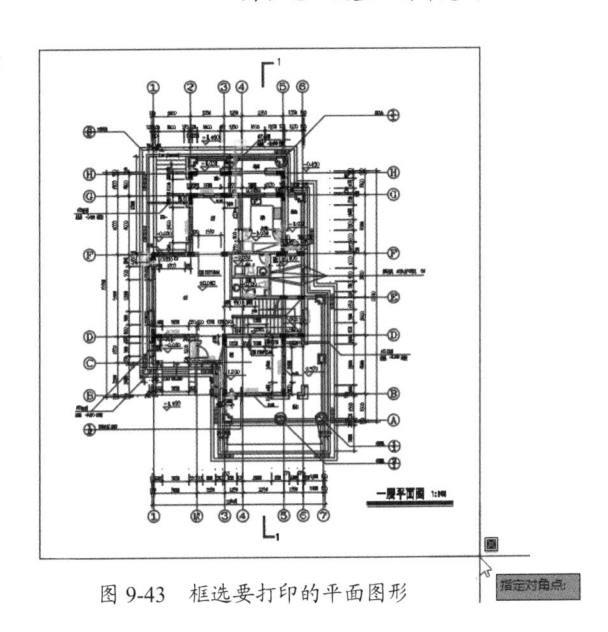

图 9-43　框选要打印的平面图形

步骤 05 返回"打印-模型"对话框，勾选"居中打印"复选框，将"打印样式表（画笔指定）"设置为"monochrome.ctb"，将"图形方向"设置为"纵向"，如图9-44所示。

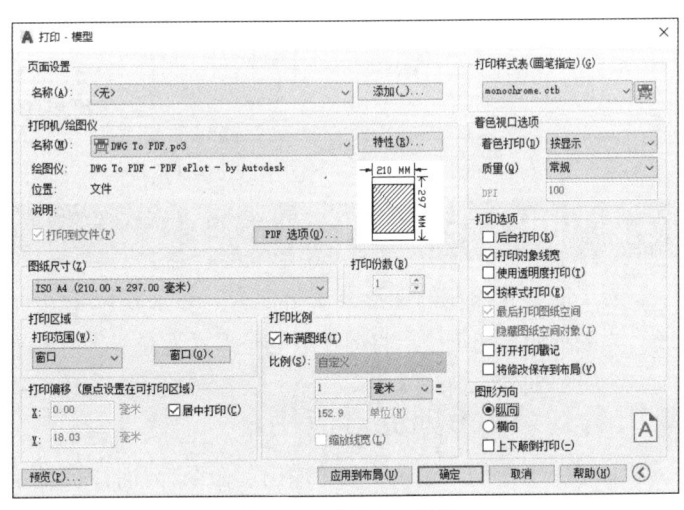

图 9-44　设置打印参数

步骤 06 单击"预览"按钮,进入预览窗口,在此可预览打印效果,如图9-45所示。

步骤 07 确认无误后,在预览窗口中右击,在弹出的快捷菜单中选择"打印"选项,即可进行打印操作,如图9-46所示。

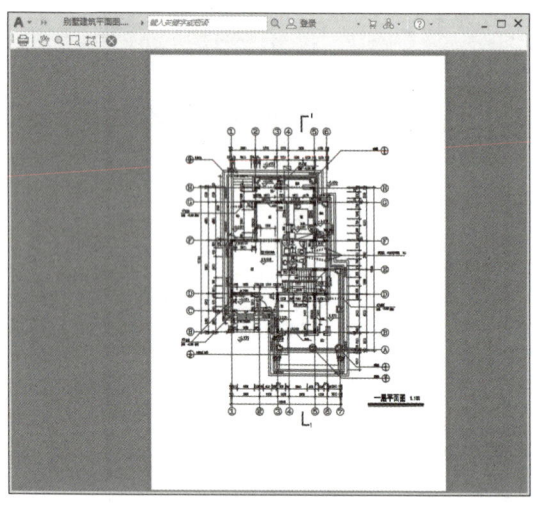

图 9-45　预览打印效果　　　　　　　图 9-46　选择"打印"选项

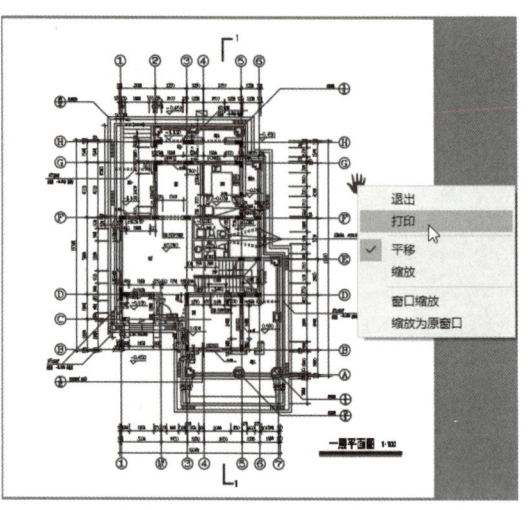

知识点拨

要想设置打印份数,按Esc键返回"打印-模型"对话框,在"打印份数"文本框中输入所需份数即可,如图9-47所示。

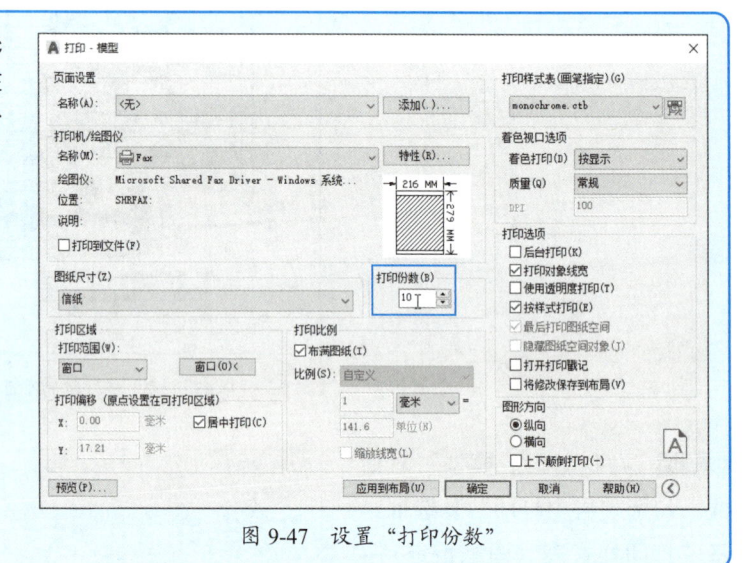

图 9-47　设置"打印份数"

9.4　网络分享图形

为了能够将绘制的图形分享给他人,可使用以下几种方式操作,例如在因特网上预览图纸、为图纸插入超链接、将图纸以电子形式发送等。

■ 9.4.1　Web浏览器应用

AutoCAD中的"输入"和"输出"命令都具有内置的因特网支持功能。通过该功能,可以直接从因特网上下载文件,之后就可以在AutoCAD环境下编辑图形了。

利用"浏览Web"对话框，可快速定位到要打开或保存文件的特定的因特网位置。指定一个默认的因特网网址，在每次打开"浏览Web"对话框时都会加载该位置。如果不知道正确的URL，或者不想在每次访问因特网网址时输入冗长的URL，可使用"浏览Web"对话框方便地访问文件。

在命令行中直接输入"BROWSER"，按回车键，就可以根据提示信息打开网页。

9.4.2 超链接管理

超链接是指将图形对象与其他数据文件建立链接关系。利用超链接，可实现由当前图形对象到关联图形文件的跳转，其链接的对象可以是现有的文件或Web页，也可以是电子邮件地址等。

1. 链接文件或网页

在"插入"选项卡中单击"超链接"按钮，在绘图区中选择所需图形，按回车键，即可打开"插入超链接"对话框，如图9-48所示。

单击"文件"按钮，打开"浏览Web-选择超链接"对话框，如图9-49所示，在其中选择要链接的文件并单击"打开"按钮，返回上一级对话框，单击"确定"按钮，完成链接操作。

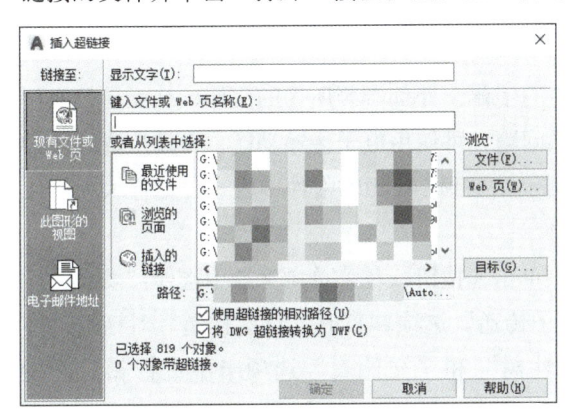

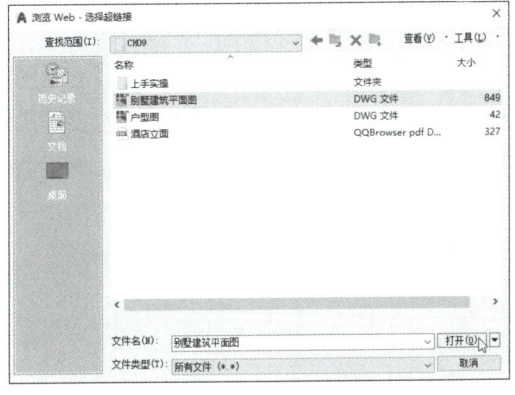

图 9-48 "插入超链接"对话框　　　　图 9-49 "浏览 Web-选择超链接"对话框

在带有超链接的图形文件中，将光标移至带有超链接的图形对象上时，光标右侧会显示超链接符号，并显示链接文件名称，此时按住Ctrl键单击该链接对象，即可按照链接网址切换到相关联的文件中。

"插入超链接"对话框中各选项讲解如下。

- **显示文字**：用于指定超链接的说明文字。
- **现有文件或Web页**：用于创建到现有文件或Web页的超链接。
- **键入文件或Web页名称**：用于指定要与超链接关联的文件或Web页。
- **最近使用的文件**：用于显示最近链接过的文件列表，可从中选择链接。
- **浏览的页面**：用于显示最近浏览过的Web页列表。
- **插入的链接**：用于显示最近插入的超链接列表。
- **文件**：单击该按钮，在"浏览Web-选择超链接"对话框中指定与超链接相关的文件。
- **Web页**：单击该按钮，在"浏览Web-选择超链接"对话框中指定与超链接相关联的Web页。

- **目标**：单击该按钮，在"选择文档中的位置"对话框中选择链接到图形中的命名位置。
- **路径**：用于显示与超链接关联的文件的路径。
- **使用超链接的相对路径**：用于为超链接设置相对路径。
- **将DWG超链接转换为DWF**：用于转换文件的格式。

2. 链接电子邮件地址

在"插入超链接"对话框中单击左侧的"电子邮件地址"选项，在"电子邮件地址"文本框中输入邮件地址，在"主题"文本框中输入邮件消息主题内容，单击"确定"按钮，如图9-50所示。

在打开电子邮件超链接时，默认电子邮件应用程序会创建新的电子邮件消息，填写邮件地址和主题，输入消息内容，并通过电子邮件发送。

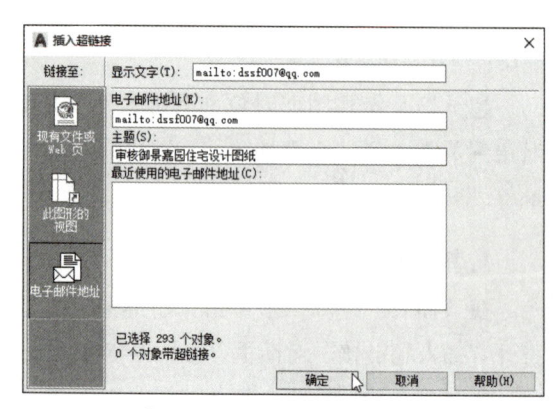

图 9-50 "插入超链接"对话框

9.4.3 传递电子文件

在传递一些大型图纸时，经常会忽略图纸中的字体、外部参照所用的文件，从而导致文件接收时无法正常打开的情况发生。想要解决这类问题，可使用电子传递功能，自动生成包含设计文档及其相关描述文件的数据包，然后将数据包粘贴到E-mail的附件中发送，这样大大简化了发送操作，并保证了发送的有效性。

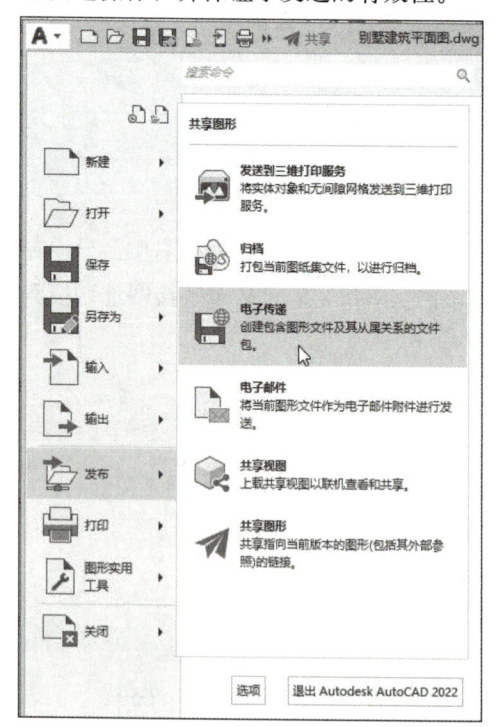

单击 A 按钮，在菜单浏览器中选择"发布"→"电子传递"选项，打开"创建传递"对话框，在"文件树"和"文件表"选项卡中进行相应的设置，如图9-51所示。

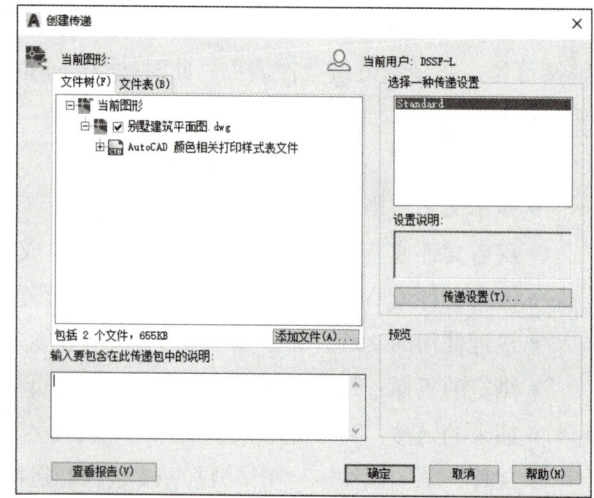

图 9-51 打开"创建传递"对话框

在"文件树"或"文件表"选项卡中,单击"添加文件"按钮,会打开"添加要传递的文件"对话框,在其中选择要包含的文件,单击"打开"按钮,如图9-52所示;返回上一级对话框,单击"传递设置"按钮,打开"传递设置"对话框,如图9-53所示,单击"修改"按钮。

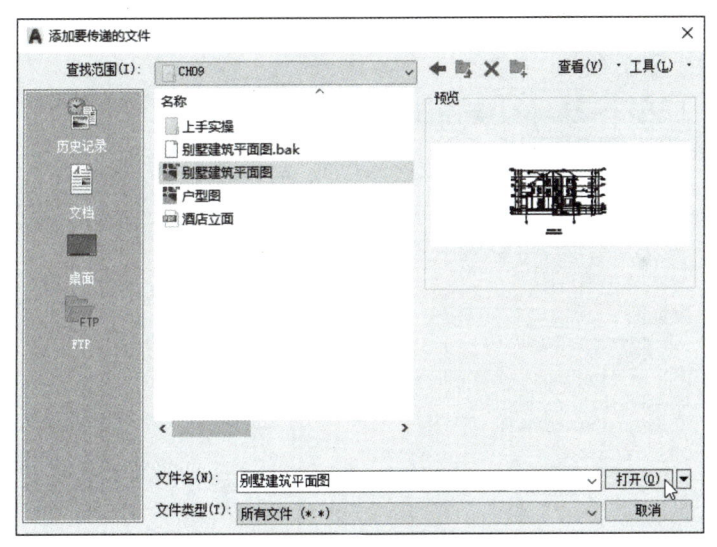

图 9-52 "添加要传递的文件"对话框

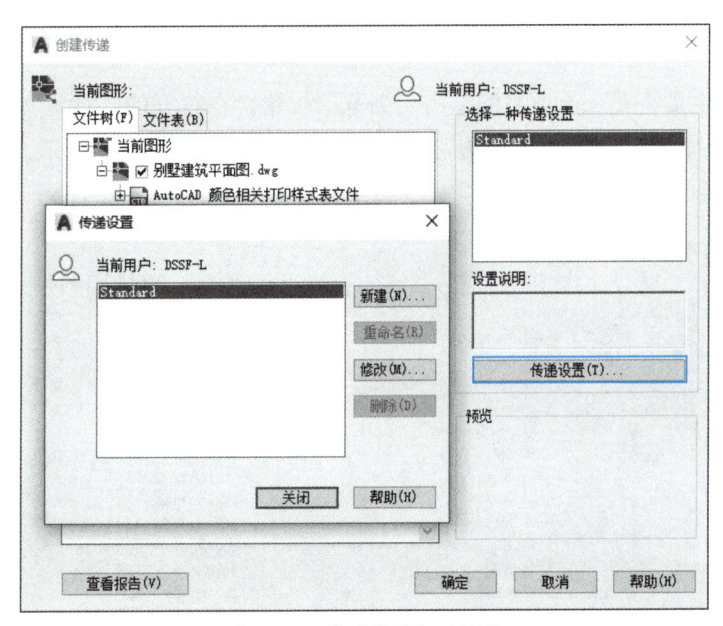

图 9-53 "传递设置"对话框

在"修改传递设置"对话框中单击"传递包类型"右侧的下拉按钮,在其列表中选择"文件夹(文件集)"选项,其他设置如图9-54所示。

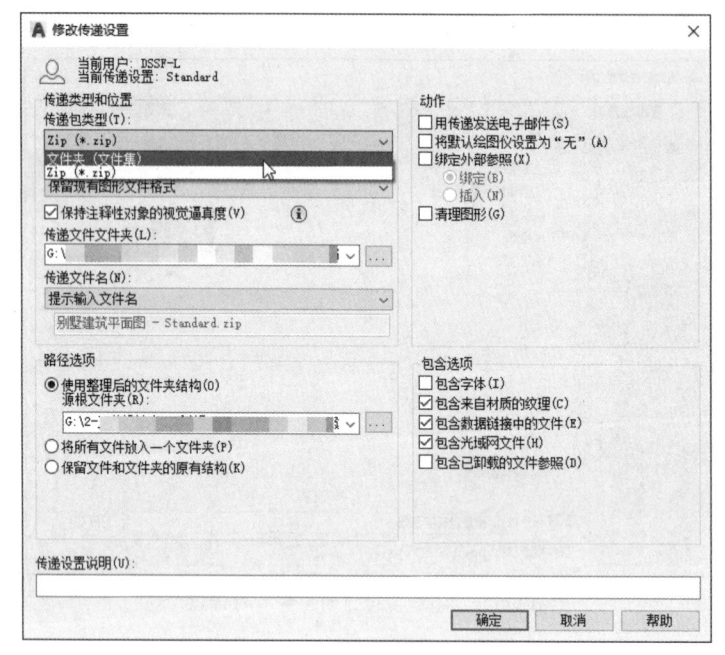

图 9-54 "修改传递设置"对话框

在"传递文件文件夹"选项右侧单击"浏览"按钮,在打开的"指定文件夹位置"对话框中指定要在其中创建传递包的文件夹,单击"打开"按钮,如图9-55所示,返回上一级对话框,依次单击"关闭""确定"按钮,完成在指定文件夹中创建传递包的操作。

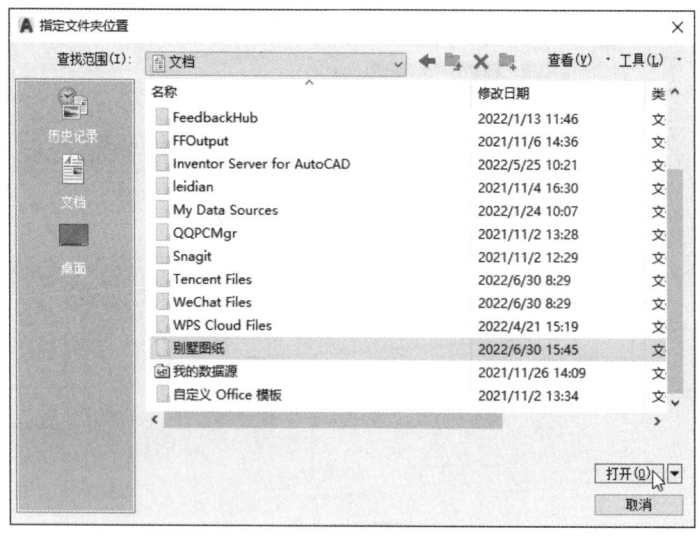

图 9-55 "指定文件夹位置"对话框

实战演练 将自建房设计图输出为 PDF 格式文件

本例将综合本章所学知识点，将自建房设计图转换为PDF格式文件，其中涉及的操作有创建布局、创建视口、设置打印参数等。

步骤 01 打开"自建房设计图.dwg"素材文件，切换到"布局1"空间，右击"布局1"标签，在弹出的快捷菜单中选择"从样板"选项，如图9-56所示。

扫码观看视频

步骤 02 在"从文件选择样板"对话框中，选择一个合适的样板，单击"打开"按钮，如图9-57所示。

图 9-56 选择"从样板"选项

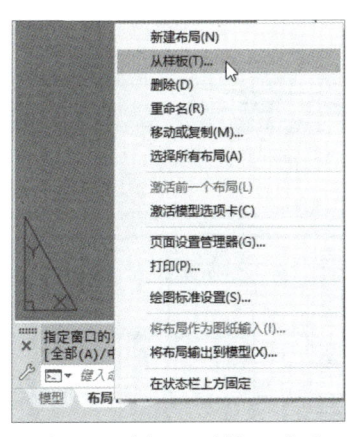

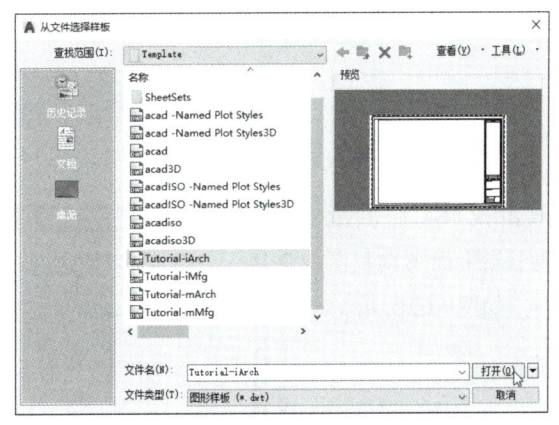

图 9-57 "从文件选择样板"对话框

步骤 03 打开"插入布局"对话框，选择默认名称，如图9-58所示，单击"确定"按钮。

步骤 04 在状态栏中切换至"D-尺寸布局"选项卡，进入该布局空间，如图9-59所示。

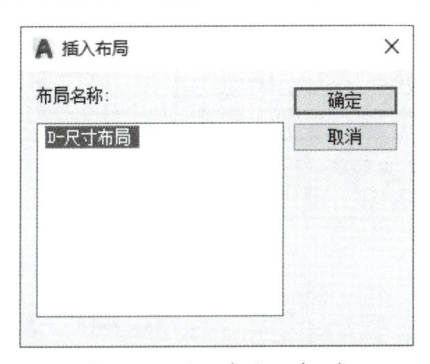

图 9-58 "输入布局"对话框

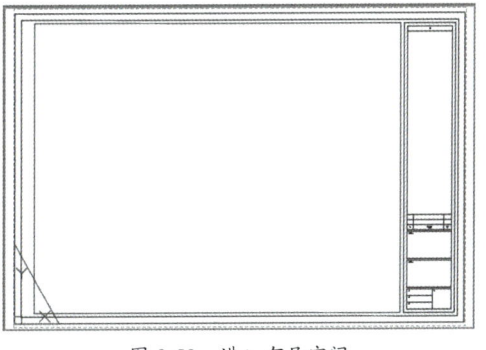

图 9-59 进入布局空间

步骤 05 旋转图框内侧视口，按Delete键将其删除，如图9-60所示。

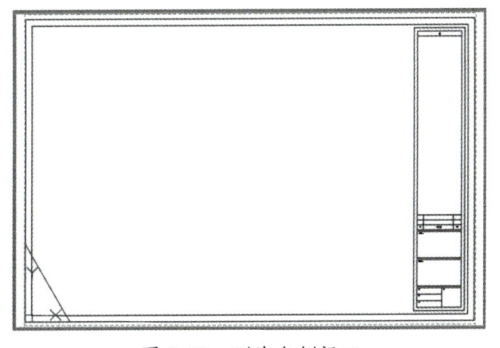

图 9-60 删除内侧视口

· 209 ·

步骤 06 在"布局"选项卡中单击"矩形"按钮，绘制视口范围，如图9-61所示。

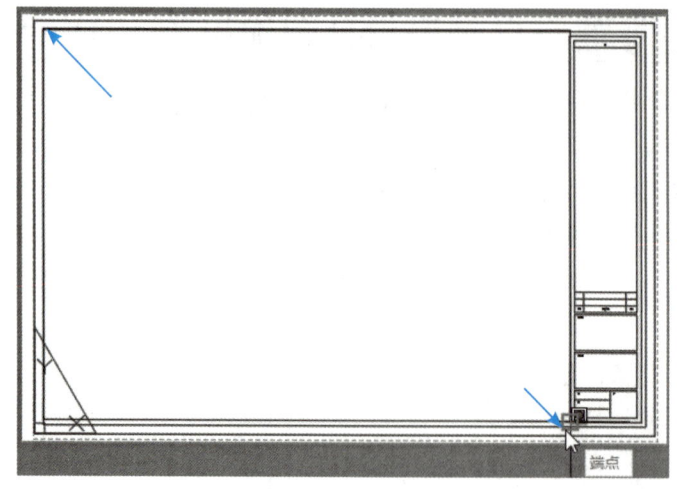

图 9-61 绘制视口范围

步骤 07 双击视口，将其激活，将地下层平面图调整至视口中央，如图9-62所示。

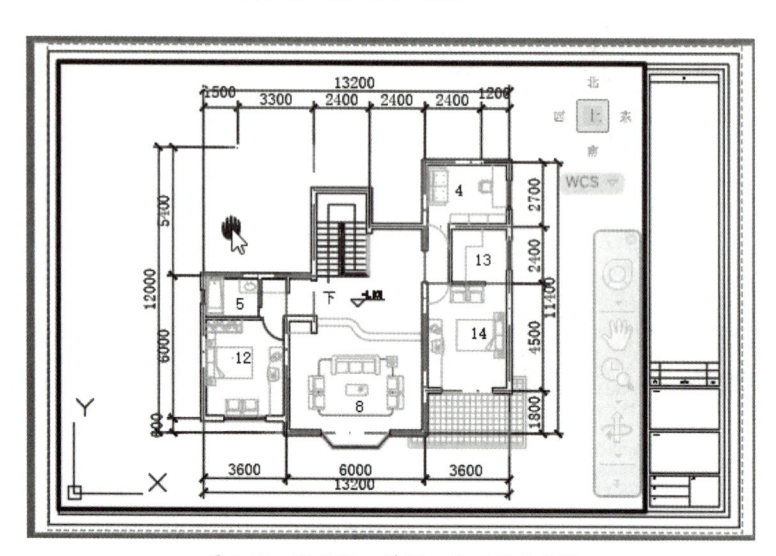

图 9-62 激活视口并调入地下层平面图

步骤 08 按Ctrl+P键，打开"打印"对话框，将"名称"设置为"DWG To PDF.pc3"选项，并将图纸尺寸设置为A4大小，如图9-63所示。

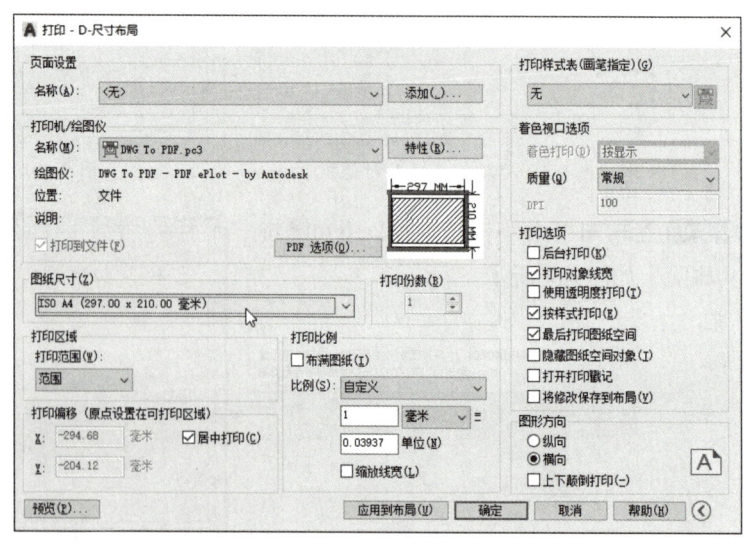

图 9-63 "打印"对话框

步骤 09 将"打印范围"设置为"窗口",并在布局空间中框选打印范围,如图9-64所示。

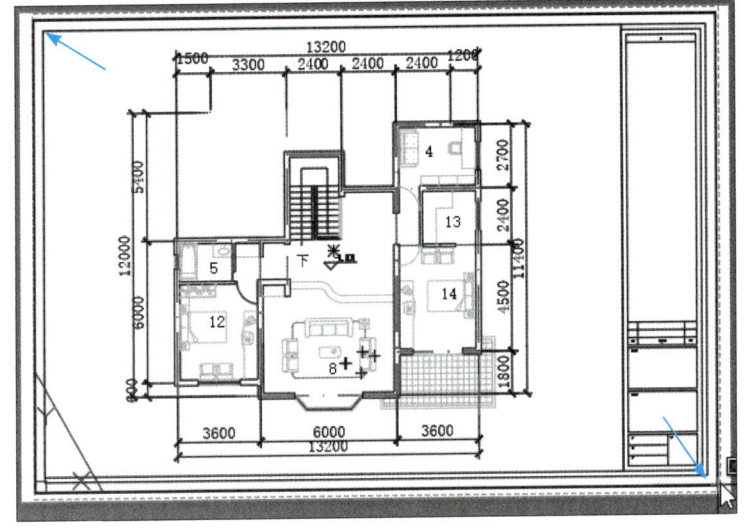

图 9-64 框选打印范围

步骤 10 返回对话框,按照图9-65所示进行设置。

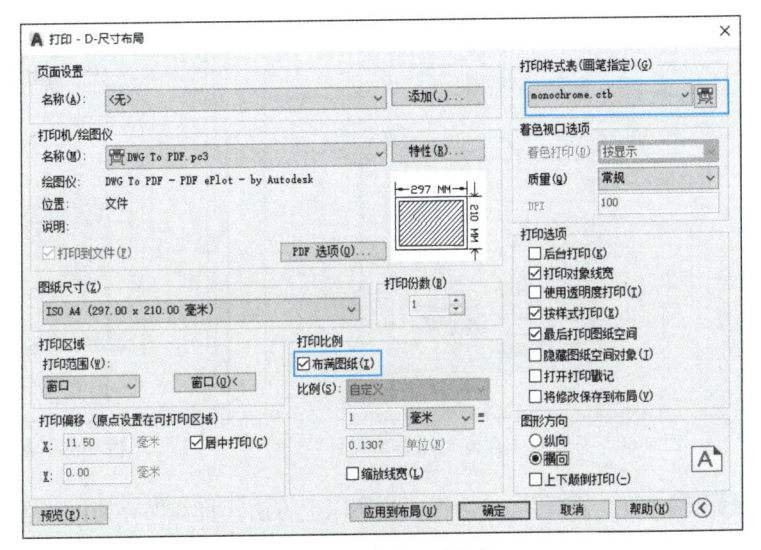

图 9-65 "打印"对话框

步骤 11 单击"预览"按钮,可预览设置效果,如图9-66所示。

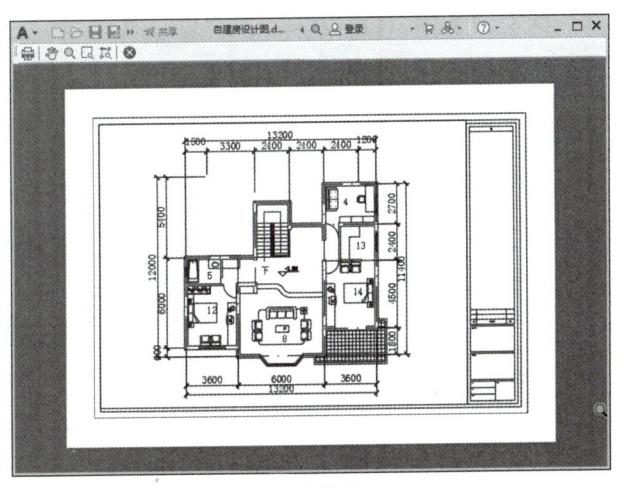

图 9-66 预览效果

步骤 12 按Esc键返回对话框，单击"确定"按钮，打开"浏览打印文件"对话框，在其中设置保存路径和文件名，如图9-67所示。

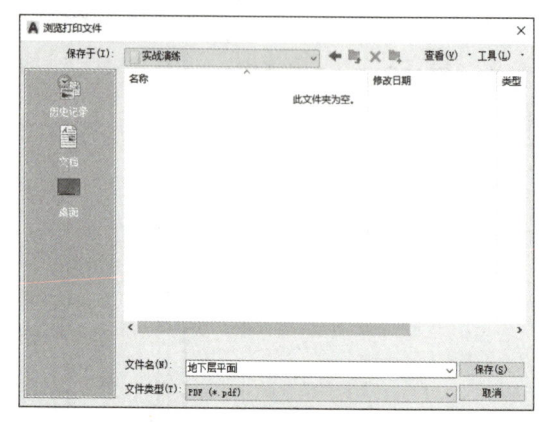

图 9-67 "浏览打印文件"对话框

步骤 13 单击"保存"按钮，即可将该图纸保存为PDF格式的文件，如图9-68所示。

步骤 14 返回布局空间，删除当前视口，并新建一个视口，将一层平面图调整至视口中央，如图9-69所示。

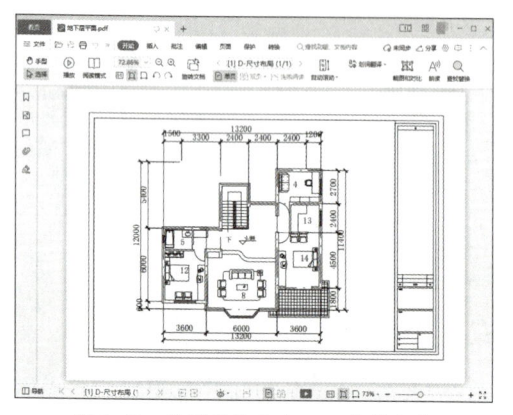

图 9-68 将图纸保存为 PDF 格式文件

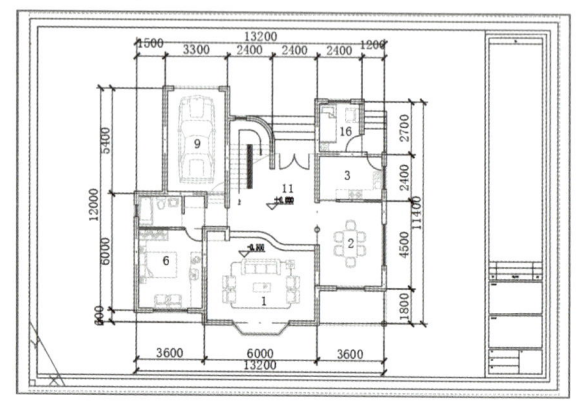

图 9-69 新建视口并调入一层平面图

步骤 15 打开"打印"对话框，按照以上方法，将其保存为PDF格式的文件，如图9-70所示。

步骤 16 按照同样的方法，将其他建筑图纸分别保存成PDF格式文件，如图9-71所示。

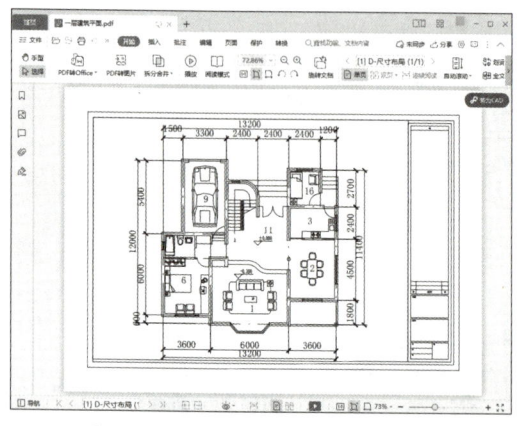

图 9-70 将图纸保存为 PDF 格式文件

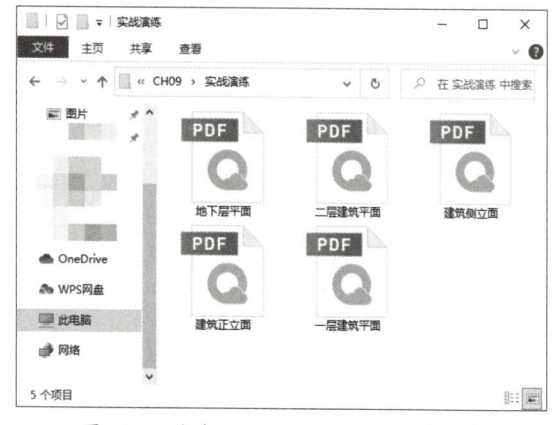

图 9-71 将其他图纸保存为 PDF 格式文件

· 212 ·

课后作业

1. 打印别墅建筑外观三视图

利用布局视口功能和打印功能，打印别墅建筑外观三视图，如图9-72所示。

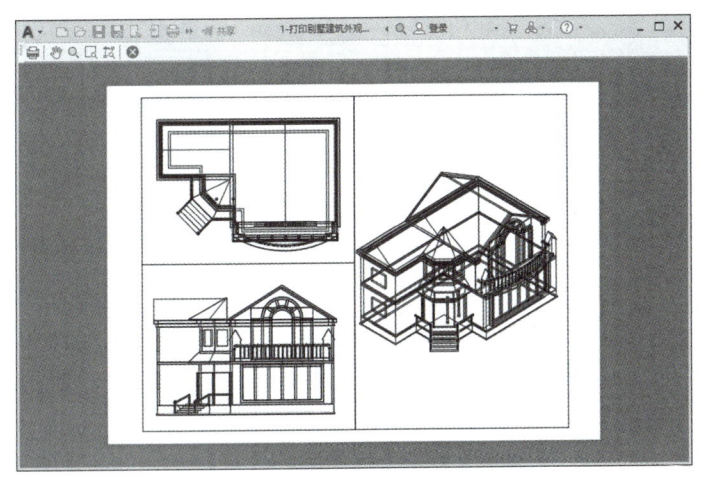

图 9-72 打印别墅建筑外观三视图

操作提示

- 创建3个视口，并调整图形的角度。
- 打开"打印-布局"对话框，设置相关打印参数，打印布局中的图形。

2. 将建筑外立面图输出为PDF格式文件

利用打印输出功能，将建筑外立面图输出为PDF格式文件，结果如图9-73所示。

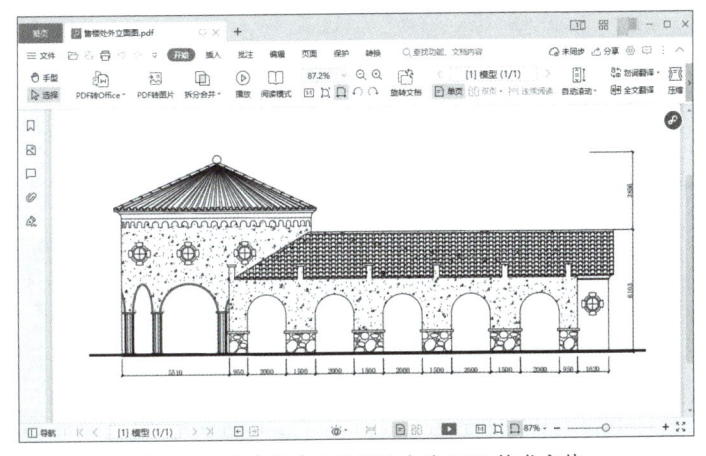

图 9-73 将建筑外立面图输出为 PDF 格式文件

操作提示

- 打开"打印-模型"对话框，设置打印机名称、指定打印范围。
- 预览打印效果，并在"浏览打印文件"对话框中设置文件名，并保存文件。

第 10 章

绘制各类建筑三视图

内容概要

本章将综合前面所学知识绘制建筑平面、立面及剖面图,内容包括平、立、剖3个视图的绘制要点与技巧,以及别墅首层平面图、办公楼立面图、仓库房屋剖面图的绘制方法等。

知识要点

- 掌握建筑平面图的绘制方法。
- 掌握建筑立面图的绘制方法。
- 掌握建筑剖面图的绘制方法。

数字资源

【本章素材】:"素材文件\第10章"目录下

10.1 绘制建筑平面图

建筑平面图是指建筑施工图的基本样图，它反映了建筑的功能需要、平面布局及其平面的构成关系，是决定建筑立面及内部结构的关键。

10.1.1 建筑平面图的类型及绘制内容

在绘制建筑平面图前，需要了解建筑平面图的类型和绘制内容，以绘制出符合标准的图纸。

1. 建筑平面图的类型

建筑平面图主要包括底层平面图、标准层平面图、顶层平面图、屋顶平面图、地下室平面图几个类型。

- **底层平面图**：也可称为"首层平面图"或"一层平面图"，是将剖切平面的剖切位置放在建筑的一层地面与从一楼通向二楼的休息平台（即一楼到二楼的第1个梯段）之间，并通过该层所有的门、窗洞剖切之后投影得到的。
- **标准层平面图**：多层建筑往往存在相同或相近平面布局形式的楼层，在绘制建筑平面图时，相同或相近的楼层可共用一张平面图表示，这张平面图即被称为"标准层平面图"。但如果建筑内部每层的平面布局都有差异，则需要绘制所有楼层的平面图，其图名可以本身的楼层数命名。
- **顶层平面图**：用于表达建筑最上面一层的平面布局，具有与其他层相同的功用，其图名可用相应的楼层数命名。
- **屋顶平面图**：是指从屋顶上方向下绘制的俯视图，主要用来表示屋顶的平面布局。
- **地下层平面图**：用于表达建筑地下层（地下室）的平面布局情况。

2. 建筑平面图的绘制内容

虽然建筑平面的类型及剖切位置不同，但其绘制内容基本相同，主要包括以下几点：
- 建筑平面的形状及总长、总宽等尺寸。
- 建筑平面的房间组合和各房间的开间、进深等尺寸。
- 墙、柱、门窗的尺寸、位置、材料及开启方向。
- 走廊、楼梯、电梯等交通联系部分的位置、尺寸和方向。
- 阳台、雨棚、台阶、散水和雨水管等附属设施的位置、尺寸和材料等。
- 未剖切到的门、窗洞口等（一般用虚线表示）。
- 楼层、楼梯的标高、定位轴线的尺寸和细部尺寸等。
- 屋顶的形状、坡面形式、屋面做法、排水坡度、雨水口位置、电梯间、水箱间等的构造和尺寸等。
- 建筑说明、具体做法、详图索引、图名、绘图比例等详细信息。

10.1.2 建筑平面图的绘制流程

一般应按照建筑设计尺寸绘制建筑平面图，完成绘制后依据具体图纸的图幅套入相应的图框打印输出。一张图纸上的主要比例需一致，比例不同的图纸应根据出图时所用的比例表示清楚。

建筑平面图的绘制流程如下：

- 设置绘图环境。按照所绘制建筑的长度尺寸相应调整绘图区域、精度、角度单位和建立相应的图层。根据建筑平面图表示内容的不同，一般需要建立如下图层：轴线、墙体、柱子、门窗、楼梯、阳台、标注和其他等。
- 绘制定位轴线。在"轴线"图层上用点画线将轴线绘制出来，形成轴线网。
- 绘制各种建筑构配件，包括墙体、柱子、门窗、阳台、楼梯等。
- 绘制建筑细部内容和布置室内家具。
- 绘制室外周边环境（底层平面图）。
- 标注尺寸、标高符号、索引符号和相关文字注释。
- 添加图框、图名和比例等内容，调整图幅比例和各部分位置。
- 打印输出。

10.1.3 绘制别墅首层平面图

下面以别墅首层平面图为例，讲解建筑平面图的基本绘制方法，其中包括建筑墙体、门窗、楼梯等的绘制。

步骤 01 打开"图层特性管理器"面板，依次创建"轴线""墙体""门窗""标注"等图层，并设置图层属性。将"轴线"图层设置为当前图层，如图10-1所示。

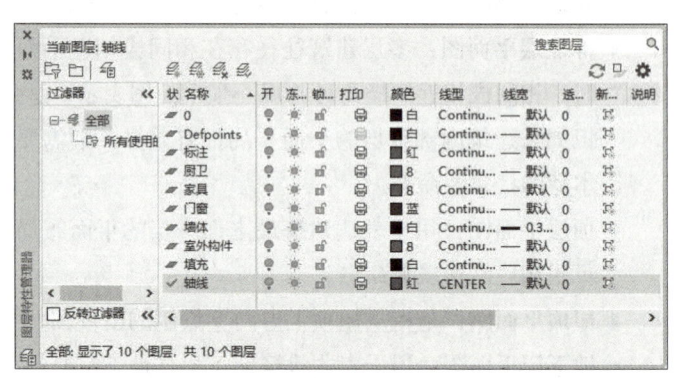

图 10-1 "图层特性管理器"面板

步骤 02 执行"直线"和"偏移"命令，绘制直线并进行偏移，如图10-2所示。

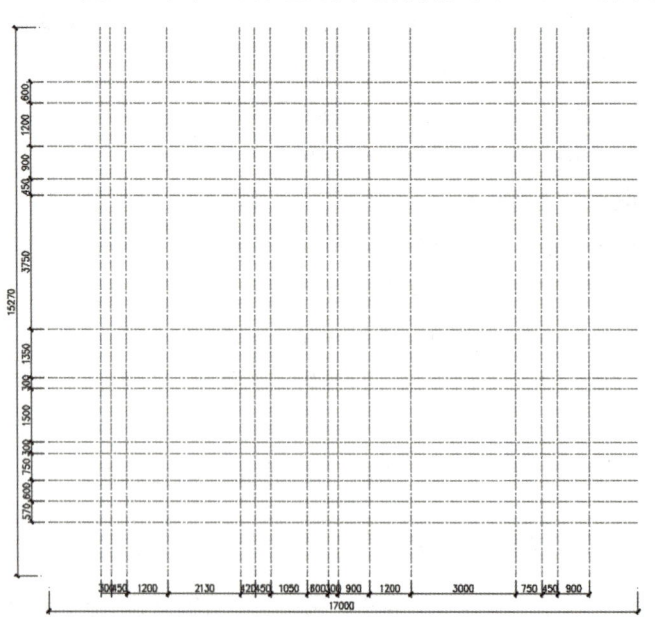

图 10-2 绘制并偏移直线

步骤 03 执行"多线"命令,根据命令行中的提示信息,设置"对正"为"无","比例"为240,捕捉绘制如图10-3所示的墙体。

步骤 04 双击多线,打开"多线编辑工具"对话框,选择"T形合并"工具,如图10-4所示。

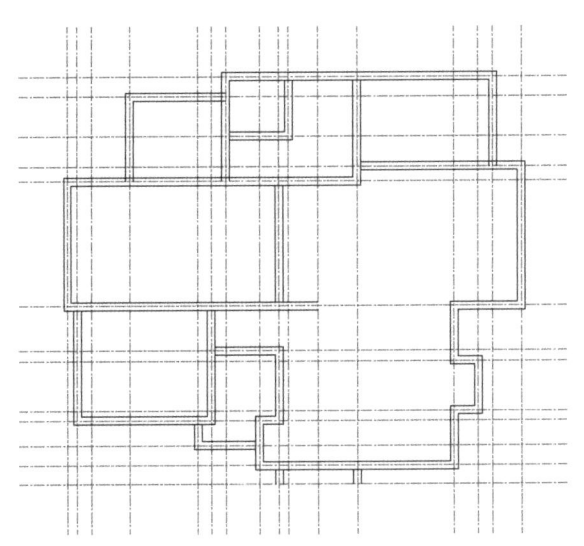

图 10-3 绘制墙体

图 10-4 选择"T形合并"工具

步骤 05 在绘图区中选择相交的多线进行修剪,效果如图10-5所示。

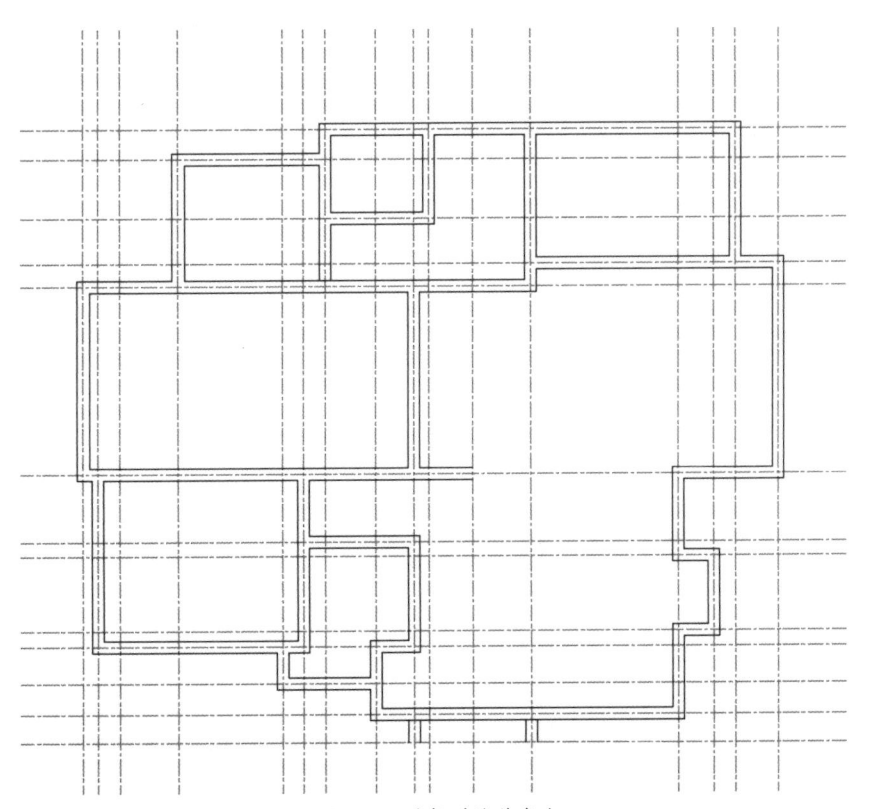

图 10-5 选择并修剪多线

步骤 06 关闭"轴线"图层。执行"直线"和"偏移"命令，绘制门洞和窗洞位置，尺寸如图10-6所示。

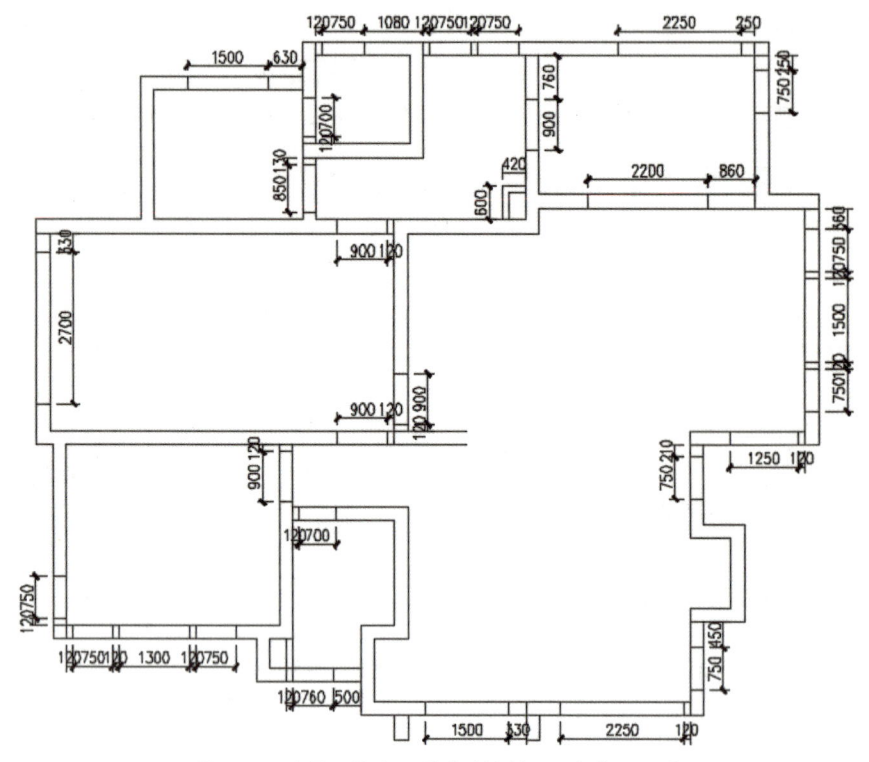

图 10-6　关闭"轴线"图层并绘制门洞和窗洞位置

步骤 07 执行"修剪"命令，修剪图形，并对部分多线进行分解，再执行"修剪"命令，绘制门洞和窗洞，如图10-7所示。

步骤 08 执行"直线"命令，根据图10-8所示的尺寸绘制墙体。

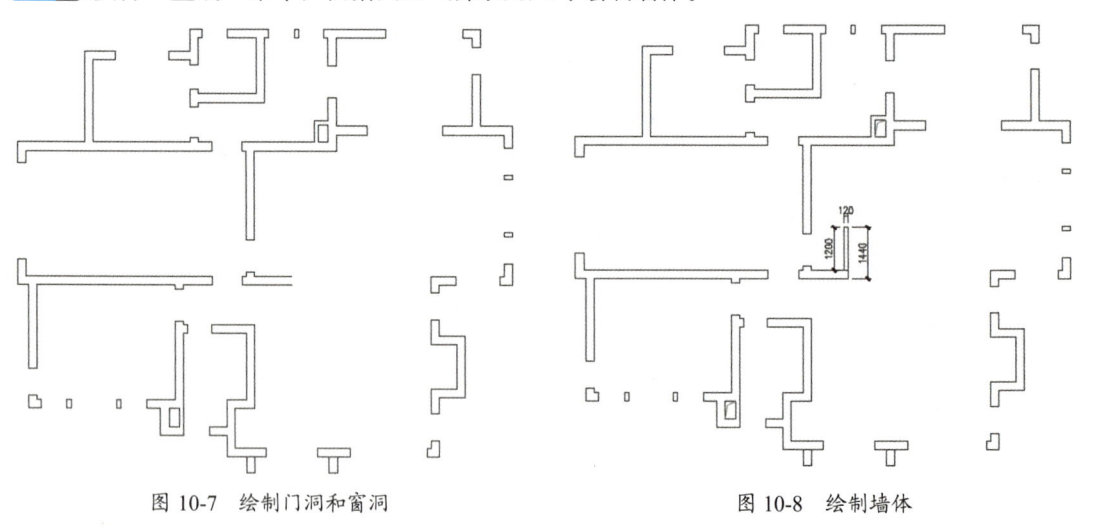

图 10-7　绘制门洞和窗洞　　　　　　　　图 10-8　绘制墙体

步骤09 打开"轴线"图层,如图10-9所示。

步骤10 执行"矩形"命令,绘制300 mm×300 mm的矩形,将其作为柱子图形并移动到合适的位置,关闭"轴线"图层,如图10-10所示。

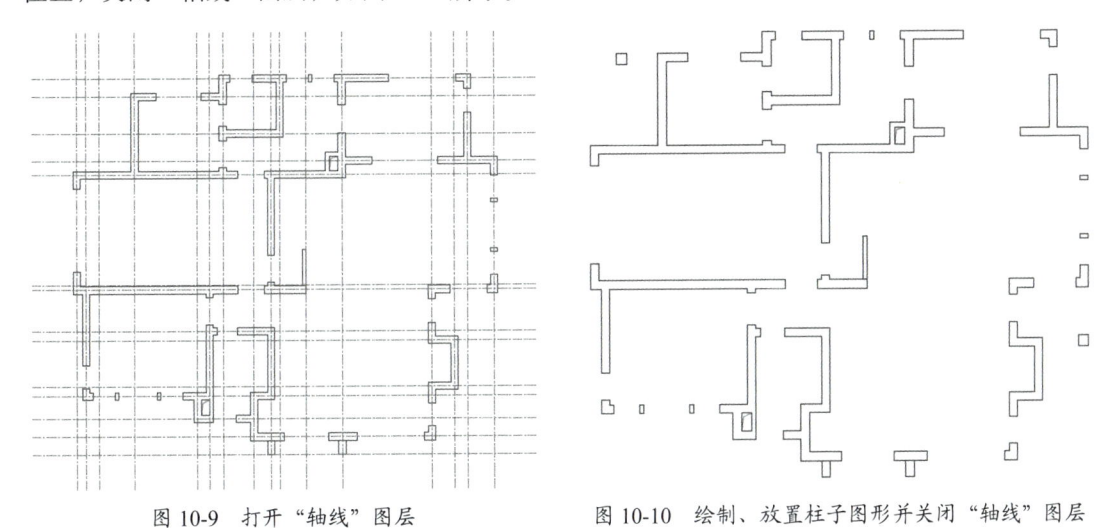

图 10-9　打开"轴线"图层　　　　图 10-10　绘制、放置柱子图形并关闭"轴线"图层

步骤11 设置"门窗"图层为当前图层,执行"多线样式"命令,打开"多线样式"对话框,单击"新建"按钮,输入新的样式名,如图10-11所示。

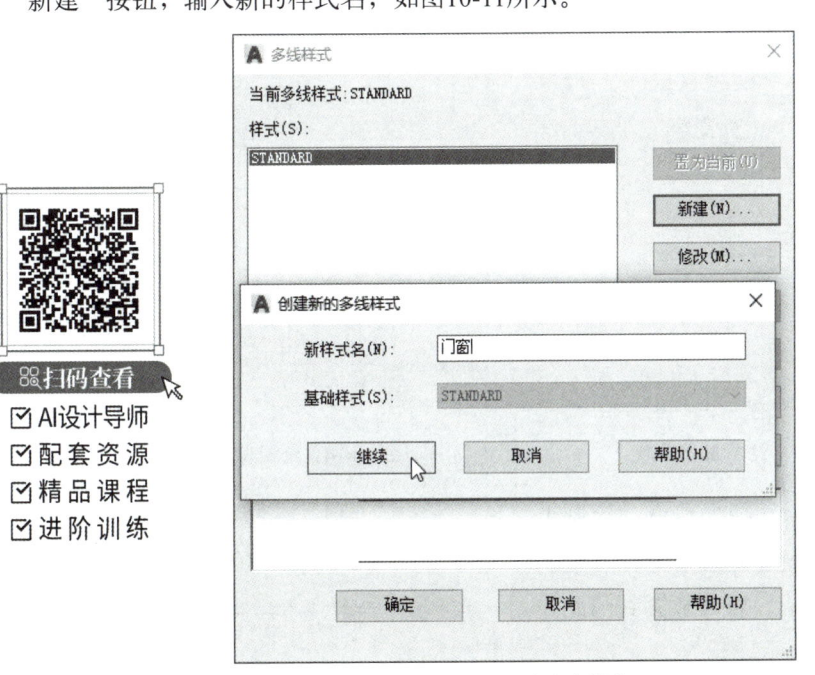

图 10-11　新建多线样式

步骤12 单击"继续"按钮,打开"新建多线样式"对话框,勾选"直线"的"起点"和"端点"复选框,编辑图元的偏移量,创建"门窗"样式,如图10-12所示。

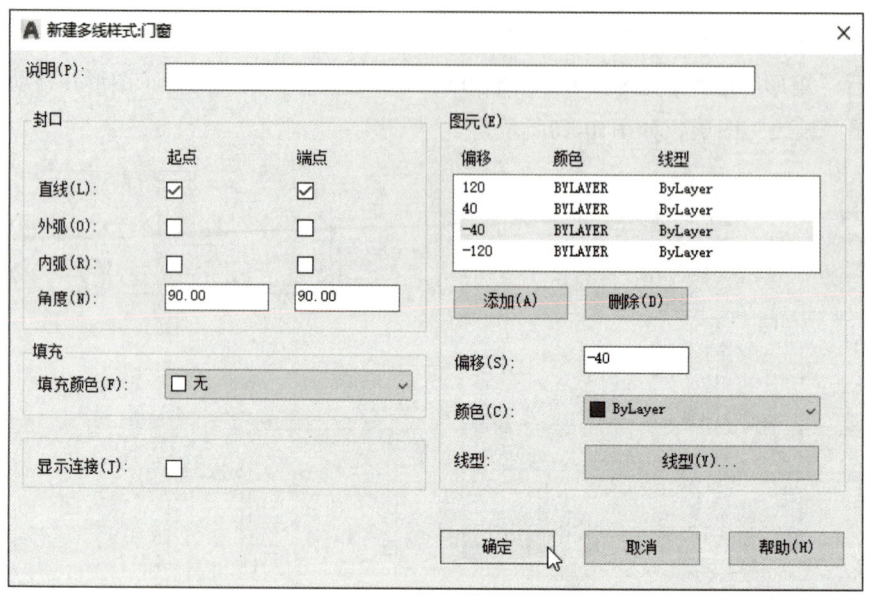

图 10-12 创建"门窗"样式

步骤13 将"门窗"样式设置为当前样式。执行"多线"命令,设置其比例为1,绘制窗户图形,如图10-13所示。

步骤14 将左侧的窗户图形分解,删除两条线,将其作为卷帘门图形,如图10-14所示。

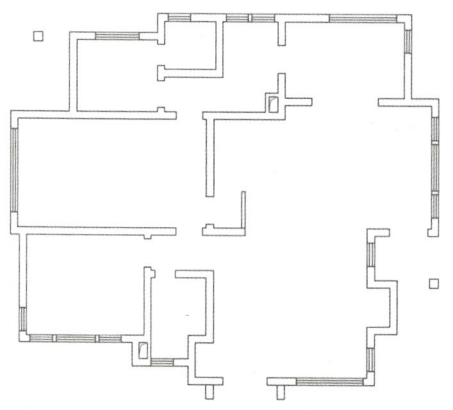

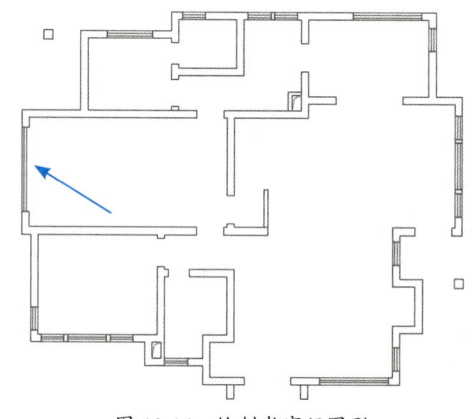

图 10-13 绘制窗户图形　　　　图 10-14 绘制卷帘门图形

步骤15 执行"圆"命令,捕捉墙洞,绘制半径为900 mm的圆。执行"矩形"命令,绘制900 mm×40 mm的矩形,将其放置到门洞一侧的位置,如图10-15所示。

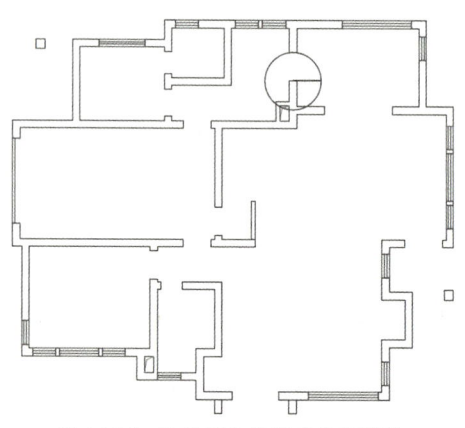

图 10-15 绘制圆和矩形并放置图形

步骤16 执行"修剪"命令,修剪出平开门图形,如图10-16所示。

步骤17 按照同样的方法,绘制其他位置的平开门图形,再利用"矩形"命令绘制推拉门,完成门、窗图形的绘制,如图10-17所示。

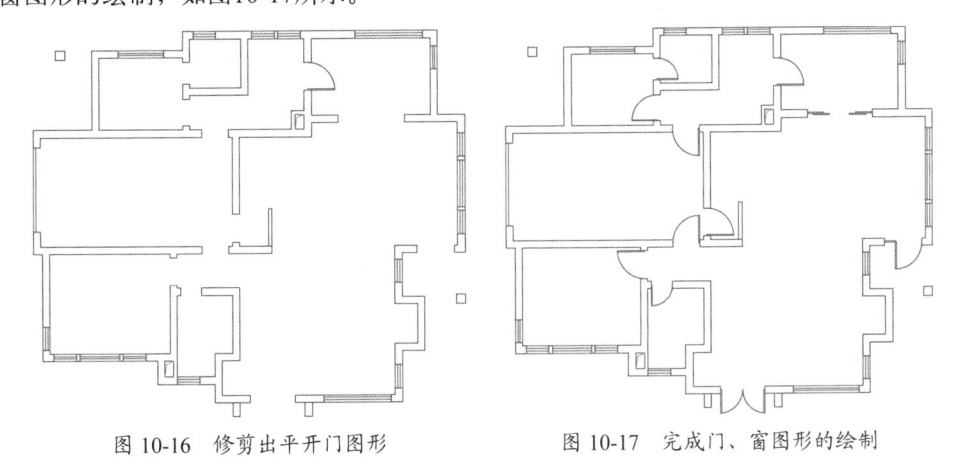

图 10-16 修剪出平开门图形　　图 10-17 完成门、窗图形的绘制

步骤18 设置"室外构件"图层为当前图层,执行"直线"和"偏移"命令,绘制室内楼梯及台阶轮廓,如图10-18所示。

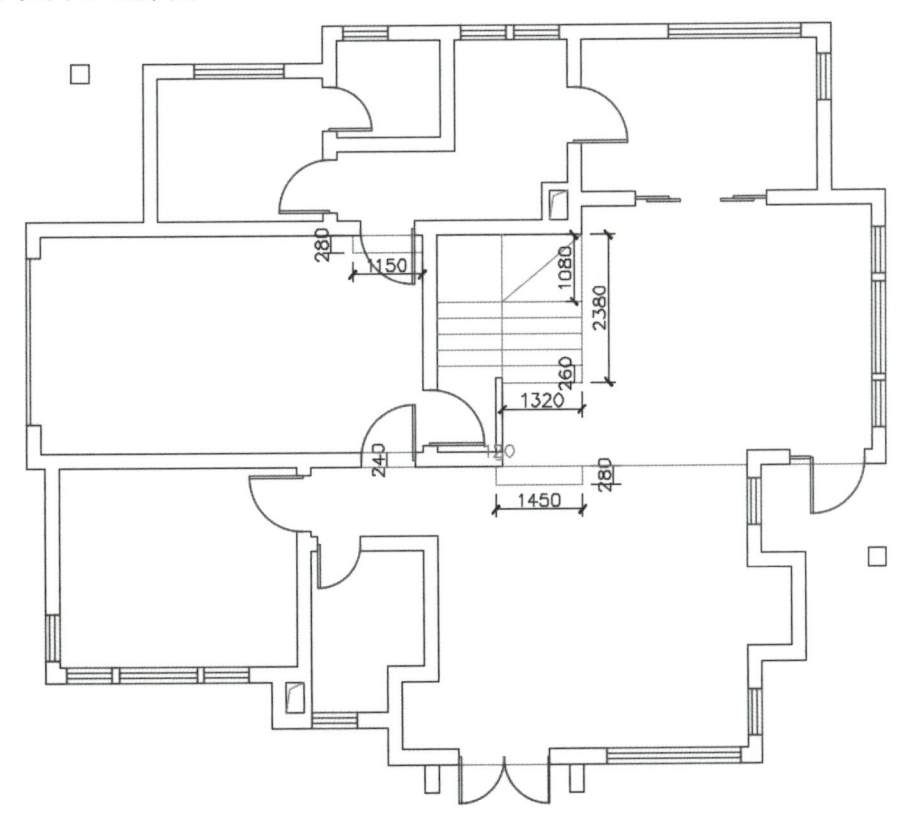

图 10-18 绘制室内楼梯及台阶轮廓

步骤19 执行"偏移"命令，设置偏移尺寸为50 mm，偏移楼梯位置，如图10-19所示。
步骤20 执行"修剪"命令，修剪图形，绘制楼梯扶手轮廓，如图10-20所示。

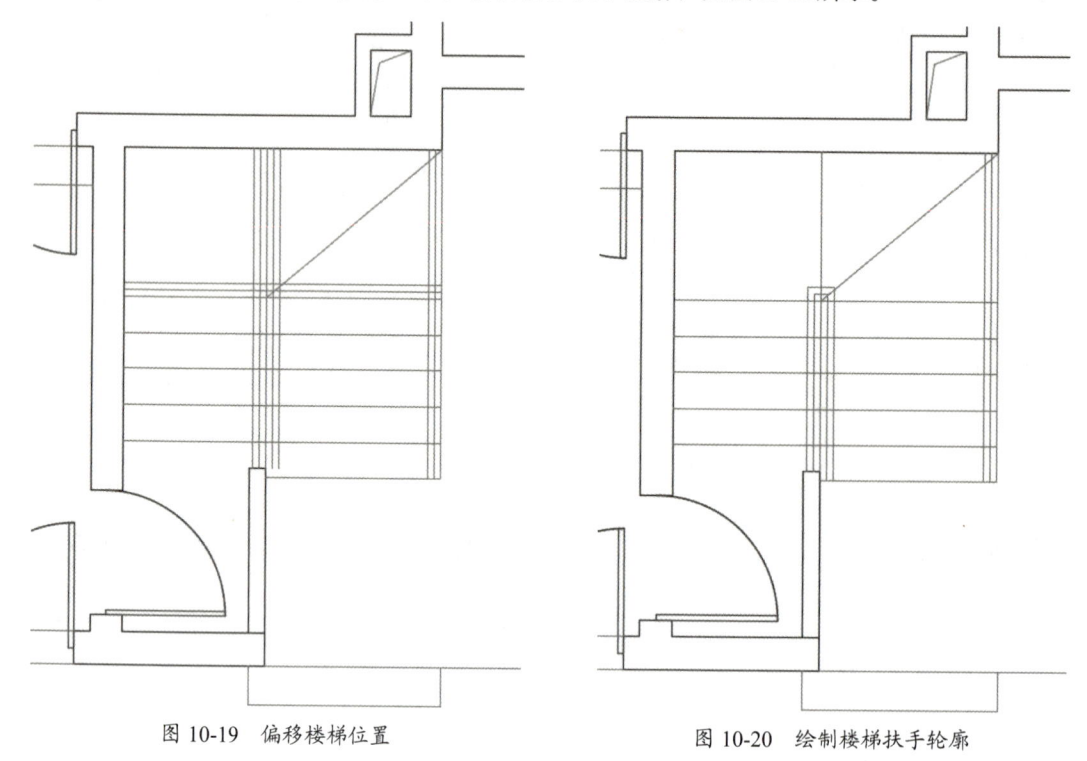

图 10-19　偏移楼梯位置　　　　　　　　图 10-20　绘制楼梯扶手轮廓

步骤21 执行"多段线"命令，绘制多段线，将其旋转并移动到楼梯位置，如图10-21所示。
步骤22 执行"修剪"命令，修剪图形，完成楼梯图形的绘制，如图10-22所示。

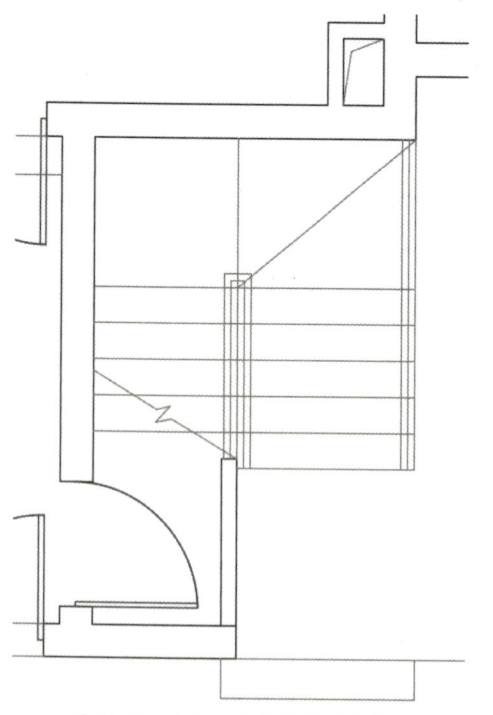

图 10-21　绘制、旋转并移动多段线 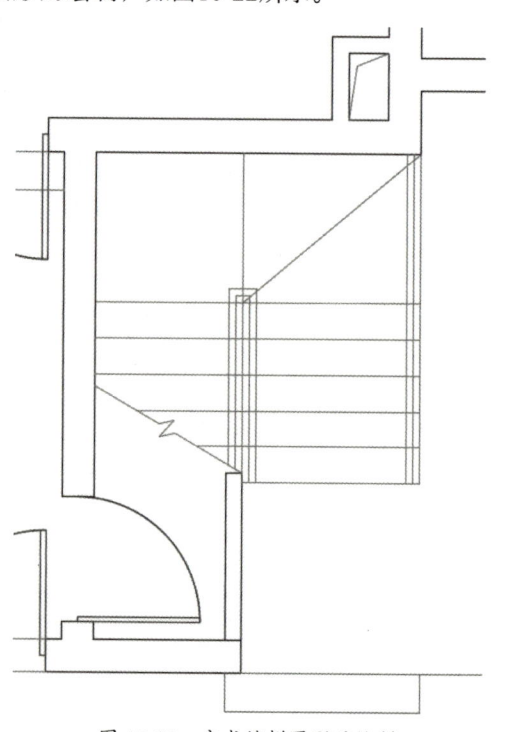　　　图 10-22　完成楼梯图形的绘制

步骤23 执行"直线"命令，绘制室外矮墙轮廓和车库坡道，如图10-23所示。

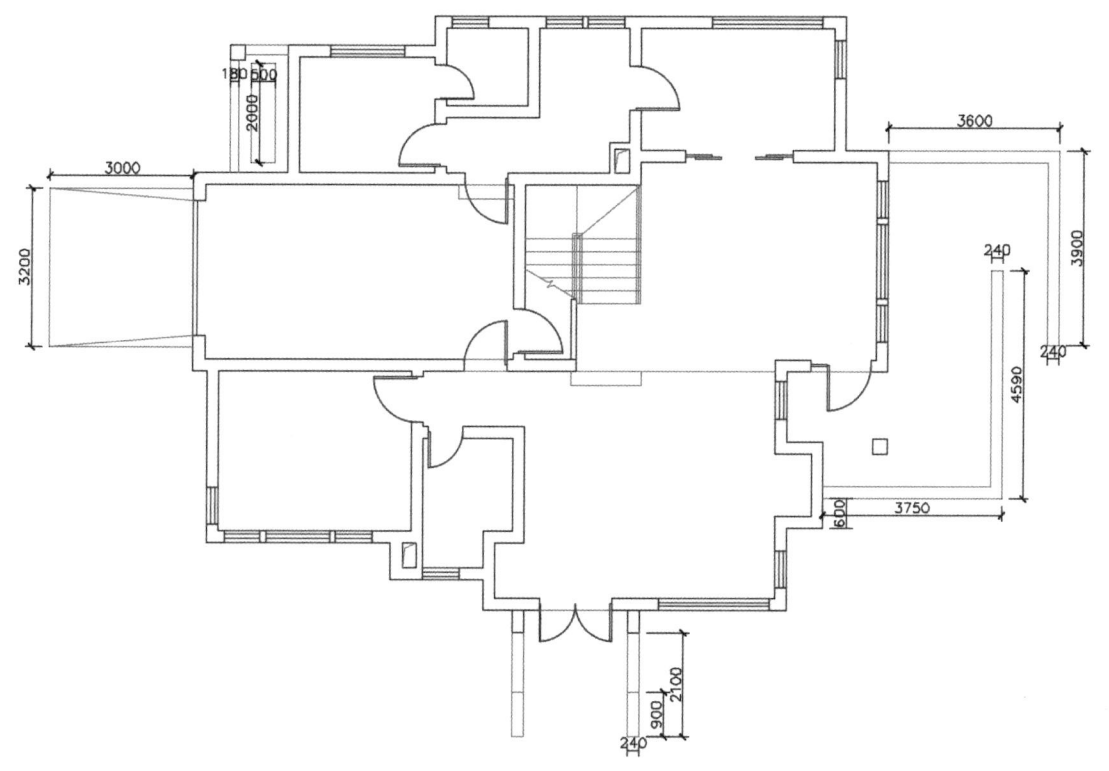

图 10-23 绘制室外矮墙轮廓和车库坡道

步骤24 执行"直线"和"偏移"命令，绘制室外台阶图形，如图10-24所示。

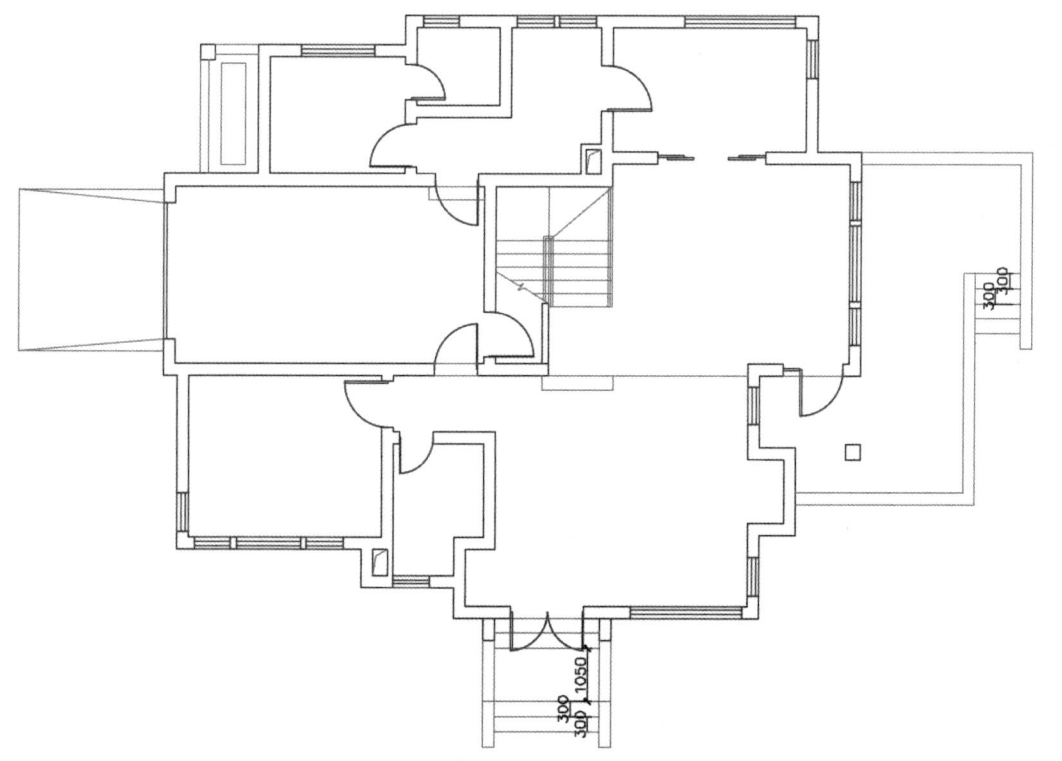

图 10-24 绘制室外台阶图形

步骤 25 执行"多段线"命令,捕捉墙体,绘制外墙轮廓。再执行"偏移"命令,将多段线向外偏移600 mm,如图10-25所示。

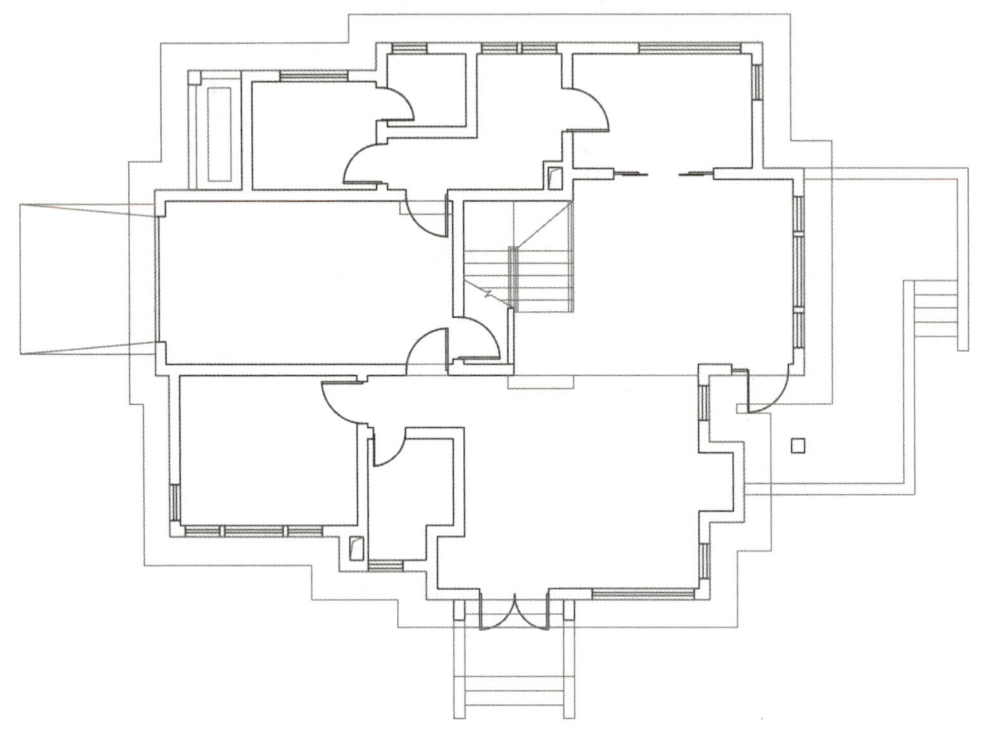

图 10-25 绘制并偏移外墙轮廓

步骤 26 执行"修剪"命令,修剪被覆盖区域的多段线,如图10-26所示。

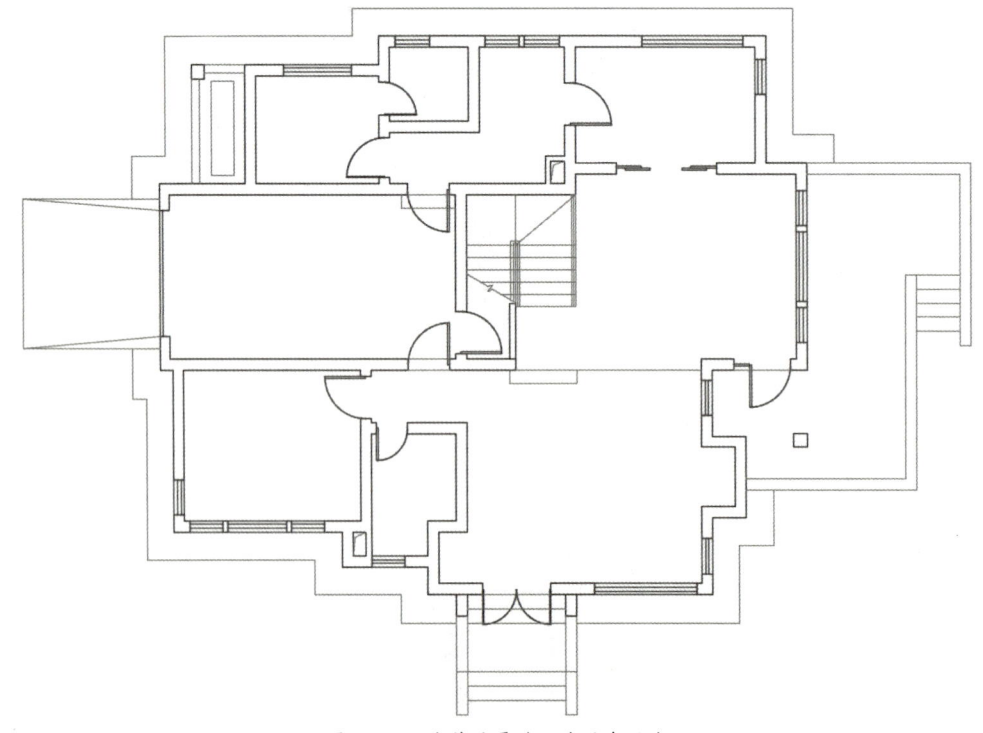

图 10-26 修剪被覆盖区域的多段线

步骤27 执行"直线"命令，捕捉绘制直线，绘制出建筑散水图形，如图10-27所示。

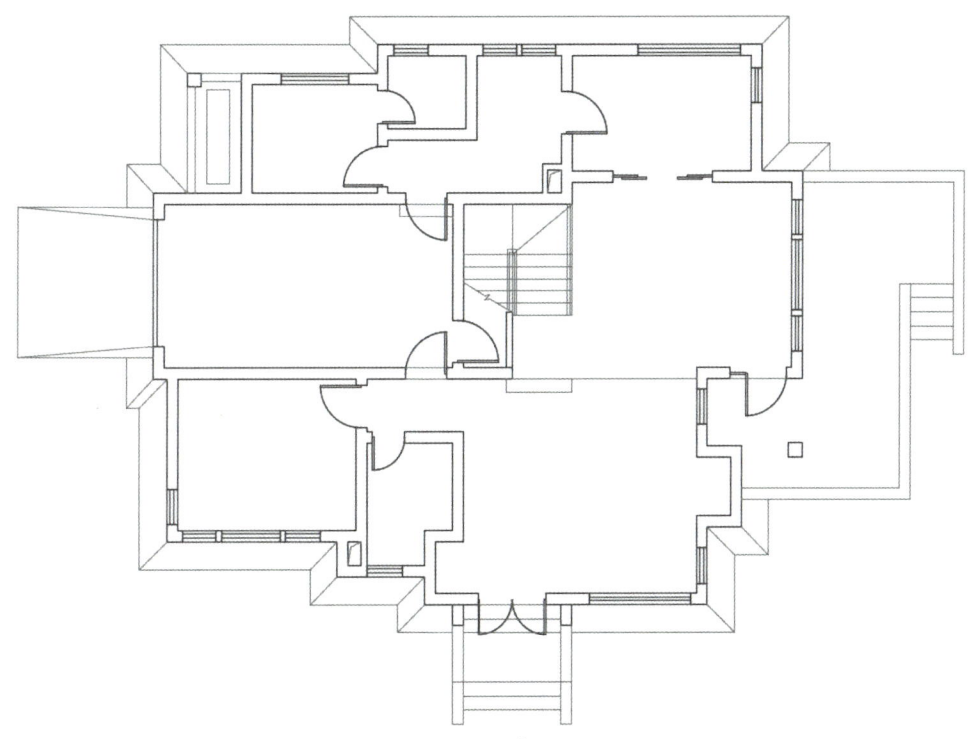

图 10-27 绘制出建筑散水图形

步骤28 为平面图添加洗手台、坐便器、洗菜盆、汽车等图块，并将其放置到合适的位置，如图10-28所示。

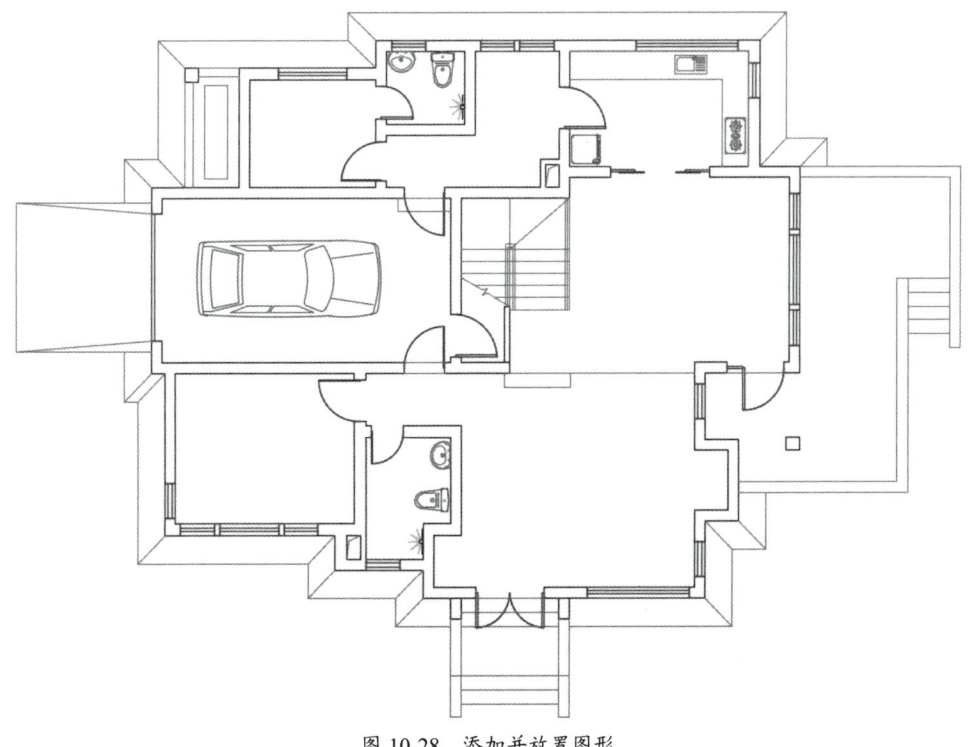

图 10-28 添加并放置图形

10.1.4 为平面图添加尺寸和注释

尺寸标注和文字说明是建筑图纸不可缺少的一部分，是建筑施工的依据，可以体现建筑的各个细节。

步骤01 设置"标注"图层为当前图层，执行"单行文字"命令，创建文字，添加文字标注，以区分功能区，如图10-29所示。

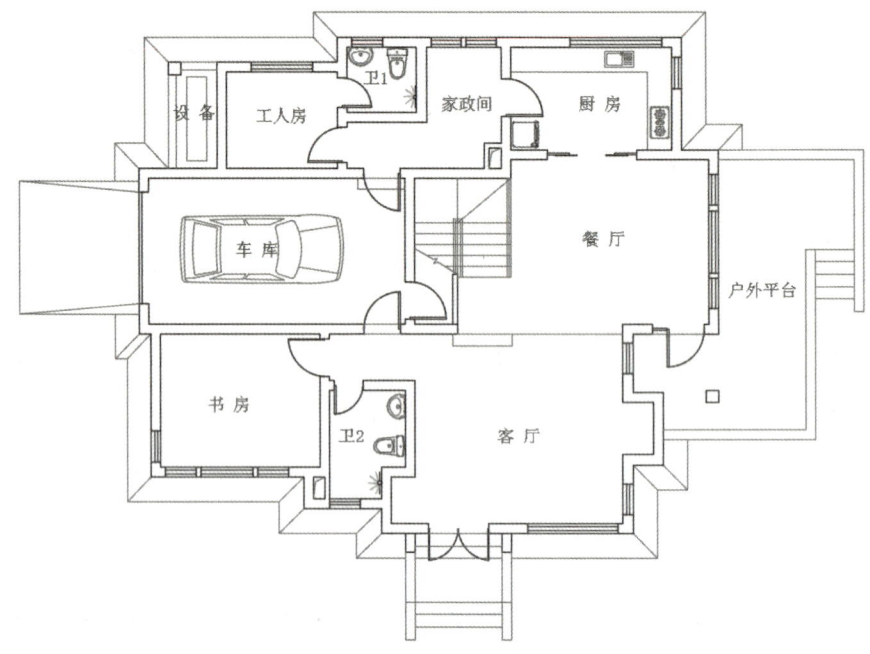

图 10-29 区分功能区

步骤02 执行"直线"命令，绘制方向箭头，如图10-30所示。

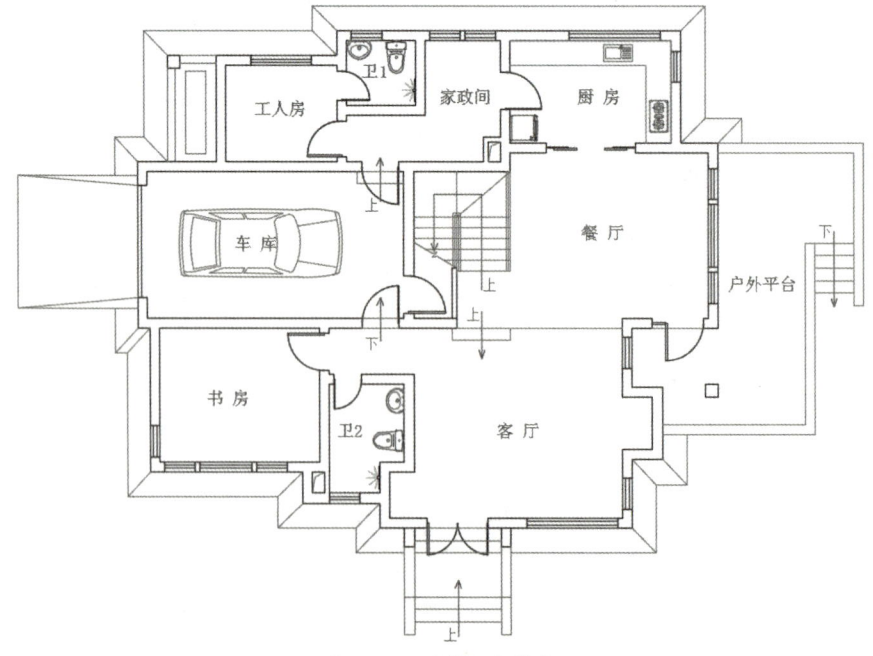

图 10-30 绘制方向箭头

步骤 03 执行"标注样式"命令,打开"标注样式管理器"对话框,单击"新建"按钮,新建标注样式,将其命名为"建筑标注",单击"继续"按钮,如图10-31所示。

步骤 04 打开"新建标注样式"对话框,切换到"主单位"选项卡,设置"精度"为0,如图10-32所示。

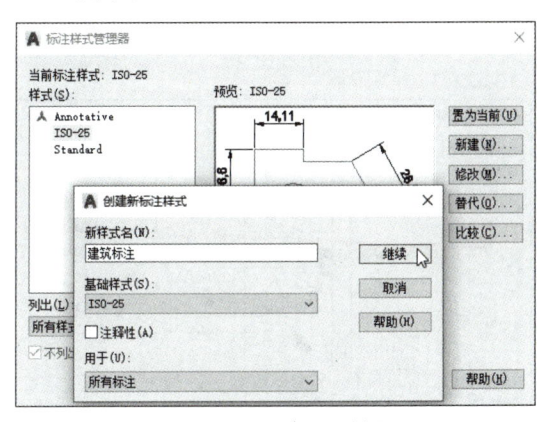

图 10-31 新建标注样式

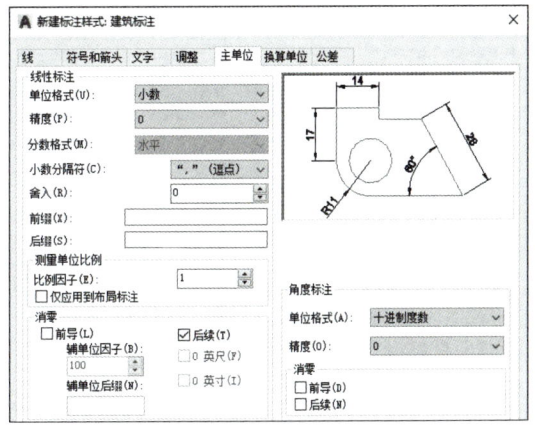

图 10-32 "主单位"选项卡

步骤 05 切换到"调整"选项卡,选择"文字始终保持在尺寸界线之间"选项,勾选"若箭头不能放在尺寸界线内,则将其消除"复选框,如图10-33所示。

步骤 06 切换到"文字"选项卡,设置"文字高度"为200,"从尺寸线偏移"为50,如图10-34所示。

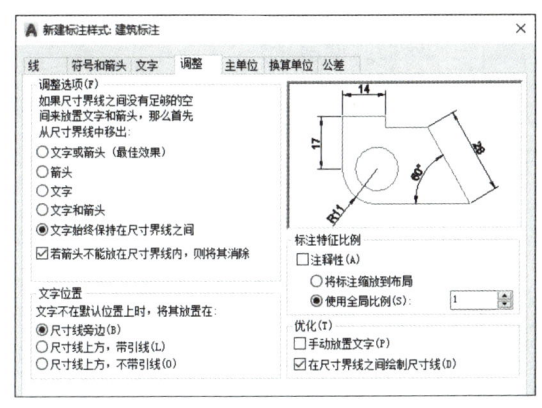

图 10-33 "调整"选项卡

图 10-34 "文字"选项卡

步骤 07 切换到"符号和箭头"选项卡,设置箭头类型为"建筑标记","箭头大小"为120,如图10-35所示。

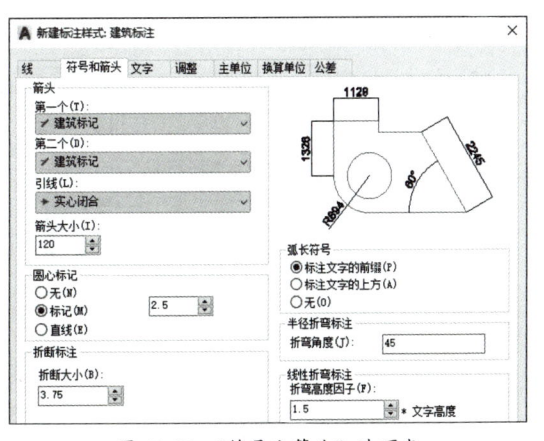

图 10-35 "符号和箭头"选项卡

步骤08 切换到"线"选项卡,设置"超出尺寸线"为120,"起点偏移量"为150,如图10-36所示。

步骤09 单击"确定"按钮,返回"标注样式管理器"对话框,单击"置为当前"按钮,将新建标注样式设置为当前使用样式,如图10-37所示。

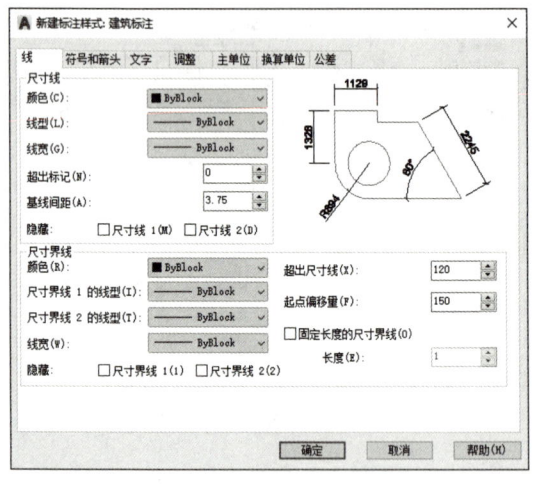

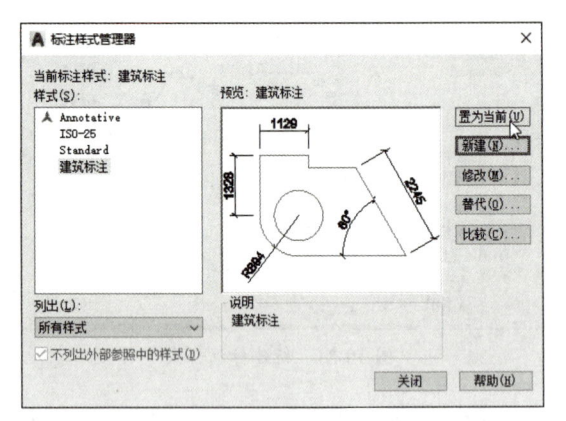

图 10-36 "线"选项卡　　　　　图 10-37 将新建标注样式设置为当前使用样式

步骤10 打开"轴线"图层,执行"线性"和"连续"命令,为平面图添加尺寸标注并调整位置,如图10-38所示。

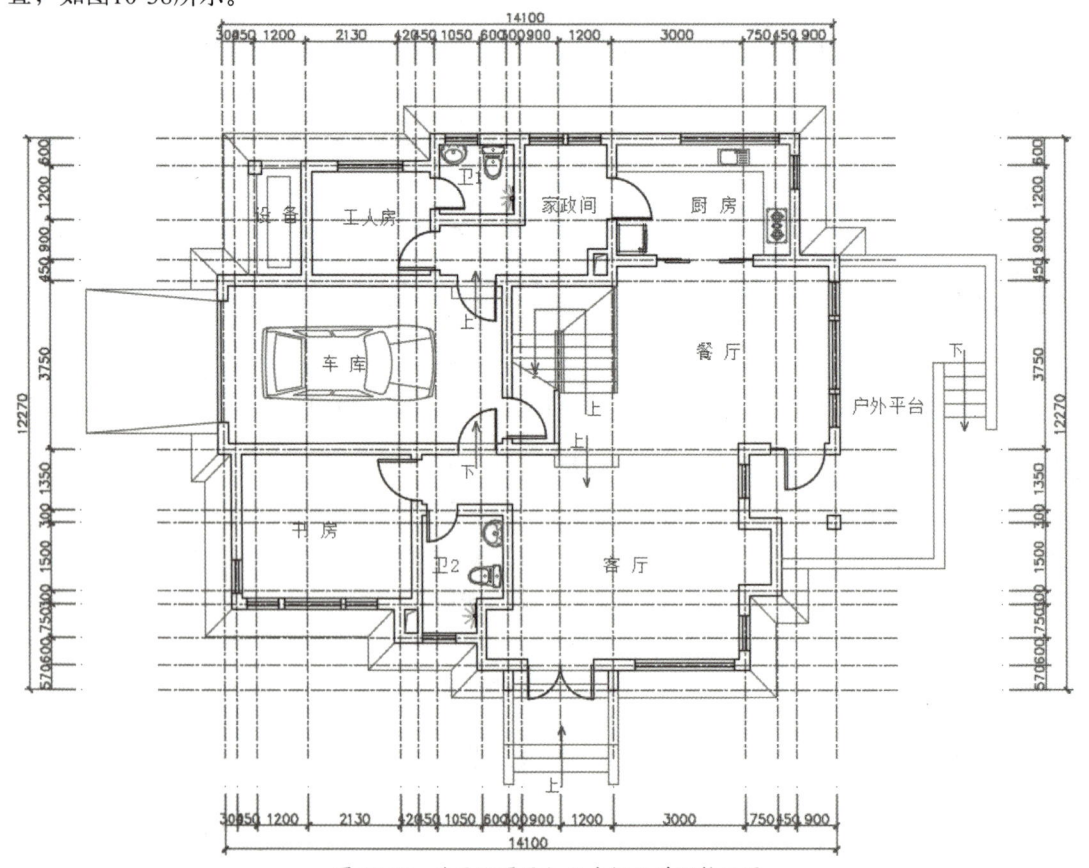

图 10-38 为平面图添加尺寸标注并调整位置

第10章 绘制各类建筑三视图

步骤 11 执行"直线"和"圆"命令,绘制1 400 mm的直线和直径为520 mm的圆,并进行复制,如图10-39所示。

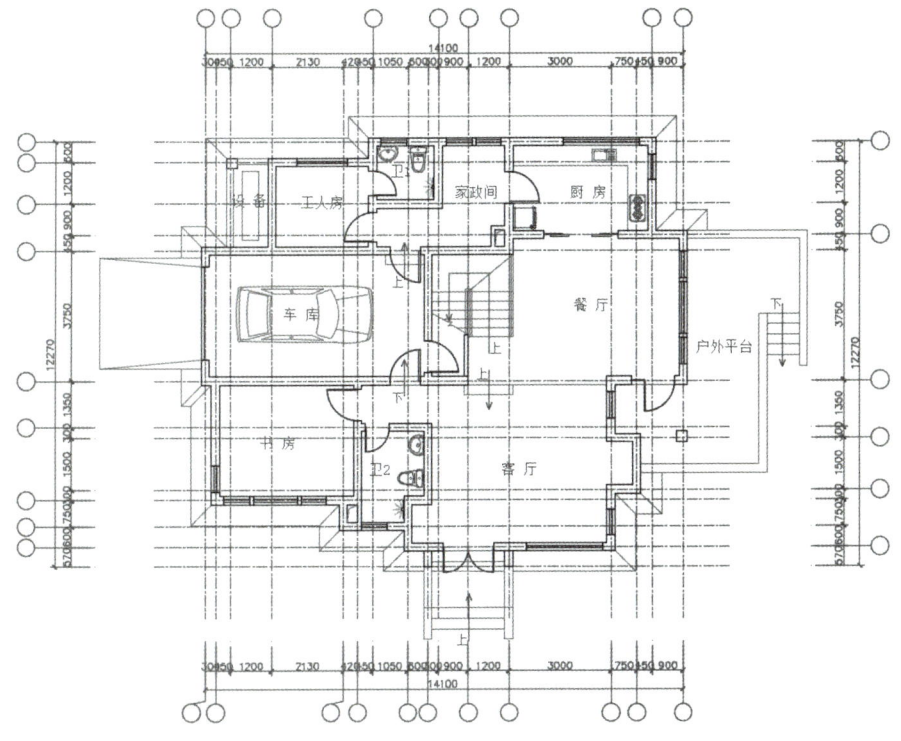

图10-39 绘制并复制直线和圆

步骤 12 执行"定义属性"命令,打开"属性定义"对话框,输入属性"标记"和"默认"内容,设置"文字高度",单击"确定"按钮,如图10-40所示。

步骤 13 将属性指定给绘图区的一个圆,即可创建一个属性块,如图10-41所示。

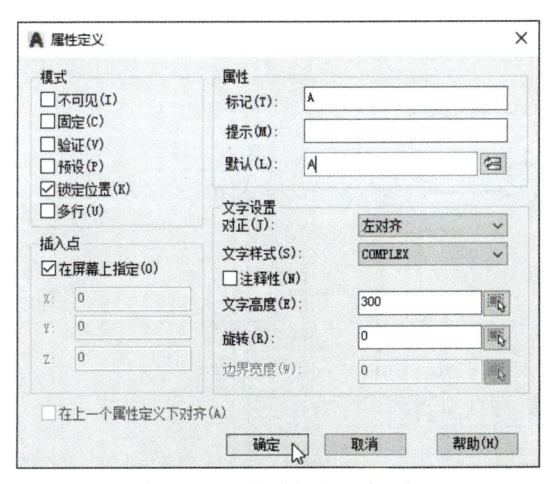

图10-40 "属性定义"对话框　　　　图10-41 创建属性块

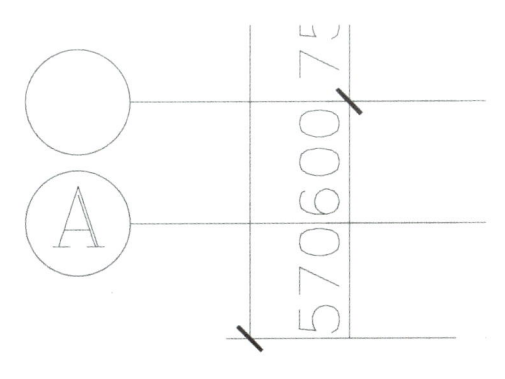

· 229 ·

步骤 14 复制属性块，如图10-42所示。

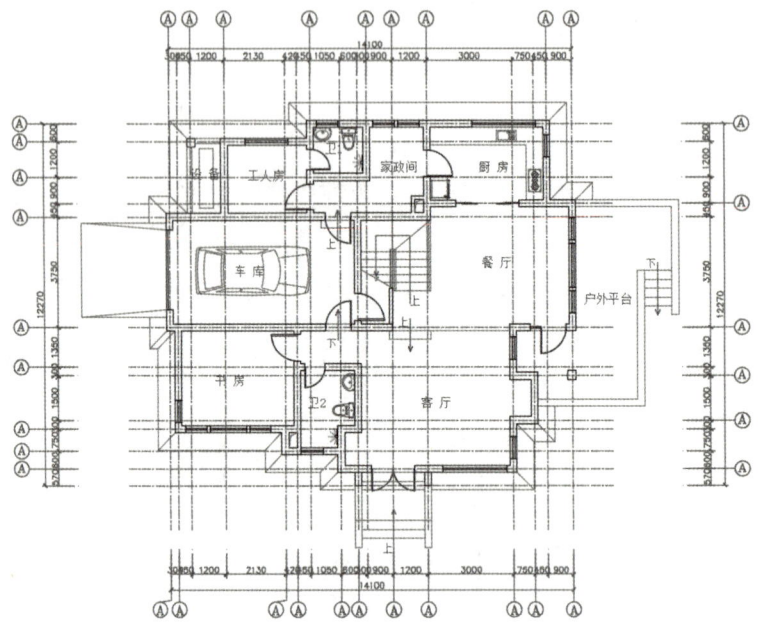

图 10-42　复制属性块

步骤 15 双击属性块，打开"编辑属性定义"对话框，修改"标记"内容，如图10-43所示。

步骤 16 按照同样的方法，修改其他属性块的标记内容，如图10-44所示。

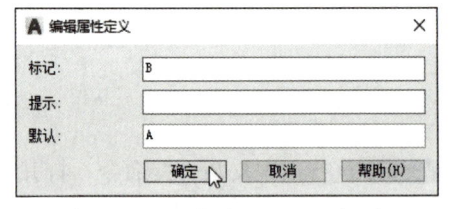

图 10-43　"编辑属性定义"对话框

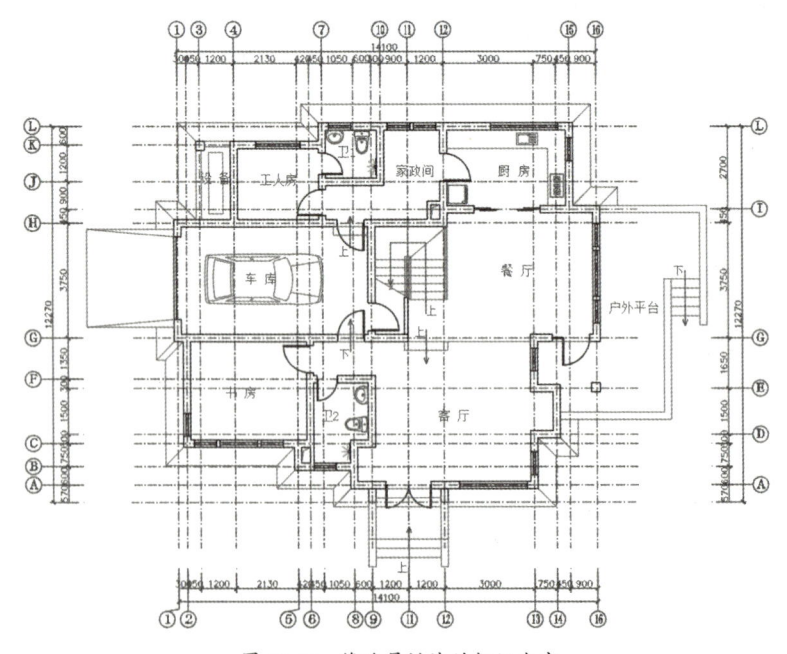

图 10-44　修改属性块的标记内容

第10章 绘制各类建筑三视图

步骤 17 执行"修剪"命令，修剪轴线，并调整尺寸标注，如图10-45所示。

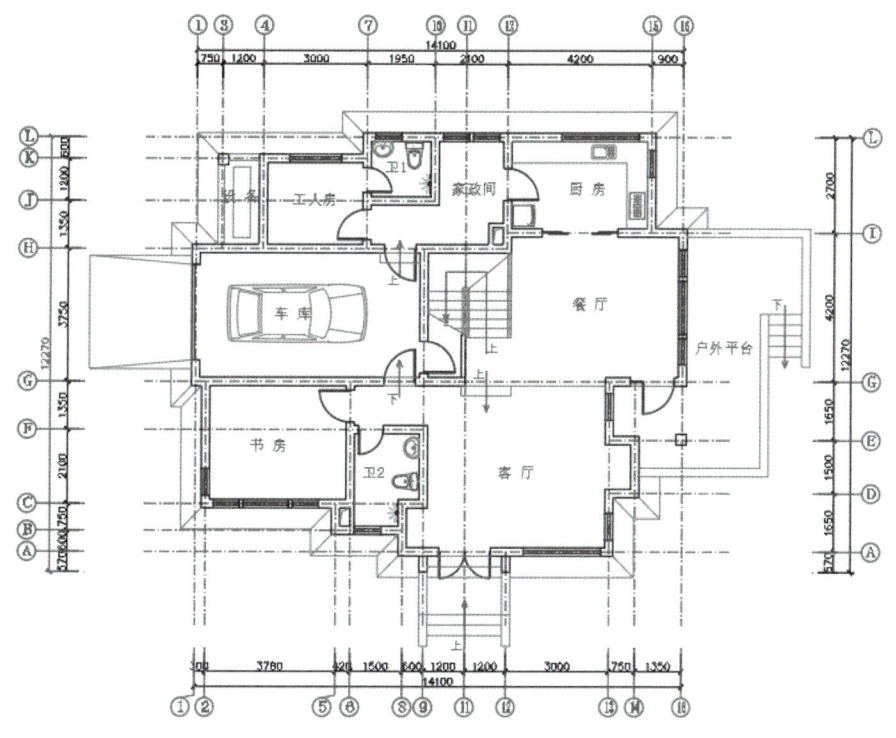

图10-45 修剪轴线并调整尺寸标注

步骤 18 为平面图添加标高符号，并修改标高尺寸，如图10-46所示。

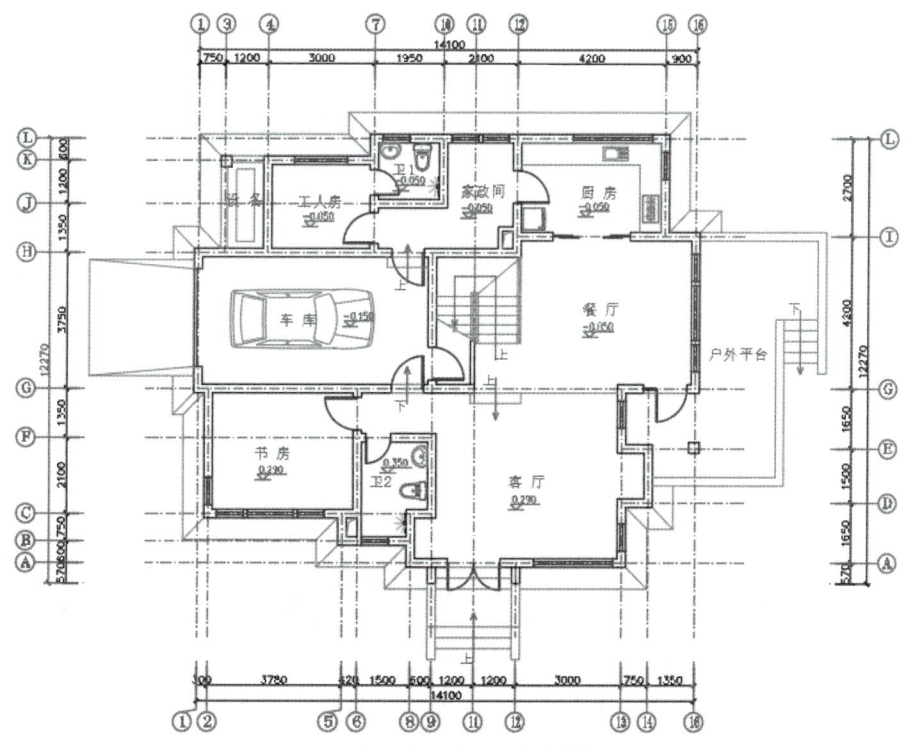

图10-46 添加标高符号并修改标高尺寸

步骤 19 执行"单行文字"命令，为平面图添加图名，如图10-47所示。至此，别墅首层平面图绘制完成。

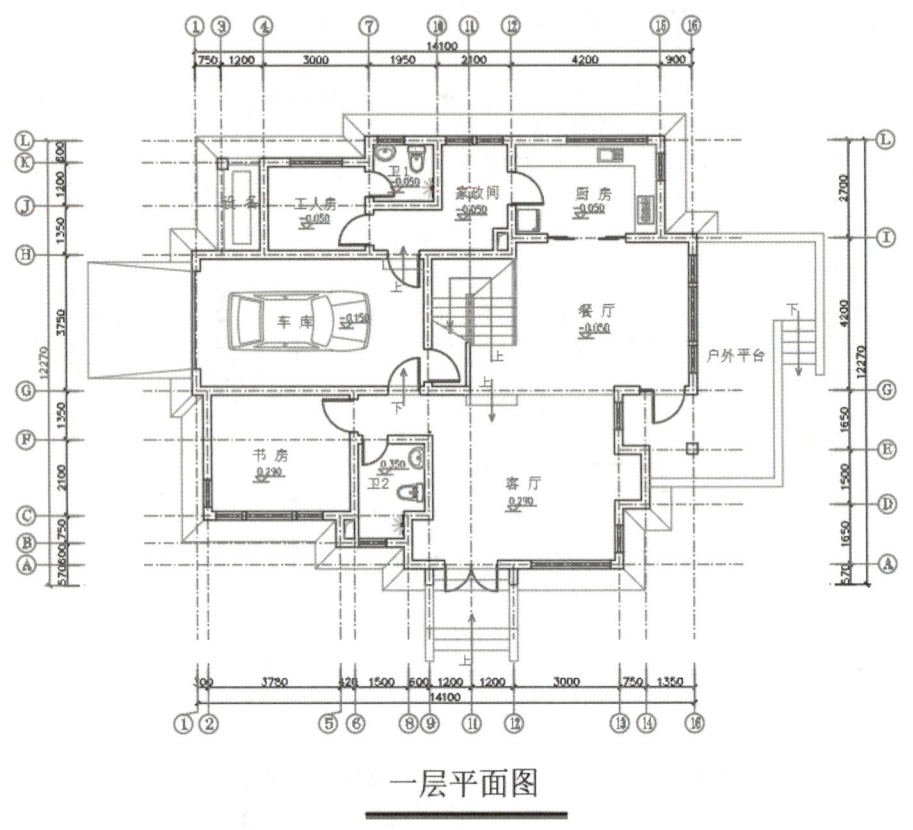

一层平面图

图 10-47　为平面图添加图名

10.2　绘制建筑立面图

建筑立面图与建筑平面图有着密切的关系，它是建筑在某一垂直方向上的二维外形投影图，主要用于表示建筑的外部形状和内容。

■ 10.2.1　建筑立面图的绘制内容及绘制要求

建筑立面图主要反映建筑各部位的高度、外观和装修要求，是建筑外装修的主要依据。

当某个建筑立面与其他立面相同时，可以忽略不计；而当建筑有曲线、圆形或多边形侧面时，可以将其分段展开，以绘制展开立面图，并在其图名后加注"展开"二字，这样能够真实地反映出建筑的实际情况。

在建筑立面图中，相同的门窗、阳台、外檐构造等可在局部重点表示，绘制出其完整的图形，其余部分只需绘制轮廓线。如果门窗并非引用有关门窗图集，则其细部构造需要绘制大样图进行表示。

建筑立面图的比例可与平面图不一致，以能表达清楚又方便看图（图幅不宜过大）为原则，比例为1∶100、1∶150或1∶200皆可。

1. 建筑立面图的绘制内容

- 主要表现建筑外立面的形状。
- 门窗在外立面上的分布、外形、开启方向。
- 屋顶、阳台、台阶、雨棚、窗户、线脚、雨水管的外形和位置。
- 外墙面装修做法。
- 室内/外地坪、窗台/窗顶、阳台面、雨棚底、檐口等各部位的相对标高及详图索引符号等。

2. 建筑立面图的绘制要求

（1）定位轴线

一般只标出两端的轴线及编号，其编号应与平面图一致。

（2）图线

- 立面图的外形轮廓用粗实线表示。
- 室外地平线用1.4倍的加粗实线（线宽为粗实线的1.4倍左右）表示。
- 门/窗洞口、檐口、阳台、雨棚、台阶等用中实线表示。
- 其他如墙面分割线、门窗格子、雨水管和引出线等均用细实线表示。

（3）图例

在立面图上，门、窗应按标准规定的图例绘制。

（4）尺寸注法

在立面图上，高度尺寸主要用标高表示。

（5）外墙装修做法

外墙面根据设计要求可选用不同的材料及做法，在图面上多选用带有引线的文字说明。

■10.2.2 建筑立面图的绘制流程

总体来说，立面图是在平面图的基础上，引出定位辅助线确定立面图样的水平位置及大小，然后根据高度方向的设计尺寸确定立面图样的竖向位置及尺寸，从而绘制出图样。建筑立面图的绘制流程如下：

- 设置绘图环境。
- 确定定位辅助线，包括墙、柱定位轴线、楼层水平定位辅助线及其他立面图样的辅助线。
- 绘制立面图样，包括墙体外轮廓及内部凹凸轮廓、门/窗（幕墙）、入口台阶及坡道、雨棚、窗台、窗楣、壁柱、檐口、栏杆、外露楼梯、各种线脚等内容。
- 添加配景，包括植物、车辆、人物等。
- 标注尺寸、文字。
- 设置线型、线宽。

需要说明的是，并不是所有辅助线绘制完成后才绘制图样，一般是由总体到局部、由粗到细，一项一项地绘制。如果将所有辅助线一次性全部绘制出，则会密密麻麻、难以分辨，从而影响工作效率。

■10.2.3 绘制办公楼立面图

下面以绘制办公楼立面图为例，讲解建筑立面图的绘制方法。在开始绘制时，通常根据建筑平面和剖面的关系，绘制出建筑立面的轮廓，然后在此基础上添加门、窗等室外建筑构件。

步骤01 打开"图层特性管理器"面板，创建各图层，并设置图层属性，将"墙体线"图层设置为当前图层，如图10-48所示。

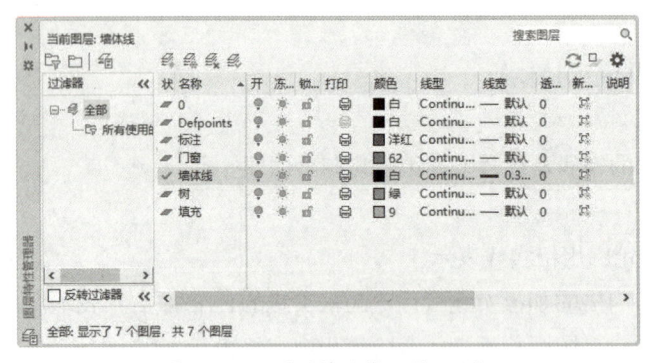

图 10-48 "图层特性管理器"面板

步骤02 执行"直线"命令，绘制长为71 720 mm和25 100 mm的两条垂直线，如图10-49所示。

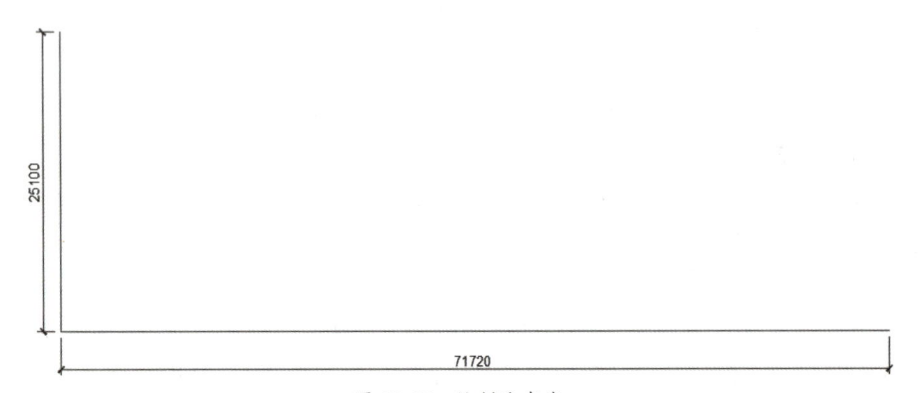

图 10-49 绘制垂直线

步骤03 执行"偏移"命令，将地平线依次向上偏移，偏移尺寸如图10-50所示。

图 10-50 向上偏移地平线

步骤 04 执行"偏移"命令，将垂直辅助线依次向右偏移，偏移尺寸如图10-51所示。

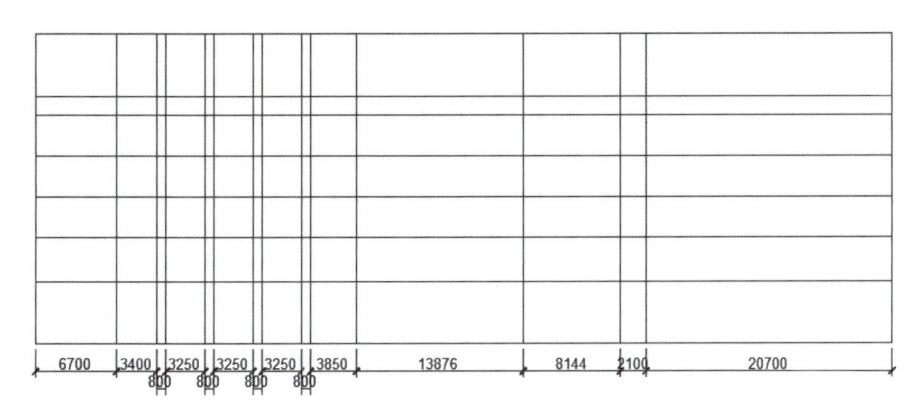

图 10-51　向右偏移垂直辅助线

步骤 05 执行"偏移"命令，将线段L向右偏移2 100 mm，如图10-52所示。

步骤 06 执行"偏移"命令，将线段L1向下偏移2 700 mm，如图10-53所示。

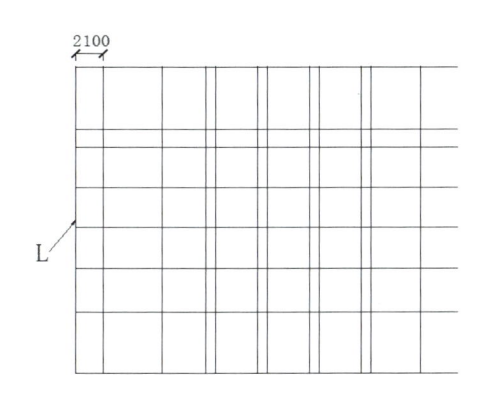

图 10-52　向右偏移线段　　　　　图 10-53　向下偏移线段

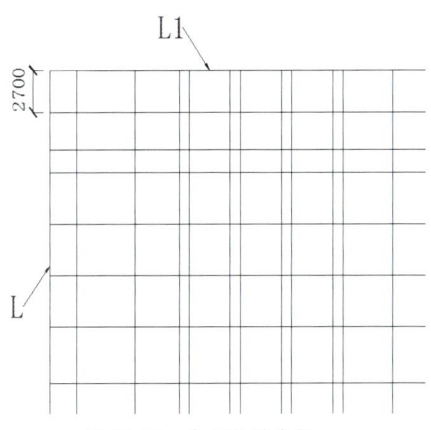

步骤 07 执行"修剪"命令，将该区域中多余的线段修剪掉，如图10-54所示。

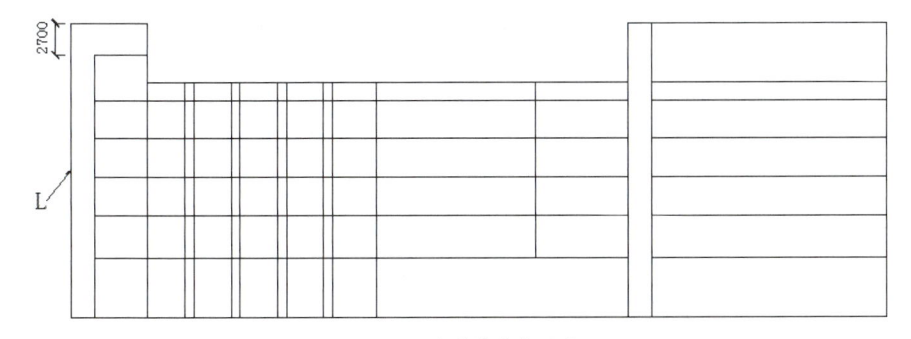

图 10-54　修剪掉多余的线段

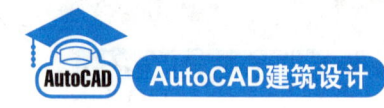

步骤08 执行"偏移"命令,将线段L2向右偏移10 650 mm,将线段L3向下偏移2 700 mm,结果如图10-55所示。

步骤09 执行"修剪"命令,将当前图形进行修剪,如图10-56所示。

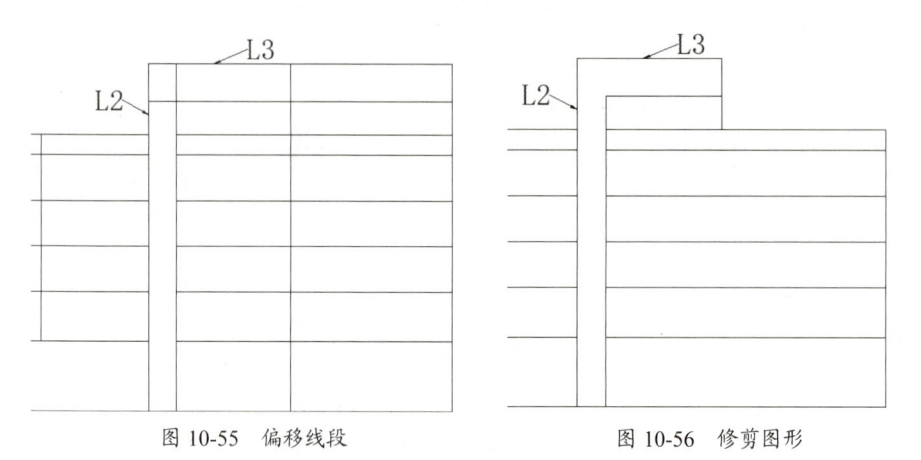

图10-55　偏移线段

图10-56　修剪图形

步骤10 执行"偏移"命令,将线段L4向上偏移4 100 mm,如图10-57所示。

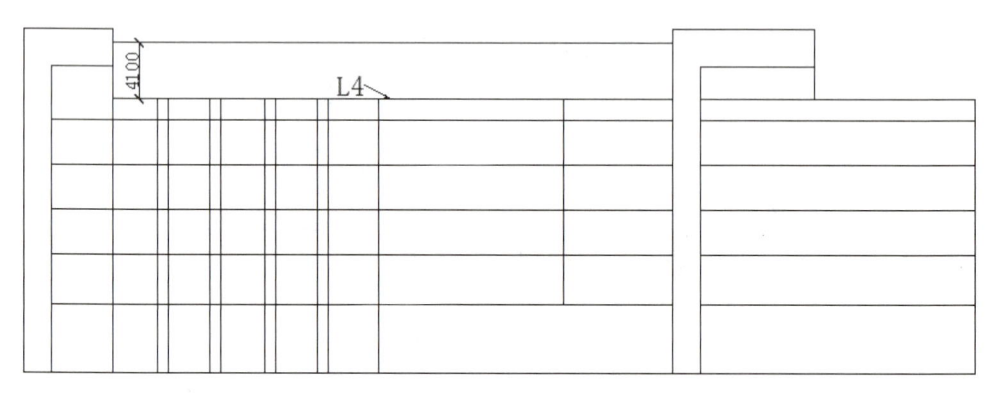

图10-57　向上偏移线段

步骤11 执行"延长"和"修剪"命令,将该图形进行编辑,如图10-58所示。

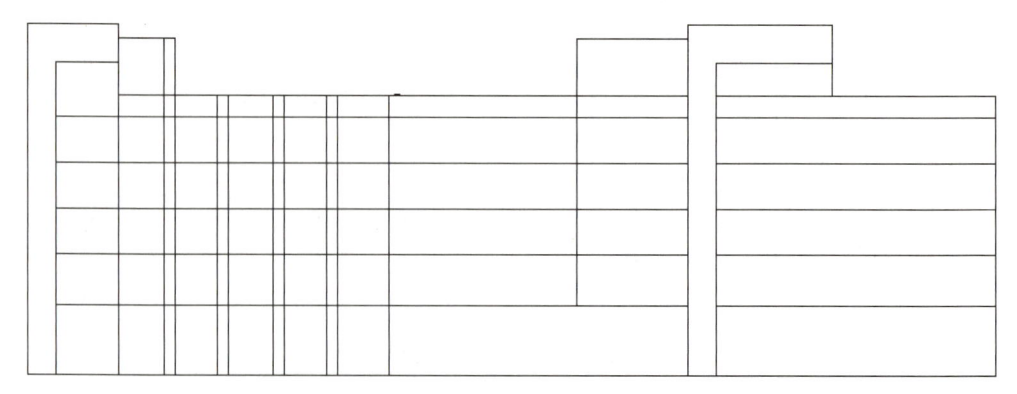

图10-58　编辑图形

步骤 12 执行"偏移"命令,将线段L5向右依次偏移800 mm和4 170 mm,将线段L6向下偏移700 mm,将地平线向上偏移550 mm,结果如图10-59所示。

步骤 13 执行"修剪"命令,将该区域中的多余线段修剪掉,结果如图10-60所示。

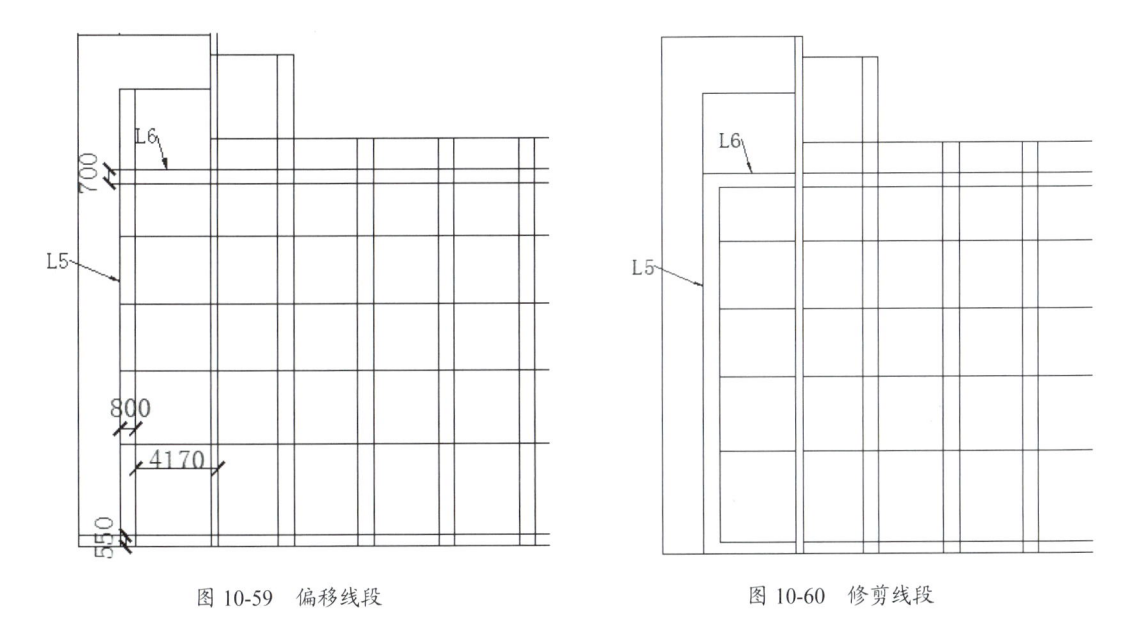

图10-59 偏移线段

图10-60 修剪线段

步骤 14 再次执行"修剪"命令,修剪建筑外轮廓图形,如图10-61所示。

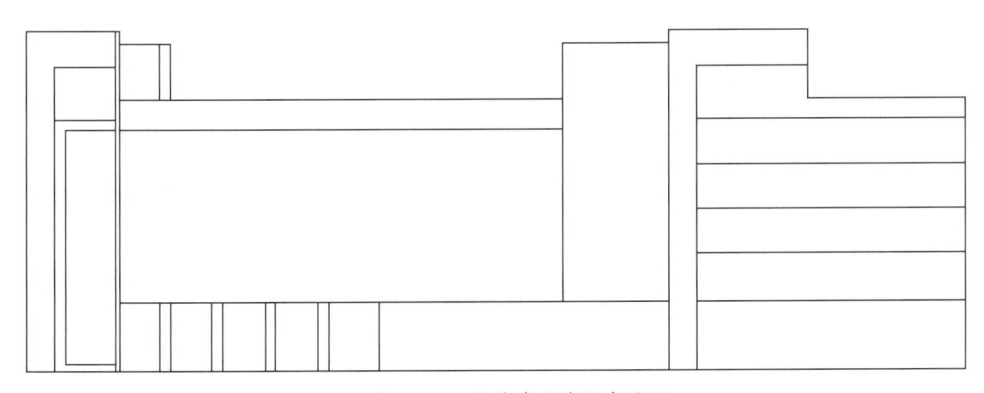

图10-61 修剪建筑外轮廓图形

步骤 15 执行"偏移"命令,将地平线依次向上偏移600 mm、3 300 mm和2 000 mm,如图10-62所示。

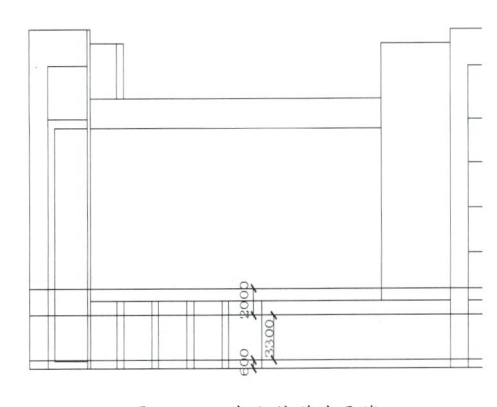

图10-62 向上偏移地平线

步骤16 再次执行"偏移"命令,将线段A依次向左偏移5 760 mm、14 920 mm和1 340 mm,如图10-63所示。

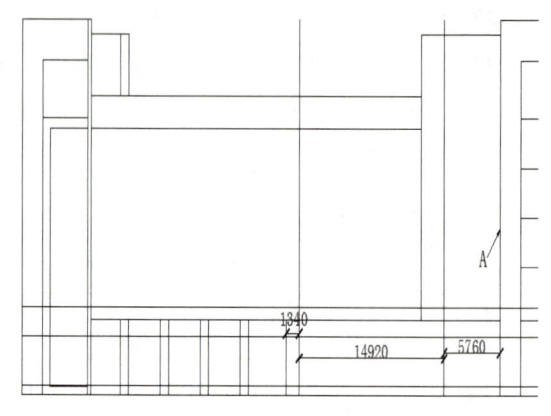

图10-63 向左偏移线段

步骤17 执行"修剪"命令,对当前大厅立面图形进行修剪,如图10-64所示。

步骤18 执行"矩形"命令,绘制长12 040 mm、宽200 mm的矩形,并执行"直线"和"复制"命令,绘制门厅遮雨棚图形。

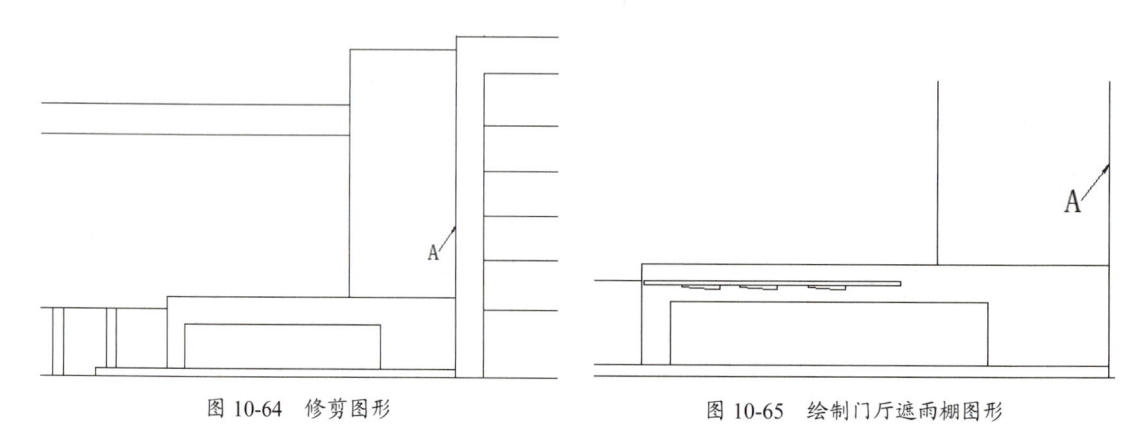

图10-64 修剪图形

图10-65 绘制门厅遮雨棚图形

步骤19 绘制门厅大门。执行"矩形"命令,绘制长5 490 mm、宽2 450 mm的矩形,并将其放至门厅的合适位置,如图10-66所示。

步骤20 执行"分解"命令,将矩形进行分解。执行"偏移"命令,将矩形的上边线依次向下偏移200 mm、500 mm和100 mm,如图10-67所示。

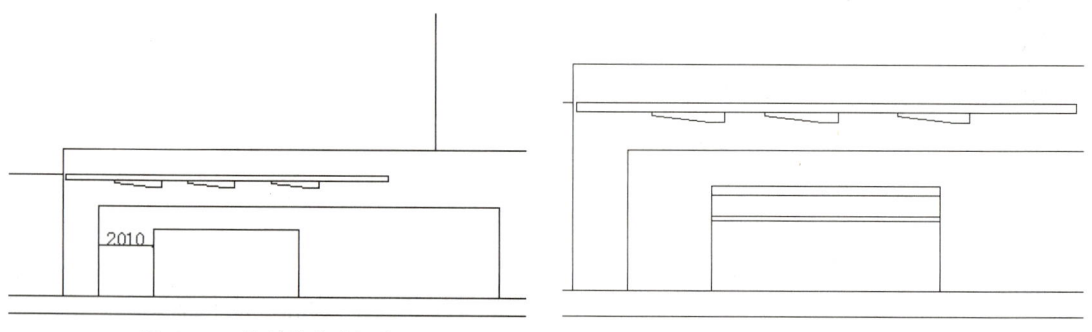

图10-66 绘制并放置矩形

图10-67 分解矩形并偏移上边线

步骤 21 继续执行"偏移"命令,将矩形的左侧边线依次向右偏移200 mm、1 545 mm、200 mm、1 600 mm、200 mm、1 545 mm,如图10-68所示。

步骤 22 再次执行"偏移"和"修剪"命令,对大门图形进行修剪,如图10-69所示。

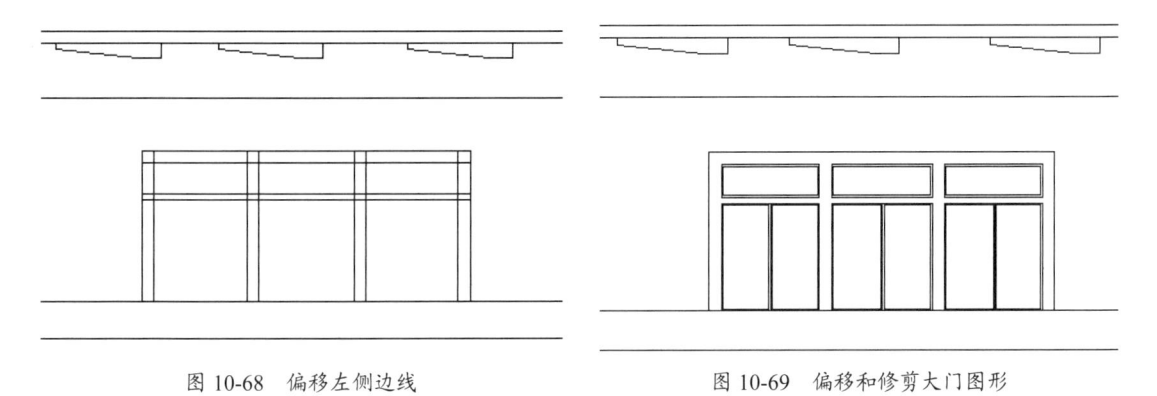

图 10-68 偏移左侧边线

图 10-69 偏移和修剪大门图形

步骤 23 执行"定数等分"命令,按照命令行中的提示信息,等分直线,再绘制直线,绘制出大厅立面玻璃图,如图10-70所示。

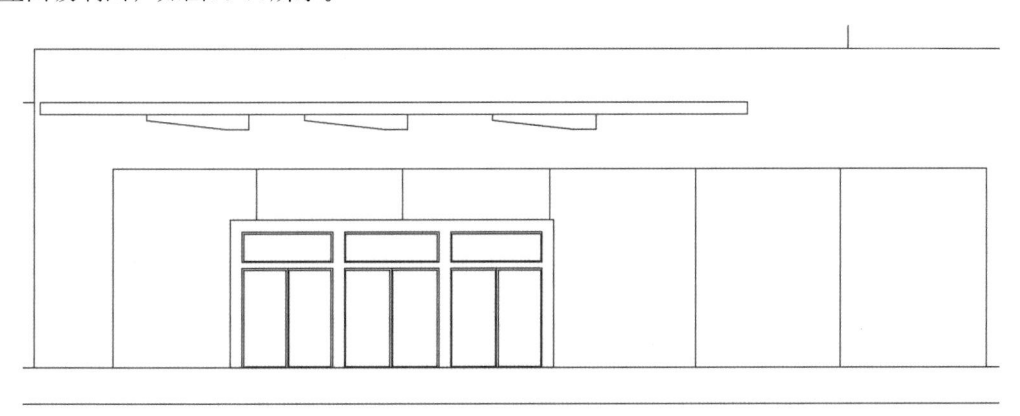

图 10-70 定数等分直线并绘制大厅立面玻璃图形

步骤 24 执行"偏移"和"修剪"命令,偏移出50 mm的铝方管和200 mm高的花坛立面,如图10-71所示。

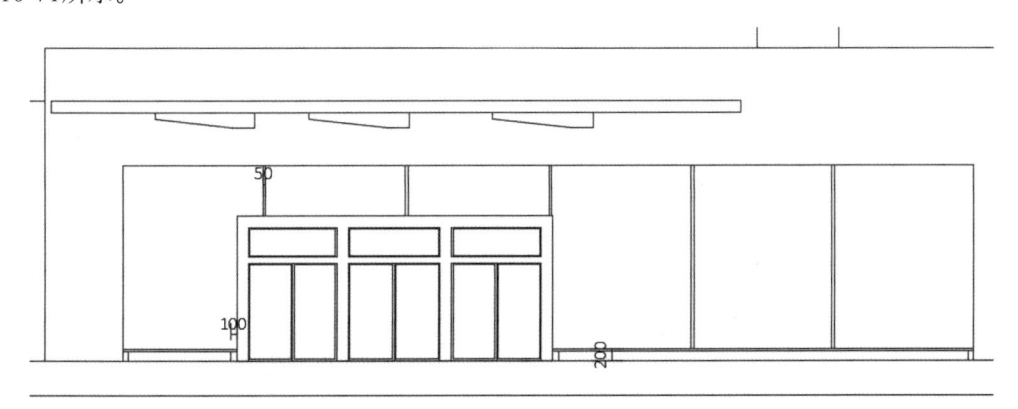

图 10-71 绘制铝方管和花坛立面

步骤 25 执行"偏移""定数等分""直线""修剪"命令，绘制楼梯台阶，如图10-72所示。

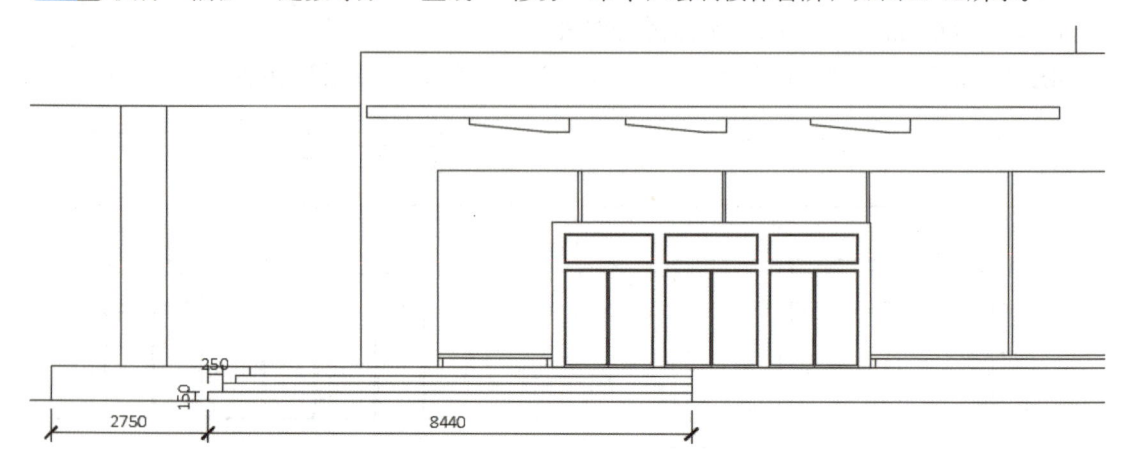

图 10-72　绘制楼梯台阶

步骤 26 执行"直线""偏移""极轴追踪""修剪"命令，绘制楼梯扶手，如图10-73所示。

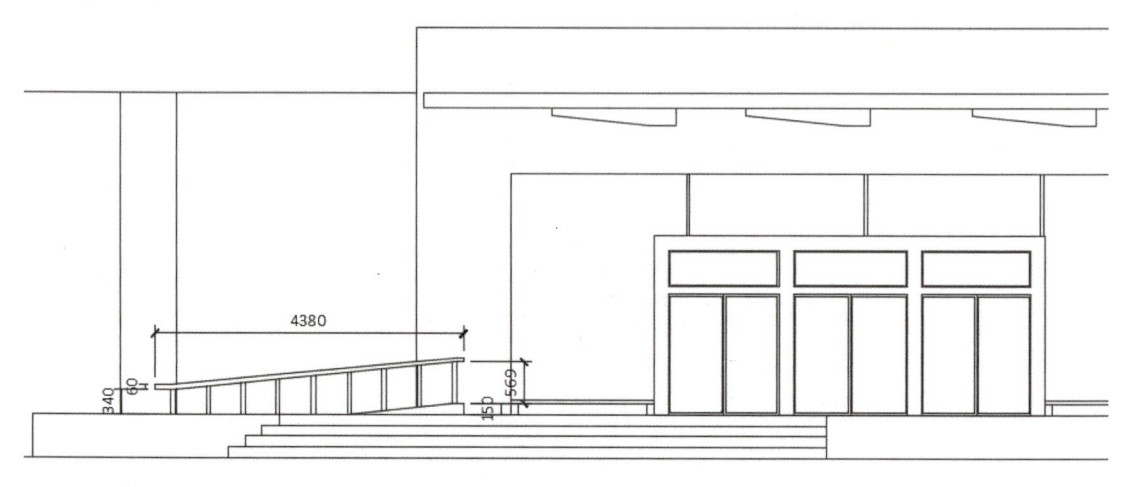

图 10-73　绘制楼梯扶手

步骤 27 执行"偏移""矩形""修剪"命令，绘制办公楼两个侧门的台阶图形，如图10-74所示。

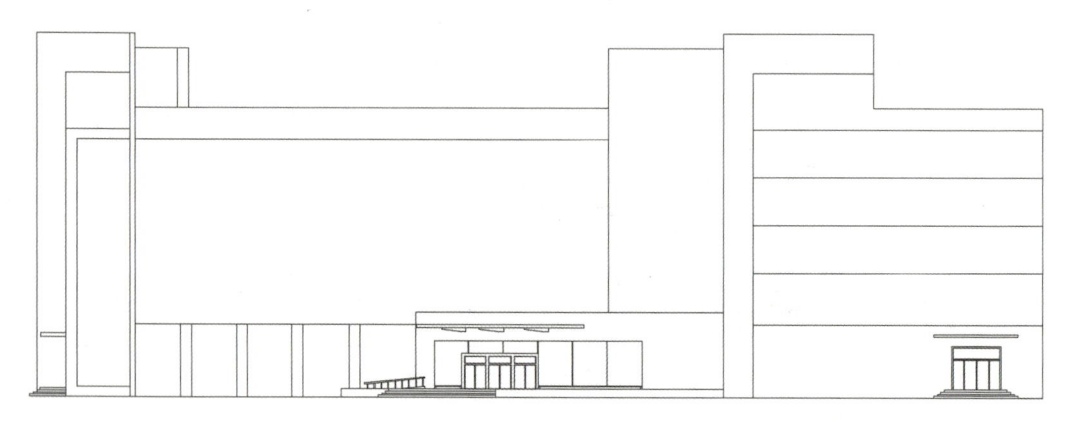

图 10-74　绘制办公楼侧门的台阶图形

步骤 28 利用"矩形""修剪""分解""复制"命令，绘制建筑立面窗图形，结果如图10-75所示。

图 10-75 绘制建筑立面窗图形

10.2.4 为办公楼立面图添加尺寸及标高

下面为绘制的办公楼立面图添加尺寸标注及标高。

步骤 01 将"标注"图层设置为当前图层。打开"标注样式管理器"对话框，单击"新建"按钮，新建名为"立面标注"的标注样式，如图10-76所示。

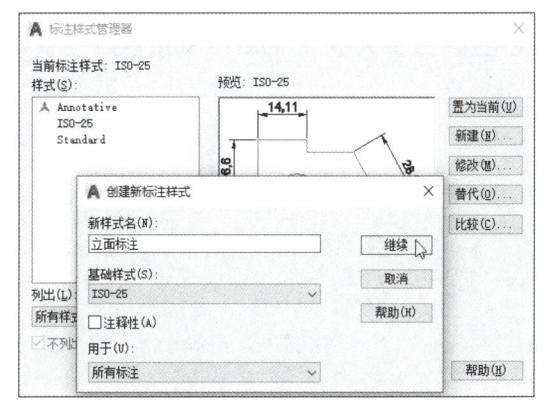

图 10-76 新建标注样式

步骤 02 单击"继续"按钮，打开"新建标注样式"对话框，在"主单位"选项卡中设置"精度"为0，如图10-77所示。

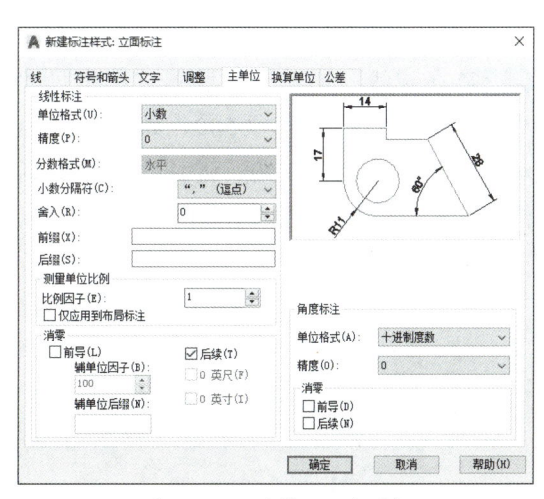

图 10-77 "主单位"选项卡

步骤 03 在"调整"选型卡中选择"文字始终保持在尺寸界线之间"选项，勾选"若箭头不能放在尺寸界线内，则将其消除"复选框，如图10-78所示。

步骤 04 在"文字"选项卡中设置"文字高度"为850，"从尺寸线偏移"为100，如图10-79所示。

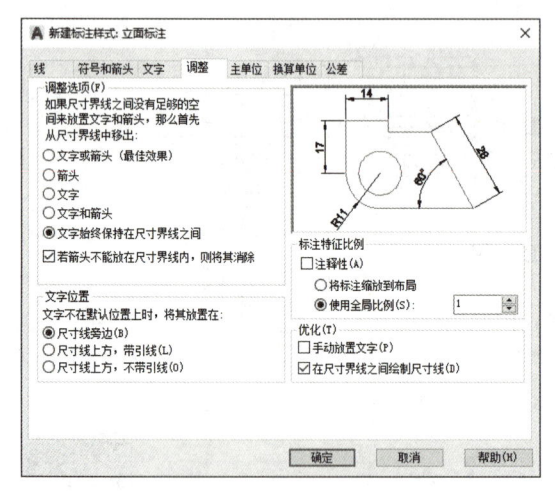

图 10-78 "调整"选项卡

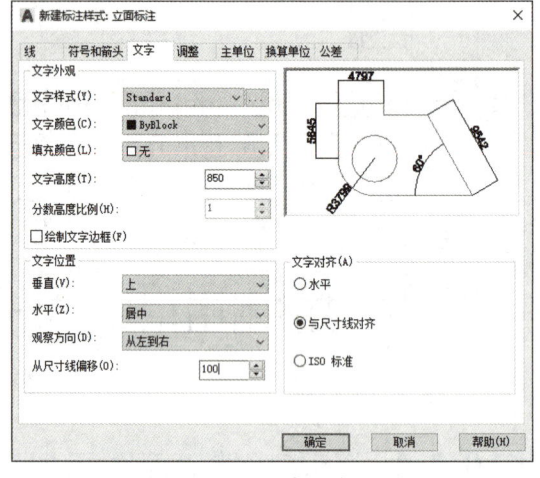

图 10-79 "文字"选项卡

步骤 05 在"符号和箭头"选项卡中设置箭头类型及"箭头大小"，如图10-80所示。

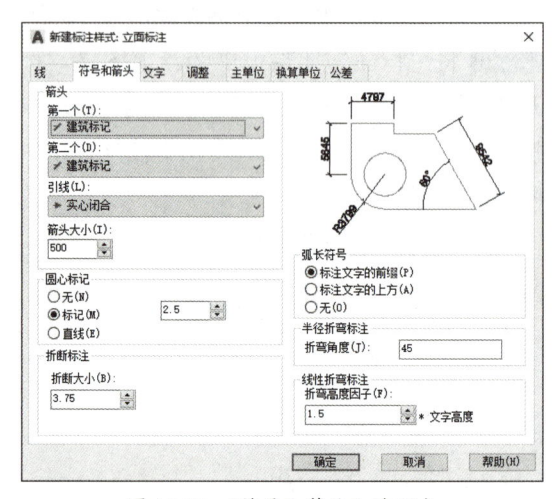

图 10-80 "符号和箭头"选项卡

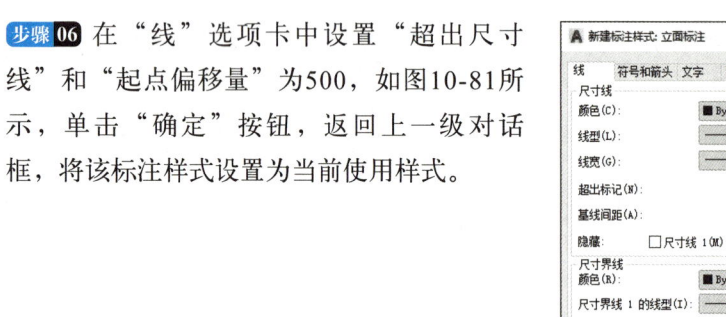

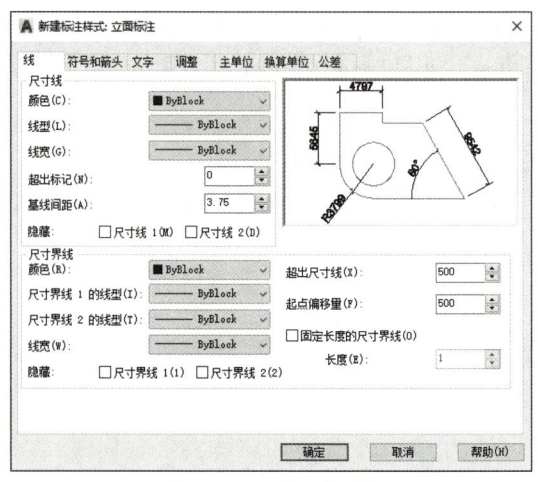

步骤 06 在"线"选项卡中设置"超出尺寸线"和"起点偏移量"为500，如图10-81所示，单击"确定"按钮，返回上一级对话框，将该标注样式设置为当前使用样式。

图 10-81 "线"选项卡

步骤 07 执行"线性"和"连续"命令，为图形添加尺寸标注，如图10-82所示。

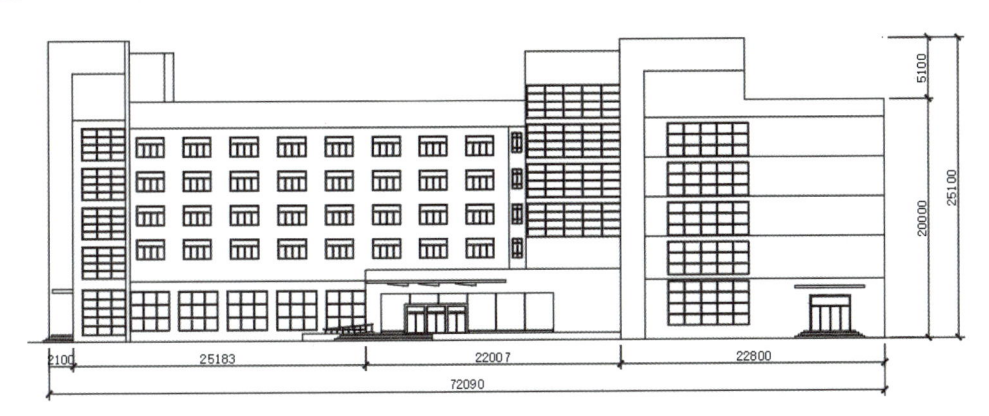

图 10-82　添加尺寸标注

步骤 08 执行"直线"和"单行文字"命令，绘制标高图形，将其放至立面图的合适位置，复制并修改标高值，完成立面标高标注，如图10-83所示。

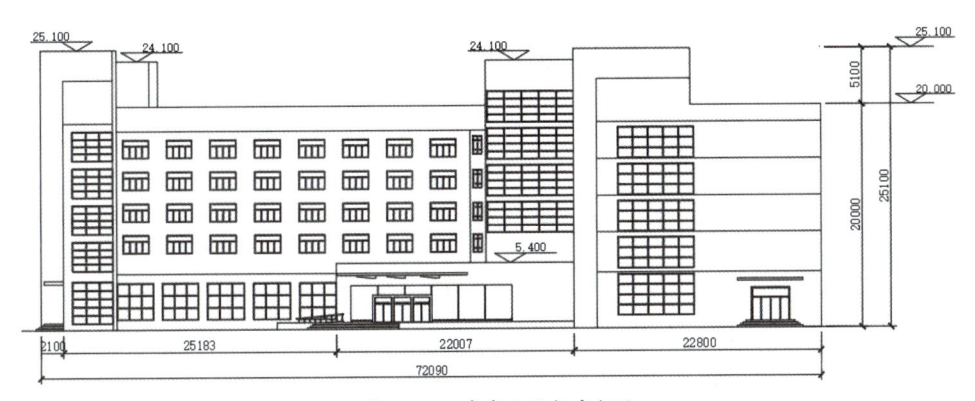

图 10-83　完成立面标高标注

步骤 09 对建筑立面图进行适当修饰。执行"单行文字"命令，为立面图添加图名，如图10-84所示。至此，办公楼立面图绘制完成。

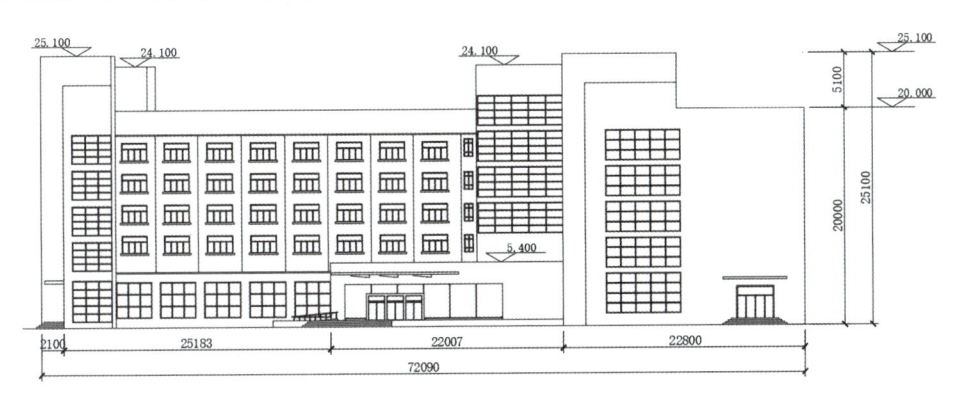

建筑立面图 1:100

图 10-84　修饰建筑立面图并添加图名

10.3　绘制建筑剖面图

建筑剖面图是建筑设计过程中的一个基本组成部分，是表示建筑竖向构造的重要图样。

10.3.1　建筑剖面图的绘制注意事项和绘制步骤

1. 建筑剖面图的绘制注意事项

在绘制建筑剖面图时，需要注意以下两点：

（1）剖切位置及投射方向

根据规定，建筑剖面图的剖切位置应根据图纸的用途或设计深度，在平面图上选择空间复杂、能反应建筑全貌和构造特征，以及具有代表性的位置。

投射方向一般宜向左、向上，当然也要根据工程情况而定。剖切符号标在底层平面图中，短线指向为投射方向。

（2）结合建筑平、立面图

建筑剖面图的绘制必须结合建筑的平面图、立面图。实际上，建筑的平面图、立面图确定了建筑剖面图的宽、高尺寸，门/窗、台阶、楼梯、雨篷、地面、屋面和其他部件的大小、位置等要素。

2. 建筑剖面图的绘制步骤

建筑剖面图一般是在建筑平面图、立面图的基础上，参照建筑平面图、立面图绘制。建筑剖面图的绘制步骤如下：

- 设置绘图环境。
- 确定剖切位置和投射方向。
- 绘制定位辅助线，包括墙、柱定位轴线，楼层水平定位辅助线，以及其他剖面图样的辅助线。
- 绘制剖面图样及看线，包括剖到和看到的墙柱、地坪、楼层、屋面、门窗（幕墙）、楼梯、台阶及坡道、雨棚、窗台、檐口、阳台、栏杆、各种线脚等。
- 配景，包括植物、车辆、人物等。
- 标注尺寸、文字，相关线型、线宽等设置则贯穿于整个绘图过程。

10.3.2 绘制仓库房屋剖面图

下面以仓库房屋为例,讲解建筑剖面图的绘制方法。

步骤 01 打开"仓库房屋立面图.dwg"素材文件,执行"复制"命令,将立面图进行复制,并放至原立面图的下方,删除多余的图形,结果如图10-85所示。

扫码观看视频

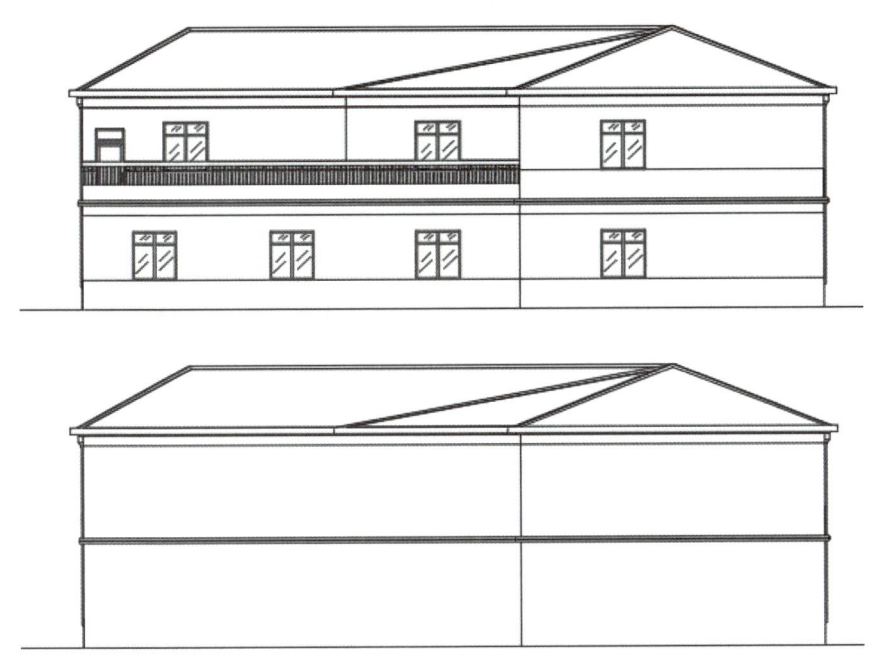

图 10-85 复制、放置立面图并删除多余的图形

步骤 02 执行"偏移"命令,将最左侧的垂直线向右偏移240 mm,如图10-86所示。

步骤 03 同样执行"偏移"命令,选择线段L依次向下偏移,偏移距离分别为2 000 mm、50 mm、100 mm、550 mm,结果如图10-87所示。

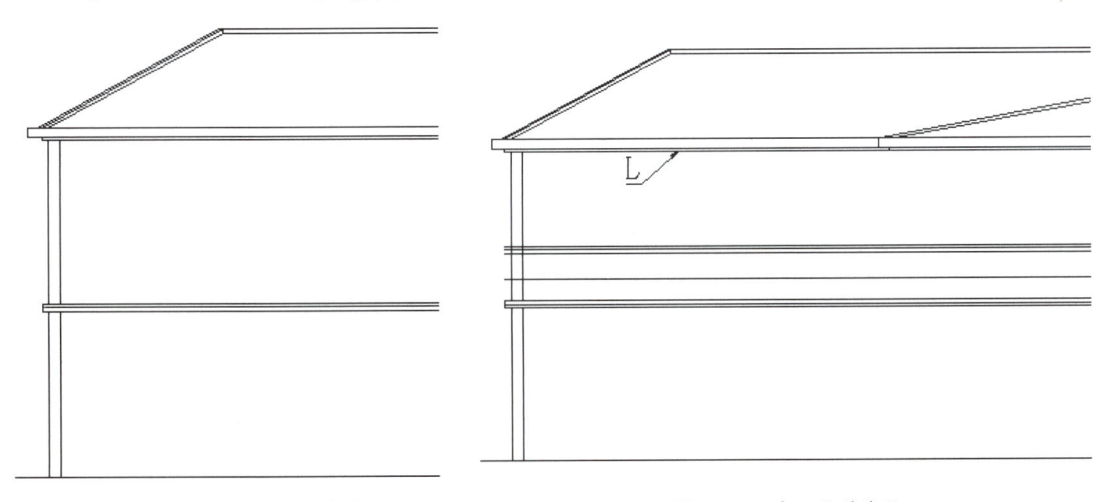

图 10-86 偏移最左侧垂直线

图 10-87 向下偏移线段

· 245 ·

步骤 04 执行"修剪"命令，对偏移的线段进行修剪，如图10-88所示。

步骤 05 执行"偏移"命令，将最左侧线段依次向右偏移40 mm、60 mm和40 mm，结果如图10-89所示。

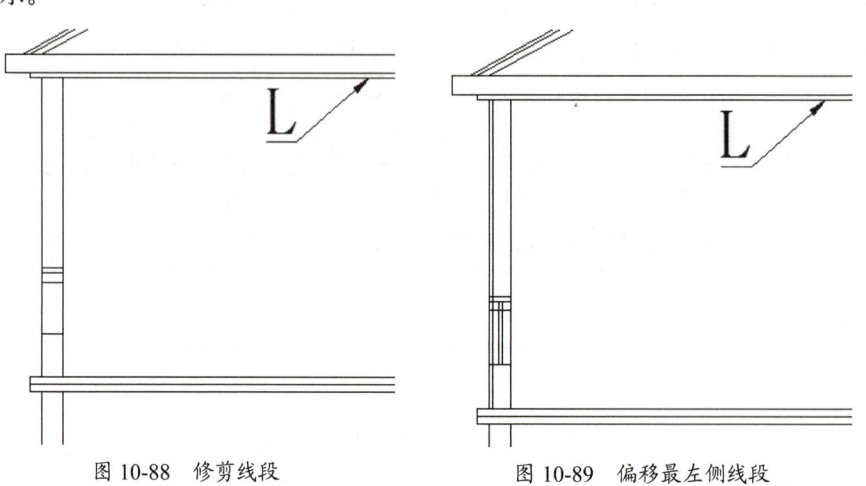

图 10-88　修剪线段

图 10-89　偏移最左侧线段

步骤 06 执行"修剪"命令，对偏移后的图形进行修剪，结果如图10-90所示。

步骤 07 执行"偏移"命令，将地平线L1依次向上偏移920 mm、1 500 mm、185 mm和1 500 mm，结果如图10-91所示。

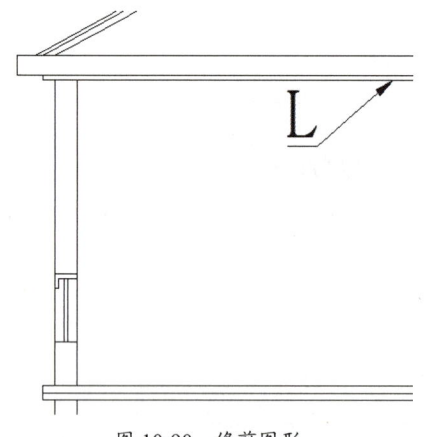

图 10-90　修剪图形

图 10-91　向上偏移地平线

步骤 08 同样执行"偏移"命令，将图形最右侧边线依次向内偏移100 mm、40 mm和100 mm，结果如图10-92所示。

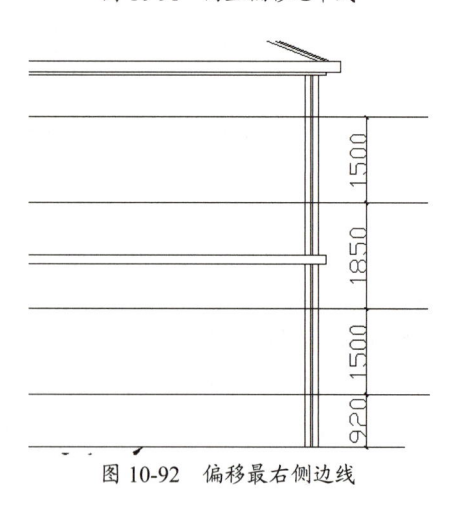

图 10-92　偏移最右侧边线

步骤 09 执行"修剪"命令，对偏移后的图形进行修剪，如图10-93所示。

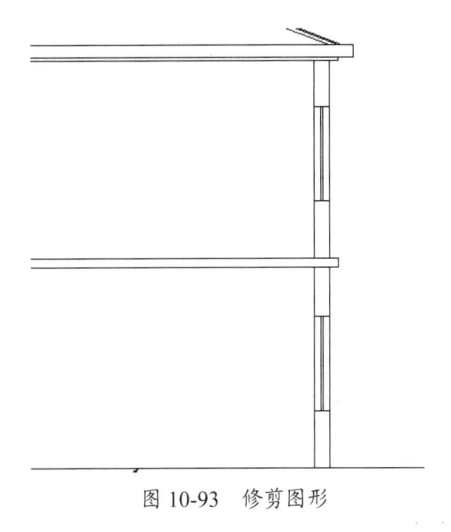

图 10-93　修剪图形

步骤 10 执行"偏移"命令，将线段L2依次向右偏移4 140 mm、3 990 mm、2 500 mm、2 940 mm、2 610 mm和3 245 mm，结果如图10-94所示。

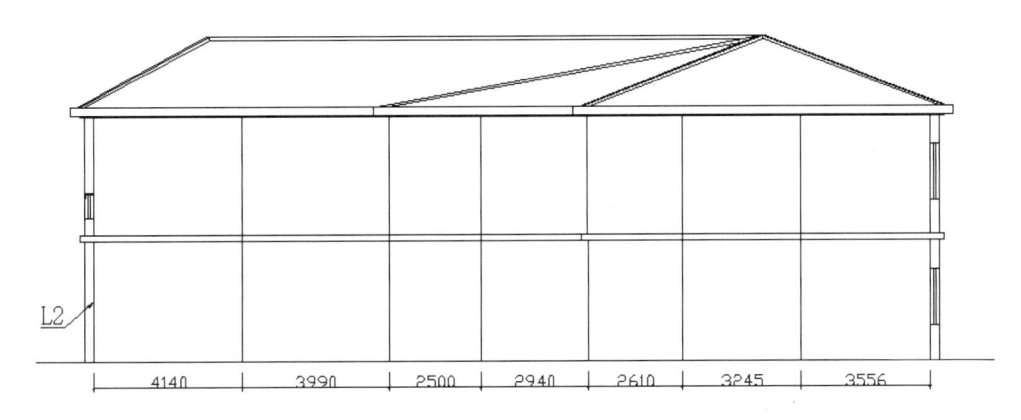

图 10-94　向右偏移线段

步骤 11 同样执行"偏移"命令，将刚偏移的线段再向右偏移240 mm，如图10-95所示。

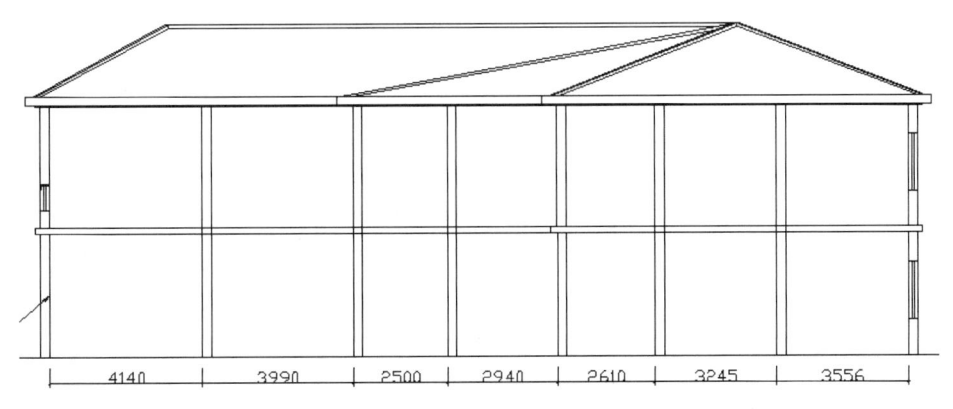

图 10-95　向右偏移线段

步骤12 执行"偏移"和"修剪"命令，将图形绘制完整，结果如图10-96所示。

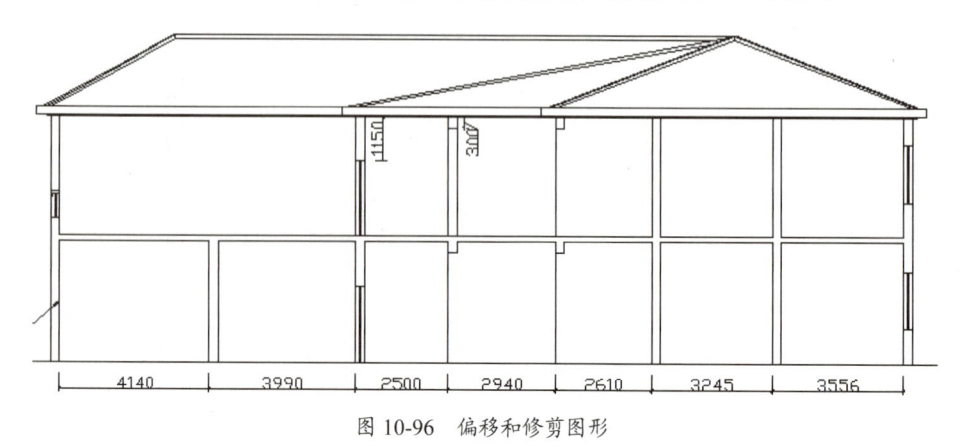

图 10-96 偏移和修剪图形

步骤13 执行"多段线"命令，根据命令行中的提示信息，绘制屋檐剖面轮廓图形，如图10-97所示。

步骤14 按照同样的方法，完成另一侧屋檐的绘制，执行"修剪"命令，对图形进行修剪，结果如图10-98所示。

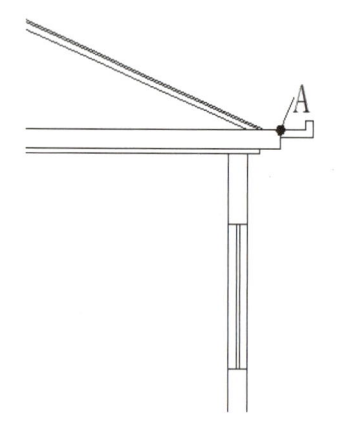

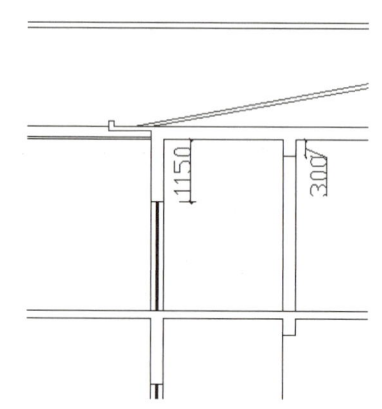

图 10-97 绘制屋檐剖面轮廓图形　　　图 10-98 完成另一侧屋檐的绘制并修剪图形

步骤15 执行"图案填充"命令，选择实体图案，对墙体和柱子进行填充，结果如图10-99所示。

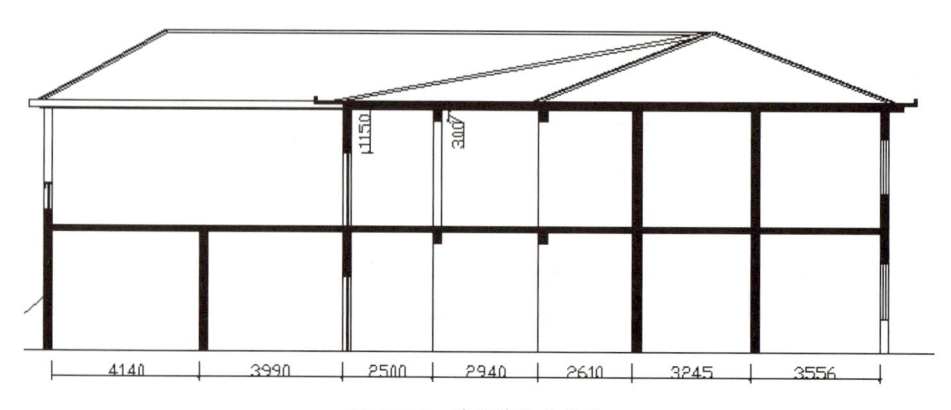

图 10-99 填充墙体和柱子

步骤 16 双击"门窗"图层,将其设置为当前图层,执行"矩形"命令,绘制长2 200 mm、宽900 mm的矩形,并将其放至图形的合适位置,结果如图10-100所示。

步骤 17 执行"矩形"命令,绘制长830 mm、宽340 mm的矩形,并将其放至图形的合适位置,结果如图10-101所示。

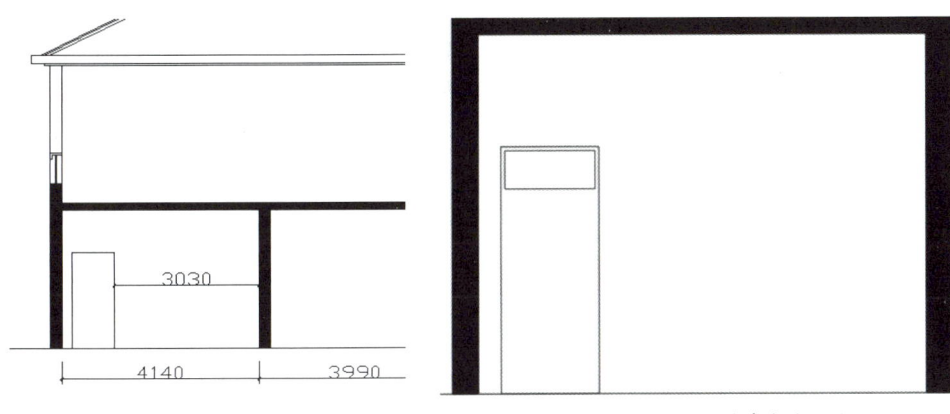

图 10-100 绘制并放置矩形

图 10-101 绘制并放置矩形

步骤 18 执行"偏移"命令,将绘制的小矩形向内偏移40 mm,如图10-102所示。

步骤 19 执行"矩形"命令,绘制长1 690 mm、宽840 mm的矩形,然后执行"偏移"命令,将该矩形向内偏移35 mm,结果如图10-103所示。

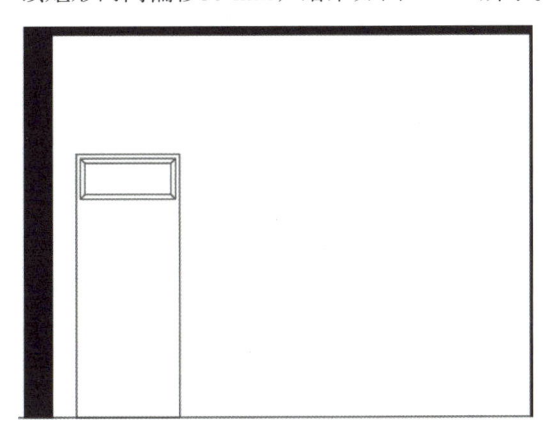

图 10-102 偏移矩形

图 10-103 绘制并偏移矩形

步骤 20 再次执行"矩形"命令,绘制长1 385 mm、宽600 mm的矩形,并执行"圆角"命令,对该图形进行倒圆角,圆角半径为50 mm,结果如图10-104所示。

图 10-104 绘制矩形并倒圆角

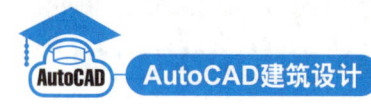

步骤21 执行"矩形"和"直线"命令，绘制门拉手和装饰角线，结果如图10-105所示。

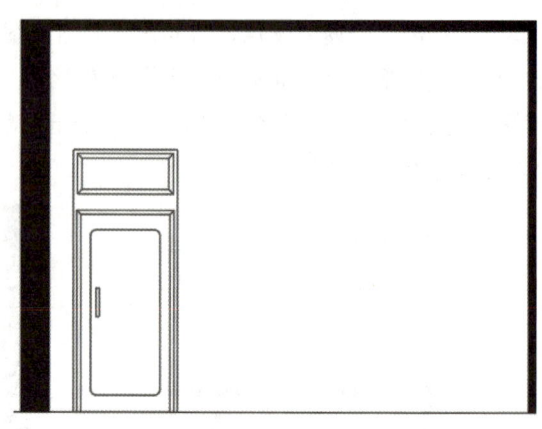

图 10-105　绘制门拉手和装饰角线

步骤22 执行"复制"命令，将绘制的门图形复制并移动至图形的其他位置，如图10-106所示。

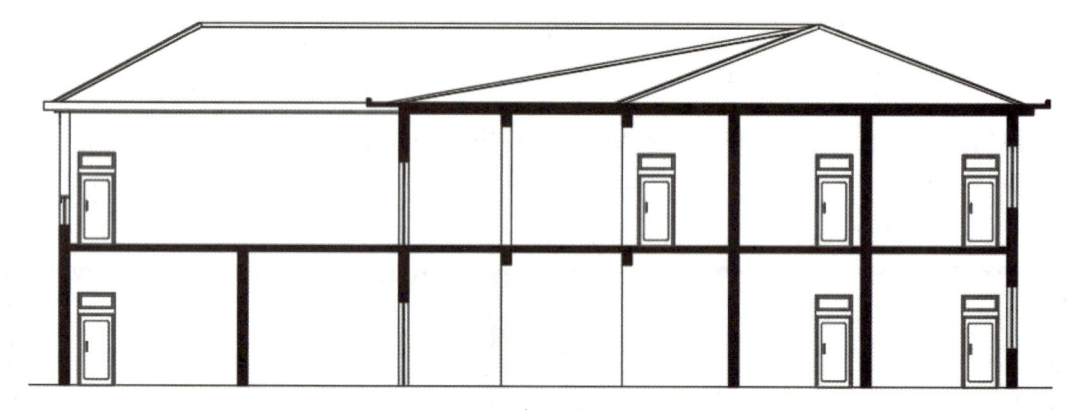

图 10-106　复制并移动图形

步骤23 执行"矩形""偏移""修剪"命令，绘制窗图形。执行"复制"命令，将窗图形复制至剖面图的其他位置，结果如图10-107所示。

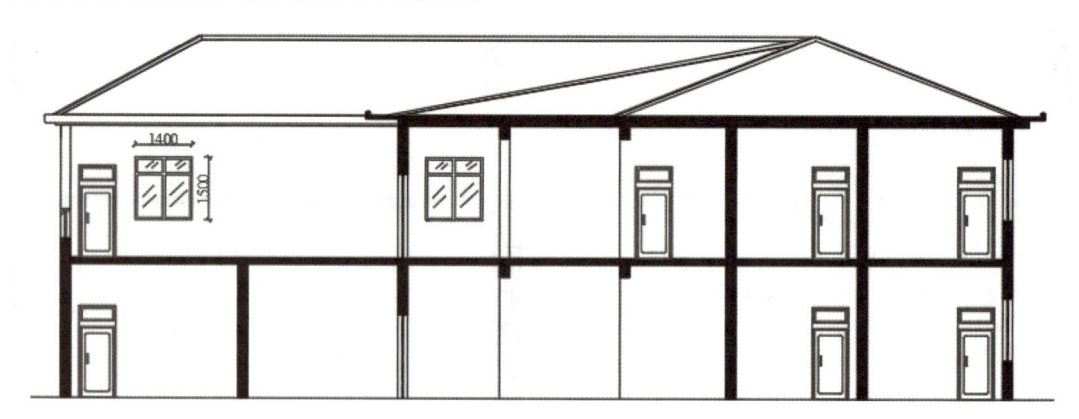

图 10-107　绘制、复制并放置窗图形

步骤 24 执行"矩形"命令,绘制长2 500 mm、宽1 500 mm的矩形,将其放至图形的合适位置,作为一楼门洞,如图10-108所示。

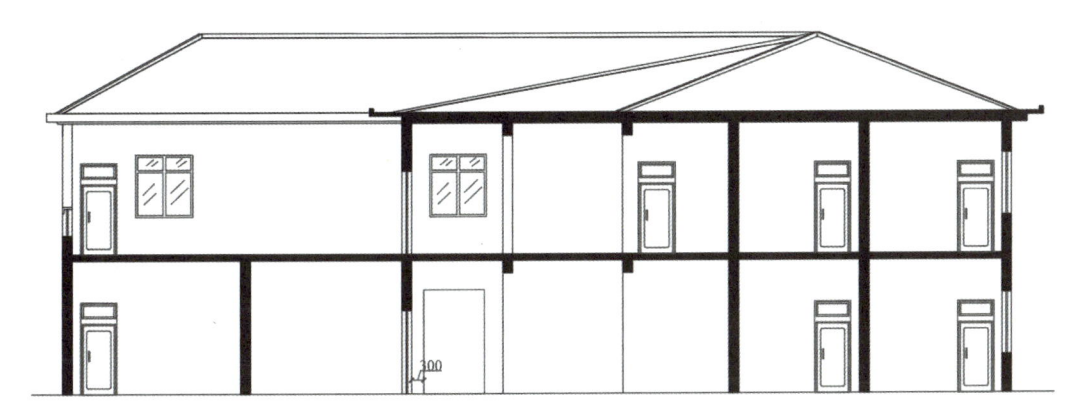

图 10-108 绘制并放置矩形

步骤 25 执行"直线"命令,绘制楼梯区域,尺寸可参照图10-109所示。

图 10-109 绘制楼梯区域

步骤 26 执行"偏移"命令,将直线向下偏移11次,偏移距离为133 mm,如图10-110所示。
步骤 27 执行"直线"命令,绘制直线,如图10-111所示。

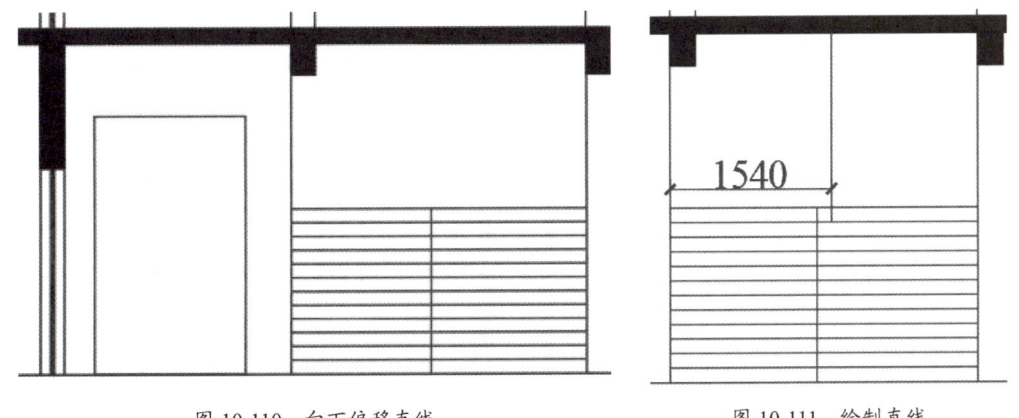

图 10-110 向下偏移直线

图 10-111 绘制直线

第10章 绘制各类建筑三视图

· 251 ·

步骤 28 执行"修剪"命令，对所绘制的线段进行修剪，结果如图10-112所示。
步骤 29 执行"矩形"命令，绘制长850 mm、宽25 mm的矩形，如图10-113所示。

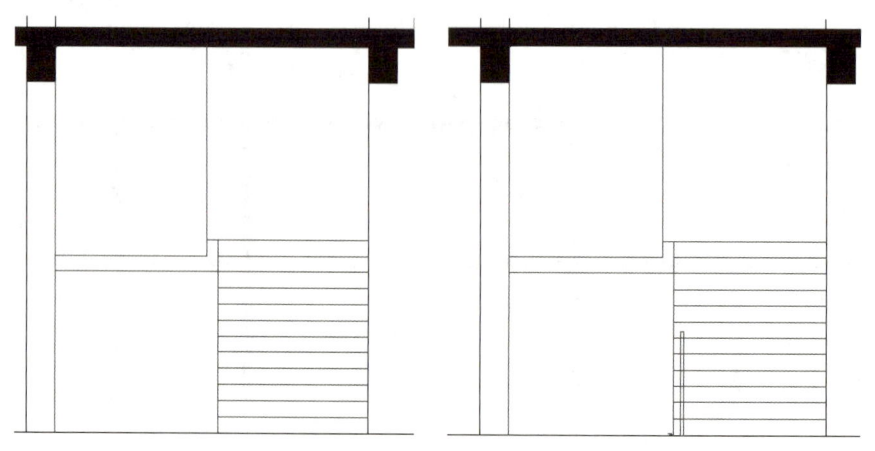

图 10-112　修剪线段　　　　　图 10-113　绘制矩形

步骤 30 执行"矩形"命令，绘制长1 650 mm、宽70 mm的矩形，结果如图10-114所示。
步骤 31 执行"矩形"命令，绘制长150 mm、宽50 mm的矩形，将其放至图形的合适位置，如图10-115所示。

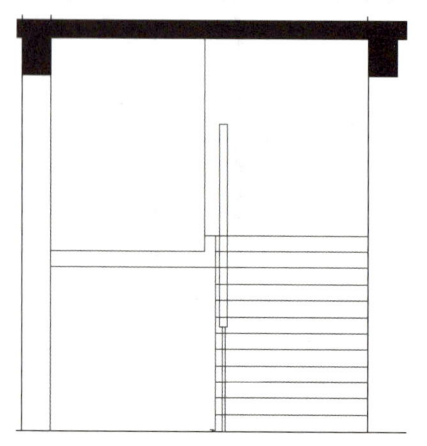

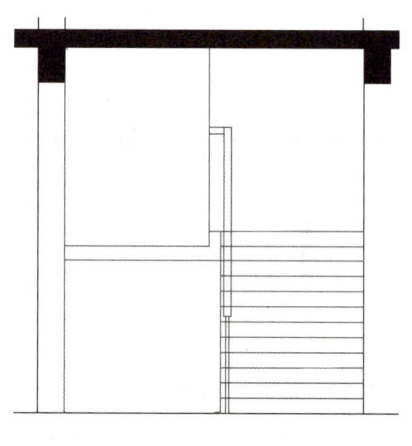

图 10-114　绘制矩形　　　　　图 10-115　绘制并放置矩形

步骤 32 执行"矩形"命令，绘制长1 500 mm、宽50 mm的矩形，如图10-116所示。

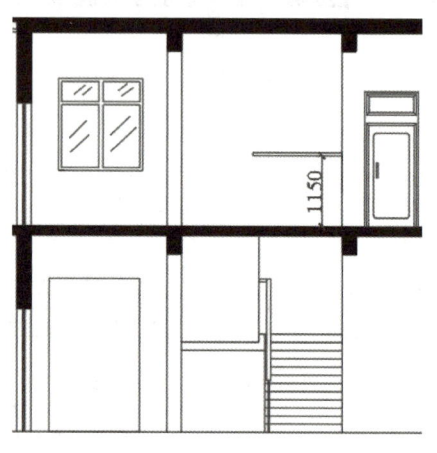

图 10-116　绘制矩形

步骤33 执行"矩形"命令，绘制长1 300 mm、宽550 mm的矩形，如图10-117所示。

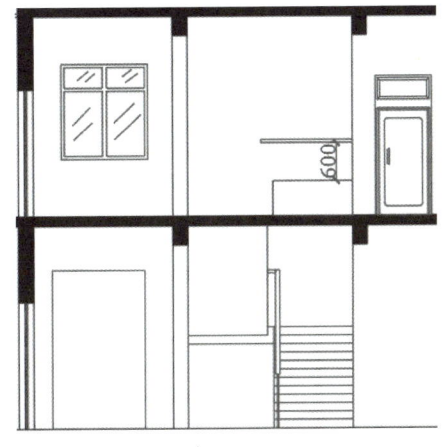

图 10-117　绘制矩形

步骤34 执行"直线""偏移""修剪"命令，绘制楼梯栏杆，如图10-118所示。

步骤35 将"墙线"图层设置为当前图层，执行"直线"命令，捕捉屋顶顶点，绘制一条垂直线，如图10-119所示。

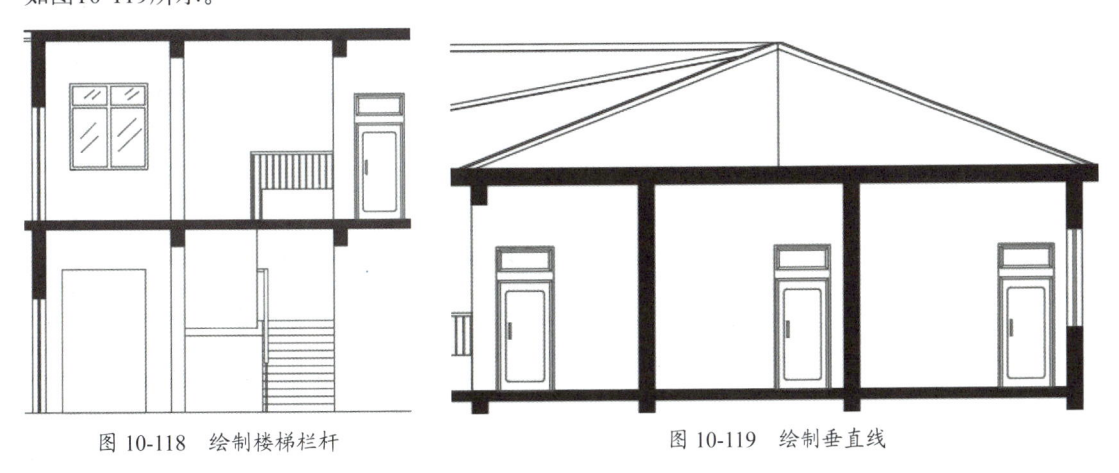

图 10-118　绘制楼梯栏杆

图 10-119　绘制垂直线

步骤36 执行"偏移"命令，将刚绘制的直线分别向两边偏移85 mm。执行"旋转"命令，选择向右偏移的直线，以点G为旋转基点，进行48°旋转复制，如图10-120所示。

步骤37 执行"偏移"命令，选择旋转的直线，将其向下偏移100 mm，然后执行"延伸"命令，将该线段进行延伸，如图10-121所示。

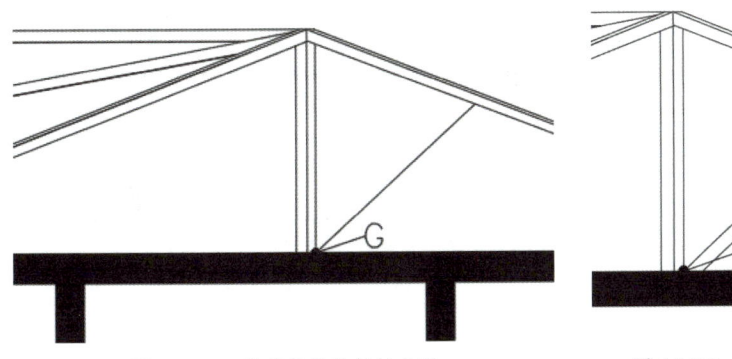

图 10-120　偏移并旋转复制直线

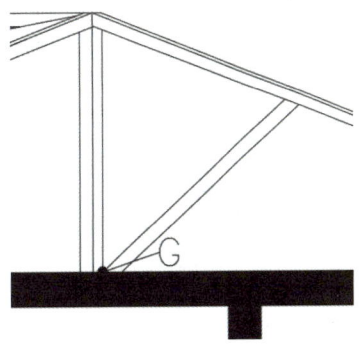

图 10-121　偏移并延伸直线

· 253 ·

步骤38 执行"直线""偏移"命令，过斜线的上端点向下绘制垂直线，并将其向右偏移120 mm，如图10-122所示。

步骤39 执行"旋转""偏移""延伸""直线"命令，完成剩余结构的绘制，如图10-123所示。

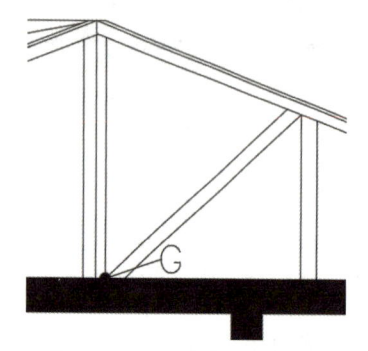

图10-122 绘制并偏移垂直线

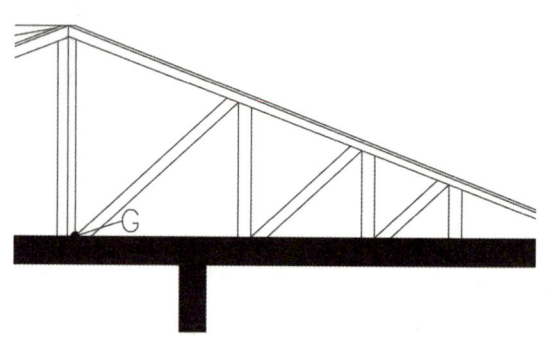

图10-123 完成剩余结构的绘制

步骤40 执行"镜像"命令，将右侧屋顶结构图形以三角形顶点的垂直线为镜像线，进行镜像操作，如图10-124所示。

步骤41 执行"图案填充"命令，对屋顶进行填充，结果如图10-125所示。至此，仓库剖面图绘制完成。

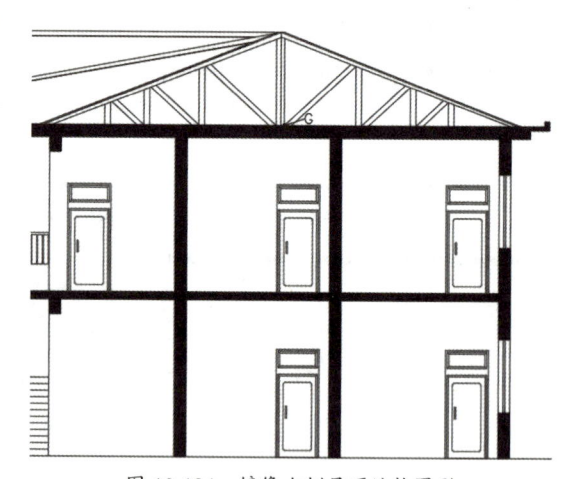

图10-124 镜像右侧屋顶结构图形

图10-125 填充屋顶

■10.3.3 为仓库房屋剖面图添加标高

下面为仓库房屋剖面图添加标高。

步骤 01 执行"多段线"命令,以任意点为起点,根据命令行中的提示信息,绘制标高图形,如图10-126所示。

步骤 02 执行"图案填充"命令,选择实体图案,对标高图形进行填充,如图10-127所示。

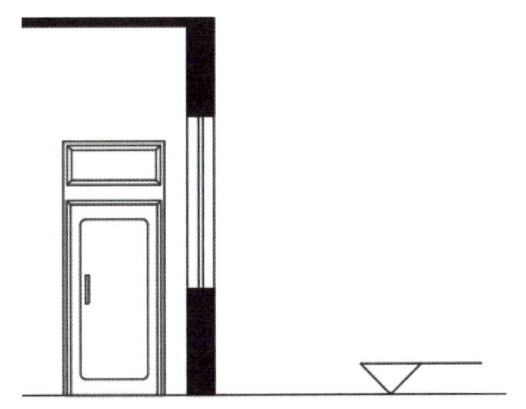

图 10-126 绘制标高图形

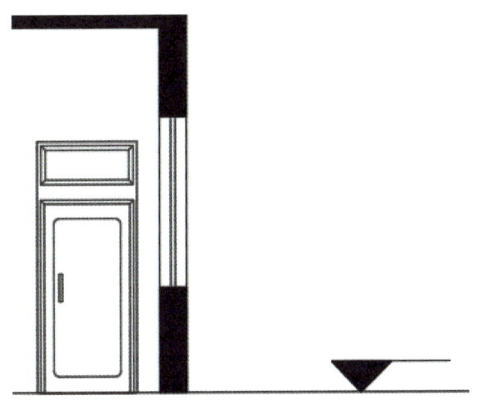

图 10-127 填充标高图形

步骤 03 执行"定义属性"命令,打开"属性定义"对话框,在"属性"选项组中设置相应的属性,如图10-128所示。

图 10-128 "属性定义"对话框

步骤 04 单击"确定"按钮,并根据命令行中的提示信息,在标高图形的上方指定插入点,如图10-129所示。

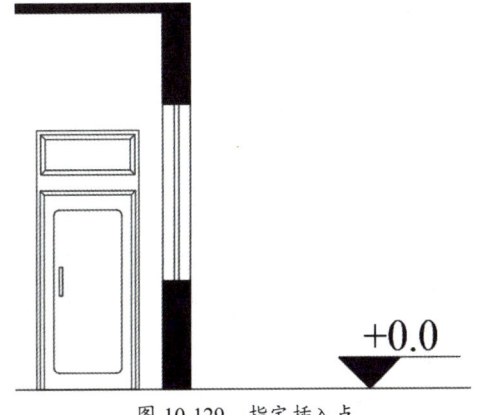

图 10-129 指定插入点

步骤 05 打开"标注样式管理器"对话框,单击"修改"按钮,打开"修改标注样式"对话框,根据需要设置相应的标注参数,如图10-130所示。

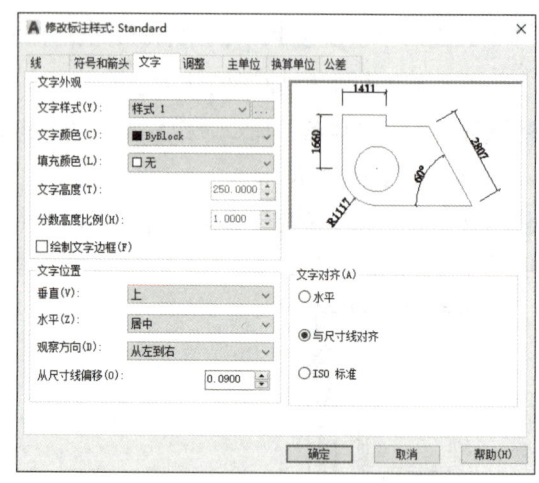

图 10-130 修改标注样式

步骤 06 执行"线性"命令,对当前剖面图形进行线性标注,结果如图10-131所示。

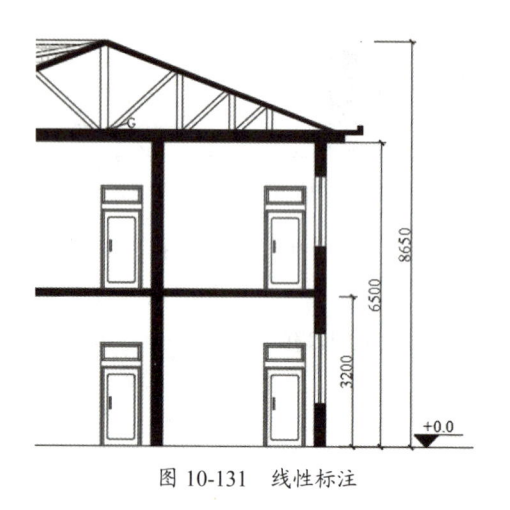

图 10-131 线性标注

步骤 07 执行"复制"命令,将绘制的标高图形分别复制到各尺寸的合适位置,结果如图10-132所示。

步骤 08 在尺寸标注为"3200"处双击标高值,在打开的"编辑属性定义"对话框中输入正确的标高值,如图10-133所示。

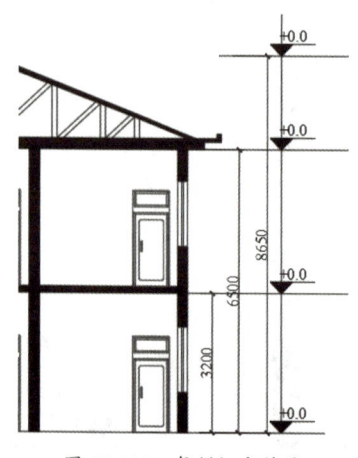

图 10-132 复制标高符号

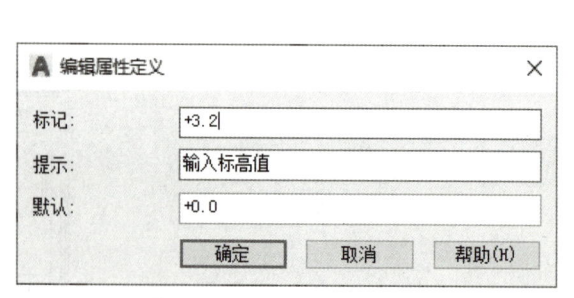

图 10-133 输入正确的标高值

步骤 09 单击"确定"按钮，完成操作。按照同样的方法，输入其他标高值，结果如图10-134所示。

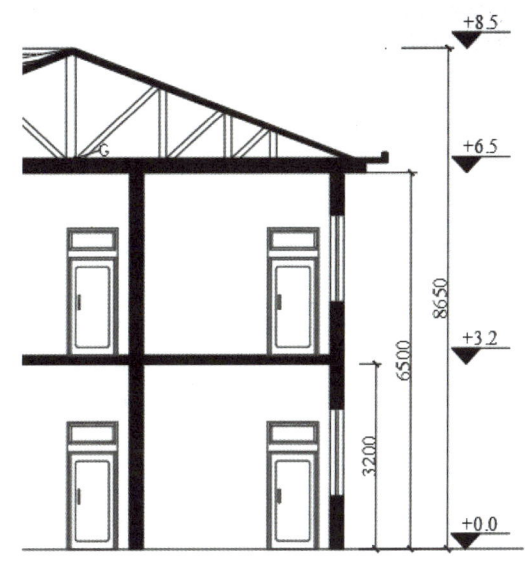

图 10-134 输入其他标高值

步骤 10 执行"多行文字"命令，在剖面图的下方输入文字内容，然后执行"多段线"命令，绘制下划线，添加图名和比例，结果如图10-135所示。至此，仓库房屋剖面图绘制完成。

仓库建筑剖面图　1:100

图 10-135 添加图名和比例

附录1 AutoCAD常用快捷键

为了提高绘图效率，现将AutoCAD常用快捷键总结如下，以供读者参考。

1. 常规切换功能

按 键	功能描述
Ctrl+G	切换网格
Ctrl+E	切换等轴测平面视图
F3	切换对象捕捉模式
F5	切换等轴测平面模式
F7	切换栅格模式
F9	切换捕捉模式
F11	切换对象捕捉追踪模式
Ctrl+F	开启/关闭对象捕捉模式
Ctrl+I	切换坐标显示模式
F4	切换三维对象捕捉模式
F6	切换动态UCS模式
F8	切换正交模式
F10	切换极轴追踪模式
F12	切换动态输入模式

2. 常规图形管理

按 键	功能描述
Ctrl+N	新建图形文件
Ctrl+O	打开图形文件
Ctrl+Tab	切换到下一个图形文件
Ctrl+Q	关闭图形文件
Ctrl+S	保存图形文件
Ctrl+P	打开"打印"对话框
Ctrl+Shift+Tab	切换到上一个图形文件
Ctrl+Shift+S	图形文件另存为

3. 常规基本操作

按 键	功能描述
Ctrl+A	选择所有对象
Ctrl+K	插入超链接
Ctrl+V	粘贴对象
Ctrl+Shift+V	将数据粘贴为块
Ctrl+Y	恢复上次操作
Ctrl+C	复制对象到剪贴板
Ctrl+X	剪切对象

按 键	功能描述
Ctrl+Shift+C	带基点复制对象到剪贴板
Ctrl+Z	撤销上次操作
Esc	取消当前命令

4. 常规操作命令

按 键	功能描述
A	绘制圆弧
AR	阵列对象
BR	打断对象
CHA	对象倒角
CYL	绘制三维圆柱体
DAN	创建角度标注
DCE	创建圆心标记和中心线
DI	测量距离
DO	绘制圆环
DRA	创建半径标注
DT	创建单行文字
ED	编辑单行文字、标注文字
EPDF	输出为PDF格式文件
EXP	输出为其他格式文件
G	对象编组
HE	修改图案填充
IAT	插入参照文件
L	绘制直线
LAS	打开"图层状态管理器"对话框
LT	加载、设置和修改线型
MA	特性匹配
ML	绘制多线
MO	打开"特性"面板
MV	创建布局视口
P	平移视图
PL	绘制多段线
POL	创建多边形
Q	保存当前图形
REC	绘制矩形

· 258 ·

附录1 AutoCAD常用快捷键

按 键	功能描述
RO	旋转对象
SC	缩放对象
SO	创建实心三角形和四边形
TB	创建空表格
TR	修剪对象
W	写块
X	分解对象
Z	缩放视图
AA	测量面积和周长
B	创建块
C	绘制圆
CO	复制对象
D	创建和修改标注样式
DAR	创建弧长标注
DDI	创建直径标注
DIV	绘制定数等分点
DOR	创建坐标标注
DS	打开"草图设置"对话框
E	删除对象
EL	绘制椭圆
ER	打开"外部参照"面板
F	对象倒圆角
H	图案填充

按 键	功能描述
I	打开"块"面板
IO	插入链接对象
LA	打开"图层特性管理器"面板
LE	创建引线和引线注释
M	移动对象
MI	镜像对象
MLD	创建多重引线
MT	创建多行文字
O	偏移对象
PE	编辑多段线
PO	绘制点
PYR	创建三维棱椎体
RE	重生对象
REG	创建面域
S	拉伸对象
SET	设置系统变量值
SPE	编辑样条曲线
TOR	创建圆环体
UCS	创建用户坐标系
WE	创建三维楔体
XL	绘制构造线

附录2 常见问题及解决方法

Q：在Word中可以插入AutoCAD图形吗？
A： 先将图形复制到剪贴板，再在Word文档中进行粘贴。需注意的是，由于AutoCAD默认背景颜色为黑色，而Word背景颜色为白色，首先应将图形背景颜色改成白色。另外，将图形插入Word文档后，往往空边过大，效果不理想，可以利用Word图片工具栏上的裁剪功能进行修整，以解决空边过大的问题。

Q：*.Bak文件是什么文件？如何关闭？
A： *.Bak文件是备份文件，保存文件后会自动生成一个备份文件。若想关闭该文件，可在"选项"对话框中取消勾选"每次保存时均创建备份副本"复选框。

Q：打开或保存文件时没有显示对话框，怎么办？
A： 如果没有显示对话框，可以在命令行中输入"FILEDIA"，按回车键，将参数设置为1。若参数为0，则不显示对话框。

Q：捕捉和对象捕捉有什么区别？
A： "捕捉"是针对栅格捕捉，而"对象捕捉"是针对图形捕捉。栅格线类似于坐标值，通过将点定位到栅格点以直接确定图形的尺寸，但当栅格的格子数量比较多又不太齐整的时候，使用栅格显然不是特别方便，因此，在实际绘图中栅格和栅格捕捉使用得不太多了。

Q：选择的图形其轮廓是虚线，怎么办？
A： 遇到该情况，可在命令行中输入"DRAGMODE"，按空格键，然后按照命令行中的提示信息进行设置。当系统变量为"ON"时，在选定图形后，只能在命令行中输入"DRAG"，才能显示图形的轮廓；当系统变量为"OFF"时，拖动图形不会显示其轮廓；当系统变量为"自动"时，则总是显示图形的轮廓。

Q：为什么有些图层无法删除呢？
A： 原因有很多种。其中，系统图层和0图层是无法删除的，系统图层包括DEFPOINTS图层，该图层是在为图形进行标注时自动创建的图层。当前使用的图层也是无法删除的。此外，如果需要删除的图层中包含其他附着参照图形，是无法删除的。

Q：如何清理文件中的空图层？
A： 图层文件太多，势必会影响图形文件的存储速度，此时需要及时清理一些空图层，从而缩减文件的大小。执行"文件"→"图形使用工具"→"清理"命令，在打开的"清理"对话框中单击"全部清理"按钮即可，可多次重复该操作，直到"全部清理"按钮变成灰色。

Q：要将多个图层合并为一个图层，怎么操作？
A： 在"图层特性管理器"面板中选择要合并的图层，右击，在弹出的快捷菜单中选择"将选定图层合并到"选项，在打开的"合并到图层"对话框中选择目标图层，单击"确定"按钮，即可合并图层。

Q：样条曲线不能偏移，怎么解决？
A： 将样条曲线转换为多段线就可以了。右击样条曲线，在弹出的快捷菜单中选择"转换为多段线"选项。

Q：直线和多段线的区别是什么？
A： 直线是单一的个体，而多段线是一个整体。直线不能作为多段线使用，而用"直线"命令绘制连续的线段后，可将绘制的线段合并成多段线。当然，也可将多段线分解成单一的直线。

Q：总是不能进行图案填充，怎么办？
A： 有3个原因，一是，填充区域没有闭合，只需将未闭合的线段进行闭合处理即可，或者直接使用多段线绘制一个闭合区域；二是，填充的图形比例过大，导致不显示填充的图案，这种情况只需缩小比例即可；三是，可能系统设置中未应用实体填充，打开"选项"对话框，在"显示"选项卡中勾选"应用实体填充"复选框即可。

Q：如何删除外部参照？
A： 想要完全删除外部参照，只需将其进行分解，使用"拆离"选项可删除外部参照和所有关联信息。在"插入"选项卡中单击"参照"右侧的小箭头，打开"外部参照"面板，右击所需删除的文件参照，在打开的快捷菜单中选择"拆离"选项即可。

参考文献

[1] 王槐德．机械制图新旧标准代换教程 [M]．北京：中国标准出版社，2017．

[2] 宋巧莲．机械制图与 AutoCAD 绘图 [M]．北京：机械工业出版社，2017．

[3] 陈晓东．AutoCAD 2022 建筑设计从入门到精通：升级版 [M]．北京：电子工业出版社，2021．

[4] 章斌全，魏秀瑛．建筑设计 CAD [M]．北京：中国水利水电出版社，2012．

[5] CAD/CAM/CAE 技术联盟．AutoCAD 2022 中文版建筑设计从入门到精通 [M]．北京：清华大学出版社，2022．